“十二五”普通高等教育本科国家级规划教材

河南省“十四五”普通高等教育规划教材

河南省普通高等教育优秀教材建设

U0176060

混凝土结构设计原理

HUNNINGTU

JIEGOU SHEJI YUAN LI

（第三版）

●主编 丁永刚 张 昊

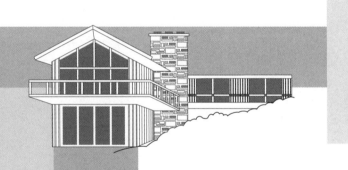

郑州大学出版社

内容提要

本教材是在第二版的基础上,根据我国最新颁布的《混凝土结构通用规范》(GB 55008—2021)、《工程结构通用规范》(GB 55001—2021)和《混凝土结构设计规范(2015 年版)》(GB 50010—2010)、《建筑结构可靠性设计统一标准》(GB 50068—2018)修订而成。全书共分 11 章,内容包括:绪论,混凝土结构材料的力学性能,混凝土结构设计的方法和可靠性原理,轴心受力构件正截面承载力计算,受弯构件正截面承载力计算,受弯构件斜截面承载力计算,偏心受压构件承载力计算,偏心受拉构件承载力计算,受扭构件承载力计算,混凝土构件裂缝、变形及混凝土结构的耐久性,预应力混凝土构件设计。为便于学生学习,书中编写有各章小结、各章在线测试题、思考题和习题。

本教材可作为高等学校土木工程专业及相关专业的教材,也可供广大土建科研人员和技术人员参考。

图书在版编目(CIP)数据

混凝土结构设计原理／丁永刚,张昊主编 . — 3 版. — 郑州 : 郑州大学出版社,2022. 8

ISBN 978-7-5645-8984-4

Ⅰ. ①混… Ⅱ. ①丁…②张… Ⅲ. ①混凝土结构 - 结构设计 - 高等学校 - 教材 Ⅳ. ①TU370.4

中国版本图书馆 CIP 数据核字(2022)第 141987 号

混凝土结构设计原理

HUNNINGTU JIEGOU SHEJI YUANLI

策划编辑	崔青峰 祁小冬	封面设计	苏永生
责任编辑	刘永静	版式设计	苏永生
责任校对	王红燕	责任监制	李瑞卿

出版发行	郑州大学出版社	地　　址	郑州市大学路 40 号(450052)
出 版 人	孙保营	网　　址	http://www.zzup.cn
经　　销	全国新华书店	发行电话	0371-66966070
印　　刷	河南大美印刷有限公司	印　　张	24
开　　本	787 mm×1 092 mm　1 / 16	字　　数	571 千字
版　　次	2007 年 6 月第 1 版 2022 年 8 月第 3 版	印　　次	2022 年 8 月第 4 次印刷

书　　号	ISBN 978-7-5645-8984-4	定　　价	59.00 元

编写指导委员会

The compilation directive committee

名誉主任　王光远

主　任　高丹盈

委　员　（以姓氏笔画为序）

丁永刚　王　林　王新武

边亚东　任玲玲　刘立新

刘希亮　闫春岭　关　罡

杜书廷　李文霞　李海涛

杨建中　肖建清　宋新生

张春丽　张新中　陈孝珍

陈秀云　岳建伟　赵　磊

赵顺波　段敬民　郭院成

姬程飞　黄　强　薛　茹

秘　书　崔青峰　祁小冬

本书作者
Authors

主　　编	丁永刚　张　昊
副主编	金立兵　杜明芳
编　　委	（以姓氏笔画为序）
	丁永刚　马政伟　代　洁
	许启铿　杜明芳　张　昊
	金立兵　秦本东　楚留声

序

Preface

近年来,我国高等教育事业快速发展,取得了举世瞩目的成就。随着高等教育改革的不断深入,高等教育工作重心正在由规模发展向提高质量转移,教育部实施了高等学校教学质量与教学改革工程,进一步确立了人才培养是高等学校的根本任务,质量是高等学校的生命线,教学工作是高等学校各项工作的中心的指导思想,把深化教育教学改革,全面提高高等教育教学质量放在了更加突出的位置。

教材是体现教学内容和教学要求的知识载体,是进行教学的基本工具,是提高教学质量的重要保证。教材建设是教学质量与教学改革工程的重要组成部分。为加强教材建设,教育部提倡和鼓励学术水平高、教学经验丰富的教师,根据教学需要编写适应不同层次、不同类型院校,具有不同风格和特点的高质量教材。郑州大学出版社按照这样的要求和精神,组织土建学科专家,在全国范围内,对土木工程、建筑工程技术等专业的培养目标、规格标准、培养模式、课程体系、教学内容、教学大纲等,进行了广泛而深入的调研,在此基础上,分专业召开了教育教学研讨会、教材编写论证会、教学大纲审定会和主编人会议,确定了教材编写的指导思想、原则和要求。按照以培养目标和就业为导向,以素质教育和能力培养为根本的编写指导思想,科学性、先进性、系统性和适用性的编写原则,组织包括郑州大学在内的五十余所学校的学术水平高、教学经验丰富的一线教师,吸收了近年来土建教育教学经验和成果,编写了本、专科系列教材。

教育教学改革是一个不断深化的过程,教材建设是一个不断推陈出新、反复锤炼的过程,希望这些教材的出版对土建教育教学改革和提高教育教学质量起到积极的推动作用,也希望使用教材的师生多提意见和建议,以便及时修订、不断完善。

王光远

前 言（第三版）
Foreword

本版教材基于最新颁布的《混凝土结构通用规范》（GB 55008—2021）、《工程结构通用规范》（GB 55001—2021）和最新修订的《混凝土结构设计规范（2015 年版）》（GB 50010—2010）、《建筑结构可靠性设计统一标准》（GB 50068—2018）对第二版进行修订，主要工作如下：

（1）根据最新工程数据，增加和更新第 1 章的部分典型代表性工程。

（2）根据 GB 50010—2010 局部修订钢筋选用的相关规定，修订本书中相关内容，并对相关例题、习题进行修正；根据 GB 55001—2021 和 GB 50068—2018，重新编写了第 3 章，提高了建筑结构相关作用分项系数的取值，取消了当永久荷载效应为主时起控制作用的组合，并对相关例题、习题进行修正。

（3）根据课程学时和相关专业教材实际选用情况，删除原版第 12 章"公路桥涵工程混凝土结构设计"相关内容。

（4）对使用过程中发现的问题进行了修正。

全书共分 11 章，内容包括：绪论，混凝土结构材料的力学性能，混凝土结构设计的方法和可靠性原理，轴心受力构件正截面承载力计算，受弯构件正截面承载力计算，受弯构件斜截面承载力计算，偏心受压构件承载力计算，偏心受拉构件承载力计算，受扭构件承载力计算，混凝土构件裂缝、变形及混凝土结构的耐久性，预应力混凝土构件设计。

本版教材由河南工业大学丁永刚、张昊担任主编，具体编写分工为：第 1 章由丁永刚（河南工业大学）编写，第 2 章由杜明芳（河南工业大学）编写，第 3 章、第 9 章由代洁（河南工业大学）编写，第 4 章由楚留声（郑州大学）编写，第 5 章由张昊（河南工业大学）编写，第 6 章由许启铿（河南工业大学）编写，第 7 章由丁永刚、张昊编写，第 8 章由马政伟（河南城建学院）编写，第 10 章由秦本东（河南理工大学）编写，第 11 章由金立兵（河南工业大学）编写。全书最后由丁永刚、张昊统稿。

本教材在修订过程中得到了各兄弟院校、郑州大学出版社领导及有关编辑的大力支持和帮助，在此表示深深的敬意和感谢。

由于编者的水平和经验有限，书中不当和疏漏之处，敬请读者批评指正。

编者

2022 年 5 月

前 言（第二版）
Foreword

··

混凝土结构设计原理课程属于土木工程专业必修的专业基础课，与现行的规范、规程密切相关，具有很强的实践性。其目的是在先修了基础理论课以及材料力学、结构力学、土木工程材料等课程的基础上，使学生掌握混凝土结构的一般概念、基本设计原则及混凝土结构各种基本构件的设计计算方法，为进一步的专业课学习及毕业后在混凝土结构学科领域继续学习和工作打下坚实的基础。

本教材按国家土木工程专业指导委员会课程教学大纲的精神和"大土木"的要求进行编写，根据科技发展和国家规范的修订，反映该学科国内外最新的科研成果，基于我国现行的《混凝土结构设计规范》（GB 50010—2010）、《建筑结构荷载规范》（GB 50009—2012）和《公路钢筋混凝土及预应力混凝土桥涵设计规范》（JTG D62—2004）编写。

全书共分 12 章，内容包括：绪论，混凝土结构材料的力学性能，混凝土结构设计的方法和可靠性原理，轴心受力构件正截面承载力计算，受弯构件正截面承载力计算，受弯构件斜截面承载力计算，偏心受压构件承载力计算，偏心受拉构件承载力计算，受扭构件承载力计算，混凝土构件裂缝、变形及混凝土结构的耐久性，预应力混凝土构件设计，公路桥涵工程混凝土结构设计。

本教材由河南工业大学王录民担任主编，具体编写分工为：第 1 章由王录民（河南工业大学）编写，第 2 章、第 11 章由杜明芳（河南工业大学）、金立兵（河南工业大学）编写，第 3 章由李忠献（天津城建大学）、段敬民（河南科技大学）编写，第 4 章由熊辉霞（南阳理工学院）编写，第 5 章由张昊（河南工业大学）编写，第 6 章由许启铿（河南工业大学）编写，第 7 章由丁永刚（河南工业大学）编写，第 8 章由张锋剑（河南城建学院）编写，第 9 章由段敬民（河南科技大学）、李忠献（天津城建大学）编写，第 10 章由秦本东（河南理工大学）编写，第 12 章由韩阳（河南工业大学）、薛鹏飞（河南工业大学）编写。全书由王录民教授统稿，由宋玉普教授（大连理工大学）主审。

本教材在编写过程中，得到了各兄弟院校、郑州大学出版社的领导及有关编辑的大力支持和帮助，在此表示深深的敬意和感谢。

由于编者的水平和经验有限，书中不当和错误之处，敬请读者批评指正。

编者

2014 年 8 月

前　言（第一版）
Foreword

....

　　目前,全国普通本科高等学校中设有土木工程专业的有近300所,这些院校已进入"211"工程的仅有70所左右,不足1/4,由于学校层次不同,则生源的质量和培养目标也不相同,现有的《混凝土结构设计原理》教材虽然很多,但适合培养应用型人才的教材还很少,为此针对量大面广的地方性本科院校土木工程专业的培养目标,从应用性角度出发,根据教育部1998年7月颁布的《普通高等学校本科专业目录和专业介绍》,并参照《混凝土结构设计规范》(GB 50010—2002)和《公路钢筋混凝土及预应力混凝土桥涵设计规范》(JTG D62—2004),我们组织了三所院校长期从事混凝土结构教学的老师,编写了该《混凝土结构设计原理》教材。其内容符合高等学校土木工程专业指导委员会编写的高等学校土木工程专业本科教育培养目标和培养方案及课程教学大纲关于"混凝土结构设计原理"课程的基本要求。

　　本书内容包括:绪论,钢筋混凝土材料的力学性能,混凝土结构设计的方法和过程,轴心受力构件正截面承载力,受弯构件正截面承载力,受弯构件斜截面承载力,偏心受压构件正截面承载力,偏心受拉构件承载力,受扭构件承载力,钢筋混凝土构件变形、裂缝及混凝土结构的耐久性,预应力混凝土构件设计,以及混凝土结构按《公路钢筋混凝土及预应力混凝土桥涵设计规范》的设计原理等内容。

　　本书作为应用型本科教材,在编写过程中努力做到以下几点:

　　1. 针对量大面广的地方性本科院校土木工程专业的培养目标,从应用性角度出发,基本理论讲够即可,不追求理论和研究性内容的深化。

　　2. 从便于学生理解和好教易学出发,注意从学生的角度看问题,合理安排章节顺序,注重由浅入深,由易到难。

　　3. 精选典型例题,设计具有引导性的思考题。典型例题注重增加有实际工程背景的题目,注重应用;思考题注重引导学生对混凝土结构设计原理的分析讨论,使其有利于深化基本概念,富有启发性。

　　4. 配有英文专业词汇,兼顾了双语教学的需要。

本书具体编写分工为：第 1 章、第 2 章由王录民（河南工业大学）编写，第 3 章由段敬民（河南理工大学）编写，第 4 章、第 10 章由段敬民、李慧敏（河南理工大学）编写，第 5 章、第 6 章由张昊（河南工业大学）编写，第 7 章由赵军（郑州大学）编写，第 8 章、第 9 章由鲍鹏玲（信阳师范学院）编写，第 11 章由李晓克（华北水利水电学院）编写，第 12 章由韩阳（河南工业大学）编写。全书由王录民教授统稿，由宋玉普教授（大连理工大学）主审。

本书在编写过程中得到了各兄弟院校、郑州大学出版社的领导及有关编辑的大力支持和帮助，在此表示深深的敬意和感谢。

由于编者的水平和经验有限，书中不当和错误之处，敬请读者批评指正。

编者
2007 年 8 月

目录 CONTENTS

第 1 章 绪 论

Chapter 1　Introduction

1.1　混凝土结构的基本概念
Basic Concepts of Concrete Structures

1.1.1　混凝土结构的定义与分类
Definition and Category of Concrete Structures

混凝土是当今土木工程中用途最广、用量最大的一种工程材料。以混凝土为主要材料制成的结构称为混凝土结构。它包括素混凝土结构、钢筋混凝土结构、钢骨混凝土结构、钢管混凝土结构、纤维混凝土结构和预应力混凝土结构等。

素混凝土结构是指由无筋或不配置受力钢筋的混凝土制成的结构。由于素混凝土结构承载力很低,易脆断,因此在工程中的应用范围非常有限,仅用于路面、基础垫层等以受压为主的结构和非承重结构。

钢筋混凝土结构是指在混凝土中配置受力普通钢筋的混凝土结构。钢筋混凝土结构是目前土木工程中最为常用的结构,尤其在建筑工程中,是最主要的结构种类。

钢骨混凝土结构又称为型钢混凝土结构,它是指用型钢或钢板焊接成的骨架配置在混凝土中形成的结构。钢骨混凝土结构承载力大,抗震性能好,但是用钢量大,造价高,可在高层建筑、工业厂房等重荷载、抗震要求高的工程中应用。

钢管混凝土结构是指在钢管内浇捣混凝土做成的结构。它的承载能力大,抗震性能好,省去模板支护,但构件连接比较复杂,维护费用高,可在高层建筑的底部和路桥支座的柱中采用。

纤维混凝土结构是指在混凝土中掺入钢纤维、玻璃纤维和碳纤维等纤维材料而制成的混凝土结构。掺入纤维可以有效地改善混凝土的性能,如提高抗裂、抗冲击、耐磨性能及抗拉强度,可在建筑结构、水工结构及桥隧工程中应用。

预应力混凝土结构是指在结构构件制作时,在其中配置受力的预应力筋,通过张拉或其他方法在混凝土中建立预压应力的混凝土结构。预应力混凝土结构主要用在抗裂性能高和大跨度的工程中。由于材料的发展和技术的不断完善,预应力混凝土结构的应用越来越广泛。

本书的重点主要是对于钢筋混凝土结构和预应力混凝土结构的介绍。

1.1.2　配筋的作用与要求
Function and Demand of Reinforcement

钢筋混凝土是由钢筋和混凝土两种力学性能不同的材料组成的。混凝土是一种人造石材,其抗压性很强,抗拉性很弱。钢材的抗压、抗拉性都很强。由于工程力学的发展,使人们产生了在混凝土受拉区中放置钢筋代替混凝土承受拉力以让混凝土主要承受压力这一构想,从而促使了钢筋与混凝土这两种材料的巧妙结合,催生了混凝土结构的极大发展。钢筋混凝土的英文为"reinforced concrete",意为"被加强的混凝土"。

下面结合实例来说明钢筋和混凝土这两种材料结合起来使用的必要性。图 1–1(a)为一根未配置钢筋的素混凝土简支梁,跨度为 2.5 m,混凝土强度等级为 C20,在跨中集中荷载 P 作用下,梁的正截面承受弯矩作用,当荷载较小时,截面上的应变如同弹性材料的梁一样,沿截面高度呈直线分布;当荷载增大使跨中截面底部受拉区边缘处拉应力达到混凝土抗拉强度时,该处的混凝土被拉裂,裂缝迅速向上延伸,梁随即发生断裂破坏。破坏发生得非常突然,没有任何征兆,属于脆性破坏。因此,素混凝土梁的开裂荷载 P_{cr} 即破坏荷载 P_u,试验中的 $P_{cr}=P_u=10.1$ kN,承载力很低。梁破坏时受压区混凝土的压应力远未达到其抗压强度,试件的破坏完全由混凝土的抗拉强度控制,混凝土抗压强度高的优点没有得到充分发挥。

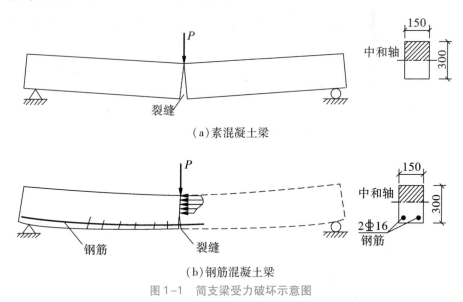

图 1–1　简支梁受力破坏示意图

对于图 1–1(a)中的梁,在下部布置 2 ⊈16 钢筋(HRB400 级钢筋,直径为 16 mm),并在上部布置 2 Φ10 架立筋(HPB300 级钢筋,直径为 10 mm)和适量的箍筋,再进行同样的荷载试验[图 1–1(b)]可以看到,当荷载加到 10 kN 多一些时,梁底也产生裂缝,但裂缝微小,梁不会发生断裂,裂缝截面上受拉区混凝土退出工作,拉应力几乎全部由纵向钢筋承受。荷载仍然可以继续增加,裂缝加宽也向上发展,但较慢,直至加载至 60 kN 左右时,

梁底的钢筋达到屈服。稍后,裂缝上方的受压区混凝土被压碎,梁才被破坏。可见,配有适量钢筋的梁,正是由于充分发挥了钢筋的抗拉强度和混凝土的抗压强度,才使梁的承载能力有很大提高,同时也使梁的变形能力有很大增强,破坏性质发生了根本变化——由突然性的脆断破坏变成了有明显预兆的延性破坏。但是,梁的抗开裂能力并不能明显提高。

将钢筋配置在混凝土结构构件中的受拉部位是混凝土结构设计应遵循的最基本原则。但是由于钢筋不仅抗拉强度高,抗压强度也高,因此在受压的混凝土中配置钢筋不仅可以提高结构或构件的承载能力,减小构件截面尺寸,还可以增强变形能力,改善结构或构件的受力性能。所以在实际的工程中,钢筋不仅按需要配置在梁、板、墙、壳等结构构件中,也配置在柱和基础中。

钢筋和混凝土是两种物理力学性能明显不同的材料,它们可以相互结合共同工作的原因是:

1) 混凝土硬化后,钢筋与混凝土之间产生了良好的黏结力,使两者结合为整体,从而保证在荷载作用下,钢筋与周围混凝土能变形协调,共同工作。

2) 钢筋与混凝土两者具有相近的温度线膨胀系数,钢筋为 $1.2 \times 10^{-5} \, ℃^{-1}$,混凝土为 $(1.0 \sim 1.5) \times 10^{-5} \, ℃^{-1}$。当温度变化时,钢筋与混凝土之间不会产生由于温度变化引起的较大的相对变形而使黏结力遭到破坏。

3) 钢筋埋置于混凝土中,混凝土对钢筋起到了固定和保护作用,使钢筋不易发生锈蚀,且使其受压时不易失稳,在遭受火灾时不至于因钢筋很快软化而导致结构整体破坏。因此,在混凝土结构中,钢筋表面必须有一定厚度的混凝土作保护层,这也是保证两者共同工作的必要措施。

在工程设计和施工中,钢筋的端部要留有一定的锚固长度,有的还要做弯钩以保证可靠锚固,防止钢筋受力后被拔出或产生较大的滑移。钢筋的布置和数量应由计算和构造要求确定。

1.1.3 混凝土结构的优缺点
Advantages and Disadvantages of Concrete Structures

混凝土结构之所以得到广泛的应用,是因为它与其他结构相比具有如下优点:

(1) 取材容易

混凝土所用的大量砂、石一般易于就地取材。另外,还可以利用矿渣、粉煤灰等工业废料制成人造骨料,利用拆除旧建筑的废料制成再生骨料,有利于环境保护。

(2) 合理用材

合理地发挥了钢筋和混凝土两种材料的性能,承载能力高,在多数情况下可以代替钢结构,节约钢材,降低造价。

(3) 耐久性好

由于混凝土强度随时间增长会略有提高,钢筋被混凝土包裹,不易生锈,所以钢筋混凝土结构与其他材料的结构相比,其使用寿命较长,且基本上不需要维护。

（4）耐火性好

由于混凝土包裹在钢筋外,遭遇火灾时钢筋不会因升温而迅速软化,也不会像木结构那样被燃烧。

（5）可模性好

可以根据需要浇筑成任何形状和尺寸。

（6）整体性好

由于可以整体浇筑和预制装配二次浇筑,因而整体性好,刚度大,有利于抵抗地震、振动、冲击和爆炸的作用。

当然,事物总是一分为二的。混凝土结构也存在一些缺点,如:自重大,不利于建造大跨度结构和超高层结构,对抗震不利;抗裂性差,受拉和受弯构件在正常使用时往往带裂缝工作,虽不影响承载力,但影响结构的美观和耐久性,对一些不允许出现裂缝或对裂缝有严格限制的结构,要么使用受到限制,要么需要提高工程造价;现场施工工序多,需养护,工期长,并受施工环境和季节气候条件的限制等。

虽然混凝土结构存在着一些缺点,但是其优点远多于缺点。随着对其研究的深入,新技术、新材料、新工艺不断出现,混凝土结构的缺点正在逐渐被克服和改善,如:采用轻质高强的混凝土,可以有效减轻结构的自重,并改善隔声隔热性能;采用预应力混凝土,可以提高其抗裂性,扩大使用范围,使其可以用于大跨度结构和防渗漏结构中;采用预制装配式结构,可以减少现场操作工序,克服气候条件限制,加快施工进程等。因此,钢筋混凝土结构的应用范围正在不断得到扩大,显示着强劲的生命力。

1.2　混凝土结构的发展与应用概况
Historical Background and Application of Concrete Structures

1.2.1　混凝土结构发展的几个阶段
Several Development Stages of Concrete Structures

混凝土结构的产生是由人造硅酸盐水泥的发明所决定的。1824 年,英国人约·阿斯普丁(Joseph Aspdin)发明了波特兰水泥并取得了专利。但在这期间,混凝土结构还没有形成。1849 年,法国人蓝波特(L. Lambot)制成了铁丝网水泥砂浆的小船,这可以算是人类历史上第一个混凝土制成的结构。由此算来,混凝土结构的产生已有 170 多年的历史。紧接着,1861 年法国花匠约瑟夫·莫尼埃(Joseph Monier)获得了制造钢筋混凝土板、管道和拱桥的专利,但他并不懂得钢筋混凝土的原理,他将钢筋设置在板的中部。1866 年,德国学者发表了混凝土结构的计算理论和计算方法,1887 年又发表了试验结果,并提出了钢筋应配置在受拉区的概念和板的计算方法。至此,钢筋混凝土结构才逐渐得到推广。纵观混凝土结构发展的历史,大致可以分为如下三个阶段:

第一阶段是指从钢筋混凝土的发明至 20 世纪 20 年代左右,为钢筋混凝土结构发展的初期阶段。这一阶段,由于钢筋和混凝土的强度都很低,仅能建造一些小型的梁、板、柱、基础等构件。对混凝土结构的研究和认识还比较粗浅,计算理论则套用了弹性理论,

设计方法采用容许应力法。

第二阶段是指从 20 世纪 20 年代至第二次世界大战前后，为钢筋混凝土结构的快速发展阶段。这一时期，混凝土和钢筋的强度均有所提高，已建成了各种空间结构。1928 年，法国工程师弗耐西涅（E. Freyssinet）成功地将高强钢丝用于预应力混凝土，使预应力混凝土的概念得以在工程实践中成为现实。加上后来各种锚具的发明和体系的完善，使得预应力混凝土技术成为一种成熟的技术，从而使混凝土结构的抗裂性得到根本的改善，使高强钢筋能够在混凝土结构中得到有效的利用，使混凝土结构能够用于大跨空间结构、压力贮罐、管道等领域中。在计算理论和设计方法上，多位学者进行了探索，尤其是苏联学者格沃兹捷夫（А. А. Гвоздев）做出了杰出贡献，提出了考虑混凝土塑性性能的破损阶段设计法。

第三阶段是指从第二次世界大战以后至今，为钢筋混凝土结构的大规模应用和现代化阶段。这一阶段的主要成就是高性能混凝土和高强钢筋的出现及泵送商品混凝土与各种先进施工技术的广泛应用，促进了混凝土结构在高层和超高层建筑、大跨度桥梁、特长越海隧道、超大型水利水电工程、高耸结构等方面的应用，出现了一大批标志性的土木工程，且高度或规模等不断被刷新。在计算理论和设计方法上，由于研究和认识的逐步深入，在充分考虑钢筋与混凝土塑性性能的基础上，提出了按极限状态计算结构承载力的设计方法。由于对结构可靠度研究的需要，人们又将概率与数理统计方法引入到对各种荷载、材料强度等变异规律的研究中，从而形成并逐步完善了现今被各国广泛采用的以概率理论为基础的极限状态设计法。对混凝土本构模型的研究及计算机技术的发展，使得人们对混凝土结构的受力分析可以更加细致和深入，利用非线性分析方法可以对各种复杂混凝土结构进行全过程受力模拟。值得欣慰和自豪的是，经过几代人的不懈努力，我国混凝土结构的计算理论和建造技术均达到了当前国际水平。

1.2.2 混凝土结构的工程应用
Engineering Application of Concrete Structures

混凝土结构在几乎所有的土木工程领域均有广泛的应用。

（1）房屋建筑工程

在房屋建筑中，多层住宅和办公楼可采用砌体结构作为竖向承重构件，然而其楼板和屋面几乎全部采用预制钢筋混凝土板或现浇钢筋混凝土板；多层房屋和小高层房屋更多的是采用现浇的钢筋混凝土梁板柱框架结构；单层厂房也多是采用钢筋混凝土柱、钢筋混凝土屋架或薄腹梁、V 形折板等；高层建筑采用钢筋混凝土结构体系更是获得了很大发展，甚至出现了许多举世闻名的超高层建筑。如欧洲最高的建筑是俄罗斯圣彼得堡的拉赫塔中心，87 层，高 462 米；美国芝加哥的咨询大厦，64 层，高 298 m；香港中环大厦，78 层，高 374 m；马来西亚吉隆坡彼得罗纳斯双塔大厦（图 1-2），88 层，高 450 m；目前世界上最高的建筑是阿联酋迪拜的哈利法塔（Khalifa Tower）（图 1-3），162 层，总高度 828 m，为钢骨混凝土结构。我国目前最高的建筑是上海浦东的上海中心大厦，地上 121 层，结构高度 580 m，其塔楼结构由钢筋混凝土筒、钢骨混凝土巨柱和钢结构伸臂桁架组成，与金茂大厦、环球金融中心呈三足鼎立之势（图 1-4）。金茂大厦，88 层，高 420.5 m，其内部为钢筋混凝土框筒结构,外围为钢骨混凝土柱和钢柱;环球金融中心,101层,高492 m,内筒为钢筋混凝土结构。

图1-2　吉隆坡双塔大厦　　图1-3　迪拜哈利法塔　　图1-4　上海中心大厦、金
茂大厦与环球金
融中心

有很多公共建筑采用钢筋混凝土建造,成为很有特色的建筑,如意大利都灵展览馆拱顶(图1-5)由装配式构件组成,跨度95 m,非常宏伟壮丽;美国西雅图金群体育馆(图1-6)采用圆球壳,跨度达202 m;1959年动工兴建、1979年竣工的澳大利亚悉尼歌剧院(图1-7),主体结构由三组巨大的壳片(实为组合拱)组成,壳片曲率半径为76 m,建筑坐落于海边,外观涂成白色,状如几片贝壳,在蔚蓝色的海洋上显得十分飘逸灵动,浑然天成,成为悉尼的标志性建筑,也成为世界上著名的风景建筑。

图1-5　意大利都灵展览馆拱顶　　图1-6　美国西雅图金群体育馆　　图1-7　澳大利亚悉尼歌剧院

(2)桥梁工程

在桥梁工程方面,中小跨桥梁绝大部分采用钢筋混凝土建造,跨度可从几米、几十米到几百米不等。如我国江南水乡到处可见的混凝土拱桥,各种河流上的跨河桥等。克罗地亚的克尔克Ⅱ号桥(图1-8),为上承式空腹拱桥,主跨390 m,是目前世界上最大的钢筋混凝土拱桥;我国1997年建成的重庆万州长江大桥(图1-9),为上承式拱桥,采用钢管

混凝土和型钢骨架建成三室箱形截面,跨度长 420 m,是目前世界上跨度最大的型钢混凝土拱桥;2021 年建成的四川合江长江公路大桥(图 1-10),全长 1420 m,主桥长 668 m,是世界上最大跨径飞燕式钢管混凝土系杆拱桥;即使有些大跨度桥梁,其跨度超过 500 m,采用钢悬索或钢制斜拉索,但其桥墩、塔架和桥面结构都是采用混凝土结构。1997 年建成的香港青马大桥(图 1-11),跨度 1377 m,桥体为悬索结构,支承悬索的两端塔架是高 203 m 的钢筋混凝土结构;2018 年建成的港珠澳大桥(图 1-12),全长 55 km,为目前世界第一跨海长桥。

图 1-8 克罗地亚克尔克Ⅱ号桥

图 1-9 重庆万州长江大桥

图 1-10 四川合江长江公路大桥

图 1-11 香港青马大桥

图 1-12 港珠澳大桥

超级工程——港珠澳大桥

（3）水利工程

在水利工程中，水利枢纽中的水电站、拦洪坝、船闸、引水渡槽等也是采用钢筋混凝土结构。目前，世界上最高的重力坝为瑞士大狄克桑斯坝（图1-13），高285 m，坝顶宽15 m，坝底宽225 m，坝长695 m，库容量为4亿 m^3。巴西和巴拉圭共有的伊泰善水电站，主坝高196 m，长1060 m，装机容量为1260万 kW。我国的龙羊峡水电站（图1-14）和小浪底水利枢纽工程（图1-15）采用的也都是混凝土重力坝，坝高分别为178 m和154 m；我国建设的三峡水利枢纽工程（图1-16）举世瞩目，坝高186 m，长3035 m，坝体混凝土用量达1527万 m^3，设计装机容量1820万 kW，是世界上最大的水利枢纽工程。

图1-13　瑞士大狄克桑斯坝

图1-14　龙羊峡水电站

图1-15　小浪底水利枢纽工程

图1-16　三峡水利枢纽工程

（4）特种结构及其他工程

特种结构工程是指除一般结构工程之外，具有特种功能或用途的结构工程，包括高耸结构、海洋工程结构、管道结构和容器结构等。特种结构中的烟囱、水塔、冷却塔、水池、筒仓、储罐、电视塔、核电站反应堆安全壳、近海采油平台等也多采用钢筋混凝土结构。如我国宁波北仑港火力发电厂有高度达270 m的筒中筒烟囱；世界上容量最大的水塔是瑞典马尔默水塔，容量达10000 m^3；我国山西云岗建成的两座预应力混凝土煤仓，容量6万 t；我国大连北良建成的钢筋混凝土粮食立筒仓（图1-17），容量达到18万 t，为世界之最。目前，世界上最高的构筑物是日本的东京晴空塔（图1-18），高634.0 m；我国最高的构筑物是广州电视塔（图1-19），高600 m，两者均为钢结构外框筒与混凝土核心筒组成的混合结构。世界上最高的混凝土结构电视塔是加拿大多伦多电视塔（图1-20），塔高

553.3 m(包括了钢天线部分),为预应力混凝土结构;我国上海的东方明珠电视塔(图1-21)由三个钢筋混凝土筒体组成独特造型,高456 m。

除了上述工程外,混凝土结构还在公路交通、隧道、铁路、机场等工程建设中广泛应用。如上海仅穿过黄浦江的越江隧道已达17条,浦东建造的高速磁悬浮列车,其中架空轨道线路也是钢筋混凝土结构。更值得一提的是,被世人誉为"天路"的青藏铁路(图1-22)解决了一系列工程中的世界难题,如穿越永久冻土区的问题,在其中超过100 km的路段中,就是采用钢筋混凝土桩穿过冻土层将铁路架空的方法来巧妙解决的。

可以说,不学好混凝土结构的知识,很难成为一个称职的现代土木工程师。

图1-17　大连北良粮食立筒仓

图1-18　日本东京晴空塔

图1-19　广州电视塔

图1-20　加拿大多伦多电视塔

广州电视塔

图1-21　上海东方明珠电视塔　　　　　　　　　　　图1-22　青藏铁路

1.2.3　混凝土结构的近期新发展
Recent Development of Concrete Structures

虽然混凝土结构的产生已经有170多年的历史,但人们对它的研究和探索却从未间断。因其用途广泛、用量巨大、需求多样,不断推动着研究的深入和技术的进步。尤其是近30年来,在材料性能、结构设计理论、建造技术和施工方法等方面均不断发生着新的变化,取得了一系列突破性的进展。

(1)材料性能方面

重点体现在对混凝土性能的改进和提高,由于材料强度的提高可以减小构件截面尺寸、节省材料,推动了高强混凝土和超高强混凝土的研究与应用。由于高强和超高强混凝土具有抗压强度高、抗变形能力强、密度大、孔隙率低的优点,推动了高层建筑结构、大跨度桥梁结构及某些特种结构的发展。在我国,C100以上的超高强混凝土已经在一些重要工程中推广应用,在实验室已制作出抗压强度超过200 MPa的超高强度混凝土;在国外,实验室已配制出抗压强度超过800 MPa的超高强度混凝土。在高强和超高强混凝土的基础上,又出现了高性能混凝土,即在大幅度提高普通混凝土性能的基础上采用现代技术制作的一种新型高技术混凝土,它具有高工作性(易浇捣、自密实等)、高耐久性、高体积稳定性及较高强度等优点。

21世纪,人们更加关注可持续发展问题,因此"绿色混凝土"的概念也被提出,用以实现非再生资源的可循环使用和有害物质的最低排放,以节约能源,减少环境污染,与自然生态系统协调共生。这就催生了以下三种新型混凝土。

1)再生骨料混凝土:指将废弃的混凝土块、砖块经过破碎、清洗、分级并按一定的比例与级配混合形成再生骨料,部分或者全部代替天然砂石配制成新混凝土,这为大量废弃的建筑垃圾找到了一条有效的利用途径。

2)环保型混凝土:指能够改善或美化环境,对人类与自然的协调具有积极作用的混凝土材料。如:"吃尘"混凝土,近年来意大利Italcementi集团研制出了一种能利用紫外线分解泥尘的智能混凝土,可以有效分解空气中的粉尘、CO_2、SO_2、NO_x等污物,已在法国航空公司戴高乐国际机场新总部、日本东京的 Marnnouchi 大厦等著名建筑上采用;透水混凝土,具有良好的透水透气性,用于城市道路、广场的铺设,下雨时雨水可以迅速渗透至地下,地下水得到及时补充,地表植物可以生存,城市气候得到调节,道路没有积水,上海世博园区 60% 以上的路面采用了这种材料铺筑,效果良好;绿化混凝土,指在混凝土孔隙内存在适应生物生存的环境,以防止水土流失,保护植被,可以用于固堤防洪,城市绿化。

3)机敏混凝土:指具有感知、调节和修复功能的混凝土,它是通过在传统的混凝土组分中复合特殊的功能组分而制备的具有本能机敏特性的混凝土。如在混凝土材料中掺入压敏性和温解性的材料,可以测得结构中应力和温度的变化及损伤情况,从而形成自感知。如在混凝土材料中埋入形状记忆合金和电流变体,可以调整承载能力和减缓结构振动。如在混凝土材料组分中复合活性无机掺合料、微细低弹模纤维和有机化合物,可以在结构出现裂缝时自我愈合,从而在混凝土内部形成自增强、自愈合网络。

(2)结构设计理论方面

在这方面,比较突出的是工程结构全寿命周期设计理论的提出。所谓工程结构的全寿命周期,是指工程结构从规划、设计、施工、使用到维护及拆除,甚至在某些情况下考虑重新利用等的整个时间历程。工程项目实施全寿命周期设计的新理念,就是合理地确定工程结构的使用寿命,以对象的整个寿命期为研究时间,充分考虑寿命期内工程结构性能的变化,以工程项目的成本效益分析为手段,以更高更宽广的视野对工程项目进行全寿命历程的决策与设计。

(3)建造技术与施工方法方面

随着科学技术的进步,新的混凝土建造技术与施工方法也层出不穷。仅技术上来说,高效减水剂的应用是一项比较突出的技术进步。高效减水剂的应用可以使混凝土拌合物的流动性大大提高,或者在保持相同流动性的情况下大幅度减小拌和用水量,同时使浇筑后的混凝土实现早强且具有高耐久性。在混凝土的输送方面,主要是超高泵送混凝土技术的突破。从目前来看,国内混凝土一次泵送垂直高度可以达到 400 m 以上。此外,还有爬模组装技术、模板整体提升技术和升降脚手架及整体提升钢平台技术,解决了一系列施工技术难题,极大地提升了工作效率。

从施工工艺来说,房屋建筑装配式混凝土结构建造技术取得了新进展。该工艺是将房屋建筑中的竖向承重构件(柱、墙)和横向承重构件(梁、板)进行工厂化预制,然后在施工现场组装,从而形成框架结构、剪力墙结构或框架-剪力墙结构(图 1-23)。构件的工厂化生产,可以实现全自动化生产和现代化控制,从而避免大量的现场湿作业,有效地减少施工污染和噪声扰民,提高劳动效率,加快施工进度。在工厂化的生产过程中,可以将结构构件与保温、饰面、防水、门窗、阳台等一体化预制,并可将水电管线布置等多方面功能要求结合起来,具有明显的技术经济效益,因而激发了一大批现代化施工企业和房地产开发商的投入与开发热情,进而解决了一系列技术难题,克服了 20 世纪七八十年代装配式住宅建设的缺陷,从而形成了一个新的技术体系,是目前国内房屋建设新的发展趋势。

图1-23　装配式混凝土结构

　　更值得引起关注的是3D打印技术已成功运用于房屋的建造，号称"全球首批3D打印实用建筑"的10幢房屋于2014年4月在上海青浦面世(图1-24)。这将改变传统的建筑施工工艺，极大地推动建筑施工技术的革命。

图1-24　3D打印建筑

1.3　本课程的性质、特点及学习方法
The Property, Feature and Study Method of the Course

1.3.1　本课程的性质与特点
The Property and Feature of the Course

　　1)本课程具有很强的专业背景，是从基础课向专业课过渡的一门重要的专业基础课。

　　本课程从土木工程专业应用的角度出发，讲述混凝土结构构件的设计原理，它相当于钢筋混凝土的材料力学。但是，材料力学是以连续、匀质、弹性材料为研究对象，它基本上没有考虑材料的其他特性，是研究材料力学性能的基础，所得到的理论分析方

法及计算公式适用于工程、材料、机械类的各个专业。然而,混凝土结构设计原理所研究的对象是由混凝土和钢筋组合而成的材料,由于混凝土材料力学性能的复杂性,不仅使得构件的受力性能变得复杂,也使得材料力学的理论和计算公式不能直接应用。但材料力学分析问题的基本思路,即由材料的变形几何关系、物理关系和力的平衡关系所建立的力学分析方法,同样适用于混凝土结构,但在具体运用时要紧密结合钢筋混凝土性能上的特点。

2)本课程是以试验研究为基础、工程应用为目标,以符号众多、公式繁杂为特点的专业基础课。

由于混凝土材料力学性能的复杂性、影响因素的多样性,混凝土构件在许多情况下的受力分析十分复杂,难以直接建立理论分析计算方法。解决问题的办法只有通过大量的试验研究,即根据一定数量的构件受力性能试验,观测其受力破坏过程,分析研究其破坏机理和受力性能,寻找其规律性的东西,确定主要的影响因素,建立物理和数学模型,并根据试验数据拟合出半理论半经验的计算公式,确定计算参数,从而得到能够满足工程实用的计算公式。这与材料力学中假定条件简单、数理推导严密、计算方法简化、没有附加条件等研究分析问题的方式十分不同。因此,初学者往往感到很不适应,甚至感到这门学科缺乏严密的科学性,学起来也感到不得要领。这是学习者从基础课到专业基础课进而到专业课学习过程中的一个必然经历,要在老师的指导下主动做好适应。只有深刻理解本课程分析问题、解决问题以至构建计算公式的思路和方法,参加一些必要的试验,才能变被动为主动,进而为专业课的学习打下良好的基础。

1.3.2 本课程的学习方法
The Study Method of the Course

每门课程都有自己的学习方法,根据本课程的性质与特点,在学习中要处理好以下几个问题:

(1)在清晰的思路指导下进行学习

本课程涉及的材料性能复杂、内容多、符号多、计算公式多、构造规定也多。如果学习方法不得当,学起来会感到繁杂,记忆困难,这就要在清晰的思路指导下进行学习。要学会删繁就简,抓住主线。要善于分析归纳,如拉、压、弯、剪、扭等各种构件的承载力计算,公式符号确实很多,但如果进行归类分析,可以看出凡属正截面的承载力计算,均符合平截面假定,只要概念上清楚达到承载能力极限状态时构件截面上钢筋和混凝土的应力分布情况,就可以很简单地用平衡方程构建起各种构件正截面承载能力的计算公式。这比要死记住一个个不同的公式要容易得多,即使忘记了,绘制一个截面受力状态图,马上即可把公式写出来。对于剪、扭构件的斜截面承载力计算,只要搞清楚影响承载力的主要因素、参数,构建公式的方法就容易记忆了。

(2)加强概念理解,提高综合能力

土木工程专业学生需要掌握土木工程学科的基本理论和基本知识,获得工程师基本训练,将来能够从事土木工程的勘察、设计、施工与管理等工作,也就是说要培养未来的土木工程师。而作为土木工程师来说最重要的是概念要清楚,所谓的"概念"主要

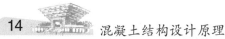
是力学概念。所以在学习的过程中要深刻理解各种结构和构件的受力性质和受力状态,这样才能清楚钢筋应放在什么部位,怎么放最合适。同时还要清楚,钢筋混凝土构件的两种材料在强度和数量上存在一个合理的配比范围,如果钢筋和混凝土在面积上的比例及材料强度的搭配超过了这个范围,就会引起构件受力性能的改变,从而引起截面设计方法的改变。因此,本课程中所给出的一些"限制条件"是不可忽视的,否则将会犯概念性的错误。

（3）提高工程意识,加强基本训练

本课程是土木工程专业必修的一门专业基础课,所学的知识既要为后续课程打下基础,又要在以后的工程实践中直接应用,所以要加强工程意识的培养。学习中不仅要多做习题,提高动手能力,更要明确构件和结构设计是一个综合性的问题,不仅仅是会使用公式计算,还包括在设计过程中结构方案、构件、材料、配筋构造、施工方案等的选择,同时还要考虑安全适用和经济合理。设计中许多数据可能有多种选择方案,因而设计结果不是唯一的。最终设计结果应经过各种方案的比较,综合考虑使用、材料、造价等各项指标的可行性,才能确定较为合适的一个设计结果。同时,设计结果还要会用工程图正确地表达,形成工程语言。

另外,在设计中还必须注意,现行的计算方法一般只考虑荷载效应,其他影响因素,如混凝土收缩、温度影响以及地基不均匀沉降等,难以用计算公式来表达。《混凝土结构设计规范》根据长期的工程实践经验,总结出一些构造措施来考虑这些因素的影响,用以弥补计算的不足,保证正常使用和结构安全的要求。因此,结构或构件设计时,构造要求是不可忽视的,构造措施是必须保证的。

（4）熟练地掌握和应用规范,加强责任意识

混凝土结构的设计与施工工作必须按照国家所颁布的技术规范或规程进行,各种技术规范规程是长期理论研究和工程实践的总结,是具有约束和立法性的文件,其中的强制性条文是设计中必须遵守的。其目的是使工程结构的设计在符合国家经济政策的条件下,保证设计的质量和工程项目的安全可靠。因此,工程技术人员在混凝土结构的设计工作中要熟练掌握规范的基本要求和适用范围,同时还要深刻理解规范条文的理论依据,只有这样才能更好地应用规范,充分发挥设计者的主动性和创造性。还要注意的是,混凝土结构是一门比较年轻和迅速发展的学科,许多计算方法和构造措施还不一定尽善尽美,许多新材料、新技术、新成果会不断涌现。因此,各国每隔一段时间都要对其结构设计标准或规范进行修订。我国的混凝土结构设计规范一般8~10年修订一次,现行的设计规范是《混凝土结构设计规范（2015年版）》（GB 50010—2010）（本书引用的该规范均指此版,后面不再详细标注）,要及时学习和掌握最新的设计规范。

任何一项土木工程的设计与建造,都是事关人民生命财产安全的大事,无论从事设计还是施工都是一种法律行为,工程质量责任是终生的,因此,工程技术人员一定要遵守国家相关法律、法规的要求,否则,就要承担相应的法律责任。

本章小结

1)以混凝土为主要材料制成的结构称为混凝土结构,它可充分发挥钢筋的抗拉强度和混凝土的抗压强度,在受压的混凝土中亦可配置适量钢筋以提高结构或构件的承载能力,减小构件截面尺寸,增强变形能力,改善结构或构件的受力性能。混凝土结构既有优点,也有缺点,设计时应尽可能发挥其优点,克服其缺点。

2)钢筋和混凝土两种材料能够在一起共同工作基于三个条件:钢筋与混凝土之间存在着良好的黏结力;钢筋与混凝土两者具有相近的温度线膨胀系数;钢筋埋置于混凝土中,混凝土对钢筋起到了固定和保护作用。

3)本课程是从基础课向专业课过渡的一门重要的专业基础课,学习中应注意其与材料力学课程的联系和区别,理清思路,加强概念理解,提高工程意识,注重规范的掌握和应用。

思考题

第1章在线
测试

1.什么是混凝土结构? 它包括哪些基本类型?

2.各类混凝土结构主要应用于哪些工程方面?

3.在混凝土中配置一定形式和数量的钢筋构成结构以后,其性能将发生什么样的变化?

4.钢筋和混凝土是两种性能不同的材料,它们为什么可以共同工作?

5.混凝土结构有哪些主要的优点和缺点?

6.混凝土结构的发展经历了哪几个主要阶段?

7.近30年来混凝土结构有哪些新的发展?

8.如何才能学习好本课程?

第 2 章　混凝土结构材料的力学性能

Chapter 2　Mechanical Properties of Reinforced Concrete
　　　　　　Structure Materials

2.1　钢筋的物理力学性能
Physical and Mechanical Properties of Steel Bar

2.1.1　钢筋的品种和等级
Types and Grades of Steel Bar

我国用于混凝土结构中的钢筋主要有热轧钢筋、预应力钢丝、钢绞线和预应力螺纹钢筋四种。在钢筋混凝土结构中主要用热轧钢筋,在预应力混凝土结构中这四种钢筋都会用到。

钢筋的物理力学性能主要取决于它的化学成分,根据钢筋的化学成分不同,可将钢筋分为碳素钢及普通低合金钢两大类。碳素钢除含有铁元素外,还含有少量的碳、硅、锰、硫、磷等元素。试验结果表明,含碳量越高的钢筋其强度也越高,但其塑性和可焊性会降低。通常将含碳量少于 0.25% 的碳素钢称为低碳钢,含碳量为 0.25% ~ 0.6% 的碳素钢称为中碳钢,含碳量为 0.6% ~1.4% 的碳素钢称为高碳钢。普通低合金钢是在碳素钢中加入少量的合金元素,如硅、锰、钛、钒、铬等,以有效提高钢材的强度和改善钢材的其他性能。为了响应国家"四节一环保"的号召,近年来研制开发出的细晶粒钢筋不需添加或只需添加很少的合金元素,通过控制轧钢温度形成细晶粒的金相组织,达到与添加合金元素异曲同工的效果,其各项基本性能均满足混凝土结构对钢筋性能的要求。

(1)热轧钢筋

热轧钢筋采用低碳钢、普通低合金钢或细晶粒钢在高温下轧制而成,按其力学指标的高低,分为 HPB300、HRB400、HRBF400、RRB400、HRB500、HRBF500 六个种类。其中,HPB300 级为低碳钢筋,外形为光面圆形[图 2-1(a)],又称为光圆钢筋;HRB400 和 HRB500 为普通低合金钢筋,HRBF400 和 HRBF500 为细晶粒带肋钢筋,表面均轧有月牙肋[图 2-1(b)],又称为变形钢筋;RRB400 为余热处理钢筋,其性能接近于 HRB400 钢筋,但没有 HRB400 钢筋稳定,焊接时钢筋回火强度有所降低,因此应用范围受到限制。

普通钢筋的种类、代表符号和直径范围如表 2-1 所示。

（a）光圆钢筋　　　（b）月牙肋钢筋

图 2-1　光圆钢筋和月牙肋钢筋

表 2-1　普通钢筋的种类、代表符号和直径范围

牌号	符号	d/mm
HPB300	Φ	6～14
HRB400	$\underline{\Phi}$	
HRBF400	$\underline{\Phi}^{\mathrm{F}}$	6～50
RRB400	$\underline{\Phi}^{\mathrm{R}}$	
HRB500	$\underline{\underline{\Phi}}$	6～50
HRBF500	$\underline{\underline{\Phi}}^{\mathrm{F}}$	

　　一般情况下，HPB300、HRB400 和 RRB400 可作为非预应力钢筋，预应力筋宜采用预应力钢丝、钢绞线和预应力螺纹钢筋。

　　（2）中、高强钢丝和钢绞线

　　预应力钢丝是以优质碳素结构钢圆盘条经等温淬火并拔制而成。预应力钢丝具有强度高、柔性好、松弛率低、耐腐蚀等特点，适用于各种特殊要求的预应力混凝土。中、高强钢丝的直径为 4～10 mm，捻制成钢绞线后也不超过 21.6 mm。钢丝外形有光面、月牙肋及螺旋肋几种，而钢绞线则为绳状，有 2 股、3 股或 7 股钢丝捻制而成，均可盘成卷状。常用的有 1×7（7 根一股）和 1×3（3 根一股），抗拉强度为 1570～1960 N/mm²，其符号为 Φ^{s}。绳状钢绞线、刻痕钢丝和螺旋肋钢丝的形状如图 2-2 所示。

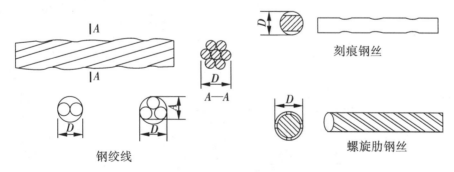

图 2-2　钢绞线、刻痕钢丝和螺旋肋钢丝

　　中强度预应力钢丝的抗拉强度为 800～1270 N/mm²，消除应力钢丝的抗拉强度为 1470～1860 N/mm²，外形有光面和螺旋肋两种，光面钢丝符号为 Φ^{P}，螺旋肋钢丝符号为 Φ^{H}。中、高强钢丝和钢绞线，没有明显的屈服点，材料检验只能以抗拉强度为依据，具有

强度高、塑性较好、使用时不需要接头等优点,适用于大荷载、大跨度及曲线配筋的预应力混凝土结构。

(3)预应力螺纹钢筋

预应力螺纹钢筋是一种大直径、高强度钢筋,直径为 18 ~ 50 mm,屈服强度标准值为 785 ~ 1080 N/mm²,极限强度标准值为 980 ~ 1230 N/mm²,其符号为Φᵀ,又称精轧螺纹粗钢筋,可用螺栓套筒连接和螺帽锚固,不需焊接,也不需再加工螺栓,多用于预应力混凝土结构构件的配筋。

(4)冷加工钢筋

冷加工钢筋是指在常温下采用某种工艺对热轧钢筋进行加工得到的钢筋。为了节约钢材和扩大钢筋的应用范围,常常对热轧钢筋进行冷拉、冷拔等机械加工。经冷加工后钢筋强度得到了提高,但同时其伸长率却降低显著,除冷拉钢筋仍具有明显的屈服点外,其余冷加工钢筋均无明显屈服点和屈服台阶。

2.1.2　钢筋的强度和变形
Strength and Deformation of Steel Bar

钢筋在混凝土构件中的主要作用是承担拉力,因此我们可以通过对钢材的拉伸试验去认识它的强度和变形性能。

根据钢筋拉伸试验的应力–应变曲线的特点不同,钢筋可分为有明显流幅(指钢筋屈服情况下的应变范围)的钢筋(如热轧钢筋、冷拔钢筋,见图 2-3)和无明显流幅的钢筋(如中、高强钢丝和钢绞线,见图2-4)。工程上,有明显流幅的钢筋习惯地称为软钢,无明显流幅的钢筋习惯地称为硬钢。

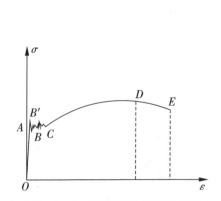

图2-3　有明显流幅的钢筋拉伸试验的应力–应变曲线

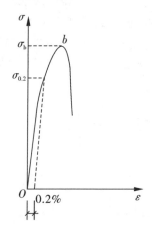

图2-4　无明显流幅的钢筋拉伸试验的应力–应变曲线

（1）有明显流幅的钢筋

有明显流幅的钢筋拉伸试验的典型应力-应变曲线如图 2-3 所示，现描述如下。

1）弹性阶段。

当试件受力不太大时，其应力与应变的增长，始终保持着正比的关系，即 A 点以前应力应变呈直线变化，故 A 点对应的应力称为比例极限（或称弹性极限）。从 O 至 A 这一阶段称为弹性阶段。

2）屈服阶段。

当应力超过比例极限时，应力与应变不再成正比增长，在这个阶段开始时，图形渐变为曲线，稍后，则应变突然急剧增长，而应力却在很小幅度内波动，即 A 点以后，钢筋开始塑流，这种塑流变形一直延续到 C 点。从 A 至 C 这一阶段称为屈服阶段。波动应力的下限 B 对应的应力称为屈服强度。

3）强化阶段。

当钢材屈服到一定程度后，钢筋应力开始重新增长，应力-应变关系就沿着 CD 段曲线上升，这一阶段称为强化阶段。对应于最高点 D 的应力称为极限强度。

4）破坏阶段。

钢材强化达到最高点 D 后，在试件内部某个薄弱部位的截面将突然急剧缩小，产生局部颈缩现象，直至 E 点发生试件被拉断。从 D 至 E 这一阶段称为破坏阶段。E 点对应的应变称为钢筋的极限应变。

（2）无明显流幅的钢筋

无明显流幅的钢筋拉伸试验的典型应力-应变曲线如图 2-4 所示。对于无明显屈服点和屈服台阶的钢筋，从图 2-4 中可以看出，钢筋应力达到比例极限点（约为极限抗拉强度的 3/4）之前，应力-应变曲线按直线变化，钢筋具有明显的弹性性质，超过比例极限点以后，钢筋表现出越来越明显的塑性性质，但应力与应变均持续增长，应力-应变曲线上没有明显的屈服点。到达极限抗拉强度点后，同样由于钢筋的缩颈现象出现下降段，直至钢筋被拉断。

从图 2-4 可知，这类钢筋只有一个强度指标，即 b 点所对应的极限抗拉强度。由于设计中必须留有一定的强度储备，故极限抗拉强度不能作为钢筋强度取值的依据。因此工程上一般取残余应变为 0.2% 所对应的应力 $\sigma_{0.2}$ 作为无明显流幅钢筋的强度限值，通常称为条件屈服强度。根据实验结果，$\sigma_{0.2} = (0.8 \sim 0.9)\sigma_b$，其中 σ_b 为无明显屈服点的钢筋的极限抗拉强度。为了简化运算，《混凝土结构设计规范》对预应力钢丝、钢绞线取 $\sigma_{0.2} = 0.85\sigma_b$；对中强度预应力钢丝和螺纹钢筋，考虑工程经验，应做适当调整。

（3）钢筋的变形性能

钢筋除了要有足够的强度（屈服强度和极限强度）外，还应具有一定的塑性变形能力，以防止在弯折加工时断裂和在使用过程中脆断。通常用伸长率和冷弯性能这两个塑性指标来反映钢筋的塑性性能和变形能力。

钢筋拉断后的伸长值（$L' - L_0$，L' 为拉伸后长度）与原长（L_0）的比率称为伸长率。伸长率越大，表明钢筋的塑性性能和变形能力越好。我国规范《金属材料 拉伸试验 第 1 部分：室温试验方法》（GB/T 228.1—2021）要求在试验中绘制应力-应变曲线，量测并计算钢筋在最大拉力下的总伸长率(简称均匀伸长率)δ_{gt}作为衡量钢筋塑性的指标。

$$\delta_{gt} = \left(\frac{L' - L_0}{L_0} + \frac{\sigma_b^0}{E_s} \right) \times 100\%$$

均匀伸长率 δ_{gt}[图 2-5(b)]比断口附近伸长率 δ[图 2-5(a)]更真实地反映了钢筋在拉断前的平均(非局部区域)伸长率,可客观地反映钢筋的变形能力,是比较科学的塑性指标。普通钢筋及预应力筋在最大力下的总伸长率 δ_{gt} 不应小于表 2-2 规定的数值。

表 2-2 普通钢筋及预应力筋在最大力下的总伸长率限值

钢筋品种	普通钢筋			预应力筋
	HPB300	HRB335、HRB400、HRBF400、HRB500、HRBF500	RRB400	
$\delta_{gt}/\%$	10.0	7.5	5.0	3.5

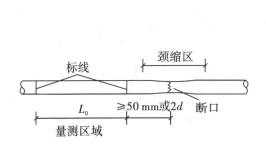

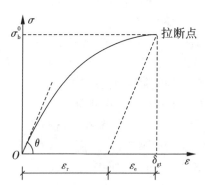

(a)试件与量测标距 　　　　　(b)拉伸曲线与均匀伸长率

图 2-5 钢筋均匀伸长率的测定

为了使钢筋在使用时不会脆断,加工时不致断裂,还要求钢筋具有一定的冷弯性能。冷弯是将直径为 d 的钢筋绕直径为 D(D 定为 d、$2d$、$3d$ 等)的弯芯弯曲到规定的角度(图 2-6),冷弯后无裂纹断裂及起层现象,则表示合格。弯芯的直径 D 越小,弯转角越大,说明钢筋的塑性越好。国家标准规定了各种钢筋所必须达到的伸长率的最小值以及冷弯时相应的弯芯直径及弯转角的要求,有关参数可参照相应的国家标准。

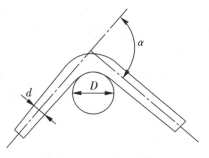

图 2-6 钢筋的冷弯

(4)钢筋的疲劳性能

钢筋的疲劳是指钢筋在承受重复、周期性的动荷载作用下,经过一定次数后,当应力低于钢材的抗拉强度甚至还低于屈服点时发生突然脆性断裂的现象。例如吊车梁、桥面板、轨枕等承受重复荷载的混凝土构件在正常使用期间会由于疲劳发生破坏。钢筋的疲劳强度是指在某一应力幅度内,经受一定次数循环荷载后发生疲劳破坏的最大应力值。

钢筋疲劳断裂的原因:材料总是有缺陷的,在反复荷载作用下,其内部和外部的缺陷处容易引起应力集中;应力过高,钢材晶粒滑移,产生极小的疲劳裂纹,当反复荷载达到一定的循环次数时,裂纹扩展,从而造成突然的脆性断裂。

我国采用直接做单根钢筋轴拉试验的方法进行疲劳断裂试验。在确定钢筋混凝土构件在正常使用期间的疲劳应力幅度限值时,需要确定循环荷载的次数。我国要求满足循环次数为 200 万次,即对不同的疲劳应力比值满足循环次数为 200 万次条件下的钢筋最大应力值为钢筋的疲劳强度。

钢筋疲劳强度的影响因素:应力变化的幅值、最小应力值的大小、钢筋外表面几何尺寸和形状、钢筋的直径、钢筋的强度、钢筋的加工和使用环境以及加载的频率等。由于承受重复性荷载的作用,钢筋的疲劳强度低于其在静荷载作用下的极限强度。原状钢筋的疲劳强度最低。埋置在混凝土中的钢筋的疲劳断裂通常发生在纯弯段内裂缝截面附近,疲劳强度稍高。

2.1.3　冷加工钢筋的性能
Properties of Cold Forcing Steel Bar

（1）钢筋的冷拉

物质的性质并不是绝对的,可以在一定条件下进行转化。当钢材受拉应力超过屈服强度时,例如使之达到图 2-7 的 K 点,然后卸载至零,应力-应变曲线沿着平行于 OB 的 $O'K$ 线回到 O' 点,此时钢材产生了残余变形 OO'。如果立即重新张拉,应力-应变曲线将沿着 $O'KDE$ 变化。钢材在引起塑性变形的应力作用下,提高了屈服强度（由原来的 B 点提高到 K 点）,这种在冷加工下提高强度的现象称为冷拉强化。如果停留一段时间后再进行张

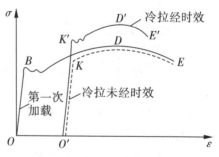

图 2-7　钢筋冷拉前后的应力-应变曲线

拉,则应力-应变曲线沿着 $O'K'D'E'$ 变化,屈服点从 K 点提高到 K' 点,这种现象称为时效硬化。试验结果表明,普通低碳钢在常温下即发生时效,且在一定限度内屈服点随自然时效的时间而增长。低合金钢常需加热才有时效发生。

需要指出,冷拉只能提高钢筋的抗拉屈服强度,并使其抗压屈服强度降低。所以在实际应用中冷拉钢筋不宜作受压钢筋使用。在焊接时的高温作用下,冷拉钢筋的冷拉强化效应将完全消失,所以,钢筋应先焊接,然后进行冷拉。

（2）钢筋的冷拔

冷拔一般是将钢筋用强力拔过比其直径小的硬质合金拔丝模［图 2-8（a）］。这时钢筋受到纵向拉力和横向压力的作用,内部结构发生变化,截面变小而长度增加。经过几次冷拔,钢筋强度比原来的有很大提高,但塑性则显著降低,且没有明显的屈服点［图 2-8（b）］。冷拔可同时提高钢筋的抗拉强度和抗压强度。

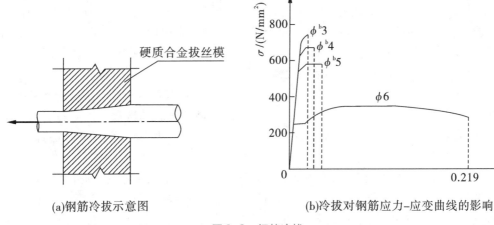

| (a)钢筋冷拔示意图 | (b)冷拔对钢筋应力-应变曲线的影响 |

图2-8　钢筋冷拔

2.1.4　混凝土结构对钢筋性能的要求
The Requirement of Concrete Structures to Properties of Steel Bar

（1）混凝土结构对钢筋性能的要求

主要有如下五个方面：

1）适当的强度和屈强比。

钢筋强度是指钢筋的屈服强度及极限抗拉强度。钢筋的屈服强度是构件承载力计算时的主要依据（对无明显流幅的钢筋，采用它的条件屈服强度）。使用强度高的钢筋可以节省钢材，取得较好的经济效益。但混凝土结构中，钢筋能否充分发挥其高强度，取决于混凝土构件截面的应变。钢筋混凝土结构中受压钢筋所能达到的最大应力为 500 MPa 左右，因此选用设计强度超过 500 MPa 的钢筋，并不能充分发挥其高强度；钢筋混凝土结构中若使用高强度受拉钢筋，在正常使用条件下，要使钢筋充分发挥其强度，混凝土结构的变形与裂缝就会不满足正常使用要求，所以高强度钢筋只能用于预应力混凝土结构中。另外，对钢筋进行冷加工可以提高钢筋的屈服强度，但应注意使用冷加工后的钢筋应符合相关规范的要求。屈服强度与极限抗拉强度之比称为屈强比，它代表了钢筋的强度储备，屈强比小，则结构的强度储备大，但屈强比太小不利于钢筋的有效利用，应具有适当的屈强比。

2）足够的塑性。

为了保证混凝土结构构件具有良好的变形性能，在破坏前能给出即将破坏的预兆，不发生突然的脆性破坏，抗震结构则要求且有足够的延性，这就要求钢筋有足够的塑性。通常通过试验检验钢材承受弯曲变形的能力以间接反映钢筋的塑性性能，其中钢筋的伸长率和冷弯性能是检验钢筋塑性是否合格的主要指标。

3）可焊性。

混凝土结构中钢筋需要连接，连接可采用机械连接、焊接和搭接，其中焊接是一种主要的连接形式。可焊性好的钢筋焊接后不会产生裂纹及过大的变形,焊接接头有良好的力学性能。钢筋焊接质量除了外观检查外,一般通过直接拉伸试验进行检验。

4)与混凝土间黏结锚固性能好。

钢筋和混凝土之间必须有良好的黏结性能才能保证钢筋和混凝土能共同工作。钢筋的表面形状是影响钢筋和混凝土之间黏结性能的主要因素,详见本章 2.3 节。变形钢筋与混凝土的黏结性能最好,设计中宜优先选用变形钢筋。

5)耐久性和耐火性。

细直径钢筋,尤其是冷加工钢筋和预应力筋容易遭受腐蚀而影响表面与混凝土的黏结性能,甚至削弱截面,降低承载力。镀锌钢丝或环氧树脂涂层钢筋均可提高钢筋的耐久性,但是降低了钢筋与混凝土间的黏结性能。依据《混凝土结构设计规范》要求,应根据混凝土结构暴露的环境类别选取与之对应的混凝土保护层厚度,从而保证钢筋的耐久性要求。

(2)钢筋的选用原则

依据《混凝土结构设计规范》要求,混凝土结构的钢筋应按下列规定选用:

1)纵向受力普通钢筋宜采用 HRB400、HRB500、HRBF400、HRBF500 钢筋,也可采用 HPB300、HRB335、RRB400 钢筋。

2)梁、柱纵向受力普通钢筋应采用 HRB400、HRB500、HRBF400、HRBF500 钢筋。

3)箍筋宜采用 HRB400、HRBF400、HPB300、HRB500、HRBF500 钢筋,也可采用 HRB335 钢筋。

4)预应力筋宜采用预应力钢丝、钢绞线和预应力螺纹钢筋。

在我国钢筋相对短缺的时期,冷加工钢筋为我国的基本建设事业做出过极大的贡献。但是,冷加工钢筋在强度提高的同时,塑性也在大幅度地降低,导致结构构件的塑性减小,脆性加大。当前我国的钢产量大幅度增加,质优、价廉的钢材品种不断增加,现阶段我国建筑工程用钢的观念已从"节约用钢"转变为"合理用钢"。现行规范推广 400 MPa、500 MPa 级高强热轧带肋钢筋作为纵向受力钢筋的主导钢筋,限制并准备逐步淘汰 335 MPa 级热轧带肋钢筋的应用,用 300 MPa 级光圆钢筋取代 235 MPa 级光圆钢筋。因此,为了提高结构构件的质量,应当选用强度高、塑性较好、价格较低的钢材。

2.2 混凝土的物理力学性能
Physical and Mechanical Properties of Concrete

混凝土的弹性骨架主要由砂、石、水泥胶体中的晶体、未水化的水泥颗粒组成,主要承受外力,并使混凝土具有弹性变形的特点。而水泥胶体中的凝胶、孔隙和界面初始微裂缝等,在外力作用下使混凝土产生塑性变形。另外,混凝土中的孔隙、界面微裂缝等缺陷又往往是混凝土受力破坏的起源。在荷载作用下,微裂缝的扩展对混凝土的力学性能有着极为重要的影响。由于水泥胶体的硬化过程需要多年才能完成,所以混凝土的强度和变形也随时间逐渐增长。

2.2.1 混凝土的强度
Strength of the Concrete

实际工程中,绝大多数混凝土均处于复合应力状态,但由于混凝土的特点,建立完善的复合应力作用下强度理论比较困难,所以把单向受力状态下的混凝土强度作为研究复合应力状态下混凝土强度的基础和重要参数。同时,混凝土的单轴抗压强度是混凝土的重要力学指标,是划分混凝土强度等级的依据。

2.2.1.1 混凝土的抗压强度

混凝土作为一种结构工程材料,在选用时首先关注其强度,因此抗压强度是首先要考虑的性能,抗压强度与混凝土的其他性能,如弹性模量、韧性和渗透性等,都有较好的相关关系。

(1)立方体抗压强度(立方体强度)和强度等级

混凝土的立方体抗压强度(简称立方体强度)是衡量混凝土强度的基本指标,《混凝土结构设计规范》将立方体抗压强度标准值作为评定混凝土强度等级的标准,并规定以边长为 150 mm 的立方体为标准试件,在(20±3)℃的温度和相对湿度在 90% 以上的潮湿空气中养护 28 d,按照标准试验方法测得的具有 95% 保证率的抗压强度标准值作为混凝土的强度等级,用 $f_{cu,k}$ 表示,单位为 N/mm^2。

《混凝土结构设计规范》规定的混凝土强度等级有 14 级,分别为 C15、C20、C25、C30、C35、C40、C45、C50、C55、C60、C65、C70、C75 和 C80。C 代表混凝土,C 后的数字即为混凝土立方体抗压强度的标准值,其单位为 N/mm^2。例如,C25 表示立方体抗压强度标准值 $f_{cu,k}=25$ N/mm^2。其中,C50 ~ C80 为高强混凝土。《混凝土结构设计规范》规定,钢筋混凝土结构的混凝土强度等级不应低于 C20,采用强度等级 400 MPa 及以上的钢筋时,混凝土强度等级不应低于 C25;预应力混凝土结构的混凝土强度等级不宜低于 C40,且不应低于 C30;承受重复荷载的钢筋混凝土构件,混凝土强度等级不应低于 C30。

混凝土的立方体强度与所选择的试验方法、试件的形状和尺寸、试件养护条件(温度、湿度)、加载速度、龄期等因素有关。主要因素分析如下:

1)混凝土的立方体抗压强度与试验方法有关。一般情况下,试件受压时上下表面与试验机承压板之间将产生阻止试件向外横向变形的摩擦阻力,像两道"套箍"一样将试件上下两端套住,从而延缓裂缝的发展,提高了试件的抗压强度;破坏时试件中部剥落,形成两个对顶的角锥形破坏面,如图 2-9(a)所示。如果在试件的上下表面涂一些润滑剂,试验时摩擦阻力就大大减小,试件将沿着平行力的作用方向产生几条裂缝而破坏,所测得的抗压强度较低,其破坏形式如图 2-9(b)所示。我国规定的标准试验方法是不涂润滑剂的。

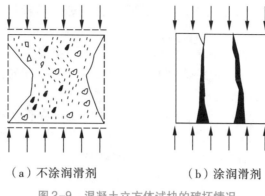

（a）不涂润滑剂　　　　　　　（b）涂润滑剂

图 2-9　混凝土立方体试块的破坏情况

2）尺寸影响。试验表明，混凝土立方体试块尺寸愈大，实测破坏强度越低，反之越高，这种现象称为尺寸效应。一般认为，尺寸效应是由混凝土内部缺陷和试件承压面摩擦力影响等因素造成的。因此需将非标准试件的实测值乘以换算系数换算成标准试件的立方体抗压强度。根据对比试验结果，采用边长为 200 mm 的立方体试件的换算系数为 1.05，采用边长为 100 mm 的立方体试件的换算系数为 0.95。也有的国家采用直径为 150 mm、高度为 300 mm 的圆柱体试件作为标准试件。对同一种混凝土，其圆柱体抗压强度与边长为 150 mm 的标准立方体试件抗压强度之比为 0.79 ~ 0.81。

3）加载速度对立方体强度也有影响，加载速度越快，测得的强度越高。通常规定加载速度为：混凝土强度等级低于 C30 时，取每秒 0.3 ~ 0.5 N/mm^2；强度等级不低于 C30 时，取每秒 0.5 ~ 0.8 N/mm^2。

4）混凝土立方体强度还与成型后的龄期有关。如图 2-10 所示，抗压强度随成型后混凝土的龄期逐渐增长，增长速度开始较快，后来逐渐缓慢，这一过程可能延续几年。

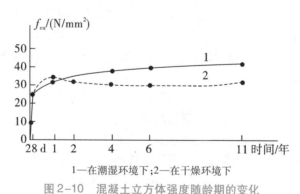

1—在潮湿环境下；2—在干燥环境下

图 2-10　混凝土立方体强度随龄期的变化

（2）混凝土的轴心抗压强度（棱柱体强度）

实际工程中混凝土结构和构件极少是立方体，多数为棱柱体，所以采用棱柱体比立方体能更好地反映混凝土结构的实际抗压能力。用混凝土棱柱体试件测得的抗压强度称为轴心抗压强度，又称为棱柱体抗压强度，其标准值用 f_{ck} 表示。

混凝土的抗压强度与试件的形状有关。试验结果表明,棱柱体强度与高宽比 h/b 有关,高宽比大则测得的抗压强度小,但当 h/b 达到 $3\sim4$ 时,对抗压强度影响不大,这是由于试件与加压垫板间的摩阻力对破坏已无很大影响。我国《普通混凝土力学性能试验方法标准》(GB/T 50081—2019)规定以 150 mm×150 mm×300 mm 的棱柱体作为混凝土轴心抗压强度试验的标准试件。

试验构件制作、养护和受力情况与工程中实际构件必然存有差异,所以两者的强度之间也定会存在一定程度上的差异,《混凝土结构设计规范》基于安全取偏低值,给出了轴心抗压强度标准值和立方体抗压强度标准值的换算关系:

$$f_{ck}=0.88\alpha_1\alpha_2 f_{cu,k} \tag{2-1}$$

式中　α_1——棱柱体强度与立方体强度之比,对 C50 及以下的混凝土取 $\alpha_1=0.76$,对 C80 取 $\alpha_1=0.82$,其间按线性插值;

　　　α_2——高强度混凝土的脆性折减系数,C40 以下取 $\alpha_2=1.00$,C80 取 $\alpha_2=0.87$,其间按线性插值。

混凝土的抗压强度比砂浆和粗骨料任一单体材料的强度都低得多,如粗骨料的抗压强度为 90 N/mm²,砂浆抗压强度为 48 N/mm²,但由这两种材料组成的混凝土抗压强度仅有 24 N/mm²,其原因与混凝土受压破坏的机理密不可分。由水泥、水、骨料组成的混凝土,在硬化过程中水泥和水形成的水泥石与骨料黏结在一起。凝结初期由于水泥石收缩、骨料下沉等原因,在水泥石和骨料之间的交界面上形成微裂缝,它是混凝土中最薄弱的环节,加荷前已存在这种微裂缝。在荷载作用下,微裂缝会有一个发展过程,混凝土的破坏过程是裂缝不断产生、扩展和失稳的过程,这些过程可用超声波、X 射线、电子显微镜等技术手段进行直接或间接观测。

2.2.1.2　混凝土的轴心抗拉强度

混凝土的轴心抗拉强度是混凝土的基本力学指标之一,其值约为抗压强度的 1/20～1/8,并且不与抗压强度成比例地增大。混凝土的轴心抗拉强度取决于水泥石的强度和水泥石与骨料间的黏结强度。增加水泥用量、减少水灰比及采用表面粗糙的骨料可提高混凝土的轴心抗拉强度。

在实际结构工程中,除少数有特殊功能需要的构件及在预应力混凝土中,很少直接利用混凝土的轴心抗拉强度。但钢筋混凝土的抗裂性、抗剪、抗扭能力等均与混凝土的轴心抗拉强度有关。在现代研究得较多的多轴应力状态下的混凝土强度理论中,混凝土的轴心抗拉强度是一个非常重要的参数。但因影响混凝土轴心抗拉强度的因素很多,并且要实现均匀拉伸也很困难,因此目前还没有一种统一的标准试验方法。常用的试验方法主要有三种:轴心受拉试验、劈裂(劈拉)试验和弯曲抗折试验,如图 2-11 所示。

在测定混凝土抗拉强度时,轴心受拉试验存在难以对中的缺陷。故国内外常采用立方体或圆柱体劈裂试验来测定混凝土的抗拉强度,如图 2-11(b)所示。在立方体或圆柱体上的垫条施加一条压力线荷载,这样试件中间垂直截面除加力点附近很小的范围外,均均匀分布着水平拉应力。当拉应力达到混凝土的抗拉强度时,试件被劈成两半。依据弹性理论,混凝土的劈裂强度可按下式计算:

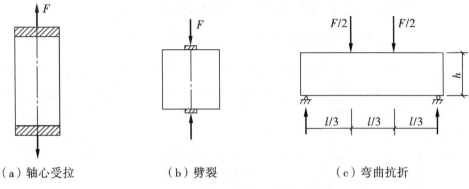

（a）轴心受拉　　　　　（b）劈裂　　　　　（c）弯曲抗折

图 2-11　混凝土抗拉强度试验方法

立方体试件 $$f_{t,s} = \frac{2F}{\pi a^2} \qquad\qquad (2-2)$$

圆柱体试件 $$f_{t,s} = \frac{2F}{\pi dl} \qquad\qquad (2-3)$$

式中　F——竖向荷载；

　　　a——立方体边长；

　　　d、l——圆柱体的直径和高度。

试验表明，劈裂抗拉强度略大于直接受拉强度，劈拉试件的尺寸对试验结果也有一定影响。此外，还与垫条的大小、形状和材料特征有关。增大垫条的宽度可以提高试件的劈裂强度，一般认为垫条宽度应小于立方体边长或圆柱体直径的 1/10。

图 2-12 所示为混凝土轴心抗拉强度和立方体抗压强度的关系。考虑到实际构件与试件的差别、尺寸效应、加载速度等因素的影响，轴心抗拉强度标准值 f_{tk} 与立方体抗压强度标准值 $f_{cu,k}$ 的折算关系为：

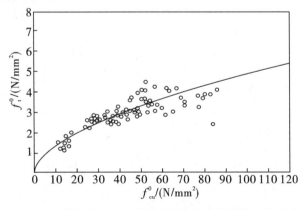

图 2-12　混凝土轴心抗拉强度和立方体抗压强度的关系

$$f_{tk} = 0.88 \times 0.395 f_{cu,k}^{0.55} (1 - 1.645\delta)^{0.45} \times \alpha_2 \qquad\qquad (2-4)$$

式中，α_2 为脆性折减系数，$0.395 f_{cu,k}^{0.55}$ 为轴心抗拉强度与立方体抗压强度的折算系数，而$(1-1.645\delta)^{0.45}$则反映了试验离散程度对标准值保证率的影响。

2.2.1.3　复杂应力状态下混凝土的强度

混凝土结构和构件极少处于单轴受压或受拉应力状态,而更多的是处于轴力、弯矩、剪力和扭矩的不同组合作用下的复杂应力状态,复杂应力状态下混凝土的强度,亦称为混凝土的复合受力强度。目前尚未建立比较完善的混凝土强度理论,混凝土的复合受力强度主要依赖于试验结果,而非严密的理论分析。

在简单受力状态下,混凝土材料的强度状态可用数轴上的一点表示。在复杂应力状态下,混凝土材料的极限应力状态应当用平面曲线或空间曲面来表示。

(1)混凝土的双轴应力状态

双轴应力试验一般采用正方形板试件。试验时沿板平面内的两对边分别作用法向应力σ_1、σ_2和沿板厚方向的法向应力$\sigma_3=0$,板处于平面应力状态。图2-13是Kupfer等人根据试验结果所绘制的典型强度包络图,它是平面曲线,其中f'_c是混凝土圆柱体单轴抗压强度。图中各段曲线的方程如下:

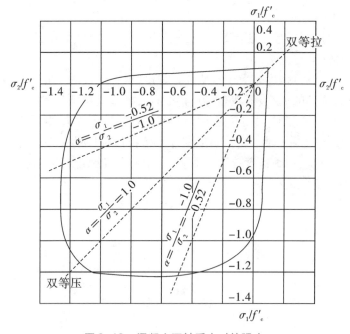

图2-13　混凝土双轴受力时的强度

双向受压

$$\begin{cases}\sigma_{2c}=\dfrac{1+3.65\alpha}{(1+\alpha)^2}f'_c \\ \sigma_{1c}=\alpha\sigma_{2c}\end{cases}\tag{2-5}$$

一拉一压
$$\begin{cases} \sigma_{1t} = \left(1 - 0.8\dfrac{\sigma_2}{f'_c}\right)f_t \\[2mm] \sigma_{2c} = \dfrac{1 + 3.28\alpha}{(1+\alpha)^2}f'_c \end{cases} \qquad (2\text{-}6)$$

双向受拉
$$\begin{cases} \sigma_{1t} = f_t \\ \sigma_{2t} = f_t \end{cases} \qquad (2\text{-}7)$$

式中　f'_c——混凝土圆柱体单轴抗压强度;

　　　f_t——混凝土轴心抗拉强度;

　　　α——两个方向的应力比值,$\alpha = \sigma_1/\sigma_2$,其中 σ_1 和 σ_2 若为压应力则用负号,若为拉应力则用正号;

　　　σ_{ic}——$i(i=1,2)$方向的压应力;

　　　σ_{it}——$i(i=1,2)$方向的拉应力。

依据上面的公式和典型强度包络图(图 2-13),得出混凝土强度变化规律如下:

1)当双向受拉(第一象限)时,无论应力比值 σ_1/σ_2 如何,σ_1 与 σ_2 的相互影响不大,双向受拉强度均接近于单向抗拉强度。

2)当一向受压,另一向受拉(第二、四象限)时,混凝土的强度均低于单轴受力(压或拉)的强度,即异向异号应力使强度降低,这一现象符合混凝土的破坏机理。

3)当双向受压(第三象限)时,大体上一向强度随另一向压力的增加而增加,混凝土双向受压强度最多可提高约为 27%。

(2)混凝土的剪压(拉)复合应力状态

实际工程中,构件截面多是同时作用剪应力和压应力或拉应力的剪压或剪拉复合应力状态,如钢筋混凝土梁弯剪区段的剪压区等。通常采用空心薄壁圆柱体进行这种受力试验,试验时先施加纵向压力(或拉力),然后再施加扭矩至破坏,如图 2-14(a)所示。图 2-14(b)是岗岛达雄的试验结果及相应的强度变化曲线,图中曲线可用下式表达:

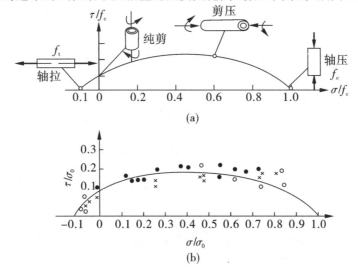

图 2-14　剪压或剪拉试验及试验曲线

$$\frac{\tau}{\sigma_0} = \sqrt{0.00981 + 0.112\left(\frac{\sigma}{\sigma_0}\right) - 0.122\left(\frac{\sigma}{\sigma_0}\right)^2} \tag{2-8}$$

式中 σ_0——单轴抗压强度;

σ——拉应力或压应力;

τ——在 σ 为一定值时的混凝土最大剪应力,即复合抗剪强度。

从图中可以看出:混凝土的抗剪强度随拉应力的增大而减小,随压应力的增大而增大,但大约在 $0.6f_c$ 时,由于内裂缝的明显发展,抗剪强度反而随压应力的增大而减小。从抗压强度的角度分析,由于剪切应力的存在,混凝土的抗压强度要低于单轴抗压强度。

(3)混凝土的三轴受压状态

混凝土在三轴受压状态下,其最大主压应力方向的抗压强度取决于侧向压应力的约束程度。在圆柱体等侧压条件下的试验中,随着侧向压力的增加,混凝土的纵向抗压强度大大提高,此时混凝土的变形性能接近理想的弹塑性体。《混凝土结构设计规范》规定,在三轴受压应力状态下,混凝土的抗压强度 f_1 可根据应力比 σ_3/σ_1 和 σ_2/σ_1 按图2-15插值确定,其最高强度值不宜超过单轴抗压强度的 3 倍。

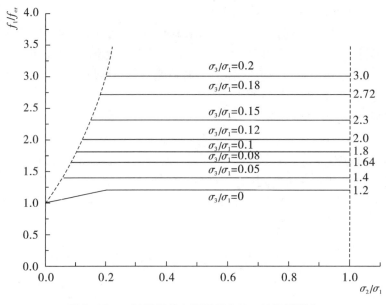

图2-15 三轴受压状态下混凝土的三轴抗压强度

2.2.2 混凝土的变形
Deformation of Concrete

因为结构的承载能力与正常使用性能不仅与材料的强度有关,还与材料的变形性能有关,所以混凝土结构设计时,除了要掌握材料的强度,还要熟悉材料的变形性能,变形是混凝土的一个重要力学性能。

混凝土的变形分为荷载变形和非荷载变形。荷载变形是指混凝土在一次短期加载、荷载长期作用和多次重复荷载作用下产生的受力变形。非荷载变形一般是指由于硬化收缩或温度和湿度变化所引起的体积变形。

2.2.2.1　混凝土在单轴短期加载下的变形性能

（1）混凝土轴心受压时的应力-应变关系

混凝土在单轴受压状态下的应力-应变关系是混凝土材料最基本的性能，是研究和建立混凝土构件的承载力、变形、延性和受力全过程分析的重要依据。

图 2-16 为普通混凝土标准棱柱体轴心受压时典型的应力-应变曲线，图中各个特征阶段的特点如下：

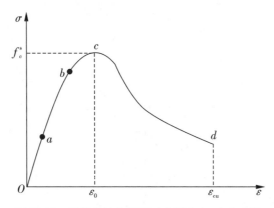

图 2-16　混凝土轴心受压时典型应力-应变曲线

当荷载较小时，即 $\sigma \leqslant 0.3 f_c^s$（图中 Oa 段）时，应力-应变关系接近于直线，故 a 点相当于混凝土的弹性极限。此阶段中混凝土的变形主要取决于骨料和水泥石的弹性变形，混凝土内部的初始微裂缝没有发展。随着荷载的增加，当应力约为 $(0.3 \sim 0.8) f_c^s$（图中 ab 段）时，由于水泥凝胶体的黏性流动和混凝土内部微裂缝的扩展，混凝土表现出越来越明显的塑性，应力-应变关系偏离直线，应变的增长速度比应力增长快。此阶段中混凝土内部微裂缝虽有所发展，但仍处于稳定状态，故 b 点称为临界应力点，相应的应力相当于混凝土的条件屈服强度。随着荷载进一步增加，当应力约为 $(0.8 \sim 1.0) f_c^s$（图中 bc 段）时，应变增长速度进一步加快，应力-应变曲线的斜率急剧减小，混凝土内部微裂缝进入非稳定发展阶段。当应力到达 c 点时，混凝土发挥出受压时的最大承载能力，即轴心抗压强度 f_c^s，相应的应变值 ε_0 称为峰值应变。此时混凝土内部微裂缝已延伸扩展成若干通缝。Oc 段通常称为应力-应变曲线的上升段。

超过 c 点以后，试件的承载能力随应变增长而逐渐减小，这种现象被称为应变软化。当应力开始下降时，试件表面出现一些不连续的纵向裂缝，随后应力下降加快，当应变约增加到 $0.004 \sim 0.006$ 时，应力下降减缓，最后趋于稳定。cd 段称为应力-应变曲线的下降段。下降段的存在表明受压破坏后的混凝土仍保持一定的承载能力，它主要是由滑移面上的摩擦咬合力和为裂缝所分割成的混凝土小柱体的残余强度所提供。但下降段只有在试验机本身具有足够的刚度，或采取一定措施吸收下降段开始后由于试验机刚度不足而回弹所释放出的能量时才能测到。否则,由于试件达到峰值应力后的卸载作用,试验机释放加载过程中积累的应变能会对试件继续加载,而使试件立即破坏。

　　混凝土轴心受压时应力-应变曲线形状与混凝土强度等级和加载速度等因素有关。图 2-17 为不同强度等级的混凝土轴心受压应力-应变曲线。由图可见,高强度混凝土在 $\sigma \leqslant (0.75 \sim 0.90) f_c^s$ 之前(普通混凝土 $\sigma \leqslant 0.3 f_c^s$),应力-应变关系一直为直线,直线段的范围随混凝土强度的提高而增大;高强混凝土的峰值应变 ε_0 随混凝土强度的提高有增大趋势,可达 0.0025 甚至更多(普通混凝土 ε_0 为 0.0015 ~ 0.002);达到峰值应力以后,高强混凝土的应力-应变曲线骤然下跌,表现出很大的脆性,强度越高,下跌越陡。图 2-18 为加载应变速度不同对应力-应变曲线形状的影响。随加载应变速度的降低,应力峰值 f_c^s 略有降低,但相应的峰值应变 ε_0 增大,并且下降段曲线较平缓。

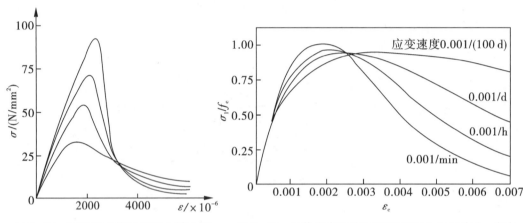

图 2-17　不同强度等级混凝土轴心受　　　图 2-18　加载应变速度不同时混凝土受压应力-应变
　　　　　压应力-应变曲线比较　　　　　　　　　　　　曲线

　　综上所述,混凝土在荷载作用下的应力-应变关系是非线性的,由应力-应变曲线可以确定混凝土的极限强度 f_c^s、相应的峰值应变 ε_0 以及极限压应变 ε_{cu}。

　　所谓极限压应变是指混凝土试件可能达到的最大应变值,它包括弹性应变和塑性应变。极限压应变越大,混凝土的变形能力越好。而混凝土的变形能力一般用延性表示,它是指混凝土试件在承载能力没有显著下降的情况下承受变形的能力。对于均匀受压的混凝土构件,如轴心受压构件,其应力达到 f_c^s 时,混凝土就不能承受更大的荷载,故峰值应变 ε_0 就成为构件承载能力计算的依据。ε_0 随混凝土强度等级不同约在 0.0015 至 0.0025 之间变动(图 2-17),结构计算时取 $\varepsilon_0 = 0.002$(对普通混凝土)或 $\varepsilon_0 = 0.002 \sim 0.00215$(对高强混凝土)。对于非均匀受压的混凝土构件,如受弯构件和偏心受压构件的受压区,混凝土所受的压应力是不均匀的。当受压区最外层纤维达到最大压应力 f_c^s 后,附近应力较小的内层纤维协助外层纤维受压,对外层纤维起卸载作用,直到最外层纤维达到极限压应变 ε_{cu},截面才破坏,此时极限压应变值约为 0.002 ~ 0.006,有的甚至达到 0.008,结构计算时取 $\varepsilon_{cu} = 0.0033$(对普通混凝土)或 $\varepsilon_{cu} = 0.0033 \sim 0.003$(对高强混凝土)。

（2）混凝土轴心受拉时的应力-应变关系

受拉混凝土的 $\sigma-\varepsilon$ 曲线的测试比受压时要难得多。图 2-19 为天津大学测出的轴心受拉混凝土的 $\sigma-\varepsilon$ 曲线，曲线形状与受压时相似，也有上升段和下降段。受拉 $\sigma-\varepsilon$ 曲线的原点切线斜率与受压时基本一致，因此混凝土受拉和受压均可采用相同的弹性模量 E_c。峰值应力 f_t 时的相对应变 $\varepsilon_0 = 7.5 \times 10^{-6} \sim 115 \times 10^{-6}$，变形模量 $E_c' = (76\% \sim 86\%) E_c$。考虑到应力达到 f_t 时受拉极限应变与混凝土的强度、配合比、养护条件有着密切的关系，变化范围大，取相应于抗拉强度 f_t 时的变形模量 $E_c' = 0.5 E_c$，即应力达到 f_t 时的弹性系数 $v = 0.5$。

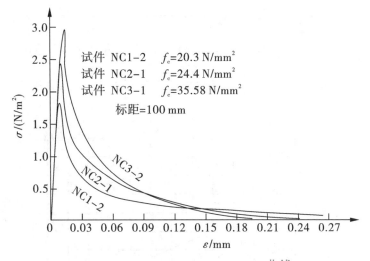

图 2-19　不同强度混凝土拉伸 $\sigma-\varepsilon$ 曲线

（3）复合应力状态下混凝土的应力-应变关系

复合应力状态下混凝土的应力-应变关系比较复杂，目前研究得还不够充分，现仅就混凝土在三向受压时的变形特点作简要说明。

图 2-20 所示为混凝土圆柱体试件在不同的侧向压 σ_r 条件下的轴向应力-应变曲线。随着试件周围侧向压力的增加，试件的纵向强度和变形能力都大大提高了。工程实际中，通常采用间距较小的螺旋筋、普通箍筋以及钢管等对混凝土提供横向约束，形成约束混凝土，来提高试件的纵向强度和变形能力。图 2-21 和图 2-22 分别是螺旋筋圆柱体试件和普通箍筋棱柱体试件在不同间距时所测得的约束混凝土应力-应变曲线图。由图可见，在应力接近混凝土抗压强度之前，应力-应变曲线与不配螺旋筋或箍筋的试件基本相同；当混凝土应力接近抗压强度时，由于混凝土内部微裂缝的发展，使混凝土横向膨胀而向外挤压螺旋筋或箍筋，螺旋筋或箍筋反过来阻止混凝土的膨胀，使混凝土处于三向受压状态，从而提高了试件的纵向强度和变形能力。而且螺旋筋和箍筋的用量越多，其效果越明显，尤其是变形能力大为提高。此外，螺旋筋能使核心混凝土在侧向受到均匀连续的约束力，其强度和变形能力的提高较普通箍筋更为显著。

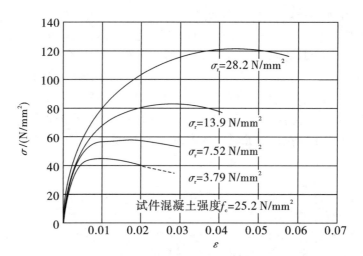

图 2-20 混凝土圆柱体试件三向受压时轴向应力-应变曲线

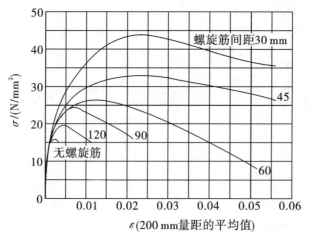

图 2-21 螺旋筋圆柱体约束混凝土试件的应力-应变曲线

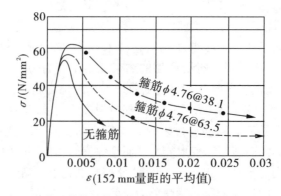

图 2-22 普通箍筋棱柱体约束混凝土试件的应力-应变曲线

2.2.2.2 混凝土在重复荷载作用下的变形性能(疲劳变形)

混凝土在重复荷载作用下的变形性能,就是疲劳变形。混凝土在荷载重复作用下引起的破坏称为疲劳破坏。疲劳现象大量存在于工程结构中,钢筋混凝土吊车梁受到重复荷载的作用,钢筋混凝土道桥受到车辆振动的影响,以及港口海岸的混凝土结构受到波浪冲击而损伤等,都属于疲劳破坏现象。疲劳破坏的特征是裂缝小而变形大。

图 2-23 为混凝土棱柱体试件在多次重复荷载作用下的应力-应变曲线,从图中可以看出,对混凝土棱柱体试件,一次加载应力 σ_1 小于混凝土疲劳强度 f_c^f 时,其加载、卸载应力-应变曲线 OAB 形成了一个环状。而在多次加载、卸载的作用下,应力-应变环会变得越来越密合,经过多次重复,这个曲线就密合成一条直线。如果再选择一个较高的加载应力 σ_2,但 σ_2 仍小于混凝土疲劳强度 f_c^f 时,其加载、卸载的规律同前,多次重复后形成密合直线。如果选择一个高于混凝土疲劳强度 f_c^f 的加载应力 σ_3 开始,混凝土应力-应变曲线凸向应力轴,在重复荷载过程中逐渐变成直线,再经过多次重复加载、卸载后,其应力-应变曲线由凸向应力轴而逐渐凸向应变轴,以致加载、卸载不能形成封闭环,这标志着混凝土内部微裂缝的发展加剧,趋近破坏。随着重复荷载次数的增加,应力-应变曲线倾角不断减小,直到荷载重复到某一定次数时,混凝土试件会因严重开裂或变形过大而导致破坏。

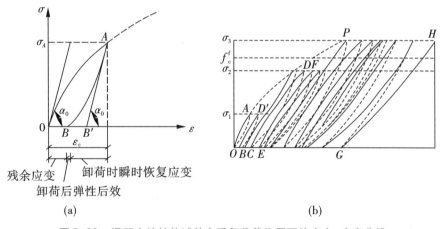

(a)   (b)

图 2-23　混凝土棱柱体试件在重复荷载作用下的应力-应变曲线

混凝土的疲劳强度用疲劳试验测得,疲劳试验采用 100 mm×100 mm×300 mm 或 150 mm×150 mm×450 mm 的棱柱体。使棱柱体试件承受 200 万次或其以上循环荷载而发生破坏的压应力值称为混凝土的疲劳抗压强度。

施加荷载时的应力大小是影响应力-应变曲线不同的发展和变化的关键因素,即混凝土的疲劳强度与重复作用时应力变化的幅度有关。在相同的重复次数下,疲劳强度随着疲劳应力比值的增大而增大。疲劳应力比值按下式计算:

$$\rho_{\mathrm{c}}^{\mathrm{f}} = \frac{\sigma_{\mathrm{c,min}}^{\mathrm{f}}}{\sigma_{\mathrm{c,max}}^{\mathrm{f}}} \tag{2-9}$$

式中　$\sigma_{\mathrm{c,min}}^{\mathrm{f}}$、$\sigma_{\mathrm{c,max}}^{\mathrm{f}}$——截面同一纤维上的混凝土最小应力及最大应力。

2.2.2.3　混凝土的弹性模量、剪切变形模量、泊松比和热工参数

（1）混凝土的弹性模量

在分析计算混凝土构件的截面应力、变形、预应力混凝土构件的预压应力，以及由于温度变化、支座沉降产生的内力时，需要利用混凝土的弹性模量。由于混凝土应力-应变关系为非线性，计算应变时可采用以下三种变形模型。

1）原点切线模量［图 2-24（a）］：为应力-应变曲线在原点切线的斜率，$E_{\mathrm{c}} = \mathrm{d}\sigma/\mathrm{d}\varepsilon \mid_{\sigma=0}$，该模量即混凝土的弹性模量，仅适用于应力小于 σ_A 的情况。普通混凝土的 $\sigma_A = (0.3 \sim 0.4)f_{\mathrm{c}}$，高强混凝土的 $\sigma_A = (0.5 \sim 0.6)f_{\mathrm{c}}$。在 A 点以前，混凝土应力-应变关系近似直线，即

$$\sigma = E_{\mathrm{c}}\varepsilon \tag{2-10}$$

2）割线模量［图 2-24（b）］：为应力-应变曲线上任一点处割线的斜率，即 $E_{\mathrm{c}}' = \sigma/\varepsilon$。在弹塑性阶段，总应变 ε 为弹性应变 ε_{e} 与塑性应变 ε_{p} 之和。弹性应变 $\varepsilon_{\mathrm{e}} = \sigma/E_{\mathrm{c}}$，其与总应变 ε 的比值称为弹性系数 v，即 $v = \varepsilon_{\mathrm{e}}/\varepsilon$。因此有：

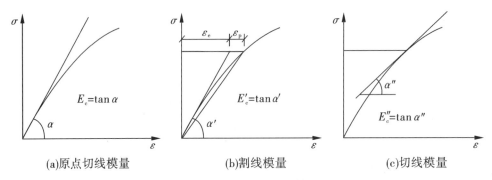

（a）原点切线模量　　　　（b）割线模量　　　　（c）切线模量

图 2-24　混凝土的变形模量

$$E_{\mathrm{c}}' = \frac{\sigma}{\varepsilon} = \frac{E_{\mathrm{c}}\varepsilon_{\mathrm{c}}}{\varepsilon} = vE_{\mathrm{c}} \tag{2-11}$$

因此弹塑性阶段的应力-应变关系可以表示为：

$$\sigma = vE_{\mathrm{c}}\varepsilon \tag{2-12}$$

弹性系数 v 随应力增大而减小，其值在 $0.5 \sim 1$ 之间变化。

3）切线模量［图 2-24（c）］：为应力-应变曲线上任一点处切线的斜率，即 $E_{\mathrm{c}}'' = \mathrm{d}\sigma/\mathrm{d}\varepsilon$，其值随应力的增大而减小。该模量主要用于非线性分析中的增量法。

由于混凝土应力-应变关系的非线性，测定原点切线模量并不容易。通常用棱柱体标准试件，将应力增加到 σ_A（对 C50 以下的混凝土取 $\sigma_A = 0.4f_{\mathrm{c}}$，对 C50 以上的混凝土取 $\sigma_A = 0.5f_{\mathrm{c}}$），然后卸载至零，在 $0 \sim \sigma_A$ 之间反复加载 5 ~ 10 次，每次卸载的残余变形越来越小，从而不断消除塑性变形，直至应力-应变曲线逐渐稳定成为线弹性，该直线斜率即

为混凝土弹性模量,见图 2-25。根据试验统计分析,弹性模量与混凝土立方体强度的关系(见图 2-26)为:

$$E_c = \frac{10^5}{2.2 + \dfrac{34.74}{f_{cu,k}}} \tag{2-13}$$

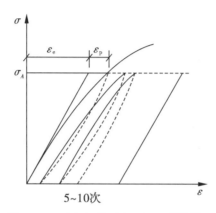

图 2-25 重复加载测定混凝土弹性模量

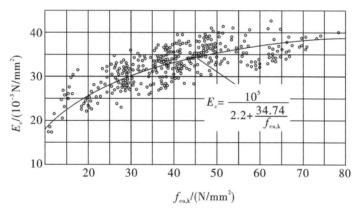

图 2-26 弹性模量与混凝土立方体强度的关系

(2)混凝土的剪切变形模量

《混凝土结构设计规范》规定,混凝土的剪切变形模量取 $G_c = 0.4E_c$。

(3)混凝土的泊松比

泊松比是指一次短期加载(加压)的试件的横向应变与纵向应变之比,用 v_c 表示。当压应变较小时,v_c 约为 0.15 ~ 0.18,接近破坏时较大。《混凝土结构设计规范》取 $v_c = 0.2$。

(4)混凝土的热工参数

混凝土的收缩、徐变以及温度变化等间接作用会对结构产生影响,分析时需用到混凝土的热工参数。当温度为 0 ~ 100 ℃ 时,混凝土的热工参数可按下列规定取值:

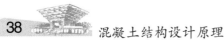

线膨胀系数 α_c 取 1×10^{-5} ℃$^{-1}$；导热系数 λ 取 10.6 kJ/（m·h·℃）；比热容 c 取 0.96 kJ/（kg·℃）。

2.2.2.4 荷载长期作用下混凝土的变形性能——徐变

试验表明，把混凝土棱柱体加压到某个应力之后维持荷载不变，则混凝土会在加荷瞬时变形的基础上，产生随时间而增长的应变。这种在不变的应力长期持续作用下，混凝土的变形随时间而徐徐增长的现象称为混凝土的徐变。

徐变对于结构的变形和强度、预应力混凝土中的钢筋应力都将产生重要的影响。

根据试验结果（图 2-27）可以看出，某一组棱柱体试件，当加荷应力达到 $0.5f_c$ 时，其加荷瞬间产生的应变为瞬时应变 ε_{ela}。若荷载保持不变，随着加荷时间的增长，应变也将继续增长，这就是混凝土的徐变应变 ε_{cr}。徐变开始半年内增长较快，以后逐渐减慢，经过一定时间后，徐变趋于稳定。徐变应变值约为瞬时弹性应变的 1～4 倍。两年后卸载，试件瞬时恢复的应变 ε'_{ela} 略小于瞬时应变 ε_{ela}。卸载后经过一段时间量测，发现混凝土并不处于静止状态，而是经历着逐渐恢复过程，这种恢复变形称为弹性后效 ε''_{ela}。弹性后效的恢复时间为 20 d 左右，其值约为徐变变形的 1/12，最后剩下的大部分都是不可恢复变形 ε'_{cr}。

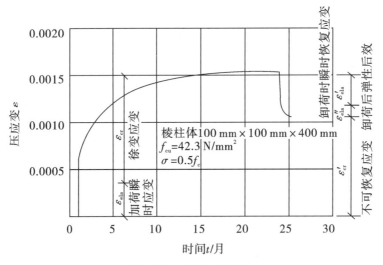

图 2-27 混凝土的徐变

混凝土的组成和配合比是影响徐变的内在因素。水泥用量越多和水灰比越大，徐变也越大。骨料越坚硬、弹性模量越高，徐变就越小。骨料的相对体积越大，徐变越小。另外，构件形状及尺寸、混凝土内钢筋的面积和钢筋应力性质，对徐变也有不同的影响。

养护及使用条件下的温度、湿度是影响徐变的环境因素。养护时温度高、湿度大、水泥水化作用充分，徐变就小，采用蒸汽养护可使徐变减小约 20%～35%。受荷后构件所处环境的温度越高、湿度越低，则徐变越大。如环境温度为 70 ℃ 的试件受荷一年后的徐变，要比温度为 20 ℃ 的试件大 1 倍以上，因此，高温干燥环境将使徐变显著增大。

混凝土产生的徐变,一般而言,归因于混凝土中未晶体化的水泥凝胶体,在持续外荷载作用下产生的黏性流动,压应力逐渐转移给骨料,骨料压应力增大,试件变形也随之增大。卸荷后,水泥凝胶体又逐渐恢复原状,骨料逐渐将这部分应力转回给凝胶体,于是产生弹性后效。另外,当压应力较大时,在荷载长期作用下混凝土内部裂缝不断发展,也使应变增加。

混凝土的应力条件也是影响徐变非常重要的因素,混凝土的应力越大,徐变越大。随着混凝土应力的增加,徐变将发生不同的情况,图 2-28 为不同应力水平下的徐变变形增长曲线。由图可见,当应力较小时($\sigma \leqslant 0.5f_c$),曲线接近等距离分布,说明徐变与初应力成正比,这种情况称为线性徐变,当施加于混凝土的应力 $\sigma = (0.5 \sim 0.8)f_c$ 时,徐变与应力不成正比,徐变比应力增长较快,这种情况称为非线性徐变。

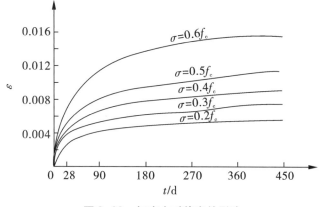

图 2-28　初应力对徐变的影响

当应力 $\sigma = 0.8f_c$ 时,徐变的发展是非收敛的,最终将导致混凝土破坏。实际 $\sigma = 0.8f_c$ 即为混凝土的长期抗压强度。加荷时混凝土的龄期越长,徐变越小。图 2-29 为不同加荷时间的应变增长曲线与徐变极限和强度破坏极限的关系。

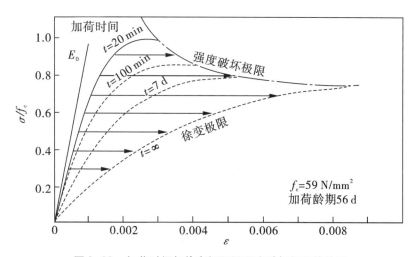

图 2-29　加荷时间与徐变极限及强度破坏极限的关系

2.2.2.5　混凝土的收缩、膨胀和温度变形

混凝土在空气中结硬时其体积会缩小,这种现象称为混凝土的收缩;混凝土在水中结硬时体积会膨胀,称为混凝土的膨胀。收缩和膨胀是混凝土在凝结硬化过程中本身体积的变化,与荷载无关。通常,收缩值比膨胀值大得多,所以分析研究收缩和膨胀的现象以收缩为主。

混凝土产生收缩的原因,一般认为是凝胶体本身的体积收缩(凝缩)以及混凝土因失水产生的体积收缩(干缩)共同造成的。图2-30所示为对混凝土自由收缩所作的试验曲线,可见收缩变形也是随时间而增长的。结硬初期收缩变形发展很快,以后逐渐减慢,整个收缩过程可延续两年左右。蒸汽养护时,由于高温高湿条件能加速混凝土的凝结硬化过程,减少混凝土中水分的蒸发,因而混凝土的收缩值要比常温养护时小。一般情况下,普通混凝土的最终收缩应变约为$(4 \sim 8) \times 10^{-4}$,是其轴心受拉峰值应变的$3 \sim 5$倍,成为其内部微裂缝和外表宏观裂缝发展的主要原因。

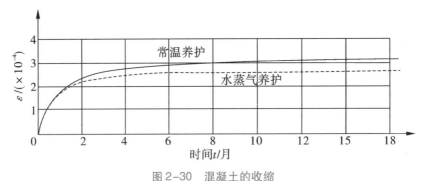

图2-30　混凝土的收缩

影响混凝土收缩的因素很多,如混凝土材料的成分、外部环境因素等。各个因素对收缩和徐变有类似的影响。

当混凝土受到各种制约不能自由收缩时,将在混凝土中产生拉应力,甚至导致混凝土产生收缩裂缝。在钢筋混凝土构件中,钢筋因混凝土收缩受到压应力,而混凝土则受到拉应力,当混凝土收缩较大、构件截面配筋又较多时,混凝土构件将产生收缩裂缝。在预应力混凝土构件中,收缩会引起预应力损失。收缩也对一些钢筋混凝土超静定结构产生不利影响。

温度变化会使混凝土热胀冷缩,在结构中产生温度应力,甚至会使构件开裂以至损坏。因此,对于烟囱、水池等结构,设计中应考虑温度应力的影响。

2.3　钢筋与混凝土的黏结
Bond between Concrete and Steel Bar

钢筋与混凝土之间良好的黏结,是二者能共同工作的基本前提,通过黏结传递混凝土

和钢筋两者间的应力,协调变形。钢筋混凝土结构的黏结性能直接影响结构构件的安全可靠性,在工程实践中有着重要的作用,如钢筋的锚固、搭接和延伸等,钢筋细部构造设计最主要的目的之一就是要获得良好的黏结能力。

2.3.1　黏结应力的概念与分类
Definition and Classification of Bond Stress

2.3.1.1　黏结应力的概念

所谓黏结应力,是指钢筋与混凝土接触面上所产生的沿钢筋纵向的切应力,简称黏结力。黏结强度是指黏结失效(钢筋被拔出或混凝土被劈裂)时的平均黏结应力。

图 2-31 为黏结应力示意图。在混凝土中埋入一根钢筋,直径为 d,端部施加拉力 N,如果钢筋和混凝土之间无黏结,或者有黏结但钢筋埋入长度不足,钢筋将会被拔出;如果钢筋和混凝土之间有黏结并埋入足够的长度,钢筋将不会被拔出。由图可知,黏结应力的实质

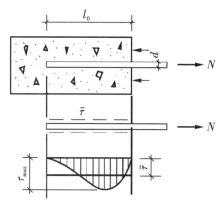

图 2-31　黏结应力示意图

是钢筋和混凝土接触面上抵抗相对滑移而产生的切应力。由于黏结应力的作用,钢筋将部分拉力传给混凝土,使两者共同受力,保证二者共同工作。

在图 2-31 中,取钢筋为脱离体,钢筋所承受的拉力 N 将与其表面的平均黏结应力 $\bar{\tau}$ 平衡,当钢筋应力达到其抗拉强度设计值 f_y 时,所需的埋入长度称为锚固长度 l_a,可由下式计算:

$$N = \bar{\tau} \pi d l_a \tag{2-14}$$

$$N = f_y A_s = f_y \frac{\pi d^2}{4} \tag{2-15}$$

从以上两式即得

$$l_a = \frac{d}{4} \times \frac{f_y}{\bar{\tau}} \tag{2-16}$$

从式(2-16)可见,锚固长度 l_a 与钢筋抗拉强度 f_y 成正比,与平均黏结应力 $\bar{\tau}$ 成反比。

下面,再以钢筋混凝土梁为例,进一步说明黏结的作用。如图 2-32 所示的梁,如果钢筋与混凝土无黏结,在荷载作用下发生弯曲变形时,两者之间产生相对滑移,钢筋将不参与受拉,配置钢筋的梁就和素混凝土梁相同,在不大的荷载作用下,即开裂发生脆性破坏,如图 2-32(a)所示。当钢筋与混凝土之间有黏结,梁发生弯曲变形时,在支座与集中荷载之间的弯剪段内,钢筋与混凝土接触面上将产生黏结应力,通过它将拉力传给钢筋,使钢筋与混凝土共同受力,成为钢筋混凝土梁,如图 2-32(b)所示。

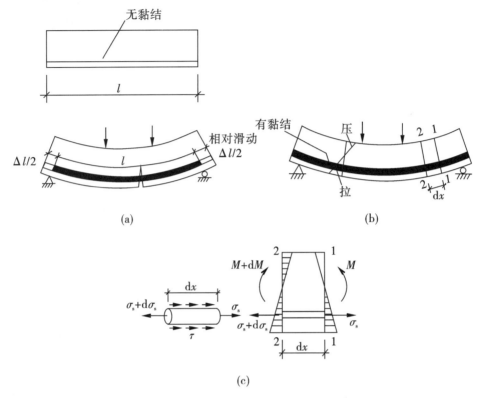

图 2-32　受弯构件中钢筋与混凝土之间的黏结

从图 2-32(b)取出截面 1—1 和 2—2 之间微段 dx 作为脱离体,如图 2-32(c)所示,可见,受拉钢筋两端的应力是不相等的,其应力差与表面的黏结应力 $\bar{\tau}$ 相平衡。可由下式计算平均黏结应力 $\bar{\tau}$:

$$(\sigma_s + d\sigma_s)A_s - \sigma_s A_s = \pi d \bar{\tau} dx$$

$$\bar{\tau} = \frac{d}{4} \times \frac{d\sigma_s}{dx} \tag{2-17}$$

式中　A_s——钢筋截面面积。

从式(2-17)可见,如果没有黏结应力 $\bar{\tau}$,钢筋应力 σ_s 就不会沿其长度发生变化;反之,如果钢筋应力 σ_s 沿其长度没有变化,即钢筋两端没有应力差 $d\sigma_s$,也就不会产生黏结应力 $\bar{\tau}$。

2.3.1.2　黏结应力的分类

按其作用与性质,混凝土构件中的黏结应力可分为锚固黏结应力和局部黏结应力两类。

(1)锚固黏结应力

钢筋在锚固长度 l_a 内,与混凝土接触面上的切应力即属锚固黏结应力。钢筋混凝土悬臂梁钢筋伸入支座[图 2-33(a)]或连续梁、悬臂梁中间支座负弯矩钢筋在跨间截断

［图 2-33(b)］时必须有足够的锚固长度,将钢筋锚固在混凝土中不被拔出,以保证钢筋设计强度的充分发挥。此外,由于钢筋长度不够需要搭接时,必须有一定的搭接长度 l_l ,以保证钢筋的拉力分别依靠它们与混凝土之间的黏结应力进行传递。

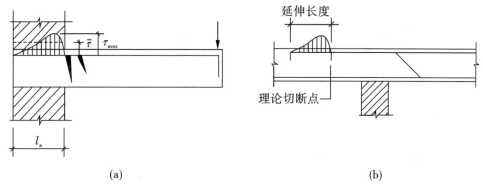

图 2-33　锚固黏结应力

锚固黏结应力直接影响结构构件的承载力,必须予以保证。锚固、延伸或搭接长度不足,构件均会因黏结不足而破坏。《混凝土结构设计规范》在试验研究、工程经验和可靠度分析的基础上,对锚固、延伸或搭接长度作出了规定。

（2）局部黏结应力

局部黏结应力是指裂缝附近的黏结应力。图 2-34 所示为拉力 N 作用下的轴心受拉构件。

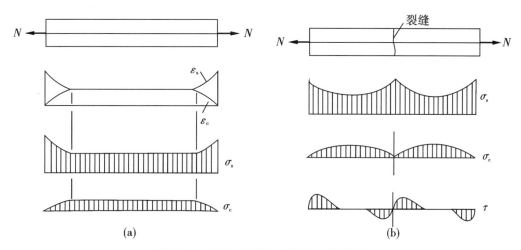

图 2-34　拉力 N 作用下的轴心受拉构件

当 N 较小、混凝土未开裂时［图 2-34(a)］,除构件两端区段外,构件中部钢筋和混凝土的应变是相同（$\varepsilon_s = \varepsilon_c$）的,表明两者共同变形、共同受力,钢筋和混凝土的应力 σ_s 和 σ_c 沿构件长度均匀分布。

随着 N 的增大，σ_s 和 σ_c 相应增大。当 σ_c 达到其抗拉强度时，在构件最薄弱的截面将出现一条垂直于构件纵轴的裂缝。随着裂缝的出现，裂缝截面混凝土退出工作，沿钢筋向两边滑移回缩，不再参与受拉，截面受到的拉力全部转由钢筋承担，使其应力突然增大。从图 2-34(b)可见，钢筋应力 σ_s 在裂缝截面出现一个峰值，相应的混凝土应力 σ_c 为零。

由于钢筋与混凝土之间的黏结作用，离开裂缝截面，混凝土的回缩受到约束，相对滑移逐渐减小，钢筋通过黏结应力又将部分拉力传给混凝土，使混凝土的应力又逐渐增大，钢筋应力相应减小。经过一段距离，钢筋与混凝土又共同受力，直至混凝土应力达到抗拉极限强度出现新的裂缝。

这种裂缝附近产生的局部黏结应力，其作用是使裂缝之间的混凝土参与受拉，与锚固黏结应力的作用不同。

2.3.2　黏结应力的组成和黏结性能
Constitution and Performance of Bond Stress

2.3.2.1　黏结应力的特点

测定黏结应力沿钢筋纵向的分布通常采用中心拔出试验[图 2-35(a)]，各点的黏结应力由相邻两点间钢筋的应力差值除以接触面积近似确定。钢筋沿纵向各点的应力可由其应变计算，为了测量应变时不致破坏钢筋与混凝土接触面的黏结，一般将钢筋沿纵向切为两半，在钢筋内开槽并埋入较小标距的应变片和细引出线，然后用环氧树脂将两半钢筋黏结在一起，如图 2-35(b)所示。

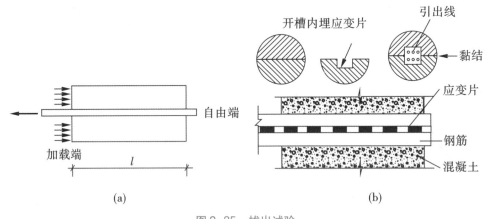

图 2-35　拔出试验

图 2-36 所示为用上述方法测得的中心拔出试件的钢筋应力 σ_s 和黏结应力 τ 的分布，图中每一条曲线旁的数字，为施加在钢筋上的拔出力(单位:kN)；上半部分为不同拔出力时钢筋应力分布，下半部分为相应的黏结应力分布。可见，光圆钢筋的钢筋 σ_s 应力曲线为凸形，σ_s 随距离的增大而缓慢减小；带肋钢筋的钢筋应力 σ_s 曲线为凹形，σ_s 随距离增大而迅速减小。表明带肋钢筋的应力传递比光圆钢筋快，其黏结性能优于光圆钢筋。

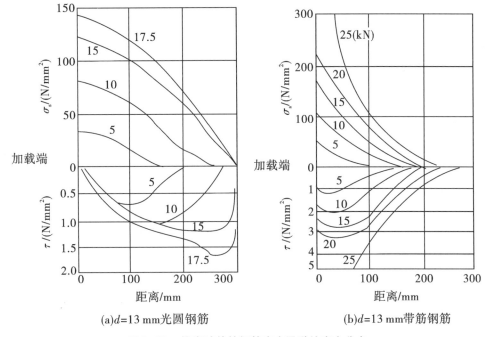

(a)d=13 mm光圆钢筋　　　　　(b)d=13 mm带筋钢筋

图 2-36　拔出试件的钢筋应力及黏结应力分布

从黏结应力分布曲线可以看出黏结应力的特点：

1）对于光圆钢筋，在加载初期，黏结应力图形的峰值接近加载端，应力分布长度较短，随着荷载的增加，应力图形的峰值增加并开始从加载端向自由端移动，应力分布也逐渐加长；在加载中期，黏结应力的峰值增长缓慢，而应力分布长度却有显著增加，应力图形的峰值移至中间；在接近破坏时，当应力分布长度到达自由端不能再增大时，应力峰值点移向自由端，且随荷载的增大，应力峰值急剧增大，破坏时黏结应力分布图形接近于三角形。

2）对于变形钢筋，在大部分加载过程中，黏结应力的峰值均靠近加载端，随着荷载的增长，黏结应力分布长度缓慢增长，而应力峰值却显著增大，在接近破坏时，应力峰值的位置才有一定的内移。

2.3.2.2　黏结应力的组成

钢筋与混凝土之间的黏结力由以下三部分组成：

（1）钢筋与混凝土接触面上的化学胶着力

化学胶着力是混凝土中水泥凝胶体与钢筋表面产生的吸附胶着作用。化学胶着力一般很小，只在钢筋和混凝土界面没有相对位移时才存在，一旦钢筋和混凝土产生相对滑移，就失去作用。

（2）钢筋与混凝土之间的摩擦力

摩擦力是由于混凝土硬化时的收缩对钢筋产生的挤压作用产生的，挤压力越大，接触面上的粗糙程度越大，摩擦力也越大。

（3）钢筋与混凝土的机械咬合力

机械咬合力对光圆钢筋，主要是由于表面凹凸不平产生的；对变形钢筋，主要是由于在钢筋表面突出的横肋之间嵌入混凝土而形成的。

光圆钢筋与混凝土之间的黏结力主要来自摩擦力；对变形钢筋而言，则主要来自机械咬合力。

2.3.2.3　光圆钢筋的黏结性能

光圆钢筋的黏结性能和破坏形态可通过拔出试验研究。图 2-37 为拔出试验所得黏结应力 τ 和黏结滑移 s 的关系曲线，纵坐标表示试件的平均黏结应力 $\bar{\tau}$，横坐标表示试件加荷端的滑移值 s_1（即钢筋和周围混凝土的相对位移值）。

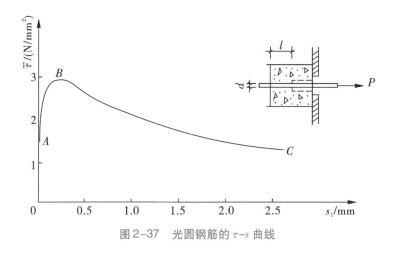

图 2-37　光圆钢筋的 τ-s 曲线

当拉力 P 较小，钢筋和混凝土界面上开始受剪时，化学胶着力起主要作用，此时，界面上无相对位移（如图 2-37 中 A 点以前）；随着拉力 P 的增大，从加荷端开始化学胶着力逐渐丧失，摩擦力开始起主要作用，此时，相对位移逐渐增大，黏结刚度逐渐减小。曲线到达 B 点时，黏结应力达到峰值，称为平均黏结强度。然后，相对位移急剧增大，τ-s 曲线进入下降段，由于嵌入钢筋表面凹陷处的混凝土被陆续剪碎磨平，摩擦力不断减小。当曲线下降到 C 点时，曲线趋于平缓，但仍存在一定的残余黏结强度。破坏时，钢筋从试件内拔出，拔出的钢筋表面与其周围混凝土表面沾满了水泥和铁锈粉末，并有明显的摩擦痕迹。

可见，光圆钢筋的黏结作用，在钢筋和混凝土之间出现相对滑移之前主要取决于化学胶着力；发生滑移后，则由摩擦力和机械咬合力提供。光圆钢筋的黏结破坏属剪切型破坏，光圆钢筋的缺点之一是黏结强度较低、相对滑移较大。

2.3.2.4　变形钢筋的黏结性能

试验表明，当受荷开始拉力不大、钢筋与混凝土之间的界面开始受剪时，主要是化学胶着力和摩擦力起作用；随着界面切应力的逐渐增大，化学胶着力和摩擦力的作用将逐渐减小或丧失,机械咬合力接着起主要作用。

变形钢筋的表面,混凝土以齿状嵌入其横肋之间,而横肋则对混凝土产生斜向挤压力,如楔般形成对滑动的阻力,如图2-38(a)所示。斜向挤压力沿钢筋的轴向分力,使肋与肋之间的混凝土像悬臂梁那样受弯和受剪,在剪拉应力和纵向拉出力的作用下,使横肋处的混凝土产生内部斜裂缝[图2-38(a)]。斜向挤压力的径向分力,则使外围混凝土像承受内压力的管壁,产生环向拉应力,当环向拉应力超过混凝土的抗拉强度时,混凝土中就产生内部径向裂缝[图2-38(b)],当其发展至构件表面时,即形成纵向劈裂裂缝。

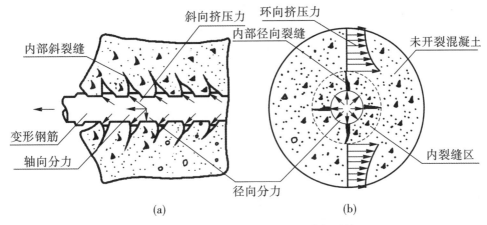

图 2-38　变形钢筋外围混凝土的内部裂缝

在加载初期,相对滑移主要是由于在斜向挤压力作用下肋处混凝土的局部变形。而内部斜裂缝的出现和发展,使钢筋有可能沿肋前混凝土挤碎粉末物堆积形成的新滑移面产生较大的相对滑动。

当钢筋外围混凝土很薄,且没有环向箍筋对混凝土约束时,径向裂缝将到达构件表面,形成沿钢筋纵向的劈裂裂缝。劈裂裂缝发展到一定程度时,将使外围混凝土崩裂,从而丧失黏结能力,形成劈裂黏结破坏。如果混凝土保护层有足够厚度,或配有环向箍筋时,纵向劈裂裂缝的发展将受到一定程度的限制,不致发生劈裂破坏;随着荷载的增加,肋与肋之间齿状突出部分的混凝土将被压碎或剪断,混凝土的抗剪能力耗尽,钢筋带着横肋之间的混凝土沿横肋外径圆柱面发生剪切滑移,直至被拔出,形成刮犁式破坏,如图2-39所示。钢筋被拔出后,钢筋的肋与肋之间全部被混凝土粉末紧密地填实。

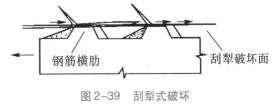

图 2-39　刮犁式破坏

综上,变形钢筋的黏结破坏根据钢筋外围混凝土保护层厚度与箍筋约束的不同,表现为劈裂破坏和刮犁式破坏,变形钢筋的黏结性能明显优于光圆钢筋,有良好的锚固性能。

2.3.3　影响黏结强度的因素
Factors that Affect the Bond Strength

影响黏结强度的因素很多,主要有钢筋表面形状、混凝土强度、保护层厚度和钢筋间距、横向钢带、侧向压力作用、浇筑混凝土时钢筋所处的位置、锚固长度等。

（1）钢筋表面形状

钢筋的表面形状对黏结强度有明显影响,变形钢筋的黏结强度明显优于光圆钢筋,故钢筋混凝土结构中宜优先采用变形钢筋。如果采用光圆钢筋,其端部应做弯钩;表面未锈蚀光圆钢筋比锈蚀光圆钢筋的黏结强度低,因此表面有轻度锈蚀的钢筋在使用时可不除锈;直径较粗钢筋的黏结强度比直径较细的钢筋低。

（2）混凝土强度

混凝土强度的提高,可增大混凝土和钢筋表面的化学胶着力与机械咬合力,增强伸入钢筋横肋间混凝土咬合齿的强度,同时可延迟沿钢筋纵向的劈裂裂缝,从而提高黏结强度。黏结强度随混凝土强度等级的提高而提高。变形钢筋的黏结强度与混凝土的抗拉强度大致成正比。

（3）保护层厚度和钢筋间距

混凝土保护层厚度对光圆钢筋的黏结强度没有明显影响,而对变形钢筋的影响非常显著。增大钢筋外围混凝土保护层的厚度,可提高钢筋外围混凝土抗劈裂破坏能力,保证黏结强度的充分发挥。钢筋的净间距越大,黏结强度越大。当钢筋的净间距太小时,水平劈裂可能使整个混凝土保护层脱落,显著地降低黏结强度。

（4）横向钢筋和侧向压力的作用

横向钢筋的约束或侧向压力的作用,可以增大混凝土的侧向约束作用,延缓或阻止劈裂裂缝的发展并限制裂缝宽度,从而提高黏结强度。因此,在较大直径钢筋的锚固或搭接长度范围内,以及当一层并列的钢筋根数较多时,均应设置一定数量的附加箍筋,以防止混凝土保护层的劈裂崩落。

（5）浇筑混凝土时钢筋所处的位置

混凝土硬化过程中会发生沉缩和泌水。对混凝土浇筑厚度超过 300 mm 以上的顶部钢筋,受到混凝土沉缩和泌水的影响,钢筋下部与混凝土之间容易形成空隙层,从而降低钢筋与混凝土之间的黏结强度。浇注高度越高,坍落度、水灰比和水泥用量越大,影响越明显。

（6）锚固长度

变形钢筋埋入混凝土的锚固长度越长,则锚固作用越好;但如果过长,则靠近钢筋端头处的黏结应力很小,甚至等于零。设计时仅需保证足够的锚固长度,因此也不必太长。

2.3.4　钢筋的锚固和连接
Anchorage and Connection of Steel Reinforcement

钢筋的锚固和连接是混凝土结构设计的重要内容之一,其实质是黏结问题。钢筋的锚固是指通过混凝土中钢筋埋置段或机械措施,将钢筋所受的力传给混凝土,使钢筋锚固在混凝土中而不致滑出。钢筋的连接则是指通过混凝土中两根钢筋的连接接头,将一根钢筋所受的力通过混凝土传给另一根钢筋。将钢筋从按计算不需要该钢筋的位置延伸一定长度,以保证钢筋发挥正常受力性能,称为延伸。钢筋的锚固、连接和延伸,实质上是不同条件下的锚固问题。

2.3.4.1　受拉钢筋的基本锚固长度

如前所述,钢筋的黏结强度 τ_u 与混凝土保护层厚度、横向钢筋数量、钢筋外形等因素有关,且与混凝土的轴心抗拉强度 f_t 大致成正比,在取《混凝土结构设计规范》规定的保护层最小厚度以及构造要求的最低配箍率条件下,τ_u 主要取决于混凝土强度(与 f_t 成正比)和钢筋的外形。考虑上述因素及适当的锚固可靠度后,受拉钢筋基本锚固长度(anchorage length)l_{ab} 的计算公式如下:

普通钢筋
$$l_{ab} = \alpha \frac{f_y}{f_t} d \qquad (2-18)$$

预应力筋
$$l_{ab} = \alpha \frac{f_{py}}{f_t} d \qquad (2-19)$$

式中　l_{ab} ——受拉钢筋的基本锚固长度;

　　　f_y、f_{py} ——普通钢筋、预应力筋的抗拉强度设计值;

　　　f_t ——混凝土轴心抗拉强度设计值,当混凝土强度等级超过 C60 时,按 C60 取值;

　　　d ——锚固钢筋的直径;

　　　α ——锚固钢筋的外形系数,按表 2-3 取用。

钢筋和混凝土的强度设计值参见附表 4、附表 5 和附表 7。

表 2-3　钢筋的外形系数

钢筋类型	光圆钢筋	带肋钢筋	螺旋肋钢筋	三股钢绞线	七股钢绞线
α	0.16	0.14	0.13	0.16	0.17

注:光圆钢筋末端应做 180° 弯钩,弯后平直段长度应不小于 $3d$,但作受压钢筋时可不做弯钩。

2.3.4.2　受拉钢筋的锚固长度的修正

一般情况下受拉钢筋的锚固长度可取基本锚固长度;当锚固条件不同或采取不同的埋置方式和构造措施时,锚固长度应按下列公式计算:
$$l_a = \zeta_a l_{ab} \qquad (2-20)$$
式中　l_a ——受拉钢筋的锚固长度,不应小于 200 mm;

　　　ζ_a ——锚固长度修正系数,见下文说明。

纵向受拉普通钢筋的锚固长度修正系数 ζ_a 应按下列规定取用:

1)当带肋钢筋的公称直径大于 25 mm 时取 1.10。

2)环氧树脂涂层带肋钢筋取 1.25。

3)施工过程中易受扰动的钢筋取 1.10。

4)当纵向受拉钢筋的实际配筋面积大于其设计计算面积时,修正系数取设计计算面积与实际配筋面积的比值,但对有抗震设防要求及直接承受动力荷载的结构构件,不应考虑此项修正。

5)锚固钢筋的保护层厚度为 $3d$ 时修正系数可取 0.80,保护层厚度为 $5d$ 时修正系数可取 0.70,中间按内插取值,此处 d 为锚固钢筋的直径。

当锚固钢筋的保护层厚度不大于 $5d$ 时,锚固长度范围内应配置横向构造钢筋,其直径不应小于 $d/4$;对梁、柱、斜撑等构件间距不应大于 $5d$,对板、墙等平面构件间距不应大于 $10d$,且间距不应大于 100 mm,此处 d 为锚固钢筋的直径。

当纵向受拉钢筋末端采用弯钩或机械锚固措施时,包括弯钩或锚固端头在内的锚固长度(投影长度)可取基本锚固长度的 60%。弯钩和机械锚固的形式和技术要求应符合图 2-40 及表 2-4 的规定。

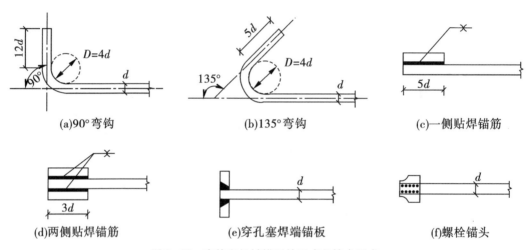

(a)90°弯钩　　　　　　　　(b)135°弯钩　　　　　　　(c)一侧贴焊锚筋

(d)两侧贴焊锚筋　　　　　　(e)穿孔塞焊端锚板　　　　　(f)螺栓锚头

图 2-40　弯钩和机械锚固的形式和技术要求

表 2-4　钢筋弯钩和机械锚固的形式和技术要求

锚固形式	技术要求
90°弯钩	末端90°弯钩,弯钩内径 $4d$,弯后直段长度 $12d$
135°弯钩	末端135°弯钩,弯钩内径 $4d$,弯后直段长度 $5d$
一侧贴焊锚筋	末端一侧贴焊长 $5d$ 同直径钢筋
两侧贴焊锚筋	末端两侧贴焊长 $3d$ 同直径钢筋
焊端锚板	末端与厚度 d 的锚板穿孔塞焊
螺栓锚头	末端旋入螺栓锚头

注:1. 焊缝和螺纹长度应满足承载力要求。
　　2. 螺栓锚头和焊接锚板的承压净面积不应小于锚固钢筋截面积的 4 倍。
　　3. 螺栓锚头的规格应符合相关标准的要求。
　　4. 螺栓锚头和焊接锚板的钢筋净间距不宜小于 $4d$,否则应考虑群锚效应的不利影响。
　　5. 截面角部的弯钩和一侧贴焊锚筋的布筋方向宜向截面内侧偏置。

当锚固条件多于一项时,修正系数可按连乘计算,但不应小于0.6;对预应力筋,可取1.0。

2.3.4.3　受压钢筋锚固长度

钢筋受压的锚固机理与受拉基本相同,由于钢筋受压时加大了钢筋与混凝土界面的摩擦力和咬合力,对锚固有利,受压锚固的受力状态也有较大改善,故受压钢筋的锚固长度应小于受拉钢筋的锚固长度。

《混凝土结构设计规范》规定:混凝土结构中的纵向受拉钢筋,当计算中充分利用其抗压强度时,锚固长度不应小于相应受拉锚固长度的70%。

受压钢筋不应采用末端弯钩和一侧贴焊锚筋的锚固措施。

2.3.4.4　钢筋的连接

钢筋的连接可分为两类:绑扎搭接、机械连接或焊接。绑扎搭接钢筋间力的传递主要依靠钢筋和混凝土之间的黏结作用,机械连接或焊接可以较好地满足钢筋间的传力需求。

绑扎搭接钢筋的受力状态见图2-41。两根钢筋搭接处,接头部位钢筋受力方向相反,二者之间的混凝土受到肋的斜向挤压作用,斜向挤压力的径向分量使外围混凝土受到横向拉应力,纵向分量使搭接钢筋之间的混凝土受

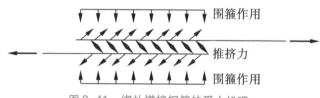

图 2-41　绑扎搭接钢筋的受力机理

到剪切作用,其破坏一般为沿钢筋方向混凝土被相对剪切发生劈裂,使纵筋滑移甚至被拔出。另外,在绑扎接头处,两根钢筋之间的净距为零,故黏结性能较差。因此,受拉钢筋搭接接头处的黏结强度低于相同钢筋锚固状态的黏结强度,其搭接长度应大于锚固长度。

搭接钢筋通过接头实现的是间接传力,其性能不如整筋的直接传力。因此,《混凝土结构设计规范》规定:同一构件中相邻纵向受力钢筋的绑扎搭接接头宜互相错开。钢筋绑扎搭接接头连接区段的长度为1.3倍搭接长度,凡搭接接头中点位于该连接区段长度内的搭接接头均属于同一连接区段(图2-42)。同一连接区段内纵向受拉钢筋搭接接头面积百分率为该区段设有搭接接头的纵向受拉钢筋与全部纵向受拉钢筋截面面积的比值。当直径不同的钢筋搭接时,按直径较小的钢筋计算。

位于同一连接区段内的受拉钢筋搭接接头面积百分率:对梁类、板类及墙类构件,不宜大于25%;对柱类构件,不宜大于50%。当工程中确有必要增大受拉钢筋搭接接头面积百分率时,对梁类构件,不宜大于50%;对板、墙、柱及预制构件的拼接处,可根据实际情况放宽。

并筋采用绑扎连接时,应按每根单筋错开搭接的方式连接。接头面积百分率应按同一连接区段内所有的单根钢筋计算。并筋中钢筋的搭接长度应按单筋分别计算。

纵向受拉钢筋绑扎搭接接头的搭接长度,应根据位于同一连接区段内的钢筋搭接接头面积百分率按下式计算,且不应小于300 mm:

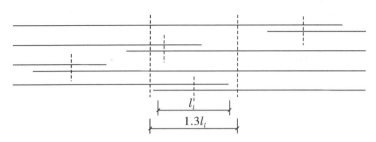

图 2-42　钢筋搭接接头错开要求

注:图中所示同一连接区段内的搭接接头钢筋为两根,当钢筋直径相同
时,钢筋搭接接头面积百分率为 50%。

$$l_l = \zeta_l l_a \qquad (2-21)$$

式中　l_l——纵向受拉钢筋的搭接长度。

　　　l_a——纵向受拉钢筋的锚固长度,按式(2-20)确定。

　　　ζ_l——纵向受拉钢筋搭接长度修正系数,按表 2-5 取用。当纵向搭接接头面积百分率为表的中间值时,修正系数可按内插取值。

表 2-5　纵向受拉钢筋搭接长度修正系数

纵向受拉钢筋接头面积百分率/%	≤25	50	100
ζ_l	1.2	1.4	1.6

受压钢筋的搭接接头,由于钢筋端头混凝土直接承压,减小了搭接钢筋之间的混凝土受剪力,故受压钢筋的搭接长度小于受拉钢筋的搭接长度。《混凝土结构设计规范》规定,受压钢筋的搭接长度不应小于按式(2-21)确定的搭接长度的 70%,且不应小于 200 mm。

轴心受拉及小偏心受拉杆件的纵向受力钢筋不得采用绑扎搭接;其他构件中的钢筋采用绑扎搭接时,受拉钢筋直径不宜大于 25 mm,受压钢筋直径不宜大于 28 mm。

本章小结

1)混凝土结构中非预应力钢筋主要采用热轧钢筋,预应力筋主要采用预应力钢丝、钢绞线和预应力螺纹钢筋。前者有明显流幅,又称为"软钢";后者无明显流幅,又称为"硬钢"。钢筋强度取值的依据一般采用屈服强度(软钢)或条件屈服强度(硬钢)。钢筋的塑性指标主要有伸长率或最大力下的总伸长率和冷弯性能。设计时应注意使钢筋具有一定的屈强比和塑性性能。

2)对钢筋进行冷加工,可以在一定程度上提高钢筋的强度,但一般会使其塑性性能降低。

3)混凝土强度有立方体抗压强度、轴心抗压强度和轴心抗拉强度。立方体抗压强度标准值是混凝土材料的基本代表值,混凝土的其他强度指标均可与其建立换算关系。设计时,一般采用轴心抗压强度值和轴心抗拉强度值。混凝土在双轴或三轴受压时,其强度值会有所提高。

4)混凝土应力-应变关系主要表现为非线性关系,在应力很小时,二者间可近似视为线性关系。混凝土的强度和变形与时间有关。在混凝土结构设计时(尤其是预应力混凝土结构设计时),应注意收缩和徐变对结构性能的影响。

5)黏结是钢筋和混凝土共同工作的基础,应当采取必要的措施加以保证。黏结强度通常由化学胶着力、摩擦力和机械咬合力构成,若钢筋端头有机械锚固措施时,还应包括机械锚固力。钢筋的锚固长度和搭接长度应符合设计规范的要求。

思考题

第 2 章在线
测试

1. 我国混凝土结构中钢筋有哪些品种?

2. 混凝土结构对钢筋性能有什么要求? 为什么?

3. 什么叫普通钢筋? 什么叫预应力筋?

4. 软钢和硬钢的区别是什么?

5. 硬钢的强度取值是如何确定的?

6. 钢筋的冷加工方法有哪几种? 其目的是什么?

7. 简述混凝土的组成结构及其对力学性能的影响。

8. 混凝土的强度等级是如何确定的?

9. 什么是混凝土的轴心抗压强度?

10. 混凝土的弹性模量和变形模量是如何确定的?

11. 什么是混凝土的徐变? 徐变对混凝土结构有何影响?

12. 收缩对混凝土结构有何影响? 如何减小混凝土的收缩?

13. 什么是黏结应力和黏结强度? 黏结强度一般由哪几部分组成?

14. 钢筋和混凝土之间的黏结力由哪些方面组成? 有何特点?

15. 影响黏结力的主要因素有哪些? 如何提高黏结强度?

16. 光圆钢筋与变形钢筋的黏结性能有何异同?

17. 什么是钢筋的锚固? 什么是钢筋的连接? 什么是钢筋的延伸?

18. 钢筋的锚固长度和搭接长度各是如何确定的?

第 3 章　混凝土结构设计的方法和可靠性原理

Chapter 3　Design Methods and Reliability Principle of Concrete Structures

3.1　概述

Introduction

远古时代,所谓的房屋建筑没有什么设计计算,只是靠工匠们的经验建造。18 世纪工业革命以后,人们开始用容许应力法进行结构设计。这种方法要求在规定的标准荷载作用下,按弹性理论计算的应力不大于规定的容许应力。容许应力是由材料强度除以安全系数求得,安全系数则根据经验和主观判断来确定。这种方法对于砖、石或铸铁等脆性材料基本适用,但对钢材、钢筋混凝土就不适用了。由于钢筋混凝土并不是一种弹性材料,而是有着明显的塑性性能,因此,这种以弹性理论为基础的计算方法不能如实地反映构件截面的应力状态。仅按弹性设计没有充分利用其承载能力,因此该设计计算方法既不经济又不合理。

20 世纪 30 年代出现了考虑钢筋混凝土塑性性能的破坏阶段计算法。这种方法以考虑材料塑性性能的结构构件承载力为基础,要求按材料平均强度计算的承载力必须大于计算的最大荷载产生的内力。计算的最大荷载是由规定的标准荷载乘以单一的安全系数而得出的,安全系数仍是根据经验和主观判断来确定的。

20 世纪 50 年代提出了极限状态计算法。极限状态计算法是破坏阶段计算法的发展,它规定了结构的极限状态,并把单一安全系数改为三个分项系数,即荷载系数、材料系数和工作条件系数,故又称为"三系数法"。三系数法把不同的材料和不同的荷载用不同的系数区别开来,使不同的构件具有比较一致的可靠度,部分荷载系数和材料系数是根据统计资料用概率的方法确定的,我国 1966 年颁布的《钢筋混凝土结构设计规范》(BJG 21—66)即采用这一方法。

新中国成立以后,我国建筑结构设计理论取得了长足的发展。但在 20 世纪 80 年代以前,建筑结构设计理论在不同材料构件设计中采用了不同的设计方法。如砌体结构采用了总安全系数法,钢筋混凝土结构采用了半经验、半统计的单一安全系数极限状态设计法,即 1974 年颁布的《钢筋混凝土结构设计规范》(TJ 10—74)采用了半经验、半统计的单一安全系数极限状态设计。在同一幢建筑物中,建筑结构的可靠性很难明确表述。

20 世纪 80 年代以后,国际上采用了概率理论来研究和解决结构可靠度问题,并在统一各种结构基本设计原则方面取得了显著的进展。在学习国外科研成果和总结我国工程实践经验的基础上,我国于 1984 年颁布试行《建筑结构设计统一标准》(GBJ 68—84),也是采用以概率理论为基础的极限状态设计法。把概率方法引入到工程设计中,从而使结构设计可靠度具有比较明确的物理意义,使我国的建筑结构设计基本原则更为合理,并开始趋向统一。它的应用是我国在建筑结构设计概念上的重大变革,对提高建筑结构设计规范的质量和逐步形成完整的体系起到了重大的推动作用。

近年来,在总结我国的试验研究、工程实践经验和学习国外科技成果的基础上,对《建筑结构设计统一标准》(GBJ 68—84)进行了修订,2001 年颁布了《建筑结构可靠度设计统一标准》(GB 50068—2001),采用了以概率论为基础的极限状态设计法,使我国的建筑结构设计基本原则更趋合理,并提升为国家标准,把我国建筑结构可靠度设计提高到一个新的水平。

在工程结构可靠性研究方面,还编制修订了《工程结构可靠性设计统一标准》(GB 50153—2008),该国家标准主要采用以可靠性理论为基础、用分项系数表达的概率极限状态设计方法,作为我国土木、建筑、水利等专业结构设计规范修订的准则。从以经验为主的安全系数法、半经验半概率定值设计方法发展到以概率分析为基础的极限状态设计方法,提高了我国结构设计规范的科学水平,使我国工程结构设计规范跻身于世界先进行列。

2016 年以来,在国家现行相关工程建设标准的基础上,认真总结实践经验,参考了有关国际技术法规、国际标准和国外先进标准,并与国家法规政策相协调,修订了《建筑结构可靠性设计统一标准》(GB 50068—2018),编制了《工程结构通用规范》(GB 55001—2021)。随后,由法律、行政法规、部门规章中的技术性规定与全文强制性的工程建设规范构成的"技术法规"体系将逐步形成。

3.2　结构设计的基本规定
Basic Regulations of Structural Design

按照《工程结构可靠性设计统一标准》(GB 50153—2008),工程结构设计的基本原则、基本要求和基本方法,应符合结构可持续发展的要求,并符合安全可靠、经济合理、技术先进,确保质量。

工程结构设计宜采用以概率理论为基础、以分项系数表达的极限状态设计方法。当缺乏统计资料时,工程结构设计可根据可靠的工程经验或必要的试验研究进行,也可采用容许应力或单一安全系数等经验方法进行。

结构设计应使结构在规定的设计工作年限内以适当的可靠度且经济的方式满足规定的各项功能要求。

3.2.1　结构的基本要求
Basic Request of Structures

宜采取下列措施满足对结构的基本要求,包括三个方面:①采用适当的材料;②采用合理的设计和构造;③对结构的设计、制作、施工和使用等制定相应的控制措施。

3.2.2 结构的功能要求
Function Request of Structures

结构在规定的设计工作年限内应满足下列功能要求:①能承受在施工和使用期间可能出现的各种作用;②保持良好的使用性能,如不发生过大的变形或过宽的裂缝等;③具有足够的耐久性能,如材料的风化、老化及钢筋等的腐蚀不超过一定的程度等;④当发生火灾时,在规定的时间内可保持足够的承载力;⑤当发生爆炸、撞击、人为错误等偶然事件时,结构能保持必需的整体稳固性,不出现与起因不相称的破坏后果,防止出现结构的连续倒塌。

五项功能中,第①、④、⑤项是对结构安全性的要求,第②项是对结构使用性的要求,第③项是对结构耐久性的要求,三者可概括为结构可靠性的要求。注意:对重要的结构,应采取必要的措施,防止出现结构的连续倒塌;对一般的结构,宜采取适当的措施,防止出现结构的连续倒塌;对次要的结构,可不考虑结构的连续倒塌问题;对港口工程结构,"撞击"指非正常撞击。

3.2.3 结构设计的要求
Request of Structural Design

结构设计时,应根据下列要求采取适当的措施,使结构不出现或少出现可能的损坏:①避免、消除或减少结构可能受到的危害;②采用对可能受到的危害反应不敏感的结构类型;③采用当单个构件或结构的有限部分被意外移除或结构出现可接受的局部损坏时,结构的其他部分仍能保存的结构类型;④不宜采用无破坏预兆的结构体系;⑤使结构具有整体稳固性。

3.2.4 结构的安全等级
Safety Classes of Structures

工程结构设计时,应根据结构破坏可能产生后果的严重性,采用不同的安全等级。结构破坏可能产生的后果可以从危及人的生命、造成经济损失、对社会或环境产生影响等方面进行评估。工程结构安全等级的划分应符合表 3-1 的规定。房屋建筑结构的安全等级,应根据结构破坏可能产生后果的严重性按表 3-2 划分。

表 3-1 工程结构的安全等级

安全等级	破坏后果	说明
一级	很严重	对重要的结构,其安全等级应取为一级;对一般的结构,
二级	严重	其安全等级宜取为二级;对次要的结构,其安全等级可取
三级	不严重	为三级

表 3-2　房屋建筑结构的安全等级

安全等级	破坏后果	示例	说明
一级	很严重;对人的生命、经济、社会或环境影响很大	大型的公共建筑等	房屋建筑结构抗震设计中的甲类建筑和乙类建筑,其安全等级宜规定为一级;丙类建筑,其安全等级宜规定为二级;丁类建筑,其安全等级宜规定为三级
二级	严重;对人的生命、经济、社会或环境影响较大	普通的住宅和办公楼等	
三级	不严重;对人的生命、经济、社会或环境影响较小	小型的或临时性贮存建筑等	

　　工程结构中各类结构构件的安全等级,宜与整个结构的安全等级相同,对其中部分结构构件的安全等级可根据其重要程度和综合经济效果进行适当调整,但不得低于三级。

3.2.5　设计工作年限及耐久性
Design Working Life and Durability

　　设计工作年限是指设计规定的结构或结构构件不需要进行大修即可按预定目的使用的年限。工程结构设计时,应规定结构的设计工作年限。房屋建筑结构的设计基准期为50 年。设计基准期是为确定可变作用等取值而选用的时间参数。房屋建筑结构的设计工作年限,应按表 3-3 采用。其他工程结构的设计工作年限应符合国家现行标准的有关规定,特殊工程结构的设计工作年限可另行规定。

表 3-3　房屋建筑结构的设计工作年限

类别	设计工作年限/年	示例
1	5	临时性建筑结构
2	25	易于替换的结构构件
3	50	普通房屋和构筑物
4	100	标志性建筑和特别重要的建筑结构

　　工程结构设计时应对环境影响进行评估,当结构所处的环境对其耐久性有较大影响时,应根据不同的环境类别采用相应的结构材料、设计构造、防护措施、施工质量要求等,并应制定结构在使用期间的定期检修和维护制度,使结构在设计工作年限内不致因材料的劣化而影响其安全或正常使用。

3.3　结构上的作用及材料性能与几何参数
Actions of Structures and Material Properties and Geometrical Parameters

　　建筑结构设计时,应考虑结构上可能出现的各种作用(包括直接作用、间接作用)和环境影响。

3.3.1　结构上的作用
Actions of Structures

（1）作用

作用是指施加在结构上的集中力或分布力和引起结构外加变形或约束变形的原因。前者以力的形式作用于结构上，称为直接作用，习惯上称为荷载；后者以变形的形式作用在结构上，称为间接作用。引起结构外加变形或约束变形的原因是指地面运动、基础沉降、温度变化、混凝土收缩、焊接变形等作用。作用效应是指由作用引起的结构或结构构件的反应。

（2）作用的代表值

作用的代表值是极限状态设计所采用的作用值，它可以是作用的标准值或可变作用的伴随值。作用的标准值是作用的主要代表值，可根据对观测数据的统计、作用的自然界限或工程经验确定。作用的设计值是作用的代表值与作用分项系数的乘积。

（3）作用的分类

《工程结构可靠性设计统一标准》（GB 50153—2008）和《建筑结构可靠性设计统一标注》（GB 50068—2018）中把结构上的作用按下列性质进行了分类。

1）按随时间的变化分类：

①永久作用，即在设计所考虑的时期内始终存在且其量值变化与平均值相比可以忽略不计的作用，或其变化是单调的并趋于某个限值的作用。例如结构自重、预压应力、土压力等。

②可变作用，即在设计使用年限内其量值随时间变化，且其变化与平均值相比不可忽略不计的作用。例如安装荷载、桥面或路面上的行车荷载、楼面活荷载、风荷载、雪荷载、吊车荷载、温度变化等。

③偶然作用，即在设计使用年限内不一定出现，而一旦出现其量值很大，且持续时间很短的作用。例如强烈地震（罕遇地震）、爆炸、撞击等。

2）按随空间的变化分类：

①固定作用，即在结构上具有固定空间分布的作用。当固定作用在结构某一点上的大小和方向确定后，该作用在整个结构上的作用即得以确定。例如工业与民用建筑楼面上的固定设备荷载、结构自重等。

②自由作用，即在结构上给定的范围内具有任意空间分布的作用。例如工业建筑中的吊车荷载等。民用建筑楼面的人员、家具等荷载虽然可动，但由于作用点数量多，每个点作用力较小，移动也无规律等原因，常应用"等效均布荷载"的概念简化为可变的固定作用，称为楼面活荷载。

3）按结构的反应特点分类：

①静态作用，即使结构产生的加速度可以忽略不计的作用。例如结构自重、住宅与办公楼的楼面活荷载等。

②动态作用，即使结构产生的加速度不可忽略不计的作用。例如设备振动、吊车荷

载、作用在高耸结构上的风荷载等。

4）按有无界限值分类：

①有界作用，即具有不能被超越的且可确切或近似掌握其界限值的作用。

②无界作用，即没有明确界限值的作用。

5）其他分类。

作用在结构或结构构件内产生的内力（如轴力、剪力、弯矩、扭矩）、变形（如挠度、转角）和裂缝等，亦即由作用引起的结构或结构构件的反应，称为作用效应。当为直接作用（即荷载）时，其效应也称为荷载效应。由于结构上的作用是不确定的随机变量（或随机过程），所以作用效应一般说也是一个随机变量。

荷载 Q 与荷载效应 S 的关系一般可近似按线性考虑，即

$$S = CQ \tag{3-1}$$

式中　C——荷载效应系数。例如跨度为 l 的简支梁，由均布荷载 q 在跨中截面引起的荷载效应（弯矩）$S = M = \dfrac{1}{8}ql_0^2$，此时的荷载效应系数 $C = \dfrac{1}{8}l_0^2$，l_0 为梁的计算跨度。

根据《建筑结构荷载规范》（GB 50009—2012）的要求，建筑结构设计时，应按下列规定对不同荷载采用不同的代表值：①对永久荷载应采用标准值作为代表值；②对可变荷载应根据设计要求采用标准值、组合值、频遇值或准永久值作为代表值；③对偶然荷载应按建筑结构使用的特点确定其代表值。确定可变荷载代表值时应采用 50 年设计基准期。

《工程结构可靠性设计统一标准》（GB 50153—2008）规定：对偶然作用，应采用偶然作用的设计值，偶然作用的设计值应根据具体工程情况和偶然作用可能出现的最大值确定，也可根据有关标准的规定确定。对地震作用，应采用地震作用的标准值，地震作用的标准值应根据地震作用的重现期确定。地震作用的重现期可根据建筑抗震设防目标，按有关标准的专门规定确定。

承载能力极限状态或正常使用极限状态按标准组合设计时，对可变荷载应按规定的荷载组合采用荷载的组合值或标准值作为其荷载代表值。可变荷载的组合值，应为可变荷载的标准值乘以荷载组合值系数。

正常使用极限状态按频遇组合设计时，应采用可变荷载的频遇值或准永久值作为其荷载代表值；按准永久组合设计时，应采用可变荷载的准永久值作为其荷载代表值。可变荷载的频遇值，应为可变荷载标准值乘以频遇值系数。可变荷载准永久值，应为可变荷载标准值乘以准永久值系数。

3.3.2　材料性能与几何参数
Material Properties and Geometrical Parameters

材料性能宜采用随机变量概率模型描述。材料性能的各种统计参数和概率分布类型，应以试验数据为基础，运用参数估计和概率分布的假设检验方法确定。检验的显著性水平可取 0.05。材料性能具体分为材料性能的标准值和材料性能的设计值两种。材料性能的标准值是指符合规定质量的材料性能概率分布的某一分位值或材料性能的名义值。材料性能的设计值是指材料性能的标准值除以材料性能分项系数所得的值。

材料强度的概率分布宜采用正态分布或对数正态分布。材料强度的标准值可按其概率分布的 0.05 分位值确定。材料弹性模量、泊松比等物理性能的标准值可按其概率分布的 0.5 分位值确定。当试验数据不充分时,材料性能的标准值可采用有关标准的规定值,也可根据工程经验,经分析判断确定。

结构或结构构件的几何参数 a 宜采用随机变量概率模型描述。几何参数的各种统计参数和概率分布类型,应以正常生产情况下结构或结构构件几何尺寸的测试数据为基础,运用参数估计和概率分布的假设检验方法确定。几何参数的标准值可采用设计规定的公称值,或根据几何参数概率分布的某个分位值确定。

3.4　极限状态设计原则
Design Principle of Limit States

3.4.1　结构的极限状态
Limit States of Structures

极限状态是整个结构或结构的一部分超过某一特定状态就不能满足设计规定的某一功能要求,此特定状态就是该功能的极限状态。极限状态分为下列两类:

(1)承载能力极限状态

这种极限状态对应于结构或结构构件达到最大承载能力或不适于继续承载的变形。当结构或结构构件出现下列状态之一时,应认为超过了承载能力极限状态:①结构构件或连接因超过材料强度而破坏(包括疲劳破坏),或因过度变形而不适于继续承载(如受弯构件中的少筋梁);②整个结构或其一部分作为刚体失去平衡(如倾覆、过大的滑移等);③结构转变为机动体系;④结构或结构构件丧失稳定(如压屈等);⑤结构因局部破坏而发生连续倒塌;⑥地基丧失承载能力而破坏(如失稳等);⑦结构或结构构件的疲劳破坏。

(2)正常使用极限状态

这种极限状态对应于结构或结构构件达到正常使用或耐久性能的某项规定限值。当结构或结构构件出现下列状态之一时,应认为超过了正常使用极限状态:①影响正常使用或外观的变形(如过大的挠度);②影响正常使用或耐久性能的局部损坏(包括裂缝);③影响正常使用的振动;④影响正常使用的其他特定状态。

(3)耐久性极限状态

这种极限状态对应于结构或结构构件达到耐久性的某项规定限值。当结构或构件出现下列状态之一时,应认定为超过了耐久性极限状态:①影响承载能力和正常使用的材料性能劣化;②影响耐久性能的裂缝、变形、缺口、外观、材料削弱等;③影响耐久性的其他特定状态(如构件的金属连接件出现锈蚀,阴极或阳极保护措施失去作用等)。

结构设计时应对结构的不同极限状态分别进行计算或验算,当某一极限状态的计算或验算起控制作用时,可仅对该极限状态进行计算或验算。混凝土结构或构件一般先按承载能力极限状态进行设计计算,再按正常使用极限状态进行验算,最后采取保证耐久性的系列措施。

3.4.2 结构的设计状况
Design Situation of Structures

结构设计状况是表征一定时段内实际情况的一组设计条件,设计应做到在该组条件下结构不超越有关的极限状态。工程结构设计时应根据结构在施工和正常使用时的环境条件和影响,分为以下四种设计状况:

(1)持久设计状况

持久设计状况是指在结构使用过程中一定出现,且持续期很长的设计状况,其持续期一般与设计使用年限为同一数量级。持久设计状况适用于结构使用时的正常情况,如房屋结构承受家具和正常人员荷载的状况。

(2)短暂设计状况

短暂设计状况是指在结构施工和使用过程中出现概率较大,而与设计使用年限相比,其持续期很短的设计状况。短暂设计状况适用于结构出现的临时情况,包括结构施工荷载和维修时的情况等。

(3)偶然设计状况

偶然设计状况是指在结构使用过程中出现概率很小,且持续期很短的设计状况。偶然设计状况适用于结构出现的异常情况,包括结构遭受火灾、爆炸、撞击时的情况等。

(4)地震设计状况

地震设计状况是指结构遭受地震时的设计状况。地震设计状况适用于结构遭受地震时的情况,在抗震设防地区必须考虑地震设计状况。

工程结构设计时,对不同的设计状况,应采用相应的结构体系、可靠度水平、基本变量和作用组合等进行建筑结构的可靠性设计。房屋建筑结构构件持久设计状况承载能力极限状态设计的可靠指标,不应小于表3-3的规定。房屋建筑结构构件持久设计状况正常使用极限状态设计的可靠指标,宜根据其可逆程度取0~1.5。结构构件持久设计状况耐久性极限状态的可靠指标,宜根据其可逆程度取1.0~2.0。

3.4.3 极限状态设计
Limit States Design

上述规定的四种工程结构设计状况应分别进行下列极限状态设计:①对四种设计状况,均应进行承载能力极限状态设计;②对持久设计状况,尚应进行正常使用极限状态设计,并宜进行耐久性极限状态设计;③对短暂设计状况和地震设计状况,可根据需要进行正常使用极限状态设计;④对偶然设计状况,可不进行正常使用极限状态设计和耐久性极限状态设计。

进行承载能力极限状态设计时,应根据不同的设计状况采用下列作用组合:①对于持久设计状况或短暂设计状况,应采用作用的基本组合;②对于偶然设计状况,应采用作用的偶然组合;③对于地震设计状况,应采用作用的地震组合。

进行正常使用极限状态设计时,宜采用下列作用组合:①对于不可逆正常使用极限状态设计,宜采用作用的标准组合;②对于可逆正常使用极限状态设计,宜采用作用的频遇组合;③对于长期效应是决定性因素的正常使用极限状态设计,宜采用作用的准永久组合。

对每一种作用组合,工程结构的设计均应采用其最不利的效应设计值进行。

3.4.4 结构的极限状态方程和功能函数
Limit State Equations and Performance Functions of Structures

结构和结构构件的极限状态可采用下列极限状态方程描述:

$$g(X_1, X_2, \cdots, X_n) = 0 \tag{3-2}$$

式中　$g(\cdot)$——结构的功能函数;

　　　$X_i(i = 1, 2, \cdots, n)$——基本变量,指结构上的各种作用和环境影响、材料和岩土的性能及几何参数等,在进行可靠度分析时,基本变量应作为随机变量。

结构按极限状态设计应符合下列要求:

$$g(X_1, X_2, \cdots, X_n) \geqslant 0 \tag{3-3}$$

当采用结构的作用效应和结构的抗力作为综合基本变量时,结构按极限状态设计应符合下列要求:

$$R - S \geqslant 0 \tag{3-4}$$

式中　R——结构的抗力;

　　　S——结构作用效应。

结构作用效应 S 和结构的抗力 R 两者的关系还可以描述为下面一般表达式:

$$Z = R - S = g(X_1, X_2, \cdots, X_n) \tag{3-5}$$

结构或结构构件的工作状态表现为下列三种形式:

当 $Z>0$ 时,结构处于可靠状态;

当 $Z<0$ 时,结构处于失效状态;

当 $Z=0$ 时,结构处于极限状态。

一般情况下,R 和 S 都是非确定性的变量,用随机变量来描述,所以求解 $R > S$ 的 X_1, $X_2, \cdots, X_n$ 是非确定性问题。

结构或结构构件所处的状态也可用图 3-1 来表达。当基本变量满足极限状态方程:

$$Z = R - S = 0 \tag{3-6}$$

时,结构达到极限状态,即图 3-1 中的 45°直线。

3.4.5 结构可靠度及失效概率
Reliability Degrees of Structures,Noneffective Probability

可靠度是指结构在规定的时间内,在规定的条件下,完成预定功能的概率。可靠度水平的设置应根据结构构件的安全等级、失效模式和经济因素等确定。对结构的安全性、适用性和耐久性可采用不同的可靠度水平。

可靠指标是度量结构可靠度的数值指标,可靠指标 β 与失效概率 p_f 的关系为 $\beta = -\Phi^{-1}(p_f)$,其中 $\Phi^{-1}(\cdot)$ 为标准正态分布函数的反函数。房屋建筑结构构件持久设计状况承载能力极限状态设计的可靠指标,不应小于表 3-4 的规定。

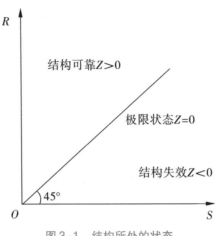

图 3-1 结构所处的状态

表 3-4 房屋建筑结构构件的可靠指标 β

破坏类型	安全等级		
	一级	二级	三级
延性破坏	3.7	3.2	2.7
脆性破坏	4.2	3.7	3.2

结构能够完成预定功能($Z = R - S > 0$)的概率称为可靠概率 p_s,不能完成预定功能($Z = R - S < 0$)的概率称为失效概率 p_f。可靠概率 p_s 和失效概率 p_f 是互补的,即 $p_s + p_f = 1$。因此,结构可靠性也可以用失效概率来衡量,失效概率愈小,结构可靠性愈大。

基于前述作用效应、结构抗力的不确定性及可靠度的概念,《工程结构可靠性设计统一标准》(GB 50153—2008)中规定结构设计所采用的方法为概率极限状态设计法。它是按结构达到不同极限状态的要求进行设计,而在其计算中应用了概率的方法。

现以简单的情况对此方法加以说明:若一构件的荷载效应为 S,抗力为 R,S 与 R 均为随机变量,假设 S 与 R 均服从正态分布,其平均值分别为 μ_R、μ_S,标准差分别为 σ_R、σ_S,其概率密度曲线如图 3-2 所示。显然,μ_R 应大于 μ_S。从图中可见,在大多数情况下构件抗力 R 大于荷载效应 S。但由于离散性,在两条概率密度分布曲线相重叠的范围内,仍有可能出现 R 小于 S 的情况。重叠范围的大小,反映了 R 小于 S(即结构失效)的概率的高低,但并非成正比关系。μ_R 比 μ_S 大得越多,或 σ_R、σ_S 越小(即曲线高而窄),均可使重叠范围减少,结构的失效概率也就越低。由此可见,失效概率的大小不仅与平均值之差 $\mu_R - \mu_S$ 的大小有关,而且与标准差 σ_R、σ_S 的大小有关。加大平均值之差,或减小标准差均可使失效概率降低。这一点与我们的常识是一致的。因为加大结构抗力的富余度,减小抗力与作用的离散程度,减少不确定因素的影响,必将提高结构构件的可靠程度。

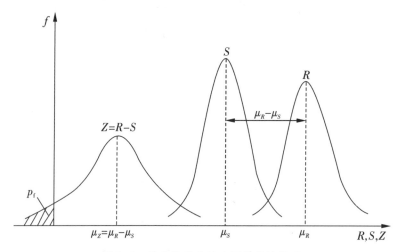

图 3-2　构件失效和抗力及荷载的关系

　　Z 为正态分布的随机变量,其概率密度分布曲线如图 3-2 所示。从图中可见,$Z = R - S < 0$ 的事件(即构件失效)出现的概率称为失效概率,为图中阴影部分的面积(称为尾部面积),其值为:

$$p_f = P(Z < 0) = \int_{-\infty}^{0} f(Z)\, dZ \tag{3-7}$$

　　这样,失效概率 p_f 就可以用图 3-3 中的阴影面积表示。以 μ_Z 和 σ_Z 分别表示 Z 的平均值和标准差,从图 3-3 可以看到,失效概率 p_f 与 μ_Z 值有关。设 $\mu_Z = \beta\sigma_Z$,则 p_f 与 β 之间存在着对应关系,β 越大,p_f 越小。

　　根据概率论原理,$\mu_Z = \mu_R - \mu_S$,$\sigma_Z = \sqrt{\sigma_R^2 + \sigma_S^2}$,则结构可靠指标为:

$$\beta = \frac{\mu_Z}{\sigma_Z} = \frac{\mu_R - \mu_S}{\sqrt{\sigma_R^2 + \sigma_S^2}} \tag{3-8}$$

　　从式(3-8)看到,结构抗力与荷载效应的平均值差值($\mu_R - \mu_S$)愈大,标准差 σ_R、σ_S 的数值愈小,结构可靠指标 β 值就越大,失效概率就越小,故 β 和失效概率一样可作为衡量结构可靠度的一个指标,称为可靠指标。对于标准正态分布,β 和失效概率 p_f 之间存在一一对应关系,可靠指标 β 与结构失效概率 p_f 的对应关系如图 3-4 所示。由图中可以看出,β 值相差 0.5,失效概率 p_f 大致差一个数量级。表 3-5 为几个常用可靠指标 β 值与构件失效概率的对应关系。

表 3-5　可靠指标 β 值与构件失效概率的对应关系

β	2.7	3.2	3.7	4.2
p_f	3.5×10^{-3}	6.9×10^{-4}	1.1×10^{-4}	1.3×10^{-5}

从图 3-3 看到,失效概率 p_f 尽管很小,但总是存在的。因此,要使结构设计做到绝对可靠是不可能的。合理的设计应该使结构的失效概率降低到人们可以接受的程度。

以上讨论是假定结构抗力和作用效应均服从正态分布而得出的。当这两个变量不服从正态分布且极限状态方程为非线性时,可换算成所谓的"当量正态分布"。

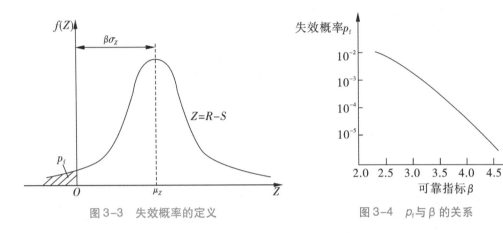

图 3-3　失效概率的定义　　　　图 3-4　p_f 与 $β$ 的关系

3.5　荷载和材料强度取值
Loads and Material Strengths Values

3.5.1　荷载的分类
Classification of Loads

建筑结构的荷载可分为下列三类:

(1)永久荷载

永久荷载又称为恒荷载(或简称恒载),是指在结构使用期间,其值不随时间变化或其变化与平均值相比可以忽略不计的荷载,或其变化是单调的并能趋于限值的荷载,如结构自重、土压力、预应力等。

(2)可变荷载

可变荷载又称为活荷载(或简称活载),是指在结构使用期间,其值随时间变化且其变化与平均值相比不可忽略的荷载,如楼面活荷载、屋面活荷载和积灰荷载、吊车荷载、风荷载、雪荷载、温度作用等。

(3)偶然荷载

在结构设计使用年限内不一定出现,而一旦出现其量值很大且持续时间很短的荷载,如爆炸力、撞击力等。

3.5.2　荷载标准值
Characteristic Value of Loads

荷载标准值是建筑结构按极限状态设计时采用的荷载基本代表值。荷载标准值由设计基准期最大荷载概率分布的某一分位值确定,为设计基准期内最大荷载统计分布的特征值(如均值、众值、中值或某个分位值)。

根据长期的工程结构设计经验,我国《建筑结构荷载规范》(GB 50009—2012)对不同的荷载规定了相应的标准值。

(1)永久荷载标准值

结构自重的标准值可按结构构件的设计尺寸与材料单位体积的自重计算确定。

一般材料和构件的单位自重可取其平均值。对于自重变异较大的材料(如现场制作的保温材料、混凝土薄壁构件等)和构件,自重的标准值应根据其对结构不利或有利状态,分别取其上限值或下限值。

对常用材料和构件可参考《建筑结构荷载规范》(GB 50009—2012)附录 A 的自重确定其标准值。如素混凝土的自重为 $22 \sim 24$ kN/m^3,钢筋混凝土为 $24 \sim 25$ kN/m^3,水泥砂浆为 20 kN/m^3。

(2)可变荷载标准值

由于很多可变荷载资料不充分,难以给出符合实际的概率分布,因此《建筑结构荷载规范》(GB 50009—2012)根据统计分析和长期使用经验,对可变荷载基本上采用的是经验值。对于楼面和屋面活荷载、屋面积灰荷载、施工和检修荷载及水平栏杆荷载、吊车荷载、雪荷载、风荷载等可变荷载的标准值规定了具体数值或计算方法,设计时可以直接查用或计算。如教室的楼面均布活荷载标准值为 2.5 kN/m^2,楼梯的均布活荷载标准值为 3.5 kN/m^2,住宅的楼面均布活荷载标准值为 2.0 kN/m^2。

3.5.3　荷载设计值
Design Value of Loads

(1)荷载分项系数

根据分析结果,《建筑结构荷载规范》(GB 50009—2012)规定荷载分项系数应按下列规定采用:

1)永久荷载分项系数 γ_G:当其效应对结构不利(使结构内力增大)时,不应小于 1.3;当永久荷载效应对结构有利(使结构内力减小)时,不应大于 1.0。

2)可变荷载分项系数 γ_Q:当其作用效应对结构不利时,不应小于 1.5;对于标准值大于 4 kN/m^2 的工业房屋楼面结构的活荷载,因其变异系数相对较小,当作用效应对结构不利时,不应小于 1.4。当可变荷载效应对结构有利时,应取为 0。

(2)荷载设计值

荷载设计值是荷载标准值与荷载分项系数的乘积,如永久荷载设计值为 $\gamma_G G_k$,可变荷载设计值为 $\gamma_Q Q_k$。

3.5.4　材料强度标准值
Characteristic Value of Material Strengths

钢筋和混凝土的强度标准值是混凝土结构按极限状态设计时采用的材料强度基本代

表值。材料强度的标准值是一种特征值,其取值原则是在符合规定质量的材料强度实测总体中,标准值应具有不小于 95% 的保证率。材料强度标准值可由下式确定:

$$f_k = \mu_f - 1.645\sigma_f = \mu_f(1 - 1.645\delta_f) \tag{3-9}$$

式中　f_k ——材料强度的标准值;

　　　μ_f ——材料强度的平均值;

　　　σ_f ——材料强度的标准差;

　　　δ_f ——材料强度的变异系数。

《混凝土结构设计规范》规定了各类钢筋和各种强度等级混凝土的强度标准值。

3.5.5　材料强度设计值
Design Value of Material Strengths

材料强度的设计值是在承载能力极限状态设计中所采用的材料强度代表值,材料强度的设计值由材料强度标准值除以材料分项系数得到:

$$f_c = \frac{f_{ck}}{\gamma_c}, \qquad f_s = \frac{f_{sk}}{\gamma_s}$$

各种材料的分项系数是考虑了不同材料的特点和强度离散程度,通过可靠度分析确定的,当缺乏统计资料时,也可按工程经验确定。《混凝土结构设计规范》规定钢筋的材料分项系数 γ_s 根据钢筋种类不同,延性较好的热轧钢筋 γ_s 取 1.10;对 400 N/mm² 及以下的普通钢筋取 1.10;对 500 N/mm² 的普通钢筋取 1.15;对预应力筋一般取不小于 1.2。

混凝土的材料分项系数 γ_c 规定为 1.4。

3.6　分项系数设计方法
Design Method of Division Factor

当荷载、材料力学性能和构件截面尺寸等变量的概率分布及统计参数为已知时,理论上可直接用结构可靠指标进行设计。但是,当随机变量不是正态分布,结构功能函数不是线性方程时,用概率分析法确定可靠指标是非常烦琐的。长期以来,工程设计人员习惯于采用基本变量的标准值(如荷载的标准值、材料强度的标准值等)和分项系数(如荷载分项系数、材料强度分项系数等)进行结构构件设计,基于这一情况,并为了应用上的简便,需要将极限状态方程转化为以基本变量标准值和分项系数形式表达的极限状态设计表达式。这就意味着,设计表达式中的各分项系数是根据结构构件基本变量的统计特性,以结构可靠度的概率分析为基础经优选确定的,它起着相当于设计可靠指标 $[\beta]$ 的作用。这样,结构构件的设计可以按照传统的方式进行,设计人员不需要进行概率方面的运算。

结构设计时应根据使用过程中结构上所有可能出现的荷载,按承载能力极限状态和正常使用极限状态分别进行荷载(荷载效应)组合。考虑到荷载是否同时出现和出现时方向、位置等变化,这种组合多种多样,因此必须在所有可能组合中,取其中各自的最不利效应组合进行设计。

3.6.1　分项系数的确定方法
Calculation Method of Division Factor

　　结构构件极限状态设计表达式中所包含的各种分项系数,宜根据有关基本变量的概率分布类型和统计参数及规定的可靠指标,通过计算分析,并结合工程经验,经优化确定。

　　当缺乏统计数据时,可以不通过可靠指标[β]确定分项系数,根据传统的或经验的设计方法,由有关标准规定,直接按工程经验确定分项系数。

3.6.2　基本变量设计值的确定方法
Calculation Method of Design Value of Basic Variable

　　基本变量的设计值可按下列规定确定。

　　(1)作用的设计值 F_d

　　作用的设计值 F_d 可按下式确定:

$$F_d = \gamma_F F_r \tag{3-10}$$

式中　　F_r——作用的代表值。对可变作用,其代表值包括标准值、组合值、频遇值和准永久值。组合值、频遇值和准永久值可通过对可变作用标准值的折减来表示,即分别对可变作用的标准值乘以不大于 1 的组合值系数 ψ_c、频遇值系数 ψ_f 和准永久值系数 ψ_q。

　　　　γ_F——作用的分项系数。作用分项系数 γ_F 的取值,应符合现行国家有关标准的规定。如对房屋建筑,γ_F 的取值为:不利时,$\gamma_G = 1.3$,$\gamma_Q = 1.4$ 或 1.5;有利时,$\gamma_G = 1.0$,$\gamma_Q = 0$。

　　工程结构按不同极限状态设计时,在相应的作用组合中对可能同时出现的各种作用,应采用不同的作用设计值 F_d,如表 3-6 所示。

表 3-6　作用的设计值 F_d

极限状态	作用组合	永久作用	主导作用	伴随可变作用
承载能力极限状态	基本组合	$\gamma_{G_i} G_{ik}$	$\gamma_{Q_1} \gamma_{L1} Q_{1k}$	$\gamma_{Q_j} \psi_{cj} \gamma_{Lj} Q_{jk}$
	偶然组合	G_{ik}	A_d	(ψ_{f1} 或 ψ_{q1}) Q_{1k} 和 $\psi_{qj} Q_{jk}$
	地震组合	G_{ik}	$\gamma_1 A_{EK}$	$\psi_{qj} Q_{jk}$
正常使用极限状态	标准组合	G_{ik}	Q_{1k}	$\psi_{cj} Q_{jk}$
	频遇组合	G_{ik}	$\psi_{f1} Q_{1k}$	$\psi_{qj} Q_{jk}$
	准永久组合	G_{ik}	—	$\psi_{qj} Q_{jk}$

（2）材料性能的设计值 f_d

材料性能的设计值 f_d 可按下式确定：

$$f_d = \frac{f_k}{\gamma_M} \tag{3-11}$$

式中　f_k——材料性能的标准值；

　　　γ_M——材料性能的分项系数，其值按有关的结构设计标准的规定采用。

（3）几何参数的设计值 a_d

几何参数的设计值 a_d 可采用几何参数的标准值 a_k。当几何参数的变异性对结构性能有明显影响时，几何参数的设计值可按下式确定：

$$a_d = a_k \pm \Delta_a \tag{3-12}$$

式中　Δ_a——几何参数的附加量。

（4）结构抗力的设计值 R_d

结构抗力的设计值 R_d 可按下式确定：

$$R_d = R(f_k / \gamma_M, a_d) = R / \gamma_{Rd} \tag{3-13}$$

注：根据需要，也可从材料性能的分项系数 γ_M 中将反映抗力模型不定性的系数 γ_{Rd} 分离出来。

3.6.3 承载能力极限状态
Ultimate Limit States

《建筑结构荷载规范》（GB 50009—2012）第3.2.2条规定：对于承载能力极限状态，应按荷载的基本组合或偶然组合计算荷载组合的效应设计值。

（1）考虑的几种状态

结构或结构构件按承载能力极限状态设计时，应考虑的几种状态：①结构或结构构件（包括基础等）的破坏或过度变形，此时结构的材料强度起控制作用；②整个结构或其一部分作为刚体失去静力平衡，此时结构材料或地基的强度不起控制作用；③地基的破坏或过度变形，此时岩土的强度起控制作用；④结构或结构构件的疲劳破坏，此时结构的材料疲劳强度起控制作用。

（2）符合相关要求

结构或结构构件按承载能力极限状态设计时，应符合相关要求：

1）结构或结构构件的破坏或过度变形的承载能力极限状态设计，应符合下式要求：

$$\gamma_0 S_d \leqslant R_d \tag{3-14}$$

式中　γ_0——结构重要性系数，其值按有关规定采用。房屋建筑的结构重要性系数 γ_0 不应小于表3-7的相关规定。

　　　S_d——作用组合的效应（如轴力、弯矩或表示几个轴力、弯矩的向量）设计值。

　　　R_d——结构或结构构件的抗力设计值。

表 3-7 房屋建筑的结构重要性系数 γ_0

结构重要性系数	对持久设计状况和短暂设计状况			对偶然设计状况和地震设计状况
	安全等级			
	一级	二级	三级	
γ_0	1.1	1.0	0.9	1.0

2)整个结构或其一部分作为刚体失去静力平衡的承载能力极限状态设计,应符合下式要求:

$$\gamma_0 S_{d,dst} \leq S_{d,stb} \tag{3-15}$$

式中 $S_{d,dst}$——不平衡作用效应的设计值;

$S_{d,stb}$——平衡作用效应的设计值。

3)地基的破坏或过度变形的承载能力极限状态设计,可采用分项系数法进行,但其分项系数的取值与式(3-14)中所包含的分项系数的取值可有区别。(注:地基的破坏或过度变形的承载力设计,也可采用容许应力法等进行)

4)结构或结构构件的疲劳破坏的承载能力极限状态设计,可按专门规定[《工程结构可靠性设计统一标准》(GB 50153—2008)附录 F 的方法]进行。

(3)作用组合的原则

承载能力极限状态设计法设计表达式中的作用组合,应符合下列规定:①作用组合应为可能同时出现的作用的组合;②每个作用组合中应包括一个主导可变作用或一个偶然作用或一个地震作用;③当结构中永久作用位置的变异,对静力平衡或类似的极限状态设计结果很敏感时,该永久作用的有利部分和不利部分应分别作为单个作用;④当一种作用产生的几种效应非全相关时,对产生有利效应的作用,其分项系数的取值应予降低;⑤对不同的设计状况应采用不同的作用组合。结构设计时,应根据所考虑的设计状况,选用不同的组合:对持久设计状况和短暂设计状况,应采用基本组合;对偶然设计状况,应采用偶然组合;对于地震设计状况,应采用作用效应的地震组合。

(4)基本组合

荷载基本组合的效应设计值 S_d 应按下式确定。

$$S_d = \sum_{j=1}^{m} \gamma_{G_j} S_{G_{jk}} + \gamma_P S_P + \gamma_{Q_1} \gamma_{L_1} S_{Q_{1k}} + \sum_{i=2}^{n} \gamma_{Q_i} \gamma_{L_i} \psi_{c_i} S_{Q_{ik}} \tag{3-16}$$

式中 γ_{G_j}——第 j 个永久荷载的分项系数。

γ_P——预应力作用的分项系数。

γ_{Q_i}——第 i 个可变荷载的分项系数,其中 γ_{Q_1} 为主导可变荷载 Q_1 的分项系数。

γ_{L_i}——第 i 个可变荷载考虑设计使用年限的调整系数,其中 γ_{L_1} 为主导可变荷载 Q_1 考虑设计使用年限的调整系数,应按有关规定采用。房屋建筑考虑结构设计使用年限的荷载调整系数,应按表 3-8 采用。对设计使用年限与设计基准期相同的结构,应取 $\gamma_L = 1.0$。

表 3-8 房屋建筑考虑结构设计使用年限的荷载调整系数γ_L

结构的设计使用年限/年	γ_L	备注
5	0.9	对设计使用年限为 25 年的结构构件，γ_L 应按各种材料结构设计规范的规定采用
50	1.0	
100	1.1	

$S_{G_{jk}}$——按第 j 个永久荷载标准值 G_{jk} 计算的荷载效应值。

S_P——预应力作用有关代表值的效应。

$S_{Q_{ik}}$——按第 i 个可变荷载标准值 Q_{ik} 计算的荷载效应值，其中 $S_{Q_{1k}}$ 为诸可变荷载效应中起控制作用者。

ψ_{c_i}——第 i 个可变荷载标准值 Q_i 的组合值系数。

m——参与组合的永久荷载数。

n——参与组合的可变荷载数。

注：在作用组合的效应函数中，符号"$\sum$"和"+"均表示组合，即同时考虑所有作用对结构的共同影响，而不是表示相加。

注意：基本组合中的效应设计值仅适用于荷载与荷载效应为线性的情况，且当对 $S_{Q_{1k}}$ 无法明显判断时，应轮次以各可变荷载效应作为 $S_{Q_{1k}}$，并选取其中最不利的荷载组合的效应设计值。

（5）偶然组合

荷载偶然组合的效应设计值 S_d 可按下列规定采用。

1）用于承载能力极限状态计算的效应设计值，应按下式进行计算：

$$S_d = \sum_{j=1}^{m} S_{G_{jk}} + S_P + S_{A_d} + (\psi_{f_1} \text{ 或 } \psi_{q_1}) S_{Q_{1k}} + \sum_{i=2}^{n} \psi_{q_i} S_{Q_{ik}} \qquad (3-17)$$

式中　S_{A_d}——按偶然荷载标准值计算的荷载效应值；

　　　ψ_{f_1}——第 1 个可变荷载的频遇值系数；

　　　ψ_{q_1}、ψ_{q_i}——第 1 个和第 i 个可变荷载的准永久值系数。

2）用于偶然事件发生后受损结构整体稳固性验算的效应设计值，应按下式进行计算：

$$S_d = \sum_{j=1}^{m} S_{G_{jk}} + S_P + \psi_{f_1} S_{Q_{1k}} + \sum_{i=2}^{n} \psi_{q_i} S_{Q_{ik}} \qquad (3-18)$$

注意：组合中的效应设计值仅适用于荷载与荷载效应为线性的情况。

（6）荷载分项系数

基本组合的荷载分项系数，应按下列规定采用。

1）永久荷载的分项系数。永久荷载的分项系数应符合下列规定：①当永久荷载效应对结构不利（使结构内力增大）时，应取 1.3；②当永久荷载效应对结构有利（使结构内力减小）时，应取 1.0。

2）可变荷载的分项系数。可变荷载的分项系数应符合下列规定：①对标准值大于 4 kN/m² 的工业房屋楼面结构的活荷载，应取 1.4；②其他情况，应取 1.5。

3）结构的倾覆、滑移或漂浮验算。对结构的倾覆、滑移或漂浮验算,荷载的分项系数应满足有关的建筑结构设计规范的规定。

3.6.4 正常使用极限状态
Serviceability Limit States

（1）相关要求

结构或结构构件按正常使用极限状态设计时,应按下列设计表达式进行设计:

$$S_d \leqslant C \tag{3-19}$$

式中　S_d——正常使用极限状态荷载组合的效应（如变形、裂缝等）设计值;

　　　　C——结构或结构构件达到正常使用要求的规定限值,例如变形、裂缝、振幅、加速度、应力等的限制,应按各有关的结构设计规范的规定采用。

（2）荷载的几种组合

《建筑结构荷载规范》（GB 50009—2012）第3.2.7条规定:对于正常使用极限状态,应根据不同的设计要求,采用荷载的标准组合、频遇组合或准永久组合。以下列出的三种组合,来源于《结构可靠性总原则》（ISO 2394）和《结构设计基础》（EN 1990）。

1）标准组合:

荷载标准组合的效应设计值 S_d 应按下式进行计算:

$$S_d = \sum_{j=1}^{m} S_{G_{jk}} + S_P + S_{Q1k} + \sum_{i=2}^{n} \psi_{c_i} S_{Qik} \tag{3-20}$$

2）频遇组合:

荷载频遇组合的效应设计值 S_d 应按下式进行计算:

$$S_d = \sum_{j=1}^{m} S_{G_{jk}} + S_P + \psi_{f_1} S_{Q1k} + \sum_{i=2}^{n} \psi_{q_i} S_{Qik} \tag{3-21}$$

3）准永久组合:

荷载准永久组合的效应设计值 S_d 应按下式进行计算:

$$S_d = \sum_{j=1}^{m} S_{G_{jk}} + S_P + \sum_{i=1}^{n} \psi_{q_i} S_{Qik} \tag{3-22}$$

注意:①以上三种组合中的设计值仅适用于荷载与荷载效应为线性的情况。②标准组合宜用于不可逆正常使用极限状态;频遇组合宜用于可逆正常使用极限状态;准永久组合宜用于当长期效应是决定性因素时的正常使用极限状态。③对正常使用极限状态,材料性能的分项系数 γ_M,除各种材料的结构设计规范有专门规定外,应取1.0。

【例3-1】　矩形截面简支梁,$b=200$ mm,$h=400$ mm,梁的计算跨度为 $l_0=5.0$ m,承受均布活荷载标准值为16 kN/m,均布恒荷载标准值为8 kN/m（不包括梁的自重）,同时在跨中作用的集中活荷载标准值为30 kN,活荷载组合值系数 $\psi_c=0.7$,准永久值系数 $\psi_q=0.5$,混凝土的重度为25 kN/m³,梁的设计使用年限为50年。试按基本组合确定跨中截面弯矩设计值 M,并按标准组合和准永久组合计算跨中截面弯矩 M_k 和 M_q。

【解】　梁自重标准值（均布荷载）为:

$$g_{2k} = 25 \times 0.20 \times 0.40 = 2 \text{ kN/m}$$

（1）计算荷载效应标准值

均布恒荷载引起的跨中弯矩标准值：

$$M_{G_{1k}} = \frac{1}{8} g_{1k} l_0^2 = \frac{1}{8} \times 8 \times 5^2 = 25 \ \text{kN} \cdot \text{m}$$

梁自重引起的跨中弯矩标准值：

$$M_{G_{2k}} = \frac{1}{8} g_{2k} l_0^2 = \frac{1}{8} \times 2 \times 5^2 = 6.25 \ \text{kN} \cdot \text{m}$$

均布活荷载引起的跨中弯矩标准值：

$$M_{qk} = \frac{1}{8} g_{1k} l_0^2 = \frac{1}{8} \times 16 \times 5^2 = 50 \ \text{kN} \cdot \text{m}$$

集中活荷载引起的跨中弯矩标准值：

$$M_{Qk} = \frac{1}{4} Q_k l_0 = \frac{1}{4} \times 30 \times 5 = 37.5 \ \text{kN} \cdot \text{m}$$

（2）计算基本组合荷载效应设计值

$$\begin{aligned} M &= \sum_{j=1}^{m} \gamma_{G_j} M_{G_{jk}} + \gamma_{Q_1} \gamma_{L_1} M_{Q_{1k}} + \sum_{i=2}^{n} \gamma_{Q_i} \gamma_{L_i} \psi_{c_i} M_{Q_{ik}} \\ &= 1.3 \times (25+6.25) + 1.5 \times 1.0 \times 50 + 1.5 \times 1.0 \times 0.7 \times 37.5 \\ &= 155 \ \text{kN} \cdot \text{m} \end{aligned}$$

故按基本组合确定的跨中截面弯矩设计值 $M = 155 \ \text{kN} \cdot \text{m}$。

（3）计算按标准组合确定的跨中弯矩

$$\begin{aligned} M_k &= \sum_{j=1}^{m} M_{G_{jk}} + M_{Q_{1k}} + \sum_{i=2}^{n} \psi_{c_i} M_{Q_{ik}} \\ &= 25 + 6.25 + 50 + 0.7 \times 37.5 \\ &= 107.50 \ \text{kN} \cdot \text{m} \end{aligned}$$

（4）计算按准永久组合确定的跨中弯矩

$$\begin{aligned} M_q &= \sum_{j=1}^{m} M_{G_{jk}} + \sum_{i=1}^{n} \psi_{q_i} M_{Q_{ik}} \\ &= 25 + 6.25 + 0.5 \times (50+37.5) \\ &= 75 \ \text{kN} \cdot \text{m} \end{aligned}$$

【例3-2】　某办公楼楼面采用预应力混凝土楼板，板长3.6 m，计算跨度3.45 m，板宽0.9 m，板自重2.55 kN/m²。楼板板顶采用40 mm厚细石钢筋混凝土叠合板，叠合层上做地板砖楼面30 mm（包括砂浆结合层），楼板板底为20 mm厚水泥砂浆抹灰。楼板的可变荷载标准值为2 kN/m²，准永久值系数为0.4，组合值系数为0.7。试计算按承载能力极限状态和正常使用极限状态设计时的截面弯矩值。

【解】　（1）计算相关参数及荷载效应

查《建筑结构荷载规范》得板顶叠合层、地板砖楼面、楼板板底抹灰的自重分别为25 kN/m³、20 kN/m³、20 kN/m³。

1）永久荷载（恒荷载）标准值：

板自重　2.55 kN/m²

板顶叠合层 $25×0.04＝1.0 \text{ kN/m}^2$

地板砖楼面 $20×0.03＝0.6 \text{ kN/m}^2$

楼板板底抹灰 $20×0.02＝0.4 \text{ kN/m}^2$

合计 4.55 kN/m^2

则沿板跨度方向每米均布荷载标准值为

$$0.9×4.55＝4.095 \text{ kN/m}$$

2）可变荷载（活荷载）标准值：

$$0.9×2＝1.8 \text{ kN/m}$$

3）计算荷载效应：

简支楼板在均布荷载作用下的弯矩为

$$M = \frac{1}{8}ql^2$$

所以，恒荷载效应标准值为

$$S_{Gk} = \frac{1}{8} × 4.095 × 3.45^2 = 6.093 \text{ kN·m}$$

活荷载效应标准值为

$$S_{Qk} = \frac{1}{8} × 1.8 × 3.45^2 = 2.678 \text{ kN·m}$$

（2）承载能力极限状态弯矩设计值

$$M = 1.3 × 6.093 + 1.5 × 2.678 = 11.938 \text{ kN·m}$$

（3）正常使用极限状态的弯矩值

标准组合时

$$M_k = 6.093 + 2.678 = 8.771 \text{ kN·m}$$

准永久组合时

$$M_k = 6.093 + 0.4 × 2.678 = 7.164 \text{ kN·m}$$

3.6.5 具体计算步骤
Concrete Calculation Proceeding

总的来说，承载能力极限状态表达式的具体计算步骤如图3-5所示。

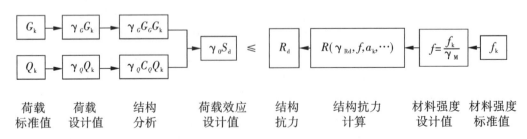

图3-5 承载能力极限状态设计方法

3.7 工程设计中的质量控制
Quality Control of Engineering Design

（1）总体要求

为保证工程结构具有规定的可靠度，除应进行必要的设计计算外，还应对结构的材料性能、施工质量、使用和维护等进行相应的控制。控制的具体措施，应符合《工程结构可靠性设计统一标准》（GB 50153—2008）附录 B 和有关的勘察、设计、施工及维护等标准的专门规定。具体包括以下几个方面：

1）工程结构的设计必须由具有相应资格的技术人员担任。

2）工程结构的设计应符合国家现行的有关荷载、抗震、地基基础和各种材料结构设计规范的规定。

3）工程结构的设计应对结构可能受到的偶然作用、环境影响等采取必要的防护措施。

4）对工程结构所采用的材料及施工、制作过程应进行质量控制，并按国家现行有关标准的规定进行竣工验收。

5）工程结构应按设计规定的用途使用，并应定期检查结构状况，进行必要的维护和维修；当需变更使用用途时，应进行设计复核，采取必要的安全措施。

（2）勘察与设计的质量控制

勘察与设计的质量控制应达到下列要求：①勘察资料应符合工程要求，数据准确，结论可靠；②设计方案、基本假定和计算模型合理，数据运用正确；③图纸和其他设计文件符合有关规定。

（3）设计审查与相关检查

工程结构应进行设计审查与施工检查，设计审查与相关检查的要求应符合有关规定。对重要工程或复杂工程，当采用计算机软件作结构计算时，应至少采用两套计算模型符合工程实际的软件，并对计算结果进行分析对比，确认其合理、正确后方可用于工程设计。

本章小结

1）结构设计的基本规定。结构的基本要求，功能要求及结构设计要求，结构的安全等级，设计工作年限及耐久性。

2）结构上的作用及材料性能与几何参数。作用的代表值、标准值、设计值，作用的分类，材料性能与几何参数。

3）极限状态设计原则。结构的极限状态及其分类，结构的四种设计状况，极限状态设计方法，极限状态方程及功能函数。

4）荷载及材料强度的取值。荷载及材料的分项系数、标准值、设计值。

5）分项系数设计方法。分项系数的确定方法，基本变量设计值的确定方法，承载能力极限状态，正常使用极限状态，耐久性极限状态。

6)工程设计中的可靠性管理。总体要求,勘察与设计的质量控制,设计审查及相关检查。

思考题

1.什么是结构上的作用?结构上的作用与荷载是否相同?为什么?作用效应与荷载效应有什么区别?

2.荷载按随时间的变化分为几类?荷载有哪些代表值?在结构设计中,如何应用荷载代表值?

3.什么是结构抗力?简述影响结构抗力的主要因素。

4.什么是材料强度标准值和材料强度设计值?从概率意义来看,它们是如何取值的?

5.什么是结构的可靠度?它包含哪些功能要求?

6.什么是结构的极限状态?极限状态分为几类?各有什么标志和限值?

7.什么是失效概率?什么是可靠指标?二者有何联系?

8.什么是设计基准期?结构设计基准期是多少年?超过这个年限的结构是否不能再使用了?

9.什么是概率极限状态设计法?其主要特点是什么?

10.什么是荷载效应 S?什么是结构抗力 R?为什么说 S 和 R 都是随机变量?$R>S$,$R=S$,$R<S$ 各表示什么意义?

11.解释下列名词:安全等级、设计工作年限。

习 题

第3章在线测试

1.某矩形截面简支梁,其计算跨度为 $l_0=6.0$ m,截面宽度 $b=250$ mm,截面高度 $h=500$ mm,承受均布恒荷载标准值为 10 kN/m(不包括梁的自重),均布活荷载标准值为15 kN/m,同时在跨中作用有集中活荷载标准值为 30 kN,活荷载组合值系数 $\psi_c=0.7$,准永久值系数 $\psi_q=0.5$,钢筋混凝土的重度为 25 kN/m³,该梁的设计使用年限为 50 年。试按基本组合确定跨中截面弯矩设计值 M,并按标准组合和准永久组合计算跨中截面弯矩 M_k 和 M_q。

2.某办公楼楼面采用预应力混凝土楼板,板长 3.3 m,计算跨度 3.18 m,板宽 0.9 m,板自重 2.55 kN/m²。楼板板顶采用 40 mm 厚细石钢筋混凝土叠合板,叠合层上做地板砖楼面 30 mm(包括砂浆结合层),楼板板底为 20 mm 厚水泥砂浆抹灰。楼板的可变荷载标准值为 2 kN/m²,准永久值系数为 0.4,组合值系数为 0.7。试计算按承载能力极限状态和按正常使用极限状态设计时的截面弯矩值。

第 4 章 轴心受力构件正截面承载力计算

Chapter 4 Calculation of Normal Section Bearing Capacity
of Axially Loaded Members

4.1 工程应用实例
Applications in Engineering

实际工程中,有部分钢筋混凝土构件承受轴心拉力或压力,如承受节点荷载的屋架或托架[图 4-1(a)]、圆形水池池壁的环向部分[图 4-1(b)]、以恒荷载作用为主的等跨多层框架结构房屋的内柱[图 4-1(c)]等。在钢筋混凝土结构中,由于混凝土材料的非匀质性、钢筋位置的偏离、轴向力作用位置的差异等原因,理想的轴心受拉构件或轴心受压构件一般很难找到。但为了计算方便,实际工程中上述构件仍可按轴心受力构件来进行判别和计算。

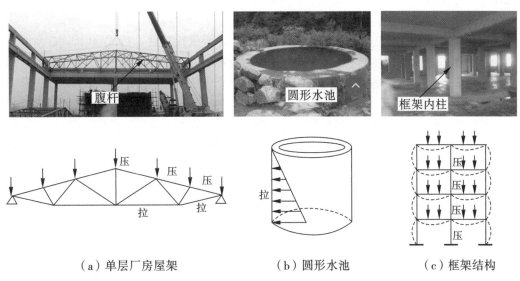

（a）单层厂房屋架   （b）圆形水池   （c）框架结构

图 4-1 轴心受力构件的工程应用

轴心受力构件指的是构件上仅作用有轴向力,且轴向力作用于构件截面的形心。轴心受力构件分为轴心受拉构件和轴心受压构件。当拉力沿构件截面形心作用时,为轴心受拉构件[图 4-2(a)];当压力沿构件截面形心作用时,为轴心受压构件[图 4-2(b)]。

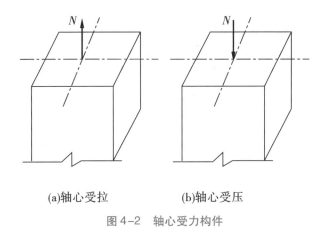

(a)轴心受拉   (b)轴心受压

图4-2 轴心受力构件

4.2 轴心受拉构件正截面承载力计算

Calculation of Normal Section Bearing Capacity of Axially Tensile Members

  钢筋混凝土轴心受拉构件一般采用圆形、正方形、矩形或其他对称截面，纵向钢筋在截面中对称布置或沿周边均匀布置。受力时，拉力由钢筋与混凝土共同承受，构件开裂后主要由构件中的纵向钢筋承担拉力。

  试验表明，当采用逐级加载方式对钢筋混凝土轴心受拉构件进行试验时，构件从开始加载到破坏的受力过程可分为三个阶段：开始加载时，拉力由钢筋和混凝土共同承担，由于钢筋与混凝土之间的黏结作用，截面上各点的应变值相等，混凝土和钢筋都处于弹性受力状态，应力与应变成正比。随着荷载的增加，混凝土受拉，塑性变形开始出现并不断发展，当混凝土的应力接近抗拉强度值时，构件即将开裂；构件开裂后，混凝土退出工作，裂缝截面与构件轴线垂直，并且贯穿于整个截面，所有外力全部由钢筋承受。当轴向拉力使某一裂缝截面处的钢筋应力达到其屈服强度f_y时，标志着构件进入第三阶段，直到构件达到破坏。破坏时，构件裂缝开展很大，破坏性质为延性破坏。轴心受拉构件破坏阶段的受力状态如图4-3所示。

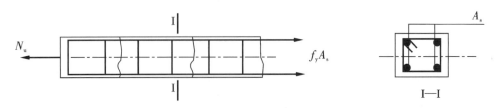

图4-3 轴心受拉构件破坏阶段的受力状态

4.2.1　轴心受拉构件正截面承载力计算
Calculation of Normal Section Bearing Capacity of Axially Tensile Members

轴心受拉构件开裂后拉力全部由纵向钢筋承担,不考虑混凝土的抗拉能力。当钢筋达到屈服强度时,构件也达到其极限承载力。设纵向受力钢筋的截面面积为 A_s,破坏时钢筋达到屈服强度 f_y,如图 4-3 所示,由静力平衡条件,得轴心受拉构件的正截面承载力为:

$$N \leqslant N_u = f_y A_s \tag{4-1}$$

式中　N——轴向拉力设计值;

　　　N_u——轴心受拉构件正截面承载力;

　　　f_y——纵向受拉钢筋抗拉强度设计值;

　　　A_s——纵向受拉钢筋的截面面积。

4.2.2　构造要求
Detailing Requirements

(1)纵向受力钢筋

1)为了防止构件配筋过少,发生脆性破坏,轴心受拉构件一侧的受拉钢筋配筋百分率不应小于 0.2% 和 $45f_t/f_y$(%)中的较大值,配筋百分率应按构件的全截面面积计算。

2)纵向受拉钢筋绑扎搭接接头的搭接长度应满足式(2-21)的要求。

3)受力钢筋沿截面周边均匀对称布置。

(2)箍筋

在轴心受拉构件中,箍筋主要是与纵向钢筋形成骨架,固定纵向钢筋在截面中的位置。箍筋直径一般为 6~10 mm,间距一般不宜大于 200 mm。

【例 4-1】　某钢筋混凝土屋架下弦截面尺寸 $b \times h = 200 \text{ mm} \times 150 \text{ mm}$,其端节间承受荷载设计值产生的轴心拉力 $N = 260 \text{ kN}$,混凝土的强度等级为 C30,纵向钢筋为 HRB400 热轧钢筋。试计算其所需纵向受拉钢筋截面面积,并选择钢筋。

【解】　(1)资料整理

查附表 4、附表 7 得:

$$f_y = 360 \text{ N/mm}^2, \quad f_t = 1.43 \text{ N/mm}^2$$

(2)计算受拉钢筋面积 A_s

由式(4-1)得:

$$A_s \geqslant \frac{N}{f_y} = \frac{260000}{360} = 722.22 \text{ mm}^2$$

(3)验算最小配筋率

轴心受拉构件的全截面最小配筋率为:

$$\rho_{min} = \max\left\{0.4, 90\frac{f_t}{f_y}\right\}\% = 0.4\%$$

最小配筋面积为:

$$A_{s,\min} = \rho_{\min} bh = 0.4\% \times 200 \times 150 = 120 \text{ mm}^2 < 722.22 \text{ mm}^2$$

(3)选配钢筋

查附表17,选用 4Φ16,实配钢筋 $A_s = 804 \text{ mm}^2$,配筋如图4-4所示。

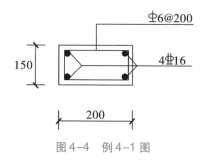

图4-4 例4-1图

4.3 轴心受压构件正截面承载力计算
Calculation of Normal Section Bearing Capacity of Axially Compressive Members

钢筋混凝土轴心受压构件按照箍筋的功能和配置方式的不同可分为两种:配置纵向钢筋和普通箍筋的钢筋混凝土轴心受压构件(普通箍筋柱,图4-5);配置纵向钢筋和螺旋式(或焊接环式)间接钢筋的钢筋混凝土轴心受压构件(螺旋箍筋柱,图4-6)。

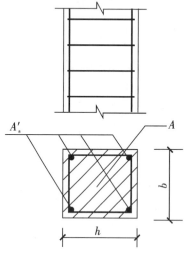

图4-5 配置普通箍筋的钢筋混凝土轴心受压构件

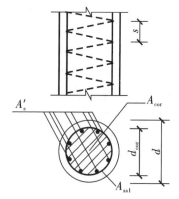

图4-6 配置螺旋式间接钢筋的钢筋混凝土轴心受压构件

4.3.1　配有普通箍筋的轴心受压构件
Axially Compression Members with Tied Stirrups

配置普通箍筋的钢筋混凝土轴心受压构件如图 4-5 所示。普通箍筋柱的截面形状多为正方形、长方形和圆形等。轴心受压构件中纵向钢筋对称布置,主要作用有:协助混凝土承受压力,减小构件截面尺寸;承受可能存在的弯矩;改善构件的延性,减小混凝土徐变变形。普通箍筋的作用是防止纵向钢筋局部压屈,并与纵向钢筋形成钢筋骨架,便于施工。

4.3.1.1　受力过程与破坏特征

根据构件长细比(构件的计算长度 l_0 与截面回转半径 i 之比)的不同,轴心受压构件可分为短柱和长柱两种。短柱是指 $l_0/b \leqslant 8$(矩形截面,b 为截面较小边长)或 $l_0/d \leqslant 7$(圆形截面,d 为直径)或 $l_0/i \leqslant 28$(其他截面,i 为截面最小回转半径)的柱。长细比较大时,则称为长柱,两者的破坏形态和承载力不同。

（1）短柱

试验表明,在轴心压力作用下,钢筋混凝土受压短柱整个截面上的应变分布基本上是均匀的,受力过程可分为三个阶段,见图 4-7。轴向力 N 较小时,钢筋和混凝土处于弹性阶段,其应力与应变基本成正比,轴向压力 N 与截面钢筋和混凝土的应力基本呈线性关系;当轴向力 N 增加时,混凝土出现塑性变形,压缩变形增加的速度快于荷载增长速度,相同荷载增量下,钢筋压应力比混凝土的压应力增加得快,受力进入弹塑性阶段;荷载继续增加时,柱中出现细微裂缝,临近破坏荷载 N_u 时,柱四周出现明显的纵向裂缝,箍筋间的纵筋发生压屈向外凸出,混凝土被压碎而整个柱子破坏,见图 4-8。

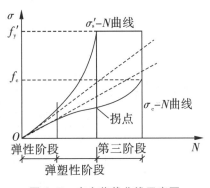

图 4-7　应力荷载曲线示意图

(a)

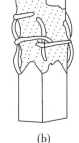

(b)

图 4-8　短柱的破坏

素混凝土棱柱体试件的极限压应变为 0.0015 ~ 0.002,而钢筋混凝土短柱达到最大承载力时的压应变一般为 0.0025 ~ 0.0035。这是因为纵筋起到了调整混凝土应力的作用,较好地发挥了混凝土的塑性性能,改善了受压破坏的脆性性质。

构件破坏时,一般是纵筋先屈服,最后混凝土达到极限压应变值,构件破坏。当纵筋为高强度钢筋时,钢筋可能达不到屈服强度而混凝土首先发生破坏,钢筋不能充分利用。

在构件计算时,《混凝土结构设计规范》通常取峰值应力时的混凝土应变为 0.002 作为控制条件,认为此时混凝土达到了轴心抗压强度 f_c。此时纵向钢筋的应力为:

$$\sigma_s' = E_s \varepsilon_s' \approx 2.0 \times 10^5 \times 0.002 = 400 \text{ N/mm}^2$$

因此,对于纵向钢筋屈服强度小于 400 N/mm^2 的情况,构件破坏时纵筋可达屈服强度;而对于屈服强度大于 400 N/mm^2 的钢筋,在计算式只能取 400 N/mm^2。

(2)长柱

在长细比较大的构件中,由于材料本身的不均匀性、施工的尺寸误差等原因,轴心受压构件的初始偏心是不可避免的。由于初始偏心距的存在,必然会在构件中产生附加弯矩和相应的侧向挠度,而侧向挠度又加大了原来的初始偏心距(图4-9),相互影响的结果,导致构件承载能力的降低。

图 4-9　长柱的破坏

试验表明,长柱的受压破坏荷载低于相同条件下的短柱,即受压构件的截面尺寸及配筋不变时,长细比越大,受压承载能力越低;对于长细比很大的细长柱,还可能发生失稳破坏。此外,在长期荷载作用下,由于混凝土的徐变,侧向挠度将增大更多,则使长柱的承载力降低得更多。

4.3.1.2　稳定系数 φ

《混凝土结构设计规范》采用稳定系数来表示长柱承载力降低的程度,即长柱受压承载力 N_u^l 与短柱受压承载力 N_u^s 之比:

$$\varphi = \frac{N_u^l}{N_u^s} \tag{4-2}$$

稳定系数 φ 主要和构件的长细比有关,《混凝土结构设计规范》采用的 φ 值见表4-1。

表 4-1　钢筋混凝土轴心受压构件的稳定系数 φ

l_0/b	≤8	10	12	14	16	18	20	22	24	26	28
l_0/d	≤7	8.5	10.5	12	14	15.5	17	19	21	22.5	24
l_0/i	≤28	35	42	48	55	62	69	76	83	90	97
φ	1.00	0.98	0.95	0.92	0.87	0.81	0.75	0.70	0.65	0.60	0.56
l_0/b	30	32	34	36	38	40	42	44	46	48	50
l_0/d	26	28	29.5	31	33	34.5	36.5	38	40	41.5	43
l_0/i	104	111	118	125	132	139	146	153	160	167	174
φ	0.52	0.48	0.44	0.40	0.36	0.32	0.29	0.26	0.23	0.21	0.19

注:1. 表中 l_0 为构件计算长度,《混凝土结构设计规范》对柱的计算长度取值作了规定。

　　2. b 为矩形截面短边尺寸,d 为圆形截面的直径,i 为截面最小回转半径。

4.3.1.3　承载力计算

配有普通箍筋的轴心受压构件正截面承载力计算公式如下：

$$N \leqslant N_{\mathrm{u}} = 0.9\varphi(f_{\mathrm{c}}A + f_{\mathrm{y}}'A_{\mathrm{s}}') \tag{4-3}$$

式中　N——轴向压力设计值；

　　　N_{u}——轴心受压构件正截面承载力；

　　　0.9——可靠度调整系数；

　　　φ——钢筋混凝土构件的稳定系数，按表 4-1 采用；

　　　f_{c}——混凝土轴心抗压强度设计值；

　　　A——构件截面面积，当纵向钢筋配筋率大于 3% 时，A 应改用 $A-A_{\mathrm{s}}'$；

　　　f_{y}'——纵向钢筋的抗压强度设计值；

　　　A_{s}'——全部纵向普通钢筋的截面面积。

4.3.1.4　设计方法

轴心受压构件的正截面承载力问题可分为截面设计和截面复核两类。

（1）截面设计

已知轴心压力设计值 N，材料强度设计值 f_{c}、f_{y}'，构件的计算长度 l_0，构件截面面积 A，求纵向受压钢筋面积 A_{s}'；或构件截面面积 A 也未知，求纵向受压钢筋面积 A_{s}'。

若构件截面面积 A 已知，代入公式（4-3）直接求解即可。

若构件截面面积 A 未知，由公式（4-3）知，仅有一个公式需求解三个未知量（φ、A、A_{s}'），无确定解，故必须增加或假设一些已知条件。一般可以先选定一个合适的配筋率 ρ'（即 A_{s}'/A），通常可取 ρ' 为 $1.0\% \sim 1.5\%$，再假定 $\varphi = 1.0$，然后代入公式求解 A。根据 A 来选定实际的构件截面尺寸（$b \times h$）。由长细比 l_0/b 查表 4-1 确定 φ，再代入公式求实际的 A_{s}'。当然，最后均还应检查是否满足配筋率的要求。

（2）截面复核

已知纵向受压钢筋面积 A_{s}'，材料强度设计值 f_{c}、f_{y}'，构件的计算长度 l_0，构件截面 A；求受压承载力设计值 N_{u} 并与外荷载设计值 N 进行比较。若 $N_{\mathrm{u}} \geqslant N$，则构件是安全的；反之，则是不安全的。

4.3.1.5　构造要求

1）混凝土强度等级对受压构件的承载能力影响较大，为了减小构件的截面尺寸，节省钢材，宜采用强度等级较高的混凝土，一般采用 C30、C35、C40 等。

2）轴心受压构件的纵向受力钢筋应沿截面的四周均匀放置，直径不宜小于 12 mm，通常在 16 ~ 32 mm 范围内选用。圆柱中纵向钢筋不宜少于 8 根，不应少于 6 根。纵筋净距不应小于 50 mm，且不宜大于 300 mm。纵向钢筋应采用 HRB400、HRB500、HRBF400、HRBF500 钢筋，也可采用 HPB300、HRB335、HRB400 钢筋。由于高强度钢筋与混凝土共同受压时，不能充分发挥其作用，故不宜采用。为了减少钢筋在施工时可能产生的纵向弯曲，宜采用较粗的钢筋。

3）轴心受压构件最小配筋百分率 $\rho_{\min}$ 与钢筋的级别有关，应满足附表 14 相关规定。另外，受压构件纵向钢筋配筋率如果过高，柱在长期受压、混凝土徐变后卸载，钢筋弹性恢复会在柱中引起横裂。因此，从经济、施工以及受力性能等方面来考虑，规定受压构件的全部纵向受压钢筋的配筋率不宜大于 5%，即 $\rho_{\min} \leqslant \rho' = \dfrac{A_s'}{A} \leqslant \rho_{\max} = 5\%$。

4）柱中箍筋宜采用 HRB400、HRBF400、HPB300、HRB500、HRBF500 钢筋，也可采用 HRB335 钢筋。箍筋直径不应小于 $d/4$，且不应小于 6 mm（d 为纵筋最大直径）；箍筋间距不应大于 400 mm 及构件短边尺寸，且不应大于 15d（d 为纵筋最小直径）。柱中箍筋应做成封闭式，对圆柱中的箍筋，搭接长度不应小于式（2-18）的规定，且末端应做成 135°弯钩，弯钩末端平直段长度不应小于 5d，d 为箍筋直径。

5）柱中全部纵向受力钢筋的配筋率不大于 3% 时，箍筋直径不应小于 8 mm，间距不应大于 10d，且不应大于 200 mm。箍筋末端应做成 135°弯钩，且弯钩末端平直段长度不应小于 10d，d 为纵向受力钢筋的最小直径。当柱截面短边尺寸大于 400 mm 且各边纵向钢筋多于 3 根时，或当柱截面短边尺寸不大于 400 mm 但各边纵向钢筋多于 4 根时，应设置复合箍筋。

4.3.2　配有螺旋式（或焊接环式）箍筋的轴心受压构件
Axially Compression Members with Spiral Stirrups

在柱子需要承受较大的轴向压力，而截面尺寸又受到限制，增加钢筋和提高混凝土强度均无法满足要求的情况下，可以采用螺旋箍筋或焊接环形箍筋（统称为间接钢筋）以提高柱子的承载力。这种截面通常为圆形或正多边形，如图 4-6 所示。

4.3.2.1　受力特点与破坏特征

混凝土柱受压破坏与其横向变形条件有关。如果能提高对混凝土横向变形的约束就能间接提高柱的纵向受压承载力。对配置螺旋式或焊接环式箍筋的柱，由于箍筋间距较小，核心混凝土被螺旋箍筋紧紧箍住，相当于增加一个套箍，有效限制了核心混凝土的横向变形，从而有效提高了受压柱的受压承载力和变形能力。

试验研究表明，加载初期，混凝土压应力较小时，箍筋对核心混凝土的横向变形约束作用并不明显。当混凝土压应力超过 $0.8f_c$ 时，混凝土横向变形急剧增大，使螺旋箍筋或焊接环形箍筋中产生拉应力，从而有效地约束核心混凝土的变形，提高混凝土的抗压强度。混凝土压应变达到无约束混凝土的极限压应变时，螺旋箍筋外面的混凝土保护层开始剥落。当箍筋应力达到抗拉屈服强度时，就不再能有效地约束混凝土的横向变形，混凝土的抗压强度也就不能再提高，这时构件破坏。由此可以看出，螺旋箍筋或焊接环形箍筋的作用是：使核心混凝土处于三向受压状态，提高混凝土的抗压强度。虽然螺旋箍筋或焊接环形箍筋水平放置，但它间接地起到了提高构件轴心受压承载力的作用，所以也称这种钢筋为"间接钢筋"。

4.3.2.2　承载力计算

由于螺旋箍筋或焊接环形箍筋使核心混凝土处于三向受压状态,所以可采用圆柱体侧向均匀受压试验所得的近似计算公式,并考虑螺旋箍筋对不同强度等级混凝土的约束效果,可得约束混凝土的纵向抗压强度 f_{cc},即:

$$f_{cc} = f_c + 4\sigma_r \tag{4-4}$$

式中　f_{cc}——螺旋式或焊接环式箍筋所包围的核心混凝土轴心抗压强度;

　　　σ_r——螺旋式或焊接环式箍筋屈服时,核心混凝土受到的径向压应力。

取螺旋箍筋间距 s 范围内,沿螺旋箍筋的直径切开成脱离体(图 4-10),由隔离体的平衡条件可得到:

$$2f_{yv}A_{ss1} = \sigma_r d_{cor}s \tag{4-5}$$

即

$$\sigma_r = \frac{2f_{yv}A_{ss1}}{d_{cor}s} \tag{4-6}$$

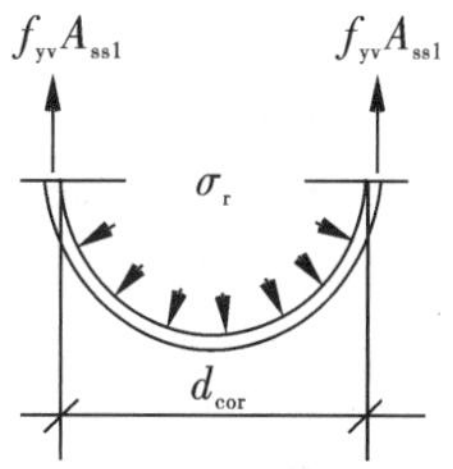

式中　A_{ss1}——螺旋式或焊接环式单根间接钢筋的截面面积;

　　　f_{yv}——间接钢筋的抗拉强度设计值;

　　　s——间接钢筋沿构件轴线方向的间距;

　　　d_{cor}——构件的核心截面直径,取间接钢筋内表面之间的距离。

图 4-10　混凝土径向压力示意图

现将间距为 s 的螺旋箍筋,按钢筋体积相等的原则换算成纵向钢筋的面积,称为螺旋式(或焊接环式)间接钢筋的换算截面面积 A_{sso},即:

$$\pi d_{cor}A_{ss1} = sA_{sso} \tag{4-7}$$

可得:

$$A_{sso} = \frac{\pi d_{cor}A_{ss1}}{s} \tag{4-8}$$

把上式代入式(4-6),则可得:

$$\sigma_r = \frac{2f_{yv}A_{ss1}}{d_{cor}s} = \frac{2f_{yv}}{d_{cor}s} \times \frac{A_{sso}s}{\pi d_{cor}} = \frac{f_{yv}A_{sso}}{2\frac{\pi(d_{cor})^2}{4}} = \frac{f_{yv}A_{sso}}{2A_{cor}} \tag{4-9}$$

将上式代入式(4-4),可得到:

$$f_{cc} = f_c + 2\frac{f_{yv}A_{sso}}{A_{cor}} \tag{4-10}$$

由轴向力的平衡条件得螺旋箍筋柱的承载力为:

$$N_u = f_{cc}A_{cor} + f'_yA'_s \tag{4-11}$$

整理以上各式得:

$$N_u = f_cA_{cor} + f'_yA'_s + 2f_{yv}A_{sso} \tag{4-12}$$

试验表明,当混凝土强度等级大于 C50 时,径向压应力对构件承载力的影响有所降低,因此,上式中的第 3 项应乘以折减系数 α。另外,与普通箍筋柱类似,取可靠度调整系数为 0.9。于是,螺旋箍筋柱承载能力极限状态设计表达式为:

$$N \leqslant N_u = 0.9(f_cA_{cor} + 2\alpha f_{yv}A_{sso} + f'_yA'_s) \tag{4-13}$$

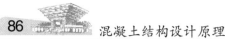

式中 α ——间接钢筋对混凝土约束的折减系数,混凝土强度等级不超过 C50 时取 1.0,
        当混凝土强度等级为 C80 时取 0.85,其间按线性内插法取值;

A_{sso} ——螺旋式或焊接环式间接钢筋的换算截面面积;

A_{cor} ——构件的核心截面面积,取间接钢筋内表面之间的距离。

当用式(4-13)计算配有纵筋和间接钢筋柱的承载力时,应注意以下几个问题:

1)为保证箍筋外层混凝土不至于过早剥落,规范规定式(4-13)算得的轴心受压承载力设计值不应大于同样条件下按普通箍筋柱的轴心受压承载力设计值式(4-3)的1.5倍。

2)当遇下列情况之一时,不考虑间接钢筋的作用,直接用式(4-3)计算构件承载力:

①当 $l_0/d > 12$ 时,因长细比较大,有可能因侧向弯曲引起螺旋箍筋不能发挥作用;

②当按式(4-13)算得的受压承载力小于按式(4-3)算得的受压承载力时;

③当间接钢筋换算截面面积 A_{sso} 小于纵向普通钢筋全部截面面积的 25% 时,可以认为间接钢筋配置过少,套箍作用不明显。

螺旋箍筋柱的截面设计和复核均按照式(4-13)进行。

4.3.2.3   构造要求

1)螺旋箍筋柱的纵向钢筋应沿圆周均匀分布,其截面面积不小于箍筋圈内核心截面积的 0.5% 。常用配筋率($\rho' = A'_s/A_{cor}$)为 0.8% ~1.2% 。

2)构件核心截面面积 A_{cor} 应不小于构件整个截面面积 A 的 2/3 。

3)在配有螺旋式或焊接环式箍筋的柱中,如在正截面受压承载力计算中考虑间接钢筋的作用时,箍筋间距不应大于 80 mm 及 $d_{cor}/5$,且不宜小于 40 mm , d_{cor} 为按箍筋内表面确定的核心截面直径。

【例4-2】   某钢筋混凝土轴心受压柱,截面尺寸 $b \times h = 400\ mm \times 400\ mm$,计算长度 $l_0 = 4.9\ m$,承受轴向力设计值 $N = 2700\ kN$,采用 C30 混凝土,纵向钢筋和箍筋均为 HRB400 钢筋,箍筋为 Φ6@200 。试进行该柱的截面设计。

【解】   (1)资料整理

查附表4、附表7得:

$$f_c = 14.3\ N/mm^2, f_y = f'_y = 360\ N/mm^2$$

(2)求稳定系数 φ

$$\frac{l_0}{b} = \frac{4900}{400} = 12.25$$

查表 4-1 可求得 $\varphi = 0.946$ 。

(3)求受压钢筋 A'_s

根据式(4-3)得:

$$A'_s = \frac{N - 0.9\varphi f_c A}{0.9\varphi f'_y} = \frac{2700 \times 10^3 - 0.9 \times 0.946 \times 14.3 \times 400 \times 400}{0.9 \times 0.946 \times 360} = 2453.5\ mm^2$$

选用纵向钢筋 8Φ20($A'_s = 2512\ mm^2$)。

(4)验算配筋率

$$\rho' = \frac{A'_s}{A} = \frac{2512}{400 \times 400} = 1.57\%\ < 3\%$$

$$\rho'_{\min} = 0.55\% \leqslant \rho' \leqslant \rho'_{\max} = 5\%$$

截面一侧的配筋率 $\rho' = \dfrac{942}{400 \times 400} = 0.6\% > 0.2\%$ 。

该柱截面选用纵向钢筋 8 Φ 20($A'_s = 2512 \text{ mm}^2$)满足要求。

【例 4-3】　某圆形钢筋混凝土轴心受压柱,直径为 500 mm。该柱承受的轴心压力设计值 $N = 4200 \text{ kN}$,柱的计算长度 $l_0 = 5.4 \text{ m}$,混凝土强度等级为 C30,纵筋用 HRB500 级钢筋,箍筋用 HRB400 级钢筋。试按螺旋箍筋柱设计该柱并进行复核。

【解】　(1)数据整理

查附表 4、附表 7 得:

$f_c = 14.3 \text{ N/mm}^2$, HRB500 级钢筋: $f'_y = 410 \text{ N/mm}^2$, HRB400 级钢筋: $f_y = f'_y = 360 \text{ N/mm}^2$, C30 混凝土, $\alpha = 1.0$ 。

(2)确定纵筋数量 A'_s

核心面积直径:混凝土保护层厚度取 $c = 20 \text{ mm}$,假定箍筋直径为 10 mm,则

$$d_{\text{cor}} = 500 - 2(20 + 10) = 440 \text{ mm}$$

柱截面面积:

$$A = \frac{\pi d^2}{4} = \frac{3.14 \times 500^2}{4} = 196250 \text{ mm}^2$$

柱核心面积:

$$A_{\text{cor}} = \frac{\pi d_{\text{cor}}^2}{4} = \frac{3.14 \times 440^2}{4} = 151976 \text{ mm}^2$$

$$A_{\text{cor}} > \frac{2}{3} A = 130833 \text{ mm}^2$$

满足要求。

纵向钢筋常用配筋率($\rho' = A'_s / A_{\text{cor}}$)为 0.8% ~ 1.2% ,取 $\rho' = 1\%$,得:

$$A'_s = \rho' A_{\text{cor}} = 0.01 \times 151976 = 1519.76 \text{ mm}^2$$

现选用 8 Φ 16($A'_s = 1608 \text{ mm}^2$)。

(3)验算适用条件

$\dfrac{l_0}{d} = \dfrac{5400}{500} = 10.8 < 12$,满足要求。查表 4-1 可求得 $\varphi = 0.944$ 。

$0.9\varphi(f_c A + f'_y A'_s) = 0.9 \times 0.944 \times (14.3 \times 196250 + 410 \times 1608) = 2944.4 \text{ kN}$

$1.5 \times 0.9\varphi(f_c A + f'_y A'_s) = 1.5 \times 2944.4 = 4416.6 \text{ kN}$

$0.9\varphi(f_c A + f'_y A'_s) < N < 1.5 \times 0.9\varphi(f_c A + f'_y A'_s)$

满足要求。

(4)计算螺旋箍筋用量

由式(4-13)得:

$$A_{\text{sso}} = \frac{\dfrac{N}{0.9} - f_c A_{\text{cor}} - f'_y A'_s}{2\alpha f_y} = \frac{\dfrac{4200}{0.9} \times 1000 - 14.3 \times 151976 - 410 \times 1608}{2 \times 1.0 \times 360} = 2547.4 \text{ mm}^2$$

$$A_{\text{sso}} > 25\% A'_s = 0.25 \times 1608 = 402 \text{ mm}^2$$

根据构造要求,螺旋箍筋的间距 s 一般为 $40 \sim 80$ mm,现取 $s = 50$ mm,小于 $\frac{1}{5}d_{\text{cor}} = \frac{1}{5} \times 440 = 88$ mm,满足要求。

由 $A_{\text{sso}} = \dfrac{\pi d_{\text{cor}} A_{\text{ss1}}}{s}$ 得:

$$A_{\text{ss1}} = \frac{A_{\text{sso}} s}{\pi d_{\text{cor}}} = \frac{2547.4 \times 50}{3.14 \times 440} = 92.19 \text{ mm}^2$$

即螺旋箍筋的间距为 50 mm,单根螺旋箍筋的截面面积 A_{ss1} 为 92.19 mm^2。选用$\Phi 12@50$ 螺旋箍筋,实际 $A_{\text{ss1}} = 113.1$ mm^2,$A_{\text{sso}} = \dfrac{\pi d_{\text{cor}} A_{\text{ss1}}}{s} = \dfrac{3.14 \times 440 \times 113.1}{50} = 3125.2$ mm^2。

(5)截面复核

$$\begin{aligned}
N_{\text{u}} &= 0.9(f_c A_{\text{cor}} + 2\alpha f_{\text{yv}} A_{\text{sso}} + f_y' A_s') \\
&= 0.9 \times (14.3 \times 151976 + 2 \times 1.0 \times 360 \times 3125.2 + 410 \times 1608) \\
&= 4574.4 \text{ kN} > N = 4200 \text{ kN}
\end{aligned}$$

满足要求。

本章小结

1)轴心受拉构件破坏时拉力全部由纵向钢筋承担,不考虑混凝土的受拉能力,设计时应满足相应的构造要求。

2)配置普通箍筋轴心受压构件的破坏特征与构件的长细比有关,在承载力计算中采用稳定系数 φ 来表达;配有螺旋式(或焊接环式)箍筋的轴心受压构件破坏时,箍筋内部混凝土处于三向受压状态,提高了构件的承载力,设计时应予考虑。轴心受压构件的破坏最终是由于混凝土的压碎而破坏,受混凝土的极限压应变控制,因此高强度钢筋在受压构件中发挥不了应有作用。轴心受压构件承载力计算分为截面设计和截面复核两种情况,同时应满足相应的构造要求。

思考题

1.什么是轴心受力构件? 实际工程中哪些构件可作为轴心受力构件来进行计算?

2.轴心受压构件按箍筋配筋方式的不同可分为哪两种形式?

3.简述钢筋混凝土轴心受压构件中纵筋的作用。为什么要控制纵向钢筋的最大和最小配筋率?

4.简述普通箍筋柱的受力破坏过程。

5.在混凝土受压构件中对钢筋强度取值有何要求?

6.轴心受压柱中箍筋布置的原则是什么? 箍筋的作用有哪些?

7.简述螺旋箍筋柱的受力破坏过程。

8. 相同条件下轴心受压短柱和长柱的承载力计算有何区别？

习 题

第 4 章在线
测试

1. 一钢筋混凝土轴心受拉构件，截面为正方形 $b \times h = 300 \text{ mm} \times 300 \text{ mm}$，混凝土等级为 C30，纵向钢筋为 HRB400，4 Φ 20，承受的轴心拉力设计值 $N = 230 \text{ kN}$，试验算构件是否满足承载力的要求。

2. 某钢筋混凝土轴心受压柱，截面尺寸 $b \times h = 400 \text{ mm} \times 400 \text{ mm}$，计算长度 $l_0 = 5.4 \text{ m}$，承受轴向力设计值 $N = 1100 \text{ kN}$，采用 C35 混凝土，纵向钢筋采用 HRB5400，箍筋为 HRB400，试确定该柱所需的纵向钢筋面积 A'_s。

3. 已知矩形截面轴心受压构件 $b \times h = 400 \text{ mm} \times 500 \text{ mm}$，$l_0 = 7.8 \text{ m}$，混凝土强度等级为 C30，配有 HRB400 纵向钢筋 8 Φ 22，承受轴心力设计值 $N = 1600 \text{ kN}$，试校核截面承载力是否满足要求。

4. 某圆形钢筋混凝土轴心受压柱，已知轴向力设计值 $N = 2100 \text{ kN}$，柱直径为 400 mm，计算长度 $l_0 = 4.5 \text{ m}$，混凝土强度等级为 C30，纵向钢筋为 HRB500 级 8 Φ 22，螺旋箍筋为 HRB400，求螺旋箍筋的用量。

5. 配有纵向钢筋和螺旋箍筋的轴心受压构件的截面为圆形，直径 $d = 500 \text{ mm}$，构件计算长度 $l_0 = 4.5 \text{ m}$，混凝土强度等级为 C30，纵向钢筋为 HRB400 级 8 Φ 20，螺旋箍筋为 HRB400、直径 8 mm、间距 60 mm，承受轴向压力设计值 $N = 1300 \text{ kN}$，试验算该柱截面承载力是否满足要求。

第 5 章　受弯构件正截面承载力计算

Chapter 5　Calculation of Normal Section Bearing Capacity
of Flexural Members

5.1　工程应用实例
Applications in Engineering

受弯构件是土木工程中应用数量最多、使用范围最广的一类构件。民用建筑结构中各种类型的梁、板以及楼梯(图5-1、图5-2),厂房中的屋面梁、吊车梁(图5-3),铁路和公路中的钢筋混凝土桥梁等(图5-4),都属于受弯构件,其主要作用是将竖向荷载通过受弯构件传递到竖向支承构件上。受弯构件也可用于挡土墙(图5-5)、基础等其他构筑物或结构中。一般情况下,受弯构件同时受到弯矩和剪力作用,但轴力 N 可以忽略不计(图5-6)。实际工程中最典型的受弯构件是梁和板,它们的主要区别在于:梁的截面高度一般大于其宽度,而板的截面高度则远小于其宽度。

图5-1　梁板结构

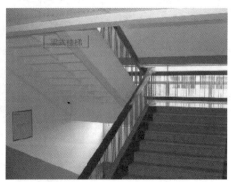

图5-2　梁式楼梯

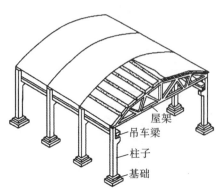

图5-3　单层工业厂房

图5-4　梁式桥

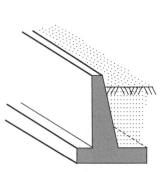

图5-5　挡土墙

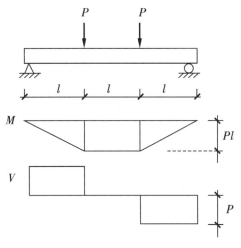

图 5-6　受弯构件示意图

建筑结构中梁、板常用的截面形式有矩形、T 形、I 形、槽形、空心板等,如图 5-7 所示。

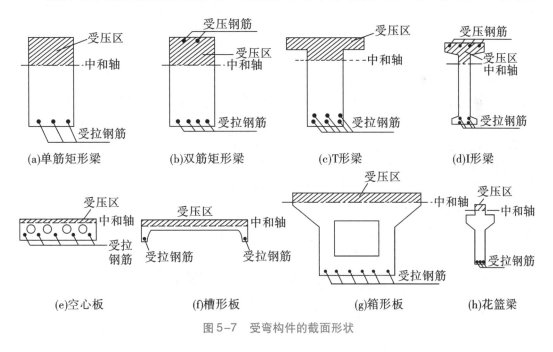

图 5-7　受弯构件的截面形状

在荷载的作用下,受弯构件可能发生两种主要的破坏:当受弯构件沿弯矩最大的截面破坏时,破坏截面与构件的轴线垂直,称为正截面破坏[图 5-8(a)];当受弯构件沿剪力最大或弯矩和剪力都较大的截面破坏时,破坏截面与构件的轴线斜交,称为斜截面破坏[图 5-8(b)]。

进行受弯构件设计时,为防止正截面和斜截面发生破坏,要进行正截面承载力和斜截面承载力计算。本章只讲解受弯构件的正截面承载力计算方法,斜截面承载力的计算问题将在下一章介绍。

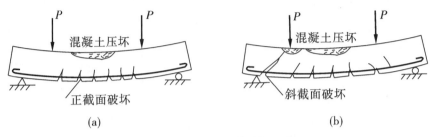

图 5-8　受弯构件的破坏形式

5.2　正截面受弯性能试验研究
Test Research on Normal Section Flexural Behavior

在建立钢筋混凝土受弯构件承载力计算理论之前,应对它从开始加载直至破坏的全过程中的应力和应变变化规律有充分了解,为了着重研究正截面的应力和应变规律,现进行如下试验研究。

5.2.1　试验测试及结果
Test and Results

图 5-9 所示构件为一配筋适量的矩形截面钢筋混凝土简支试验梁。为排除剪力的影响,采用对称加载的试验方案。由于梁的自重与所受到的荷载相比可以忽略,所以,对称荷载之间的区段形成纯弯段。为了排除架立钢筋的影响,在纯弯段内仅下部配置纵向受力钢筋而不放置架立钢筋,以使在该区段内形成理想的单筋矩形截面。纵向受力钢筋伸入支座并可靠锚固。在支座至集中荷载区段内,由于存在剪力,故应配置足够的箍筋以防止该段发生剪切破坏。

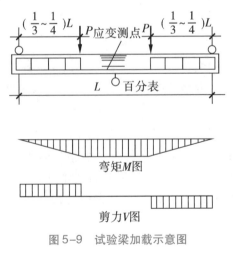

图 5-9　试验梁加载示意图

在跨中纵向钢筋表面及沿梁高的混凝土表面布置应变片,以量测钢筋和混凝土的纵向应变。不论使用哪种仪表量测变形,它都有一定的标距,因此,所测得的数值都表示标距范围内的平均应变值。另外,在跨中及支座处分别布置位移计以量测梁的跨中挠度。荷载分级施加,记录相应各点的应变和跨中挠度(图 5-10)直至梁发生破坏。

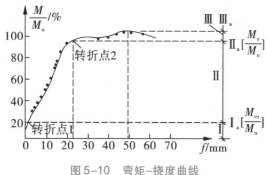

图 5-10　弯矩-挠度曲线

5.2.2　适筋受弯构件受力的三个阶段
Three Stages of Stress Reinforced Flexural Members

试验表明,对于适筋受弯构件,从开始加载至正截面破坏,截面的受力状态可分为三个阶段。

(1)第 I 阶段:混凝土开裂前的未裂阶段

当荷载很小时,截面的内力很小,应力和应变成正比,截面的应力沿截面高度直线分布,中和轴以上受压,中和轴以下受拉,受压区和受拉区混凝土应力分布图形为三角形[图 5-11(a)]。

当荷载逐渐增大时,截面上的内力也随之增大,由于混凝土抗拉能力远比抗压能力弱,故在受拉区边缘处混凝土首先表现出塑性性能,应变增长较快,应力增长缓慢,受拉区的应力图形呈曲线。当荷载增大到某一数值时,受拉区边缘的混凝土达到其实际的抗拉强度和极限拉应变;受压区混凝土压应力图形为三角形。截面处在将裂未裂的临界状态[图 5-11(b)],称为第 I 阶段末,用 I_a 表示。

I_a 阶段可作为受弯构件抗裂度的计算依据。

(2)第 II 阶段:受拉区混凝土开裂后至受拉区钢筋屈服前的带裂缝阶段

受拉混凝土截面开裂后,开裂截面混凝土就把它承担的那部分拉力转给钢筋,致使钢筋应力突然增大,但中和轴以下未开裂部分混凝土仍可承受一小部分拉力;受压区混凝土呈现明显的塑性特征,其应力图形呈曲线[图 5-11(c)],此阶段称为第 II 阶段。

随着荷载继续增大,受压区混凝土压应变与受拉钢筋的拉应变都不断增长,当荷载继续增大到受拉钢筋应力即将到达屈服强度时,受压区混凝土塑性变形进一步发展,其应力呈现更加丰满的曲线分布,称为第 II 阶段末,用 II_a 表示。

II_a 可作为使用阶段验算变形和裂缝开展宽度的依据。

（3）第Ⅲ阶段：钢筋开始屈服至截面破坏的破坏阶段

受拉区受拉钢筋屈服后，其应力将保持不变，而应变继续增长；截面裂缝进一步迅速开展，中和轴进一步上移，受压区面积减小，受压区混凝土应力迅速增大，其塑性特征表现得更加充分，受压区压应力图形更趋丰满［图5-11（e）］，由于内力臂增大，截面弯矩仍能稍有增加，这个阶段称为第Ⅲ阶段。

在荷载几乎不变的情况下，裂缝进一步急剧开裂，梁的刚度迅速降低，挠度急剧增大，受压区混凝土出现纵向裂缝，最后受压区边缘混凝土达到极限压应变，截面发生破坏，称为第Ⅲ阶段末，用Ⅲ$_a$表示。

Ⅲ$_a$可作为正截面受弯承载力计算的依据。

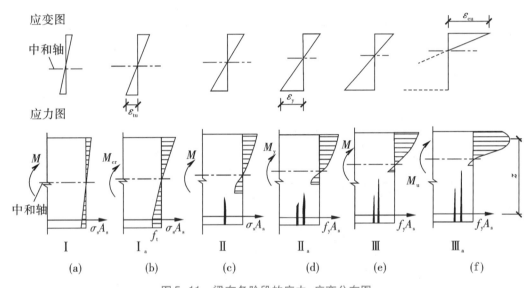

图5-11 梁在各阶段的应力-应变分布图

5.2.3 受弯构件正截面破坏形态
Normal Section Failure Features of Flexural Members

根据试验研究结果，钢筋混凝土受弯构件的正截面破坏形态与配筋率 ρ、钢筋和混凝土强度等因素有关。当材料品种选定以后，其破坏形态依配筋率的大小可将其划分为适筋破坏、超筋破坏和少筋破坏三种。与这三种破坏形态相对应的梁分别称为适筋梁、超筋梁和少筋梁。

如图5-12所示，纵向受拉钢筋的配筋率 ρ，就是纵向受拉钢筋的总面积 A_s 与正截面的有效面积 bh_0 之比，即

$$\rho = \frac{A_s}{bh_0} \tag{5-1}$$

式中　A_s ——纵向受拉钢筋的总截面面积（mm）；

　　　　b ——梁截面宽度（mm）；

h_0——梁截面的有效高度或计算高度（mm），图中 a_s 为
受拉区边缘到受拉钢筋合力作用点的距离。

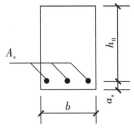

ρ 在一定程度上标志了正截面上纵向受拉钢筋与混凝土之
间的面积比率，是对梁的受力性能影响很大的一个重要指标。
下面讨论其对正截面破坏形态的影响。

（1）适筋破坏

当配筋率 ρ 适中时，梁发生适筋破坏［图 5-13（a）］。其主

图 5-12　矩形截面示意图

要破坏特点是纵向受拉钢筋先屈服，然后受压区边缘混凝土达
到极限压应变致使混凝土被压碎，钢筋和混凝土的强度都得到
充分的发挥。在梁完全破坏以前，钢筋要经历较长的塑性变形过程，随之引起裂缝开展和
挠度的增长，能给人明显的破坏预兆，这种破坏形态称为"延性破坏"或"塑性破坏"。

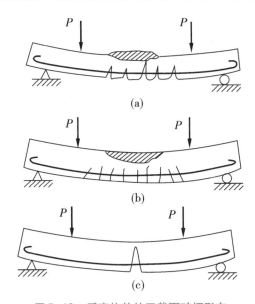

图 5-13　受弯构件的正截面破坏形态

（2）超筋破坏

当配筋率 ρ 很大时，梁发生超筋破坏［图 5-13（b）］，其主要破坏特点是混凝土受压
区先压碎，破坏时纵向受拉钢筋不屈服。在受压区边缘应变达到混凝土受弯极限压应变
时，钢筋应力尚小于屈服强度，但此时梁已被破坏。试验表明，钢筋在梁破坏前仍处于弹
性工作阶段，裂缝开展不宽，延伸不高，梁的挠度亦不大，它在没有明显预兆的情况下由于
受压区混凝土被压碎而突然破坏，这种破坏称为"脆性破坏"。超筋梁虽然配置了过多的
受拉钢筋，但由于梁破坏时其应力低于屈服强度，不能充分发挥作用，造成钢筋的浪费，且
破坏前毫无预兆，故从安全和经济角度考虑，设计中不允许采用。

（3）少筋破坏

当配筋率很小时，梁发生少筋破坏［图 5-13（c）］，其主要破坏特点是受拉区混凝土
一旦开裂，裂缝就急剧开展，受拉钢筋立即达到屈服强度，有时迅速进入强化阶段，甚至可

能被拉断。此时由于裂缝过宽,尽管开裂后梁仍有可能保留一定的承载力,但梁已发生严重的开裂下垂,这部分强度实际上是不能利用的。从单纯满足承载力需要出发,少筋梁的截面尺寸过大,故不经济;同时它的承载力取决于混凝土的抗拉强度,属于脆性破坏类型,故在土木工程中不允许采用。但在水利工程中,往往截面尺寸很大,为了经济,有时也允许采用少筋梁。

比较适筋梁和超筋梁的破坏可以发现,两者的差异在于:前者破坏始自受拉钢筋,后者则始自受压区混凝土。显然,总会有一个界限配筋率 ρ_b,这时钢筋应力到达屈服强度的同时受压区边缘应变也恰好到达混凝土受弯时极限压应变值。这种破坏形态称为"界限破坏",即适筋梁与超筋梁的界限。鉴于安全和经济的原因,在实际工程中不允许采用超筋梁,那么这个特定的配筋率实质上就限制了适筋梁的最大配筋率。故当截面的实际配筋率 $\rho < \rho_b$ 时,破坏始自钢筋的屈服;$\rho > \rho_b$ 时,破坏始自受压区混凝土的压碎;$\rho = \rho_b$ 时,受拉钢筋应力到达屈服强度的同时受压区混凝土压碎使截面破坏。

5.3　正截面受弯承载力计算的一般原理
Basic Principles of Calculation of Normal Section Flexural Load-bearing Capacity

5.3.1　基本假定
Basic Assumptions

混凝土受弯构件正截面承载力计算时以适筋梁破坏阶段受力状态Ⅲ$_a$为依据,由于截面应变和应力的复杂性,为方便工程应用,《混凝土结构设计规范》做如下基本假定。

(1)截面应变保持平面

它是指构件正截面弯曲变形后,其截面依然保持平面,截面应变服从平截面假定,即截面内任意点的应变与该点到中和轴的距离成正比,钢筋与外围混凝土的应变相同。国内外大量试验,包括矩形、T形、I形及环形截面的钢筋混凝土构件受力以后,虽然就单个截面而言,此假定不一定成立,但若受力区的应变是采用跨越若干条裂缝的长标距测量时,所测得的破坏区段的钢筋和混凝土的平均应变,基本上是符合平截面假定的。

(2)不考虑混凝土的抗拉强度

虽然在中和轴以下还有部分混凝土承担拉力,但与钢筋承担的拉力或混凝土承担的压力相比,数值很小,并且合力作用点离中和轴的距离很近,抵抗的弯矩可以忽略。

(3)混凝土受压的应力-应变关系

采用抛物线上升段和水平段的混凝土受压应力-应变关系曲线,如图 5-14 所示。但曲线方程随着混凝土强度等级的不同而有所变化,峰值应变

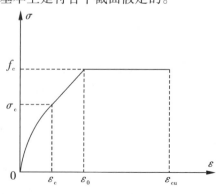

图 5-14　混凝土的应力-应变曲线

ε_0 和极限压应变 ε_{cu} 的取值随混凝土强度等级的不同而不同。

当 $\varepsilon_c \leqslant \varepsilon_0$ 时(上升段)

$$\sigma_c = f_c \left[1 - \left(1 - \frac{\varepsilon_c}{\varepsilon_0} \right)^n \right] \tag{5-2}$$

当 $\varepsilon_0 < \varepsilon_c \leqslant \varepsilon_{cu}$ 时(水平段)

$$\sigma_c = f_c \tag{5-3}$$

式(5-2)中:

$$n = 2 - \frac{1}{60}(f_{cu,k} - 50) \tag{5-4}$$

$$\varepsilon_0 = 0.002 + 0.5(f_{cu,k} - 50) \times 10^{-5} \tag{5-5}$$

$$\varepsilon_{cu} = 0.0033 - (f_{cu,k} - 50) \times 10^{-5} \tag{5-6}$$

式中　σ_c ——对应于混凝土应变为 ε_c 时的混凝土压应力;

　　ε_0 ——对应于混凝土压应力刚达到混凝土轴心抗压强度设计值 f_c 时的混凝土压应变,当计算的 ε_0 值小于 0.002 时,应取为 0.002;

　　ε_{cu} ——正截面的混凝土极限压应变,当处于非均匀受压时计算的 ε_{cu} 值大于 0.0033时取为 0.0033,当处于轴心受压时取为 ε_0;

　　$f_{cu,k}$ ——混凝土立方体抗压强度标准值;

　　n ——系数,当计算的 n 值大于 2.0 时,取 2.0。

参数 n 、ε_0 和 ε_{cu} 按式(5-4)~式(5-6)取值如表5-1所示。

表5-1　混凝土应力-应变曲线参数

混凝土强度等级	≤C50	C60	C70	C80
n	2	1.83	1.67	1.50
ε_0	0.002	0.00205	0.0021	0.00215
ε_{cu}	0.0033	0.0032	0.0031	0.0030

(4)钢筋的应力-应变关系

钢筋的应力取等于其应变与弹性模量的乘积,但其绝对值不应大于相应的强度设计值,受拉钢筋的极限拉应变取为 0.01。

这一假定说明钢筋的应力和应变关系可采用理想的弹塑性曲线,如图5-15所示,在钢筋屈服以前,钢筋的应力和应变成正比;在钢筋屈服以后,钢筋应力保持不变。其表达式为:

当 $0 \leqslant \varepsilon_s \leqslant \varepsilon_y$ 时　　$\sigma_s = \varepsilon_s E_s$　(5-7)

当 $\varepsilon_s > \varepsilon_y$ 时　　$\sigma_s = f_y$　(5-8)

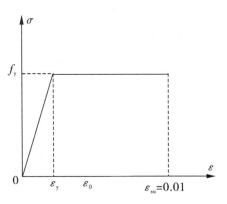

图5-15　钢筋的应力-应变曲线

5.3.2 等效矩形应力图形
Diagram of Equivalent Rectangular Stress

由于采用混凝土的理论压应力图来计算极限弯矩 M_u，需要进行比较复杂的积分计算，不利于工程应用，而实际上建立 M_u 的计算公式，只需要能确定混凝土压应力的合力 C 的大小及作用位置 y_c 就可以了。因此，《混凝土结构设计规范》对于非均匀受压构件，如对受弯、偏心受压和大偏心受拉等构件的受压区混凝土的应力分布进行简化，即取等效矩形应力图形来代换受压区混凝土的理论应力图形，如图 5-16 所示。其等效条件是：保证混凝土压应力的合力 C 大小相等和两图形中受压区合力 C 的作用点位置不变。

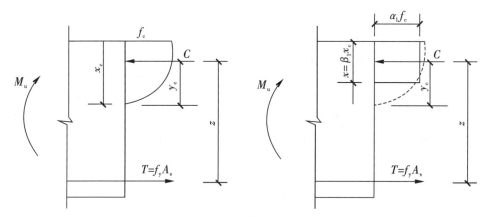

图 5-16   等效矩形应力图

从图 5-16 可以看出，等效矩形应力图由无量纲参数 α_1、β_1 所确定，它们的大小仅与混凝土应力-应变曲线有关，称为等效矩形应力图形系数。其中，α_1 是等效矩形应力图的应力值与受压区混凝土轴心抗压强度 f_c 的比值，β_1 是按等效矩形应力图形计算的混凝土受压区高度 x 与按平截面假定确定的中和轴高度 x_c 的比值。

《混凝土结构设计规范》根据混凝土强度等级的不同规定如下：当 $f_{cu,k} \leqslant 50 \ N/mm^2$ 时，β_1 取为 0.8，当 $f_{cu,k} = 80 \ N/mm^2$ 时，β_1 取为 0.74，其间按直线内插法取用；当 $f_{cu,k} \leqslant 50 \ N/mm^2$ 时，α_1 取为 1.0，当 $f_{cu,k} = 80 \ N/mm^2$ 时，α_1 取为 0.94，其间按直线内插法取用；α_1、β_1 的取值如表 5-2 所示。

表 5-2   混凝土受压区等效矩形应力图系数

混凝土强度等级	$\leqslant$ C50	C55	C60	C65	C70	C75	C80
β_1	0.8	0.79	0.78	0.77	0.76	0.75	0.74
α_1	1.0	0.99	0.98	0.97	0.96	0.95	0.94

采用等效矩形应力图形后,即可很方便地得到正截面受弯承载力的计算公式,即

$$\sum X = 0 , \quad \alpha_1 f_c bx = f_y A_s$$

$$\sum M = 0 , \quad M_u = \alpha_1 f_c bx \left(h_0 - \frac{x}{2} \right) \quad \text{或} \quad M_u = f_y A_s \left(h_0 - \frac{x}{2} \right)$$

5.3.3　相对界限受压区高度
Relative Height of Critical Compression Zone

相对界限受压区高度 ξ_b,是指梁在界限破坏时,等效受压区高度与截面有效高度的比值。界限破坏的特征是受拉钢筋屈服的同时,受压区混凝土边缘达到极限压应变。

(1)配置有明显屈服点钢筋的受弯构件

如图 5-17 所示,设钢筋开始屈服时应变为 ε_y,则:

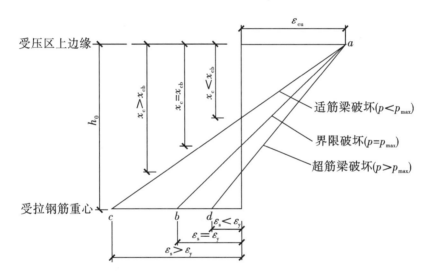

图 5-17　适筋梁、超筋梁、界限配筋率破坏时的正截面平均应变图

$$\varepsilon_y = \frac{f_y}{E_s}$$

式中　E_s——钢筋的弹性模量。

设界限破坏时中和轴高度为 x_{cb},则有:

$$\frac{x_{cb}}{h_0} = \frac{\varepsilon_{cu}}{\varepsilon_{cu} + \varepsilon_y} \tag{5-9}$$

把 $x_b = \beta_1 x_{cb}$ 代入上式,得:

$$\frac{x_b}{\beta_1 h_0} = \frac{\varepsilon_{cu}}{\varepsilon_{cu} + \varepsilon_y} \tag{5-10}$$

设 $\xi_b = \dfrac{x_b}{h_0}$，ξ_b 为界限相对受压区高度，则

$$\xi_b = \frac{\beta_1}{1 + \dfrac{f_y}{E_s \varepsilon_{cu}}} \tag{5-11}$$

在钢筋混凝土结构中，常用钢筋的界限相对受压区高度 ξ_b 值见表5-3，设计时可直接查用。

表5-3　相对界限受压区高度 ξ_b 取值

钢筋牌号	混凝土强度等级						
	$\leqslant$ C50	C55	C60	C65	C70	C75	C80
HPB300	0.576	0.566	0.556	0.547	0.537	0.528	0.518
HRB400、RRB400、HRBF400	0.518	0.508	0.499	0.490	0.481	0.472	0.463
HRB500、HRBF500	0.482	0.473	0.464	0.455	0.447	0.438	0.429

（2）配置无明显屈服点钢筋的受弯构件

对于无明显屈服点钢筋（如钢绞线、预应力钢丝、预应力螺纹钢筋等），取其对应于残余变形 0.2% 时的应力 $\sigma_{0.2}$ 作为条件屈服点，并以此作为这类钢筋的抗拉强度设计值。对应于条件屈服点 $\sigma_{0.2}$ 时的钢筋应变为：

$$\varepsilon_s = \varepsilon_y = 0.002 + \frac{f_y}{E_s} \tag{5-12}$$

于是，相对界限受压区高度 ξ_b 的计算公式为：

$$\xi_b = \frac{\beta_1}{1 + \dfrac{0.002}{\varepsilon_{cu}} + \dfrac{f_y}{E_s \varepsilon_{cu}}} \tag{5-13}$$

当梁的相对受压区高度 $\xi < \xi_b$ 时，受拉区钢筋先行达到屈服应变，然后受压区混凝土最外缘才达到极限压应变而破坏，属于适筋破坏；当 $\xi > \xi_b$ 时，受压区混凝土先达到极限压应变而破坏，此时受拉区钢筋尚未屈服，属于超筋破坏；当 $\xi = \xi_b$ 时，受拉区钢筋屈服的同时受压区最外缘混凝土达到其极限压应变，属于界限破坏。

5.3.4　最大配筋率和极限弯矩
Maximum Steel Ratio and Ultimate Moment

与界限受压区高度 ξ_b 相对应的配筋率称为界限配筋率 ρ_b 或适筋梁的最大配筋率 $\rho_{\max}$，此时考虑截面上力的平衡条件可得：

$$\alpha_1 f_c b \xi_b h_0 = f_y A_{s,\max} \tag{5-14}$$

所以
$$\rho_{max} = \frac{A_{s,max}}{bh_0} = \xi_b \frac{\alpha_1 f_c}{f_y} \qquad (5-15)$$

此式即为受弯构件最大配筋率的计算公式,为方便使用,将常用的具有明显屈服点钢筋配筋的受弯构件的最大配筋率列于表 5-4。

表 5-4 受弯构件的截面最大配筋率 ρ_{max} 单位:%

钢筋牌号	混凝土强度等级												
	C20	C25	C30	C35	C40	C45	C50	C55	C60	C65	C70	C75	C80
HPB300	2.05	2.54	3.05	3.56	4.07	4.50	4.93	5.25	5.55	5.84	6.07	6.28	6.47
HRB400、RRB400、HRBF400	1.38	1.71	2.06	2.40	2.74	3.05	3.32	3.53	3.74	3.92	4.08	4.21	4.34
HRB500、HRBF500	1.06	1.32	1.58	1.85	2.12	2.34	2.56	2.72	2.87	3.01	3.14	3.23	3.33

当构件按最大配筋率配筋时,可以求出适筋受弯构件的最大弯矩 M_{umax} 为:

$$M_{umax} = \alpha_1 f_c b \xi_b h_0 \left(h_0 - \frac{\xi_b h_0}{2} \right) = \alpha_1 f_c b h_0^2 \xi_b \left(1 - \frac{\xi_b}{2} \right) = \alpha_{sb} \alpha_1 f_c b h_0^2$$

式中　　α_{sb}——截面最大的抵抗矩系数,对于具有明显屈服点钢筋配筋的受弯构件,α_{sb} 见表 5-5。

由上面的讨论可知,对于材料强度等级给定的截面,相对受压区高度 ξ_b、配筋率 ρ_{max} 和 M_{umax} 之间存在着明确的换算关系,只要确定了 ξ_b,就相当于确定了 ρ_{max} 和 M_{umax}。因此,ξ_b、ρ_{max} 和 M_{umax} 的实质是相同的,只是从不同的方面作为适筋梁的上限限值。也就是说控制条件 $\xi \leqslant \xi_b$、$x \leqslant x_b$、$\alpha_s \leqslant \alpha_{sb}$、$\rho \leqslant \rho_{max}$ 与 $M \leqslant M_{umax}$ 是同一含义,均是限制超筋破坏的条件。在实际计算中,以采用 ξ_b 或 x_b 最为方便且应用普遍。

表 5-5 受弯构件的截面最大抵抗矩系数 α_{sb}

钢筋牌号	混凝土强度						
	≤C50	C55	C60	C65	C70	C75	C80
HPB300	0.410	0.406	0.402	0.397	0.393	0.388	0.384
HRB400、RRB400、HRBF400	0.384	0.379	0.375	0.370	0.365	0.360	0.356
HRB500、HRBF500	0.366	0.361	0.357	0.352	0.347	0.342	0.337

5.3.5 最小配筋率
Minimum Steel Ratio

最小配筋率 $\rho_{\min}$ 理论上是少筋梁和适筋梁的界限。少筋破坏的特点是一裂就坏,所以从理论上讲,纵向受拉钢筋的最小配筋率应按 III_a 阶段计算的钢筋混凝土受弯构件正截面受弯承载力 M_u 与同样条件下素混凝土受弯构件按 I_a 阶段计算的开裂弯矩 M_{cr} 相等的原则求得。但是,考虑到混凝土抗拉强度的离散性以及收缩等因素的影响,实际上最小配筋率 $\rho_{\min}$ 往往是根据传统经验得出的。《混凝土结构设计规范》规定:

1)受弯构件一侧受拉钢筋的最小配筋率取 $0.45\dfrac{f_t}{f_y}$(%)和 0.2% 中较大值。

2)板类构件(不包括悬臂板)当采用 400 MPa 和 500 MPa 钢筋配筋时 $\rho_{\min}$ 可采用 $0.45\dfrac{f_t}{f_y}$(%)和 0.15% 的较大值。

3)最小配筋率应按构件的全截面面积扣除受压翼缘面积 $(b_f'-b)h_f'$ 后的面积计算,即

$$\rho_{\min} = \frac{A_{s\min}}{A - (b_f'-b)h_f'}$$

式中　A——构件全截面面积;

　　　$A_{s\min}$——按最小配筋率计算的受拉钢筋截面面积;

　　　b_f'、h_f'——T 形或 I 形截面受压翼缘的宽度和高度。

4)卧置于地基上的混凝土板,板中受拉钢筋的最小配筋率可适当降低,但不应小于 0.15%。

《混凝土结构设计规范》规定的不同的混凝土强度等级及不同钢筋级别的最小配筋率见表 5-6。

表 5-6　受弯构件最小配筋率 $\rho_{\min}$ 值　　　　单位:%

钢筋牌号	混凝土强度等级												
	C20	C25	C30	C35	C40	C45	C50	C55	C60	C65	C70	C75	C80
HPB300	0.200	0.212	0.238	0.262	0.285	0.300	0.315	0.327	0.340	0.348	0.357	0.363	0.370
HRB400、RRB400、HRBF400	0.200	0.200	0.200	0.200	0.214	0.225	0.236	0.245	0.255	0.261	0.268	0.273	0.278
HRB500、HRBF500	0.200	0.200	0.200	0.200	0.200	0.200	0.200	0.203	0.211	0.216	0.221	0.226	0.230

5.4　单筋矩形截面受弯构件正截面承载力计算

Calculation of Normal Section Bearing Capacity of Rectangular Flexural Members with Tension Reinforcement

单筋矩形截面是指仅在矩形截面的受拉区配置纵向受力钢筋与受压区混凝土形成抗弯承载力的截面。

5.4.1　基本公式及适用条件

Basic Formulas and Applicable Conditions

5.4.1.1　计算公式

单筋矩形截面受弯构件正截面承载力计算简图如图 5-18 所示。

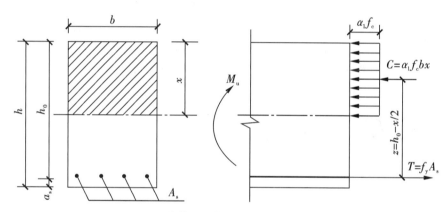

图 5-18　单筋矩形截面受弯承载力计算简图

由力的平衡条件 $\sum X = 0$,可得:

$$\alpha_1 f_c b x = f_y A_s \tag{5-16}$$

由力矩平衡条件,对受拉钢筋合力作用点取矩 $\sum M = 0$,可得:

$$M \leqslant M_u = \alpha_1 f_c b x \left(h_0 - \frac{x}{2} \right) \tag{5-17a}$$

或对受压区混凝土合力作用点取矩 $\sum M = 0$,可得:

$$M \leqslant M_u = f_y A_s \left(h_0 - \frac{x}{2} \right) \tag{5-17b}$$

式中　h_0——截面的有效高度,$h_0 = h - a_s$,a_s 为受拉区边缘到受拉钢筋合力作用点的距离。

式(5-16)和式(5-17)为单筋矩形截面受弯构件正截面承载力的基本计算公式。

5.4.1.2　适用条件

上述公式是针对适筋构件推导出来的,应避免超筋构件和少筋构件的出现。

1)为了防止超筋破坏,保证构件破坏时纵向受拉钢筋首先屈服,应满足下列条件之一:

$$x \leqslant \xi_b h_0 \qquad (5-18)$$

或

$$\xi \leqslant \xi_b \qquad (5-19)$$

$$\rho \leqslant \rho_{max} = \alpha_1 \xi_b \frac{f_c}{f_y} \qquad (5-20)$$

$$\alpha_s \leqslant \alpha_{sb} \qquad (5-21)$$

$$M \leqslant M_{umax} \qquad (5-22)$$

以上各式是同一含义,为了便于应用,写成五种形式,满足其中之一,其余几个必然得到满足。

2)为了防止少筋破坏,避免"一裂即坏",构件纵向受力钢筋的截面面积应满足:

$$A_s \geqslant \rho_{min} bh \qquad (5-23)$$

由式(5-16)及式(5-17a)、式(5-17b)可知,弯矩设计值 M 确定后,可以设计不同截面尺寸的梁,若梁配筋率 ρ 较小,梁的截面尺寸就要大些;若 ρ 较大,梁的截面尺寸就可以小些。钢筋混凝土构件材料和施工费用达到最少的纵向配筋率称为经济配筋率。根据工程经验,矩形截面梁的经济配筋率为 $0.6\% \sim 1.5\%$,T 形截面梁的经济配筋率为 $0.9\% \sim 1.8\%$,板的经济配筋率为 $0.3\% \sim 0.8\%$ 。

5.4.2　基本公式的应用
Application of Basic Formulas

在受弯构件设计中,通常遇到两类问题:一类是截面设计问题,即根据构件的截面尺寸、混凝土强度等级、钢筋的级别、构件上作用的荷载或截面上的内力等已知条件(或虽然某种条件暂时未知,但可根据实际情况和设计经验假定),求出所需受力钢筋面积,并按照构造要求来选择钢筋的直径和根数。另一类是截面复核问题,即构件的截面尺寸、混凝土强度等级、钢筋的级别、数量和配筋方式等都已知,要求复核某一截面是否能够承受某一已知的荷载或内力设计值。

5.4.2.1　截面设计

截面设计时,应满足 $M_u \geqslant M$,为经济起见,一般按 $M_u = M$ 进行计算,实际工程中通常遇到下列情形:已知 M 、混凝土强度等级及钢筋牌号、构件截面尺寸 b 和 h ,求所需的受拉钢筋截面面积 A_s 。

设计步骤如下:

(1)资料整理

根据材料强度等级查出其强度设计值 f_y 、f_c 及系数 α_1 、ξ_b 等资料数据。

（2）计算截面有效高度 $h_0 = h - a_s$

根据环境类别及混凝土强度等级，由附表 10 查得混凝土保护层最小厚度，从而假定 a_s，得 h_0。

由于钢筋直径、数量和排列等未知，故截面受拉区边缘到纵向受拉钢筋合力作用点之间的距离 a_s 也未知，需预先估算。当环境类别为一类时，一般取：

梁的纵向受力钢筋按一排布置时　　$h_0 = h - a_s = h - c - d_v - \dfrac{d}{2}$（$a_s$ 一般可取 40 mm）

梁的纵向受力钢筋按二排布置时　　$h_0 = h - a_s = h - c - d_v - 25 - \dfrac{d}{2}$（$a_s$ 一般可取 65 mm）

对于板　　　　　　　　　　　　$h_0 = h - a_s = h - c - \dfrac{d}{2}$（$a_s$ 一般取 20 mm）

式中　c——保护层厚度，mm；

　　　d——纵筋直径，mm；

　　　d_v——箍筋直径，mm。

（3）确定受压区高度 x

由式（5-17a），解二次方程计算 x，即

$$x = h_0 \left(1 - \sqrt{1 - \frac{2M}{\alpha_1 f_c b h_0^2}} \right) \tag{5-24}$$

（4）验算是否超筋

要求满足 $x \leqslant x_b$。若 $x > x_b$，则要加大截面尺寸（特别是截面高度）后重新计算，当不能加大截面时，则可提高混凝土强度等级或改用双筋矩形截面。

（5）确定钢筋截面面积 A_s

由式（5-16）解得：

$$A_s = \frac{\alpha_1 f_c b x}{f_y} \tag{5-25}$$

（6）验算是否少筋

要求满足 $A_s \geqslant \rho_{min} b h$。若不满足，纵向受拉钢筋应取 $A_s = \rho_{min} b h$。

（7）选配钢筋

根据构造要求选择钢筋直径和根数，并进行布置。选择钢筋时，应使实际的钢筋面积与计算值相近，一般不宜少于计算值。

【例 5-1】 某钢筋混凝土简支梁，梁的截面尺寸 $b \times h = 250 \text{ mm} \times 500 \text{ mm}$，弯矩设计值为 140 kN·m，混凝土等级为 C30，钢筋采用 HRB400 钢筋，环境类别为一类，结构安全等级为二级，设计使用年限 50 年，求所需的受拉钢筋截面面积 A_s。

【解】 （1）资料整理

查表 5-2、表 5-3 和附表 4、附表 7 得：

C30 混凝土　$f_c = 14.3 \text{ N/mm}^2$，$f_t = 1.43 \text{ N/mm}^2$，$\alpha_1 = 1.0$

HRB400　$f_y = 360 \text{ N/mm}^2$，$\xi_b = 0.518$

（2）求有效高度

由附表知：环境类别为一类，可取 $a_s = 40$ mm。则：

$$h_0 = h - a_s = 500 - 40 = 460 \text{ mm}$$

（3）求 x

由式（5-24）得：

$$x = h_0\left(1 - \sqrt{1 - \frac{2M}{\alpha_1 f_c b h_0^2}}\right) = 460\left(1 - \sqrt{1 - \frac{2 \times 140000000}{1.0 \times 14.3 \times 250 \times 460^2}}\right)$$

$$= 94.9 \text{ mm} < x_b = \xi_b h_0 = 0.518 \times 460 = 238.3 \text{ mm}$$

满足要求。

（4）求 A_s

由式（5-25）得：

$$A_s = \frac{\alpha_1 f_c b x}{f_y} = \frac{1.0 \times 14.3 \times 250 \times 94.9}{360} = 943 \text{ mm}^2$$

（5）验算最小配筋

$$\rho_{min} = \max\{0.2\%, 0.45 f_t/f_y\} = \{0.2\%, 0.45 \times 1.43/360\} = \{0.2\%, 0.18\%\} = 0.2\%$$

$$A_s > \rho_{min} bh = 0.002 \times 250 \times 500 = 250 \text{ mm}^2$$

满足要求。

（6）选配钢筋：

选用 4Φ18，实际配筋 $A_s = 1018 \text{ mm}^2 > 943 \text{ mm}^2$。

一排钢筋所需的最小宽度为：

$$b_{min} = 5 \times 25 + 4 \times 18 = 197 \text{ mm} < b = 250 \text{ mm}$$

与原假设相符，不必重算。配筋如图 5-19 所示。

【例 5-2】　某钢筋混凝土简支梁如图 5-20 所示，计算跨度为 $l_0 = 6.6$ m，承受均布荷载，其中永久荷载标准值为 6.6 kN/m（未包括梁自重），可变荷载标准值为 10 kN/m，结构安全等级为二级，环境类别为一类，结构设计使用年限为 50 年，试确定梁的截面尺寸和纵向受力钢筋面积。

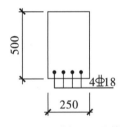

图 5-19　例 5-1 配筋

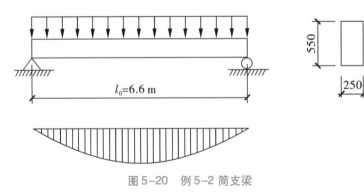

图 5-20　例 5-2 简支梁

【解】 (1)资料整理

选用 HRB400 钢筋作为受拉纵筋,混凝土采用 C25。查表 5-2、表 5-3 和附表 4、附表 7 得:

C25 混凝土 $f_c = 11.9 \text{ N/mm}^2$, $f_t = 1.27 \text{ N/mm}^2$, $\alpha_1 = 1.0$

HRB400 $f_y = 360 \text{ N/mm}^2$, $\xi_b = 0.518$

(2)截面尺寸确定

$$h = \frac{l_0}{12} = \frac{6600}{12} = 550 \text{ mm}, \text{取 } h = 550 \text{ mm}$$

$$b = \frac{h}{2.5} = \frac{550}{2.5} = 220 \text{ mm}, \text{取 } b = 250 \text{ mm}$$

(3)求荷载设计值

钢筋混凝土容重标准为 25 kN/m³(一般实际中尚有抹灰,此处忽略不计),则作用在梁上的总均布荷载设计值为:

采用荷载效应组合时,$\gamma_G = 1.3$, $\gamma_Q = 1.5$

$$q = (6.6 + 0.25 \times 0.55 \times 25) \times 1.3 + 10 \times 1.5 = 28.05 \text{ kN/m}$$

(4)求最大弯矩设计值 M

结构安全等级为二级,结构重要性系数取 $\gamma_0 = 1.0$。

$$M = \frac{1}{8}ql^2 = \frac{1}{8} \times 28.05 \times 6.6^2 = 152.73 \text{ kN·m}$$

(5)求有效高度

查附表 10 知环境类别为一类,可取 $a_s = 40 \text{ mm}$,则:

$$h_0 = h - a_s = 550 - 40 = 510 \text{ mm}$$

(6)求 x

由式(5-24)得:

$$x = h_0\left(1 - \sqrt{1 - \frac{2M}{\alpha_1 f_c b h_0^2}}\right) = 510\left(1 - \sqrt{1 - \frac{2 \times 152730000}{1.0 \times 11.9 \times 250 \times 510^2}}\right) = 113.23 \text{ mm}$$

$$< x_b = \xi_b h_0 = 0.518 \times 510 = 264.2 \text{ mm}$$

满足要求。

(7)求 A_s

由式(5-25)得:

$$A_s = \frac{\alpha_1 f_c b x}{f_y} = \frac{1.0 \times 11.9 \times 250 \times 113.23}{360} = 935.72 \text{ mm}^2$$

(8)验算最小配筋

$$\rho_{min} = \max\{0.2\%, 0.45 f_t/f_y\} = \{0.2\%, 0.45 \times 1.27/360\} = \{0.2\%, 0.16\%\} = 0.2\%$$

$$A_s > \rho_{min} b h = 0.002 \times 250 \times 550 = 275 \text{ mm}^2$$

满足要求。

(9)选配钢筋:

选用 3 ⏁ 20($A_s = 942 \text{ mm}^2 > 935.72 \text{ mm}^2$)。如图 5-21 所示,钢筋间距和保护层等均

满足构造要求。

【例5-3】 如图5-22所示,一单跨简支板,计算跨度为$l_0 =$ 2.4 m,承受的可变荷载标准值$q_k = 3$ kN/m²,混凝土强度等级为 C25,钢筋采用HPB300钢筋,结构安全等级为二级,环境类别为一 类,结构设计使用年限50年,试确定板厚及受拉钢筋截面面积A_s。

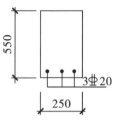

图5-21 配筋截面

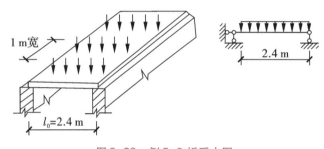

图5-22 例5-3板受力图

【解】 (1)资料整理

查表5-2、表5-3和附表4、附表7得:

C25 混凝土　　　$f_c = 11.9$ N/mm²,$f_t = 1.27$ N/mm²,$\alpha_1 = 1.0$

HPB300 钢筋　　　　　$f_y = 270$ N/mm²,$\xi_b = 0.576$

计算单元选取及板厚的选取:取1 m板宽的板带进行计算并配筋,其余板带均按此配 筋;参照板的构造要求,可假定板厚$h = 80$ mm。

(2)求有效高度h_0

环境类别为一类,混凝土强度等级为C25,由附表10知:混凝土保护层厚15 mm,取 $a_s = 20$ mm,则:

$$h_0 = h - a_s = 80 - 20 = 60 \text{ mm}$$

(3)求荷载设计值

钢筋混凝土容重标准值为25 kN/m³(一般实际中尚有抹灰,此处忽略不计),则作用 在板上的总均布荷载设计值为:

采用荷载效应组合时,$\gamma_G = 1.3$,$\gamma_Q = 1.5$

$$q = 1.3 \times 25 \times 0.08 + 1.5 \times 3 \times 1 = 7.1 \text{ kN/m}$$

(4)求最大弯矩设计值M

结构安全等级为二级,所以结构重要性系数$\gamma_0 = 1.0$。

$$M = \gamma_0 \frac{1}{8} q l_0^2 = 1.0 \times \frac{1}{8} \times 7.1 \times 2.4^2 = 5.112 \text{ kN} \cdot \text{m}$$

(5)求x

由式(5-24)得:

$$x = h_0\left(1 - \sqrt{1 - \frac{2M}{\alpha_1 f_c b h_0^2}}\right) = 60\left(1 - \sqrt{1 - \frac{2 \times 5112000}{1.0 \times 11.9 \times 1000 \times 60^2}}\right) = 7.68 \text{ mm}$$

$$< x_b = \xi_b h_0 = 0.576 \times 60 = 34.6 \text{ mm}$$

满足要求。

（6）求 A_s

由式（5-25）得：

$$A_s = \frac{\alpha_1 f_c b x}{f_y} = \frac{1.0 \times 11.9 \times 1000 \times 7.68}{270} = 338.49 \text{ mm}^2$$

（7）验算最小配筋

$$\rho_{min} = \max\{0.2\%, 0.45 f_t/f_y\} = \{0.2\%, 0.45 \times 1.27/270\} = \{0.2\%, 0.21\%\} = 0.21\%$$

$$A_s > \rho_{min} bh = 0.21\% \times 1000 \times 80 = 168 \text{ mm}^2$$

满足要求。

（8）选配钢筋

查附表 20，选用 Φ8@140（$A_s = 359 \text{ mm}^2$），配筋见图 5-23；垂直于纵向受拉钢筋设置分布钢筋 Φ8@250，其面积为：

$$50.24 \times \frac{1000}{250} = 200.96 > 0.15\% \times b \times h = 0.15\% \times 1000 \times 80 = 120 \text{ mm}^2$$

同时，分布钢筋面积满足不宜小于受力钢筋面积 0.15% 的要求。

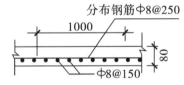

图 5-23　例 5-3 板配筋

5.4.2.2　截面复核

已知 M、b、h、A_s 及混凝土强度等级及钢筋牌号，求 M_u。

复核步骤：

（1）验算是否满足最小配筋

要求满足 $A_s \geq \rho_{min} bh$，若不满足，则按 $A_s = \rho_{min} bh$ 配筋或修改截面重新设计。

（2）确定受压区高度 x

由下式求 x：

$$x = \frac{f_y A_s}{\alpha_1 f_c b} \tag{5-26}$$

（3）验算是否超筋

若 $x \leq x_b$，为适筋构件；若 $x > x_b$，为超筋构件，取 $x = x_b$ 计算。

（4）求 M_u

将 x 代入式（5-17）即可求 M_u：

$$M_u = \alpha_1 f_c bx\left(h_0 - \frac{x}{2}\right)$$

或

$$M_u = f_y A_s\left(h_0 - \frac{x}{2}\right)$$

当 $M_u \geq M$ 时,认为截面受弯承载力满足要求,否则认为不安全。但若 M_u 大于 M 过多,则认为该截面设计不经济。

【例5-4】 已知梁的截面尺寸梁 $b \times h = 250 \text{ mm} \times 600 \text{ mm}$,混凝土强度等级为 C30,纵向受拉钢筋采用 HRB400,配置两层钢筋,靠近截面边缘一层配置 3 Φ 25 的钢筋,第二层配置 2 Φ 25 的钢筋,环境类别为一类,弯矩设计值为 $M = 360 \text{ kN} \cdot \text{m}$,试验算梁正截面受弯承载力是否满足要求。

【解】 (1)资料整理

查表 5-2、表 5-3 和附表 4、附表 7 得:

C30 混凝土 $f_c = 14.3 \text{ N/mm}^2$,$f_t = 1.43 \text{ N/mm}^2$,$\alpha_1 = 1.0$

HRB400 $f_y = 360 \text{ N/mm}^2$,$\xi_b = 0.518$

环境类别为一类,两层布筋,则:

$$h_0 = h - a_s = 600 - 65 = 535 \text{ mm}$$

5 Φ 25 $\qquad A_s = 5 \times 490.9 = 2454.5 \text{ mm}^2$

(2)验算是否满足最小配筋

$$\rho_{min} = \max\{0.2\%, 0.45 f_t/f_y\} = \{0.2\%, 0.45 \times 1.43/360\} = \{0.2\%, 0.18\%\} = 0.2\%$$

$$A_s > \rho_{min} bh = 0.002 \times 250 \times 600 = 300 \text{ mm}^2$$

(3)确定受压区高度 x

由公式(5-26)求 x:

$$x = \frac{f_y A_s}{\alpha_1 f_c b} = \frac{360 \times 5 \times 490.9}{1 \times 14.3 \times 250} = 247 \text{ mm}$$

(4)验算是否超筋

若 $x < x_b = \xi_b h_0 = 0.518 \times 540 = 280 \text{ mm}$,为适筋构件。

(5)求 M_u

$$M_u = \alpha_1 f_c bx\left(h_0 - \frac{x}{2}\right) = 14.3 \times 250 \times 247 \times \left(540 - \frac{247}{2}\right)$$

$$= 368 \times 10^6 \text{ N} \cdot \text{mm} = 368 \text{ kN} \cdot \text{m} > M$$

承载力满足要求。

5.4.2.3 计算表格的制作及应用

按式(5-16)和式(5-17)计算时,一般需联立解二次方程组,为了实际应用方便,可将计算公式制成表格,简化计算。将 $x = \xi h_0$ 代入式(5-17a)和式(5-17b)得:

$$M_u = \alpha_1 f_c bh_0^2 \xi\left(1 - \frac{\xi}{2}\right)$$

$$M_u = f_y A_s h_0 (1 - \frac{\xi}{2})$$

令：

$$\alpha_s = \xi(1 - \frac{\xi}{2}) \tag{5-27}$$

$$\gamma_s = 1 - \frac{\xi}{2} \tag{5-28}$$

由式(5-17)可知：

$$M_u = \alpha_s \alpha_1 f_c b h_0^2 \tag{5-29}$$

$$M_u = f_y A_s h_0 \gamma_s \tag{5-30}$$

α_s 称为截面抵抗矩系数，相当于均质弹性体矩形梁抵抗矩 W 的系数 $1/6$；γ_s 称为内力臂系数，代表力臂 z 与 h_0 的比值（$\frac{z}{h_0}$）。式(5-27)和式(5-28)表明，ξ 与 α_s 和 γ_s 之间存在一一对应的关系，因此可以将不同的 α_s 所对应的 ξ 和 γ_s 计算出来，列成表格，这就是受弯构件正截面承载力的计算表格（附表 15）。设计时查用此表，可避免解二次联立方程组，简化计算。

当查表不方便或需要插值计算时，也可直接按下式计算：

$$\xi = 1 - \sqrt{1 - 2\alpha_s} \tag{5-31}$$

$$\gamma_s = \frac{1 + \sqrt{1 - 2\alpha_s}}{2} \tag{5-32}$$

【例5-5】　某实验楼一楼面梁的尺寸为 $b \times h = 250 \text{ mm} \times 500 \text{ mm}$，跨中最大弯矩设计值为 $M = 177 \text{ kN·m}$，混凝土强度等级为 C30，纵向受力钢筋采用 HRB400，环境类别为一类，结构安全等级为二级，结构设计使用年限为 50 年，求所需的纵向受力钢筋的面积。

【解】　**方法一：**

先假定受力钢筋按一排布置，则

$$h_0 = h - a_s = 500 - 40 = 460 \text{ mm}$$

查表5-2、表5-3和附表4、附表7得：

$$f_c = 14.3 \text{ N/mm}^2, \ f_y = 360 \text{ N/mm}^2, \ \alpha_1 = 1.0, \ \xi_b = 0.518$$

由式(5-29)得：

$$\alpha_s = \frac{M}{\alpha_1 f_c b h_0^2} = \frac{177 \times 10^6}{1.0 \times 14.3 \times 250 \times 460^2} = 0.234$$

由附表15查得相应的 ξ 值为：

$$\xi = 0.27 < \xi_b = 0.518$$

所需纵向受拉钢筋面积为：

$$A_s = \xi b h_0 \frac{\alpha_1 f_c}{f_y} = 0.27 \times 250 \times 460 \times \frac{14.3}{360} = 1233 \text{ mm}^2$$

选用 4 $\underline{\Phi}$ 20（$A_s = 1257 \text{ mm}^2$），一排可以布置得下，因此不必修改 h_0 重新计算 A_s 值。

方法二：

如前所述，求得 $\alpha_s = 0.234 < \alpha_{sb}$。

查附表 15 得 $\gamma_s = 0.865$。

由式(5-30)可求出所需纵向受力钢筋的截面面积为：

$$A_s = \frac{M}{f_y \gamma_s h_0} = \frac{177 \times 10^6}{360 \times 0.865 \times 460} = 1235 \text{ mm}^2$$

利用两个附表计算的结果几乎相同，因此以后只需要选用其中的一个表格进行计算便可。由本例可看出，利用表格进行计算，比利用静力平衡公式计算要简便得多。

5.4.2.4 计算程序框图

单筋矩形截面的截面设计和截面复核可以用图 5-24 的计算程序框图表示，按照这个框图编写相应的程序，可大大简化计算工作。

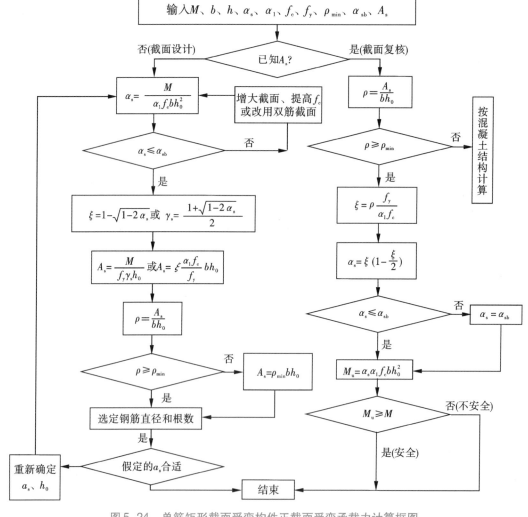

图 5-24   单筋矩形截面受弯构件正截面受弯承载力计算框图

5.4.3　受弯构件的构造要求
Detailing Requirements of Flexural Members

5.4.3.1　梁的构造要求

（1）截面尺寸

梁的截面尺寸取决于构件的跨度、荷载大小以及建筑设计的要求等因素。根据工程经验，为满足正常使用极限状态等的要求（如梁的挠度不能过大），其截面尺寸可参照如下规定：

1）梁高与跨度之比 h/l_0 称为高跨比，l_0 为梁的计算跨度。其中对于独立梁或肋形楼盖梁的主梁 h/l_0 取 1/8 ~ 1/12（简支）或 1/8 ~ 1/14（两端连续），悬臂梁取 1/6；对于肋形楼盖梁的次梁取 1/10 ~ 1/18（简支）或 1/20 ~ 1/12（两端连续），悬臂梁取 1/8。当梁的跨度超过 9 m 时，以上数值宜乘以 1.2。

2）矩形截面梁的高宽比 h/b 一般取 2.0 ~ 3.5；T 形截面梁的 h/b 一般取 2.5 ~ 4.0（此处 b 为梁肋宽）；为了便于施工和符合模板尺寸，梁常用的宽度为 120 mm、150 mm、180 mm、200 mm、220 mm、250 mm，其后按 50 模数递增。

3）梁的高度可取 h = 250 mm、300 mm、350 mm、…、750 mm、800 mm、900 mm、1000 mm 等尺寸。800 mm 以下的级差为 50 mm，以上为 100 mm。

（2）混凝土强度等级

梁常用的混凝土强度等级为 C25、C30，一般不超过 C40。这是为了防止混凝土收缩大，同时提高混凝土强度等级对增大受弯构件正截面受弯承载力的作用不显著。

（3）混凝土保护层厚度

如图 5-25 所示，混凝土保护层厚度是指最外层钢筋（包括箍筋、构造钢筋、分布钢筋等）的外表面到截面边缘的距离，一般用 c 表示。为了保证混凝土的耐久性、耐火性以及钢筋与混凝土之间的黏结性能，考虑构件种类、环境类别等因素，《混凝土结构设计规范》规定了最外层钢筋的保护层最小厚度应符合附表 10 的要求。另外，受力钢筋的保护层厚度不应小于受力钢筋的直径。

（4）配筋构造

1）纵向受力钢筋。

梁中纵向受力钢筋应采用 HRB400、HRB500、HRBF400、HRBF500 钢筋。为使钢筋骨架有较好的刚度以便于施工，纵向钢筋不宜过细，同时为避免裂缝过宽，钢筋也不能过粗。常用直径为 12 mm、14 mm、16 mm、18 mm、20 mm、22 mm 和 25 mm。根数不应少于 2 根，跨度较大的梁一般不宜少于 3 ~ 4 根；但为便于浇筑混凝土，根数也不宜过多。纵向受力钢筋的直径，当梁高为 300 mm 及以上时，不应小于 10 mm；当梁高小于 300 mm 时，不应小于 8 mm。

梁内受力钢筋的直径宜尽可能相同，若采用两种不同直径的钢筋，钢筋直径相差至少 2 mm，以便于在施工中能用肉眼识别，同时直径相差也不宜超过 6 mm，以免钢筋的受力不均匀。

为了便于浇注混凝土,保证钢筋与混凝土之间的黏结以及钢筋周围混凝土的密实性,纵筋的净间距以及钢筋的最小保护层厚度应满足图 5-25 的要求,图中钢筋直径为钢筋的最大直径。

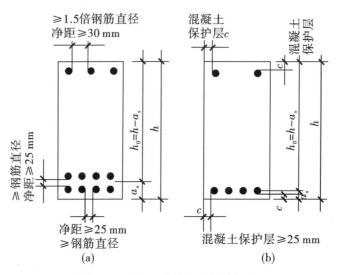

图 5-25　净距、保护层及有效高度

为了满足这些要求,梁的纵向受力钢筋有时须放置两层,甚至还有多于两层的;上、下钢筋应对齐,不能错开,以便于混凝土的浇注。当梁的下部钢筋多于两层时,从第三层起,钢筋水平方向中距比下面两层的中距增大一倍。

2)架立筋。

架立钢筋设置在梁的受压区,其作用是固定箍筋,并与纵向受力筋形成钢筋骨架,同时,还承受混凝土收缩和温度变化所产生的内应力。对于单筋矩形截面梁,当梁的跨度小于 4 m 时,架立钢筋直径不宜小于 8 mm;当梁的跨度为 4~6 m 时,不应小于 10 mm;当梁的跨度大于 6 m 时,不宜小于 12 mm。

3)纵向构造钢筋。

又称腰筋,设置在梁的两个侧面,用以增强梁内钢筋骨架的刚性,增强梁的抗扭能力,防止梁中部因混凝土收缩和温度变化而产生的侧面开裂。当梁扣除翼缘厚度的截面高度大于或等于 450 mm 时,在梁的两侧应沿高度配置纵向构造钢筋,每侧纵向构造钢筋(不包括受力钢筋和架立钢筋)的截面面积不应小于扣除翼缘厚度后的梁截面面积的 0.1%;但当梁较大时可以适当放松。纵向构造钢筋的间距不宜大于 200 mm,直径为 10~14 mm。

对钢筋混凝土薄腹梁或需做疲劳验算的钢筋混凝土梁,应在下部 1/2 梁高的腹板内沿两侧配置直径为 8~14 mm、间距为 100~150 mm 的纵向构造钢筋,并应按下密上疏的方式布置。在上部 1/2 梁高的腹板内,纵向构造钢筋按上述普通梁放置。

4）并筋。

当梁内纵筋过多时,宜采用并筋的配筋形式,如图 5-26 所示。通过将不超过 3 根的纵向钢筋集中放置,这样在一层中可放置更多的钢筋,尽量减少两层或者三层布筋的可能性,增加截面有效高度;同时,在钢筋的连接上,由于并筋本身可以分开连接,避免了大直径钢筋即使单根连接就导致连接率很大的情况,可以提高钢筋连接的可靠度。并筋的锚固长度或者搭接长度要比单根钢筋长,为了简化,规范把并筋等效成同面积的单根钢筋来考虑。并筋设置时对钢筋间距、保护层厚度、裂缝宽度验算、搭接接头面积百分率等要求均按相同截面积等效后的公称直径要求。

图 5-26　并筋布置形式

5.4.3.2　板的构造要求

（1）板的厚度

板厚除满足承载力和使用功能外,尚应考虑钢筋锚固和耐久性等因素的影响。设计中选用的厚度可根据板的跨厚比确定,跨厚比应符合下列规定:钢筋混凝土单向板不大于 30,双向板不大于 40;无梁支承的有柱帽板不大于 35,无梁支承的无柱帽板不大于 30。预应力板可适当增加;当板的荷载、跨度较大时宜适当减小。现浇钢筋混凝土板的厚度不应小于表 5-7 的要求。

表 5-7　现浇钢筋混凝土板的最小厚度

板的类别		最小厚度/mm
单向板	屋面板	60
	民用建筑楼板	60
	工业建筑楼板	70
	行车道下的楼板	80
双向板		80
密肋楼盖	面板	50
	肋高	250
悬臂板（根部）	悬臂长度不大于 500 mm	60
	悬臂长度 1200 mm	100
无梁楼板		150
现浇空心楼盖		200

（2）混凝土强度等级

板常用的混凝土强度等级为 C25、C30、C35、C40 等。

（3）混凝土保护层厚度

由于板中配置的钢筋直径较小,仅从保证钢筋的黏结锚固而言,板的保护层厚度可以适当减小一些,具体见附表 10,由表可知板的混凝土最小保护层厚度是 15 mm 。

(4)板的配筋

板内钢筋一般有纵向受力钢筋与分布钢筋两种。受力钢筋在沿板的跨度方向截面受拉一侧布置,其截面面积由计算确定;分布钢筋垂直于板的受力钢筋方向,并在受力钢筋的内侧按构造要求配置。

1)纵向受力钢筋:

板的纵向受力钢筋宜采用 HRB400、HRB500、HRBF400、HRBF500 钢筋,也可采用 HPB300、HRB335、RRB400 钢筋;常用直径是 6 mm、8 mm、10 mm 和 12 mm,当板较厚时,可采用 14～18 mm,以防止钢筋施工时被踩下。

为了便于浇注混凝土,保证钢筋周围混凝土的密实性,板内钢筋间距不宜太密;为了正常地分担内力,也不宜过稀。钢筋的间距一般为 70～200 mm;当板厚 h 不大于 150 mm 时,不宜大于 200 mm;当板厚 h 大于 150 mm 时,不宜大于板厚的 1.5 倍,且不宜大于 250 mm。

2)分布钢筋:

当按单向板设计时,除沿受力方向布置受力钢筋外,还应在垂直受力方向布置分布钢筋。分布钢筋与受力钢筋绑扎或焊接在一起,形成钢筋骨架。分布钢筋的作用是:将板面上的荷载更均匀地分布给受力钢筋,施工过程中固定受力钢筋的位置,以及抵抗温度和混凝土的收缩应力等。分布钢筋宜采用 HPB300、HRB335 钢筋,常用直径是 6 mm 和 8 mm。单位长度上分布钢筋的截面面积不宜小于单位宽度上受力钢筋截面面积的 15%,且配筋率不宜小于 0.15%,分布钢筋的间距不宜大于 250 mm,直径不宜小于 6 mm。当温度变化较大或集中荷载较大时,分布钢筋的面积应适当增加,其间距不宜大于 200 mm。

按简支边或非受力边设计的现浇混凝土板,当与混凝土梁、墙整体浇筑或嵌固在砌体墙内时,应设置板面构造钢筋,其直径不宜小于 8 mm,间距不宜大于 200 mm。

5.5 双筋矩形截面受弯构件正截面承载力计算
Calculation of Normal Section Bearing Capacity of Flexural Members with Doubly Reinforced Rectangular Section

5.5.1 概述
Introduction

如前所述,在单筋截面梁中,只在截面的受拉区配置受力钢筋,受压区仅按照构造要求配置一定数量的纵向架立钢筋,需要强调的是,这里的架立钢筋对正截面受弯承载力的影响在计算中可以忽略不计。如果在受压区配置的纵向受力钢筋比较多,受压钢筋不仅起架立作用,而且还可以考虑其对正截面受弯承载力贡献时,此时的配筋截面称为双筋截面。一般来说,利用受压钢筋来帮助混凝土承受压力是不经济的,所以应尽量少用,但在以下情况下可以采用:

1)弯矩很大,采用单筋截面将引起超筋,而梁的截面尺寸和混凝土的强度等级由于某种原因受到限制。

2)结构或构件承受某种交变作用(如地震作用),使截面上的弯矩改变方向。

3)结构或构件的截面由于某种原因,在受压区已配置受压钢筋(如连续梁的支座截面的底部)。

4)为了提高构件的抗震性能或结构在长期荷载作用下抵抗变形的能力。

此外,双筋矩形截面受弯构件中的受压钢筋还可以提高截面延性、抗裂性等。

5.5.2　受压钢筋抗压强度的取值
The Value of Compressive Strength of Compression Reinforcement

试验表明,双筋截面梁破坏时的受力特点和破坏特征基本上与单筋截面梁类似,其区别在于受压区配有纵向受压钢筋,因此在建立双筋矩形截面承载力计算公式时,受压区混凝土仍可采用等效矩形应力图形,其应力值取 $\alpha_1 f_c$,而问题是受压钢筋的应力值 σ_s' 尚待确定。

受压钢筋应力 σ_s' 能否达到屈服强度,取决于受压钢筋所能达到的压应变值 ε_s'。由平截面假定及图 5-27,双筋矩形截面达到承载力极限状态时受压钢筋的压应变为:

$$\varepsilon_s' = \frac{x_c - a_s'}{x_c}\varepsilon_{cu} = \left(1 - \frac{a_s'}{\dfrac{x}{\beta_1}}\right)\varepsilon_{cu} = \left(1 - \frac{\beta_1 a_s'}{x}\right)\varepsilon_{cu} \tag{5-33}$$

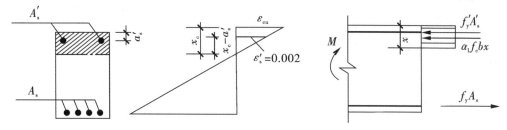

图 5-27　双筋截面的应变及应力分布图

若取 $x = 2a_s'$,$\varepsilon_{cu} \approx 0.0033$,$\beta \approx 0.8$,则受压钢筋应变为 $\varepsilon_s' = 0.002$,相应的受压钢筋应力为:

$$\sigma_s' = E_s'\varepsilon_s' = (2.00 \sim 2.10) \times 10^5 \times 0.002 = 400 \sim 420 \text{ MPa}$$

由于构件混凝土受到箍筋的约束,实际极限压应变大,受压钢筋可达到较高强度。对于我国常用的有屈服点的普通钢筋,其应力都能达到强度设计值。由上述分析可知,受压钢筋应力达到屈服强度的充分条件是:

$$x \geqslant 2a_s' \tag{5-34}$$

其含义为受压钢筋位置应不低于矩形应力图中受压区的重心。若不满足上式时,则表明受压钢筋离中和轴近,受压钢筋的压应变 ε_s' 过小,致使 σ_s' 达不到 f_y'。

纵向受压钢筋受压时可能被压曲而向外凸起,造成保护层剥落甚至使受压混凝土过早发生脆性破坏,这样受压钢筋的强度就得不到充分发挥。为了避免发生受压钢筋压屈失稳,且能充分利用材料强度,《混凝土结构设计规范》规定,当梁中配有按计算需要的纵向受压钢筋时,箍筋应做成封闭式,且弯钩直线段长度不应小于 5 倍箍筋直径;此时,箍筋间距不应大于 15d(d 为受压钢筋的最小直径),并不应大于 400 mm。当一层内的纵向受压钢筋多于 5 根且直径大于 18 mm 时,箍筋间距不应大于 10d 。当梁的宽度大于 400 mm 且一层内的纵向受压钢筋多于 3 根时,或者当梁的宽度不大于 400 mm 但一层内的纵向受压钢筋多于 4 根时,应设置复合箍筋。

5.5.3 基本公式及适用条件
Basic Formulas and Applicable Conditions

5.5.3.1 基本公式

双筋矩形截面受弯构件正截面受弯承载力的截面计算简图如图 5-28 所示。

由力的平衡条件 $\sum X = 0$,可得:

$$\alpha_1 f_c bx + f_y' A_s' = f_y A_s \tag{5-35}$$

由力矩平衡条件,对受拉钢筋合力作用点取矩 $\sum M_s = 0$,可得:

$$M \leq M_u = \alpha_1 f_c bx \left(h_0 - \frac{x}{2} \right) + f_y' A_s' (h_0 - a_s') \tag{5-36}$$

双筋矩形截面的受弯承载力 M_u 也可分解成两部分来考虑:第一部分是由混凝土和其相应的一部分受拉钢筋 A_{s1} 所形成的承载力设计值 M_{u1} ,相当于单筋矩形截面的承载力;第二部分是受压钢筋和其相应的另外一部分受拉钢筋 A_{s2} 所形成的承载力设计值 M_{u2} 。

由图 5-28 知:

对于第一部分

$$\alpha_1 f_c bx = f_y A_{s1} \tag{5-37}$$

$$M_{u1} = \alpha_1 f_c bx \left(h_0 - \frac{x}{2} \right) \tag{5-38}$$

对于第二部分

$$f_y' A_s' = f_y A_{s2} \tag{5-39}$$

$$M_{u2} = f_y' A_s' (h_0 - a_s') \tag{5-40}$$

叠加得

$$M_u = M_{u1} + M_{u2} \tag{5-41}$$

$$A_s = A_{s1} + A_{s2} \tag{5-42}$$

5.5.3.2 适用条件

1)为了防止出现超筋破坏,应满足下列条件之一:

$$\xi \leq \xi_b \tag{5-43}$$

$$x \leq \xi_b h_0 \tag{5-44}$$

$$\frac{A_{s1}}{bh_0} \leq \rho_{max} = \xi_b \frac{\alpha_1 f_c}{f_y} \tag{5-45}$$

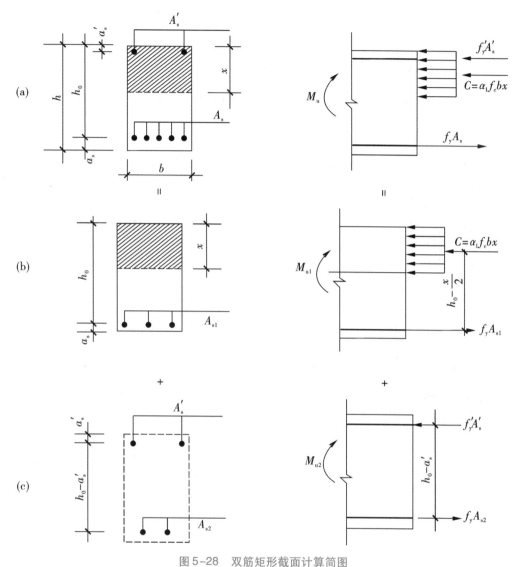

图 5-28　双筋矩形截面计算简图

$$M_1 \leqslant \alpha_{sb}\alpha_1 f_c b h_0^2 \tag{5-46}$$

2）为保证受压区钢筋达到抗压设计强度，应满足：

$$x \geqslant 2a'_s \tag{5-47}$$

当条件 2）不满足时，受压钢筋应力还未达到受压屈服强度 f'_y，此时由于混凝土压应力合力点与受压钢筋合力点之间的距离很小，可忽略混凝土压应力合力对受压钢筋合力点的矩，于是对受压钢筋的合力作用点取矩，则可得到正截面受弯承载力计算公式：

$$M_u = f_y A_s (h_0 - a'_s) \tag{5-48}$$

值得注意的是，按上式求得的 A_s 可能比不考虑受压钢筋而按单筋矩形截面计算的 A_s 还大，这时应按单筋矩形截面的计算结果配筋。另外，在双筋截面计算中，可不进行最小配筋验算。

5.5.4　基本公式的应用
Applications of Basic Formulas

双筋矩形截面受弯构件正截面承载力计算包括截面设计和截面复核两类问题。

5.5.4.1　截面设计

双筋矩形截面受弯构件正截面的截面设计中,一般是受拉、受压钢筋 A_s 和 A'_s 均未知,都需要确定,此为情形 Ⅰ。而有时由于构造等原因,受压钢筋截面面积 A'_s 已知,只要求确定受拉钢筋的截面面积 A_s ,此为情形 Ⅱ。

情形 Ⅰ: 已知截面的弯矩设计值 M 、混凝土强度等级及钢筋牌号、构件截面尺寸 $b \times h$,求所需的受拉钢筋截面面积 A_s 和受压钢筋截面面积 A'_s 。

具体步骤:

1)验算是否有必要采用双筋截面。

若满足下列条件可按单筋截面设计:

$$M \leqslant M_{umax} = \alpha_1 f_c b h_0^2 \xi_b (1 - 0.5\xi_b) = \alpha_{sb} \alpha_1 f_c b h_0^2$$

否则可设计成双筋截面。

2)计算 A'_s 。

若按双筋截面设计,两个方程却有三个未知数,无法求解。为了充分发挥受压区混凝土的作用,减少钢筋总用量,并考虑设计方便,可取 $\xi = \xi_b$,即令 $x = \xi_b h_0$,将此式代入式(5-36)求得:

$$A'_s = \frac{M - \alpha_1 f_c b h_0^2 \xi_b (1 - 0.5\xi_b)}{f'_y (h_0 - a'_s)} = \frac{M - \alpha_{sb} \alpha_1 f_c b h_0^2}{f'_y (h_0 - a'_s)} \tag{5-49}$$

若 $A'_s < \rho'_{min} bh$,则取 $A'_s = \rho'_{min} bh$ 。

3)计算 A_s 。

取 $x = \xi_b h_0$,由式(5-35)可得:

$$A_s = A'_s \frac{f'_y}{f_y} + \xi_b \frac{\alpha_1 f_c b h_0}{f_y} \tag{5-50}$$

一般地, $f_y = f'_y$,则

$$A_s = A'_s + \xi_b \frac{\alpha_1 f_c b h_0}{f_y} \tag{5-51}$$

若 $A_s < \rho_{min} bh$,则取 $A_s = \rho_{min} bh$ 。

4)选筋。

【例5-6】 已知矩形截面梁的截面尺寸为 $b \times h = 250 \text{ mm} \times 450 \text{ mm}$,最大弯矩设计值为 $M = 260 \text{ kN} \cdot \text{m}$,混凝土强度等级为 C30,纵向受力钢筋采用 HRB400,该梁处于一类环境,不改变截面尺寸和混凝土的强度等级,求所需的纵向受力钢筋的面积。

【解】 (1)资料整理

查表5-2、表5-3和附表4、附表7得:

C30 混凝土　$f_c = 14.3 \text{ N/mm}^2$，$\alpha_1 = 1.0$

HRB400 钢筋　$f_y = f_y' = 360 \text{ N/mm}^2$，$\xi_b = 0.518$

因环境类别为一类且弯矩较大，预计排成两排，取 $a_s = 65 \text{ mm}$，$a_s' = 35 \text{ mm}$，则

$$h_0 = h - a_s = 450 - 65 = 385 \text{ mm}$$

(2)验算是否有必要采用双筋截面

$$
\begin{aligned}
M_{\text{umax}} &= \alpha_1 f_c b h_0^2 \xi_b (1 - 0.5\xi_b) \\
&= 1.0 \times 14.3 \times 250 \times 385^2 \times 0.518 \times (1 - 0.5 \times 0.518) \\
&= 203.4 \text{ kN} \cdot \text{m}
\end{aligned}
$$

$$M_{\text{umax}} < M = 260 \text{ kN} \cdot \text{m}$$

说明如果设计成单筋矩形截面，则是超筋梁，是不安全的。截面尺寸和混凝土的强度等级不能改变，需在受压区配置受压钢筋，设计成双筋矩形截面。

(3)计算 A_s'

$$A_s' = \frac{M - M_{\text{umax}}}{f_y'(h_0 - a_s')} = \frac{(260 - 203.4) \times 10^6}{360 \times (385 - 35)} = 449 \text{ mm}^2$$

(4)计算 A_s

$$A_s = \xi_b \frac{\alpha_1 f_c b h_0}{f_y} + A_s' \frac{f_y'}{f_y} = 0.518 \times \frac{1.0 \times 14.3 \times 250 \times 385}{360} + 449 \times \frac{360}{360} = 2429 \text{ mm}^2$$

(5)选筋

受拉钢筋选用 5 Φ 25 钢筋（$A_s = 2454 \text{ mm}^2$），受压钢筋选用 3 Φ 14 钢筋（$A_s = 462 \text{ mm}^2$）。

情形Ⅱ：已知某截面弯矩设计值 M、混凝土强度等级及钢筋牌号、截面尺寸 $b \times h$ 以及受压钢筋截面面积 A_s'，求构件所需的受拉钢筋截面面积 A_s。

此时只有 A_s 和 x 两个未知数，利用式(5-35)和式(5-36)即可直接求解。如图 5-28 所示，相应地 M_u 也可分解成两部分来考虑：第一部分是由混凝土和其相应的一部分受拉钢筋 A_{s1} 所形成的承载力设计值 M_{u1}，相当于单筋矩形截面的承载力；第二部分是受压钢筋和其相应的另外一部分受拉钢筋 A_{s2} 所形成的承载力设计值 M_{u2}。

1)求 M_{u2}。

由公式(5-40)可得：

$$M_{u2} = f_y' A_s' (h_0 - a_s') \tag{5-52}$$

2)求 M_{u1}。

由公式(5-41)可得：

$$M_{u1} = M_u - M_{u2} \tag{5-53}$$

3)求 A_{s1}。

由公式(5-38)求 x，若 $2a_s' \leqslant x \leqslant \xi_b h_0$，将其代入式(5-37)可得：

$$A_{s1} = \frac{\alpha_1 f_c b x}{f_y} \tag{5-54}$$

4)求 A_{s2}。

由公式(5-39)可得：

$$A_{s2} = \frac{f'_y}{f_y}A'_s \qquad\qquad (5-55)$$

5）求 A_s。

$$A_s = A_{s1} + A_{s2} \qquad\qquad (5-56)$$

为避免联立求解方程，也可利用表格计算，其方法简单介绍如下：

$$M_u = M_{u1} + M_{u2}$$

其中

$$M_{u2} = f'_y A'_s (h_0 - a'_s)$$

$$M_{u1} = M_u - M_{u2} = \alpha_1 f_c b x \left(h_0 - \frac{x}{2}\right) = \alpha_s \alpha_1 f_c b h_0^2 = \gamma_s h_0 f_y A_{s1} \qquad (5-57)$$

和单筋梁计算一样，根据式(5-57)确定 α_s，若 $\alpha_s \leqslant \alpha_{sb}$ ，查表格可知相应的 γ_s ，从而确定 A_{s1} ：

$$A_{s1} = \frac{M_{u1}}{f_y \gamma_s h_0} = \frac{M_u - M_{u2}}{f_y \gamma_s h_0} \qquad\qquad (5-58)$$

而由式(5-55)可知：

$$A_{s2} = A'_s \frac{f'_y}{f_y}$$

即

$$A_s = A_{s1} + A_{s2} = \frac{M_u - M_{u2}}{f_y \gamma_s h_0} + A'_s \frac{f'_y}{f_y} \qquad\qquad (5-59)$$

求 A_{s1} 时应注意：

①若 $x > x_b$（或 $\alpha_s > \alpha_{sb}$），说明给定的 A'_s 不足，应按情形 I 重新计算 A_s 和 A'_s。

②若求得的 $x < 2a'_s$ ，应按式(5-48)计算受拉钢筋截面面积 A_s。

③当 a'_s/h_0 较大，$\alpha_s = \dfrac{M}{\alpha_1 f_c b h_0^2} < 2\dfrac{a'_s}{h_0}\left(1 - \dfrac{a'_s}{h_0}\right)$ 时，按单筋计算的 A_s 有可能比按式(5-48)求出的 A_s 要小，这时应按单筋梁确定受拉钢筋截面面积 A_s ，以便节约钢材。

【例 5-7】　已知矩形截面梁的截面尺寸为 $b \times h = 250\ \text{mm} \times 500\ \text{mm}$ ，弯矩设计值为 $M = 257\ \text{kN} \cdot \text{m}$ ，混凝土强度等级为 C30，纵向受力钢筋采用 HRB400，该梁处于一类环境，已知受压区已配置 3⊕16 钢筋（ $A'_s = 603\ \text{mm}^2$ ），求纵向受拉钢筋的面积 A_s。

【解】　(1) 资料整理

查表 5-2、表 5-3 和附表 4、附表 7 得：

C30 混凝土　$f_c = 14.3\ \text{N/mm}^2$ ，$\alpha_1 = 1.0$

HRB400　$f_y = f'_y = 360\ \text{N/mm}^2$ ，$\xi_b = 0.518$

因环境类别为一类且弯矩较大，预计排成两排，设 $a_s = 65\ \text{mm}$ ，$a'_s = 35\ \text{mm}$ ，则：

$$h_0 = h - a_s = 500 - 65 = 435\ \text{mm}$$

(2) 求 M_{u2}

$$M_{u2} = f'_y A'_s (h_0 - a'_s) = 360 \times 603 \times (435 - 35) = 86.8\ \text{kN} \cdot \text{m}$$

(3) 求 M_{u1}

$$M_{u1} = M - M_{u2} = 257 - 86.8 = 170.2\ \text{kN} \cdot \text{m}$$

（4）求 A_{s1}

$$x = h_0\left(1 - \sqrt{1 - \frac{2M_{u1}}{\alpha_1 f_c b h_0^2}}\right)$$

$$= 435\left(1 - \sqrt{1 - \frac{2 \times 170200000}{1.0 \times 14.3 \times 250 \times 435^2}}\right) = 128 \text{ mm} > 2a'_s = 2 \times 35 = 70 \text{ mm}$$

且　　　　　　　　　$x < \xi_b h_0 = 0.518 \times 435 = 225 \text{ mm}$

所以　　　　　　　$A_{s1} = \frac{\alpha_1 f_c b x}{f_y} = \frac{1.0 \times 14.3 \times 250 \times 128}{360} = 1271 \text{ mm}^2$

（5）求 A_{s2}

$$A_{s2} = A'_s\frac{f'_y}{f_y} = \frac{603 \times 360}{360} = 603 \text{ mm}^2$$

（6）求 A_s

$$A_s = A_{s1} + A_{s2} = 1271 + 603 = 1874 \text{ mm}^2$$

（7）选筋

选配 6 Φ 20 钢筋（ $A_s = 1884 \text{ mm}^2$），分两层布置。

【例 5-8】　已知矩形截面梁尺寸为 $b \times h = 300 \text{ mm} \times 600 \text{ mm}$，混凝土强度等级为 C30，纵向受力钢筋采用 HRB400，在受压区配置 2 Φ 14 mm（ $A'_s = 308 \text{ mm}^2$）钢筋，梁承受的弯矩设计值 $M = 160 \text{ kN} \cdot \text{m}$，求受拉钢筋的截面面积 A_s。

【解】　（1）资料整理

查表 5-2、表 5-3 和附表 4、附表 7 得：

C30 混凝土　$f_c = 14.3 \text{ N/mm}^2$，$\alpha_1 = 1.0$

HRB400　$f_y = f'_y = 360 \text{ N/mm}^2$，$\xi_b = 0.518$

钢筋排成一排，设 $a_s = 40 \text{ mm}$，$a'_s = 35 \text{ mm}$，则：

$$h_0 = h - a_s = 600 - 40 = 560 \text{ mm}$$

（2）求 M_{u2}

$$M_{u2} = f'_y A'_s(h_0 - a'_s) = 360 \times 308 \times (560 - 35) = 58.2 \text{ kN} \cdot \text{m}$$

（3）求 M_{u1}

$$M_{u1} = M - M_{u2} = 160 - 58.2 = 101.8 \text{ kN} \cdot \text{m}$$

（4）求 A_s

$$\alpha_s = \frac{M_{u1}}{\alpha_1 f_c b h_0^2} = \frac{101.8 \times 10^6}{1 \times 14.3 \times 300 \times 560^2} = 0.076$$

$$\xi = 1 - \sqrt{1 - 2\alpha_s} = 1 - \sqrt{1 - 2 \times 0.076} = 0.079 < \xi_b$$

$$x = 0.079 \times 560 = 44.2 \text{ mm} < 2a'_s = 70 \text{ mm}$$

则 A_s 可用式（5-48）直接求得

$$A_s = \frac{M}{f_y(h_0 - a'_s)} = \frac{160 \times 10^6}{360 \times (560 - 35)} = 847 \text{ mm}^2$$

（5）选筋

选配 3 Φ20 钢筋，$A_s = 942 \text{ mm}^2$。

5.5.4.2 截面复核

已知截面弯矩设计值 M，截面尺寸 $b \times h$，混凝土强度等级及钢筋牌号，受拉钢筋 A_s 和受压钢筋 A_s'，求正截面受弯承载力 M_u 是否足够。

复核步骤：

1）按式（5-35）求受压区高度 x。

2）求 M_u。

①若 $2a_s' < x < \xi_b h_0$，则按式（5-36）确定 M_u，即

$$M_u = \alpha_1 f_c bx \left(h_0 - \frac{x}{2} \right) + f_y' A_s' (h_0 - a_s')$$

②若 $x < 2a_s'$，则按式（5-48）确定 M_u，即

$$M_u = f_y A_s (h_0 - a_s')$$

然后按单筋截面计算 M_u，取两者中较大值作为截面所具有的受弯承载力。

③若 $x > \xi_b h_0$，则取 $x = \xi_b h_0 = x_b$，代入式（5-36）确定 M_u，即

$$M_u = \alpha_1 f_c bx_b \left(h_0 - \frac{x_b}{2} \right) + f_y' A_s' (h_0 - a_s') \tag{5-60}$$

将截面受弯承载力 M_u 与截面弯矩设计值 M 进行比较，若 $M_u \geq M$，则说明截面承载力足够，构件安全；反之，则说明截面承载力不够，构件不安全，需加大截面面积或提高混凝土强度等级或增大钢筋配筋面积。

【例 5-9】 已知矩形截面梁的截面尺寸为 $b \times h = 200 \text{ mm} \times 400 \text{ mm}$，混凝土强度等级为 C30，纵向受力钢筋采用 HRB400，该梁处于二 b 类环境，受拉区配置 3 Φ25（$A_s = 1473 \text{ mm}^2$），受压区配置 2 Φ16 钢筋（$A_s' = 402 \text{ mm}^2$），承受的弯矩设计值为 $M = 140 \text{ kN} \cdot \text{m}$，试验算正截面受弯承载力是否满足要求。

【解】 （1）资料整理

查表 5-2、表 5-3 和附表 4、附表 7 得：

C30 混凝土 $f_c = 14.3 \text{ N/mm}^2$，$\alpha_1 = 1.0$

HRB400 $f_y = f_y' = 360 \text{ N/mm}^2$，$\xi_b = 0.518$

因环境类别为二 b 类，取混凝土保护层最小厚度为 35 mm，设箍筋直径为 8 mm，故：

$$a_s = 35 + 8 + \frac{25}{2} = 55.5 \text{ mm}$$

$$a_s' = 35 + 8 + \frac{16}{2} = 51 \text{ mm}$$

$$h_0 = h - a_s = 400 - 55.5 = 344.5 \text{ mm}$$

（2）求受压区高度 x

将（1）中有关数据代入式（5-35）得：

$$x = \frac{f_y A_s - f_y' A_s'}{\alpha_1 f_c b} = \frac{360 \times 1475 - 360 \times 402}{1.0 \times 14.3 \times 200} = 135.06 \text{ mm}$$

$$\xi_b h_0 = 0.518 \times 344.5 = 178.5 \text{ mm} > x > 2a'_s = 2 \times 51 = 102 \text{ mm}$$

所以满足基本公式的适用条件。

（3）求 M_u

将 x 值代入式（5-36）得：

$$M_u = \alpha_1 f_c b x \left(h_0 - \frac{x}{2} \right) + f'_y A'_s (h_0 - a'_s)$$

$$= 1.0 \times 14.3 \times 200 \times 135.06 \times \left(344.5 - \frac{135.06}{2} \right) + 360 \times 402 \times (344.5 - 51)$$

$$= 149.5 \text{ kN} \cdot \text{m} > M = 140 \text{ kN} \cdot \text{m}$$

所以此梁正截面受弯承载力满足要求。

5.6　T 形截面受弯构件正截面承载力计算

Calculation of Normal Section Bearing Capacity of Flexural Members with T-section

5.6.1　概述

Introduction

矩形截面受弯构件破坏时，大部分受拉区混凝土已退出工作，设计时可挖去一部分受拉区的混凝土，将受拉钢筋集中放置在梁肋中，并保持钢筋截面重心高度不变，从而形成 T 形截面，如图 5-29 所示。其中伸出部分称为翼缘，其面积为 $(b'_f - b) \times h'_f$，中间部分称为梁肋或腹板（$b \times h$）。与原矩形截面相比，T 形截面的极限承载能力并不会降低，同时还达到了节省混凝土、减轻构件自重及降低造价的目的。

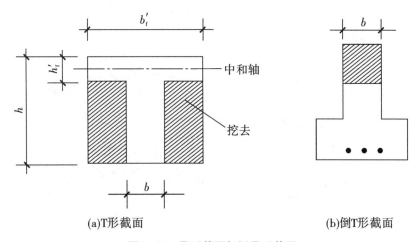

(a)T 形截面　　　　　　　　　(b)倒 T 形截面

图 5-29　T 形截面与倒 T 形截面

T形截面受弯构件在工程实际中的应用非常广泛,例如独立T形梁、槽形板、I形梁、预制空心板以及现浇肋梁楼盖连续梁跨中截面(图5-30)等,均可按T形截面受弯构件进行计算。其中,对于空心板、槽形板截面梁一般可按其截面面积、惯性矩及形心位置都相同的原则,换算成一个力学性能等效的T形或I形截面梁进行计算;对于翼缘位于受拉区的倒T形截面以及现浇肋梁楼盖连续梁支座截面,由于当受拉区的混凝土开裂以后,翼缘对承载力就不再起作用,故对于这种梁仍按肋宽为b的矩形截面进行计算。

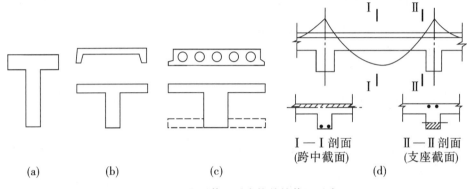

I—I剖面
(跨中截面)

II—II剖面
(支座截面)

(a)　　　　(b)　　　　(c)　　　　(d)

图5-30　T形截面受弯构件的截面形式

　　对于T形截面,应充分利用翼缘受压,以减小混凝土受压区高度,增大内力臂和减少受拉钢筋面积。但试验与理论分析证明,翼缘的压应力分布不均匀,离梁肋越远应力越小(图5-31),即翼缘参与受压的有效翼缘宽度是有限的。

　　为简化计算,在设计中将翼缘限制在一定范围内,并假定此范围内压应力分布均匀,《混凝土设计规范》采用了翼缘计算宽度(也叫有效宽度b_f')来考虑翼缘宽度,并规定了T形、I形及倒L形截面受弯构件翼缘计算宽度b_f'的取值,考虑到其与翼缘厚度、梁跨度和受力状况等因素有关,计算按表5-8中规定各项的最小值采用。

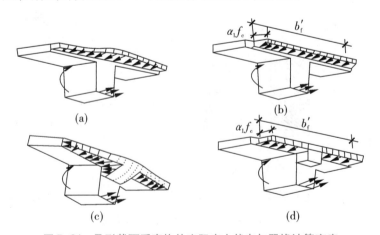

(a)　　　　　　　　　　(b)

(c)　　　　　　　　　　(d)

图5-31　T形截面受弯构件实际应力状态与翼缘计算宽度

表 5-8　受弯构件受压区有效翼缘计算宽度 b_f'

情况			T 形、I 形截面		倒 L 形截面
			肋形梁（板）	独立梁	肋形梁（板）
1	按计算跨度 l_0 考虑		$l_0/3$	$l_0/3$	$l_0/6$
2	按梁（肋）净距 s_n 考虑		$b + s_n$	—	$b + s_n/2$
3	按翼缘高度 h_f' 考虑	$h_f'/h_0 \geqslant 0.1$	—	$b + 12h_f'$	—
		$0.1 > h_f'/h_0 \geqslant 0.05$	$b + 12h_f'$	$b + 6h_f'$	$b + 5h_f'$
		$h_f'/h_0 < 0.05$	$b + 12h_f'$	b	$b + 5h_f'$

注：1. 表中 b 为梁的腹板宽度，见图 5-32。

　　2. 肋形梁在梁跨内设有间距小于纵肋间距的横肋时，则可不考虑表中情况 3 的规定。

　　3. 有加腋的 T 形、I 形和倒 L 形截面，当受压区加腋的高度 h_h 不小于 h_f' 且加腋的长度 b_h 不大于 $3h_h$ 时，其翼缘计算宽度可按表中情况 3 的规定分别增加 $2b_h$（T 形、I 形截面）和 b_h（倒 L 形截面）。

　　4. 独立梁受压区的翼缘板在荷载作用下经验算沿纵肋方向可能产生裂缝时，其计算宽度应取腹板宽度 b。

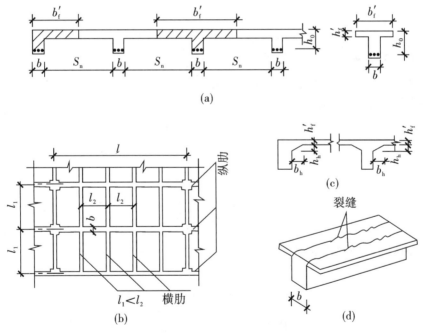

图 5-32　表 5-8 说明附图

5.6.2 T形截面受弯构件的两种类型及判别条件
Two Types and Determinations of Flexural Members with T−section

T形截面受弯构件正截面受力的分析方法与矩形截面基本相同,不同之处在于需考虑受压翼缘的作用。根据中和轴是否在翼缘内,将T形截面受弯构件分为以下两种类型:

第一类T形截面——中和轴在翼缘内,即 $x \leqslant h_f'$;

第二类T形截面——中和轴在梁肋内,即 $x > h_f'$。

为了确定T形截面的判别方法,首先分析 $x = h_f'$(图5-33)的界限情况。

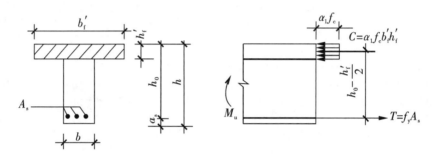

图5-33 $x = h_f'$ 时的T形梁

由力的平衡条件 $\sum X = 0$,可得:

$$\alpha_1 f_c b_f' h_f' = f_y A_s \tag{5-61}$$

由力矩平衡条件 $\sum M = 0$,可得:

$$M_u = \alpha_1 f_c b_f' h_f' \left(h_0 - \frac{h_f'}{2}\right) \tag{5-62}$$

显然,若

$$f_y A_s \leqslant \alpha_1 f_c b_f' h_f' \tag{5-63}$$

$$M_u \leqslant \alpha_1 f_c b_f' h_f' \left(h_0 - \frac{h_f'}{2}\right) \tag{5-64}$$

则 $x \leqslant h_f'$,即属于第一类T形截面。

若

$$f_y A_s > \alpha_1 f_c b_f' h_f' \tag{5-65}$$

$$M_u > \alpha_1 f_c b_f' h_f' \left(h_0 - \frac{h_f'}{2}\right) \tag{5-66}$$

则 $x > h_f'$,即属于第二类T形截面。

注意:①在截面设计时,由于 A_s 未知,则应采用式(5-64)和式(5-66)进行判别;②在截面复核时,A_s 已知,则应采用式(5-63)和式(5-65)进行判别。

5.6.3　基本公式及适用条件
Basic Formulas and Applicable Conditions

5.6.3.1　第一类 T 形截面的计算公式及适用条件

（1）基本公式

由于受弯承载力计算中不考虑混凝土抗拉作用,故可按梁宽为 b_f' 的矩形截面计算（图 5-34）,即:

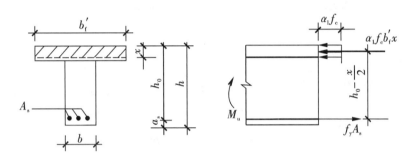

图 5-34　第一类 T 形截面

$$\alpha_1 f_c b_f' x = f_y A_s \tag{5-67}$$

$$M \leqslant M_u = \alpha_1 f_c b_f' x \left(h_0 - \frac{x}{2} \right) \tag{5-68}$$

（2）适用条件

1）为了防止超筋破坏,要求 $x \leqslant \xi_b h_0$。但由于 T 形截面的 h_f' 较小,故 x 值较小,该条件一般都可满足,不必验算。

2）为了防止少筋破坏,应满足 $A_s \geqslant \rho_{min} bh$。必须注意该处的配筋率 ρ 是按梁腹板面积计算的,这是因为 ρ_{min} 是根据钢筋混凝土梁开裂后的受弯承载力与相同截面素混凝土梁受弯承载力相同的条件得出的,而素混凝土 T 形截面受弯构件（肋宽 b、梁高 h）的受弯承载力与素混凝土矩形截面受弯构件（ $b \times h$ ）的受弯承载力接近,为简化计算,按 $b \times h$ 的矩形截面受弯构件的 ρ_{min} 来计算。

5.6.3.2　第二类 T 形截面的计算公式及适用条件

（1）基本公式

第二类 T 形截面受弯构件的中和轴在梁肋内,可将该截面分为伸出翼缘部分和矩形腹板部分,如图 5-35 所示,则根据平衡条件得:

$$\alpha_1 f_c (b_f' - b) h_f' + \alpha_1 f_c b x = f_y A_s \tag{5-69}$$

$$M \leq M_u = \alpha_1 f_c (b'_f - b) h'_f \left(h_0 - \frac{h'_f}{2} \right) + \alpha_1 f_c bx \left(h_0 - \frac{x}{2} \right) \tag{5-70}$$

（2）适用条件

1）$x \leq \xi_b h_0$。这和单筋矩形截面一样，是为了保证受拉钢筋首先屈服。

2）$A_s \geq \rho_{\min} bh$。该条件一般都可满足，不必验算。

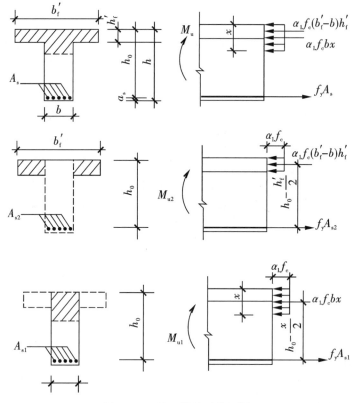

图 5-35　第二类 T 形截面梁

5.6.4　基本公式的应用
Applications of Basic Formulas

5.6.4.1　截面设计

已知截面弯矩设计值 M、混凝土强度等级、钢筋牌号以及构件截面尺寸 $b \times h$，求受拉钢筋截面面积 A_s。

设计步骤：

1）首先根据已知条件，利用式（5-64）或式（5-66）判别 T 形截面类型：

如果 $M \leqslant \alpha_1 f_c b'_f h'_f (h_0 - \dfrac{h'_f}{2})$ ，则属于第一类 T 形截面，否则为第二类 T 形截面。

2）如属第一类 T 形截面，其计算方法与 $b'_f \times h$ 的单筋矩形梁完全相同。

3）如属第二类 T 形截面，可直接根据式（5-69）和式（5-70）计算。

若将翼缘伸出部分视作双筋矩形截面中的受压钢筋，可以看出，第二类 T 形截面受弯构件与双筋矩形截面受弯构件相似（图 5-35），因此也可按双筋矩形截面计算方法分析，有：

$$M_u = M_{u1} + M_{u2} \tag{5-71}$$

$$A_s = A_{s1} + A_{s2} \tag{5-72}$$

对应于翼缘伸出部分，有：

$$f_y A_{s2} = \alpha_1 f_c (b'_f - b) h'_f \tag{5-73}$$

$$M_{u2} = \alpha_1 f_c (b'_f - b) h'_f (h_0 - \dfrac{h'_f}{2}) \tag{5-74}$$

则

$$A_{s2} = \dfrac{\alpha_1 f_c (b'_f - b) h'_f}{f_y} \tag{5-75}$$

对应于矩形腹板部分，有：

$$f_y A_{s1} = \alpha_1 f_c b x \tag{5-76}$$

$$M_{u1} = M_u - M_{u2} = \alpha_1 f_c b x (h_0 - \dfrac{x}{2}) \tag{5-77}$$

所以

$$A_s = A_{s2} + A_{s1} = \dfrac{\alpha_1 f_c (b'_f - b) h'_f}{f_y} + \dfrac{\alpha_1 f_c b x}{f_y} \tag{5-78}$$

这里应注意验算 $x \leqslant \xi_b h_0$ ，若不满足，则可考虑增加截面尺寸、提高混凝土强度等级或配置受压钢筋而设计成双筋截面。

T 形截面受弯构件截面选择也可用查表格法，计算框图见图 5-36（a）。

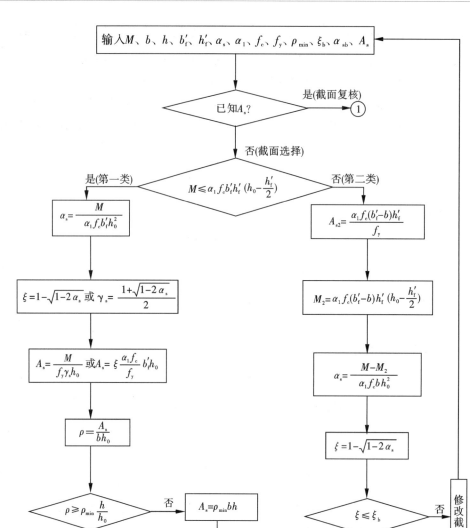

(a)截面选择

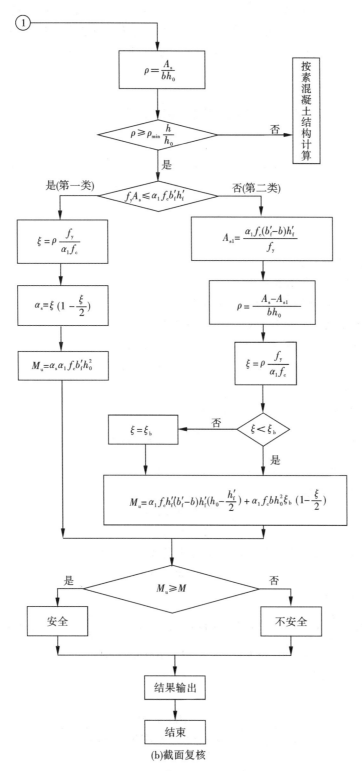

图 5-36　T 形截面受弯构件计算框图

【例5-10】 已知一肋梁楼盖的次梁,跨度为6 m,间距为2.4 m,截面尺寸如图5-37所示。跨中最大弯矩设计值$M = 100$ kN·m,混凝土强度等级为C30,钢筋采用HRB400,结构设计使用年限为50年,环境类别为一类。试计算次梁纵向受拉钢筋面积A_s。

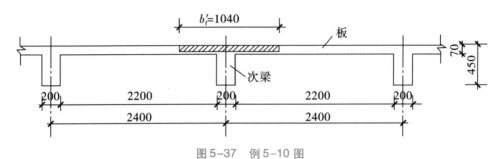

图5-37 例5-10图

【解】 (1)资料整理

查表5-2、表5-3和附表4、附表7得:

C30混凝土 $f_c = 14.3$ N/mm^2,$\alpha_1 = 1.0$

HRB400级钢筋 $f_y = 360$ N/mm^2,$\xi_b = 0.518$

因环境类别为一类,预布一排钢筋,设$a_s = 40$ mm,则:

$$h_0 = h - a_s = 450 - 40 = 410 \text{ mm}$$

(2)判断截面类型

确定翼缘计算宽度b_f'。由表5-8可得:

按梁跨度考虑 $b_f' = \dfrac{l_0}{3} = \dfrac{6000}{3} = 2000$ mm

按梁净距s_n考虑 $b_f' = b + s_n = 200 + 2200 = 2400$ mm

按翼缘高度h_f'考虑 $b_f' = b + 12h_f'$

$$= 200 + 12 \times 70$$

$$= 1040 \text{ mm}$$

故翼缘不受限制,翼缘计算宽度b_f'取其中的较小值,即:

$$b_f' = 1040 \text{ mm}$$

判断T形截面类型:

$$\alpha_1 f_c b_f' h_f' \left(h_0 - \frac{h_f'}{2}\right) = 1.0 \times 14.3 \times 1040 \times 70 \times \left(410 - \frac{70}{2}\right) = 390390000 \text{ N·mm}$$

$$= 390.39 \text{ kN·m} > M = 100 \text{ kN·m}$$

属于第一类T形截面。

(3)计算A_s

$$\alpha_s = \frac{M}{\alpha_1 f_c b_f' h_0^2} = \frac{100 \times 10^6}{1.0 \times 14.3 \times 1040 \times 410^2} = 0.04$$

$$\xi = 1 - \sqrt{1 - 2\alpha_s} = 1 - \sqrt{1 - 2 \times 0.04} = 0.04 < \xi_b$$

$$A_s = \frac{\alpha_1 f_c b'_f h_0 \xi}{f_y} = \frac{1.0 \times 14.3 \times 1040 \times 410 \times 0.04}{360} = 678 \text{ mm}^2$$

$$\rho_{min} = \max\{0.2\%, 0.45 f_t/f_y\} = \{0.2\%, 0.45 \times 1.43/360\} = \{0.2\%, 0.18\%\} = 0.2\%$$

$$A_s > \rho_{min} bh = 0.2\% \times 200 \times 450 = 180 \text{ mm}^2$$

（4）选筋

选 3 Φ 18，$A_s = 763 \text{ mm}^2$。

【例 5-11】　某 T 形截面梁，肋宽 $b = 200$ mm，梁高 $h = 500$ mm，$b'_f = 500$ mm，$h'_f = 100$ mm，承受弯矩设计值 $M = 240$ kN·m，混凝土强度等级为 C25，钢筋采用 HRB400，结构设计使用年限为 50 年，环境类别为一类，求受拉钢筋面积 A_s。

【解】　（1）资料整理

查表 5-2、表 5-3 和附表 4、附表 7 得：

C25 混凝土　$f_c = 11.9 \text{ N/mm}^2$，$\alpha_1 = 1.0$

HRB400 级钢筋　$f_y = 360 \text{ N/mm}^2$，$\xi_b = 0.518$

因环境类别为一类，且弯矩较大，预布两排钢筋，设 $a_s = 65$ mm，则：

$$h_0 = h - a_s = 500 - 65 = 435 \text{ mm}$$

（2）判别截面类型

$$\alpha_1 f_c b'_f h'_f \left(h_0 - \frac{h'_f}{2}\right) = 1.0 \times 11.9 \times 500 \times 100 \times \left(435 - \frac{100}{2}\right)$$

$$= 229.08 \text{ kN·m} < 240 \text{ kN·m}$$

属第二类 T 形截面。

（3）计算 x

由式（5-74）得：

$$M_{u2} = \alpha_1 f_c (b'_f - b) h'_f \left(h_0 - \frac{h'_f}{2}\right)$$

$$= 1.0 \times 11.9 \times (500 - 200) \times 100 \times \left(435 - \frac{100}{2}\right)$$

$$= 137.45 \text{ kN·m}$$

所以　　　　$M_{u1} = M_u - M_{u2} = 240 - 137.45 = 102.55 \text{ kN·m}$

$$x = h_0\left(1 - \sqrt{1 - \frac{2M_{u1}}{\alpha_1 f_c b h_0^2}}\right) = 435 \times \left(1 - \sqrt{1 - \frac{2 \times 102.55 \times 10^6}{1.0 \times 11.9 \times 200 \times 435^2}}\right)$$

$$= 114 < \xi_b h_0 = 0.518 \times 435 = 225.3$$

（4）计算 A_s

$$A_s = \frac{\alpha_1 f_c (b'_f - b) h'_f + \alpha_1 f_c b x}{f_y}$$

$$= \frac{1.0 \times 11.9 \times (500 - 200) \times 100 + 1.0 \times 11.9 \times 200 \times 114}{360} = 1745 \text{ mm}^2$$

（5）选筋

选用 6 Φ 20，$A_s = 1885 \ \text{mm}^2$。

5.6.4.2　截面复核

已知截面弯矩设计值 M、构件截面尺寸、受拉钢筋截面面积 A_s、混凝土强度等级以及钢筋牌号，求正截面受弯承载力 M_u 是否足够。

复核步骤：

1）首先根据已知条件，利用式（5-63）或式（5-65）判别 T 形截面类型：

如果 $f_y A_s \leqslant \alpha_1 f_c b'_f h'_f$，则属于第一类 T 形截面，否则为第二类 T 形截面。

2）如属第一类 T 形截面，其复核方法与 $b'_f \times h$ 的单筋矩形梁完全相同。

3）如属第二类 T 形截面，可按以下步骤计算：

①由公式（5-69）可求出 x：

$$x = \frac{f_y A_s - \alpha_1 f_c (b'_f - b) h'_f}{\alpha_1 f_c b}$$

②由公式（5-70）可求出 M_u：

若 $x \leqslant \xi_b h_0$，则将 x 代入式（5-70）得 M_u；若 $x > \xi_b h_0$，则令 $x = \xi_b h_0$ 计算。若 $M_u \geqslant M$，则承载力足够，截面安全。或者利用表格进行复核，步骤见计算框图 5-36（b）。

【例 5-12】　某 T 形截面梁，肋宽 $b = 250 \ \text{mm}$，梁高 $h = 700 \ \text{mm}$，$h'_f = 100 \ \text{mm}$，$b'_f = 600 \ \text{mm}$，截面配有 6 Φ 25（$A_s = 2945 \ \text{mm}^2$），混凝土强度等级为 C30，钢筋采用 HRB400，最大弯矩设计值 $M = 500 \ \text{kN} \cdot \text{m}$，试复核该梁是否安全。

【解】　（1）资料整理

查表 5-2、表 5-3 和附表 4、附表 7 得：

C30 混凝土　$f_c = 14.3 \ \text{N/mm}^2$，$\alpha_1 = 1.0$

HRB400 级钢筋　$f_y = 360 \ \text{N/mm}^2$，$\xi_b = 0.518$

根据构造要求，钢筋按两排布置，设 $a_s = 65 \ \text{mm}$，则：

$$h_0 = h - a_s = 700 - 65 = 635 \ \text{mm}$$

（2）判别截面类型

$$f_y A_s = 360 \times 2945 = 1060200 \ \text{N}$$
$$> \alpha_1 f_c b'_f h'_f = 1.0 \times 14.3 \times 600 \times 100 = 858000 \ \text{N}$$

属第二类 T 形截面。

（3）计算 x

$$x = \frac{f_y A_s - \alpha_1 f_c (b'_f - b) h'_f}{\alpha_1 f_c b} = \frac{360 \times 2945 - 14.3 \times (600 - 250) \times 100}{1.0 \times 14.3 \times 250}$$

$$= 156.6 \ \text{mm} < \xi_b h_0 = 0.518 \times 635 = 328.9 \ \text{mm}$$

(4)计算极限弯矩 M_u

$$M_u = \alpha_1 f_c(b'_f - b)h'_f\left(h_0 - \frac{h'_f}{2}\right) + \alpha_1 f_c bx\left(h_0 - \frac{x}{2}\right)$$

$$= 14.3 \times (600-250) \times 100 \times \left(635-\frac{100}{2}\right) + 14.3 \times 250 \times 156.6 \times \left(635-\frac{156.6}{2}\right)$$

$$= 604.5 \text{ kN} \cdot \text{m} > M = 500 \text{ kN} \cdot \text{m}$$

所以该梁是安全的。

本章小结

1)钢筋混凝土受弯构件根据配筋率的不同,可分为适筋构件、超筋构件和少筋构件。少筋构件和超筋构件破坏前无明显的预兆,设计时应避免使用少筋构件和超筋构件。

2)适筋受弯构件在加载到破坏的整个受力过程,正截面经历三个受力阶段。第Ⅰ阶段为混凝土开裂前的未裂阶段,第Ⅰ阶段末Ⅰ_a 为受弯构件抗裂度的计算依据。第Ⅱ阶段为带裂缝工作阶段,一般混凝土受弯构件的正常使用即处于这个阶段,为构件裂缝宽度和挠度的计算依据;第三阶段为破坏阶段,即钢筋屈服后截面中和轴上升、受压区混凝土外缘达到极限压应变被压碎的阶段,第Ⅲ阶段末Ⅲ_a 为受弯构件正截面承载力的计算依据。

3)受弯构件正截面受弯承载力计算采用四个基本假定,并基于破坏过程的Ⅲ_a 状态建立正截面上力和力矩的平衡方程。

4)熟练掌握单筋矩形截面的基本公式及其应用。对于双筋矩形截面,可视为单筋矩形截面受弯构件在抗弯的基础上同时考虑受压钢筋和受拉钢筋形成的抗弯作用;对于 T 形截面,则是考虑了受压区翼缘混凝土的有利作用,并基于两类截面(第一类和第二类),分别建立了平衡方程。

5)单筋矩形截面和 T 形截面受弯构件计算公式的适用条件即是适筋条件;双筋矩形截面受弯构件基本公式的适用条件除满足适筋条件外,还要满足 $x \geq 2A'_s$,这是保证受压钢筋强度充分利用的先决条件。

6)构造要求是在长期工程实践经验的基础上对结构计算的必要补充,结构计算和构造措施是相互配合的。

思考题

1. 适筋梁正截面受弯从加载到破坏可划分为几个阶段? 各阶段的应力-应变分布、中和轴位置、梁的跨中最大挠度的变化规律是怎样的? 各阶段的主要特点是什么? 每个阶段是哪种极限状态的设计依据?

2. 钢筋混凝土梁正截面应力-应变状态与匀质弹性材料梁有哪些主要区别?

3. 钢筋混凝土梁正截面受弯有哪几种破坏形态? 各有什么特点?

4. 适筋梁在受力钢筋开始屈服后能否增加荷载? 为什么? 少筋梁能否这样? 为什么?

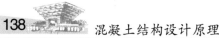
5. 图5-38所示为截面尺寸和材料相同,但配筋率不同的四种受弯构件的正截面,回答下列问题:

(1)截面的破坏形态和破坏类型各是怎样的?

(2)破坏时的钢筋应力情况如何?

(3)破坏时钢筋和混凝土的强度是否被充分利用?

(4)破坏时哪些截面能利用力的平衡条件写出受压区高度x的计算式,哪些截面不能?

(5)破坏时截面的极限弯矩为多大?

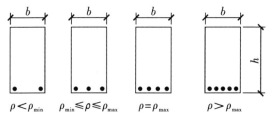

图5-38 思考题5图

6. 受弯构件正截面受弯承载力计算有哪些假定? 在导出单筋矩形截面基本计算公式及其适用条件时,是怎样利用这些假定的?

7. 何谓相对界限受压区高度? 它在承载力计算中的作用是什么?

8. 影响正截面受弯承载力的主要因素是什么? 当截面尺寸确定后,改变混凝土的强度等级或改变钢筋的级别,两者中哪一种因素对正截面受弯承载力影响大些? 为什么?

9. 什么是受弯构件纵向钢筋配筋率? 什么叫界限配筋率? 什么叫最小配筋率? 它们是如何确定的? 它们的作用是什么?

10. 什么情况下采用双筋截面梁? 为什么在双筋矩形截面正截面承载力的计算公式中,应当满足$x \geq 2a'_s$? 若不满足应如何处理? 双筋梁中的受压钢筋和单筋中的架立钢筋有何不同? 双筋梁中是否还有架立筋?

11. 如何区分第一类T形截面梁和第二类T形截面梁? 如何确定T形截面梁的受压翼缘计算宽度b'_f?

12. 当构件承受的弯矩和截面高度都相同时,图5-39中四种截面的正截面承载力需要的钢筋截面面积A_s是否一样? 为什么?

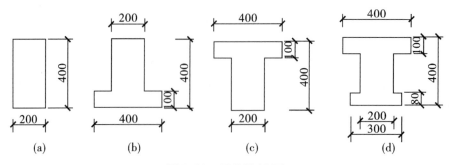

图5-39 思考题12图

第5章在线测试

习题

1. 已知一简支板,板厚 100 mm,板宽 1000 mm,承受弯矩设计值 $M = 6.02$ kN·m,混凝土强度等级为 C30,钢筋采用 HPB300,环境类别为一类。求纵向受力钢筋和分布钢筋。

2. 已知矩形截面梁 $b \times h = 300$ mm $\times 700$ mm,弯矩设计值 $M = 330$ kN·m,混凝土强度等级为 C30,钢筋采用 HRB400,环境类别为一类。求纵向受拉钢筋。

3. 已知一矩形截面梁,梁宽 $b = 200$ mm,承受弯矩设计值 $M = 110$ kN·m,混凝土强度等级为 C30,钢筋为 HRB400,环境类别为一类。求截面高度 h 和纵向受拉钢筋。

4. 已知一单筋矩形截面梁,$b \times h = 250$ mm $\times 700$ mm,截面配有 5Φ22 钢筋($A_s = 1900$ mm^2),混凝土强度等级为 C30,钢筋为 HRB400,环境类别为一类。该截面能否承受弯矩设计值 $M = 300$ kN·m?

5. 已知室内正常环境下的矩形截面梁 $b \times h = 200$ mm $\times 450$ mm,弯矩设计值 $M = 220$ kN·m,混凝土强度等级为 C30,钢筋采用 HRB400 级。求纵向受力钢筋。

6. 已知双筋矩形截面 $b \times h = 200$ mm $\times 400$ mm,弯矩设计值 $M = 170$ kN·m,纵向受压筋 3Φ18($A_s' = 763$ mm^2),混凝土强度等级为 C25,纵向受力钢筋采用 HRB400,环境类别为一类。求纵向受拉钢筋。

7. 已知矩形截面梁的截面 $b \times h = 200$ mm $\times 450$ mm,承受的弯矩设计值为 $M = 135$ kN·m,混凝土强度等级为 C30,纵向受力钢筋采用 HRB400,受拉区配置 3Φ25($A_s = 1473$ mm^2),受压区配置 2Φ18 钢筋($A_s' = 509$ mm^2),环境类别为一类。试验算正截面受弯承载力是否满足要求。

8. 已知环境类别为一类的现浇楼盖中,有如图 5-40 所示的次梁正截面,承受弯矩设计值 $M = 115$ kN·m,混凝土强度等级为 C30,钢筋采用 HRB400。求纵向受拉钢筋。

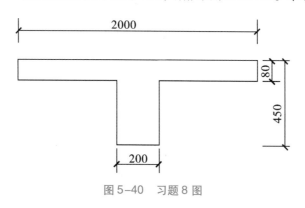

图 5-40 习题 8 图

9. 已知单筋 T 形截面,如图 5-41 所示,弯矩设计值 $M = 600$ kN·m,混凝土强度等级为 C30,钢筋采用 HRB400,环境类别为一类。求纵向受拉钢筋。

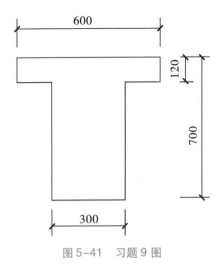

图 5-41　习题 9 图

10. 已知 T 形截面梁, 截面尺寸及纵向钢筋如图 5-42 所示, 环境类别为一类, 混凝土强度等级为 C30。求该截面的受弯承载力。

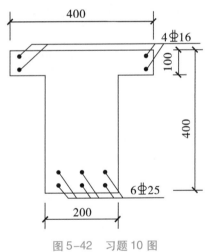

图 5-42　习题 10 图

第6章 受弯构件斜截面承载力计算

Chapter 6　Calculation of Diagonal Section Bearing Capacity
　　　　　　of Flexure Members

　　如第 5 章所述,实际工程结构中,受弯构件在横向荷载作用下,截面上除了产生弯矩外,往往还会产生剪力。在弯矩和剪力的共同作用下,构件可能出现斜裂缝,并且可能沿着斜裂缝产生斜截面受剪破坏或斜截面受弯破坏。这两种破坏一般都具有脆性破坏特征。因此,在保证受弯构件正截面受弯承载力的同时,还要保证其斜截面承载力,包括斜截面受剪承载力和斜截面受弯承载力两个方面。工程设计中,斜截面受剪承载力是由计算和构造来满足的,受弯承载力则是通过纵向钢筋和箍筋的构造要求来保证的。

6.1　斜裂缝的形成
Formation of Diagonal Crack

第 6.1 节在
线测试

　　如图 6-1 所示,一钢筋混凝土简支梁 AB,在 C、D 截面处作用一组对称集中荷载 P,忽略梁的自重,在区段 CD 内仅有弯矩,称为纯弯段;在支座附近的 AC 和 DB 区段内既有弯矩又有剪力,称为弯剪段。

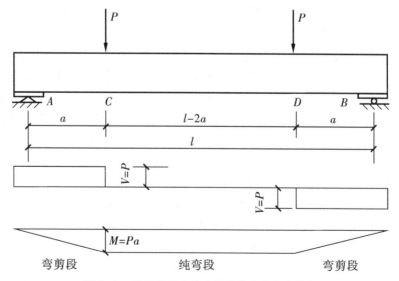

图 6-1　钢筋混凝土简支梁的纯弯段和弯剪段

在弯剪段内,弯矩使得截面上产生正应力 σ ,剪力使得截面上产生剪应力 τ ,两者合成形成主拉应力 σ_{tp} 和主压应力 σ_{cp} 。如图 6-2 所示,在梁的中和轴处(图中①点),正应力 σ 等于零,主拉应力 σ_{tp} 与梁的轴线夹角为45°;在受压区处(图中②点), σ 为压应力,主拉应力 σ_{tp} 与梁的轴线夹角大于45°;在受拉区处(图中③点), σ 为拉应力,主拉应力 σ_{tp} 与梁轴线夹角小于45°。主拉应力迹线如图中实线所示,主压应力迹线如图中虚线所示,两者正交。

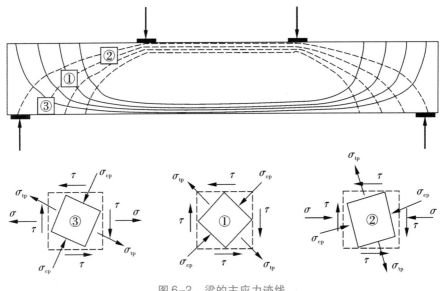

图 6-2　梁的主应力迹线

随着荷载逐渐增加,梁内各点处的主应力也不断增大,当主拉应力 σ_{tp} 超过混凝土的抗拉强度 f_t 时,梁的弯剪段内的混凝土开裂,裂缝方向垂直于主拉应力迹线方向,即与主压应力迹线方向一致,这样就在弯剪段内形成了斜裂缝。斜裂缝的开展有两种方式:一种是由于受弯正截面拉应力较大,先在梁底出现垂直裂缝,然后向上沿着主压应力迹线的方向发展形成斜裂缝,这种斜裂缝称为弯剪斜裂缝,其上细下宽,如图 6-3(a)所示,是最常见的;另一种是由于梁腹板部剪应力较大,腹板部位的主拉应力 σ_{tp} 超过混凝土抗拉强度而先开裂,然后分别向上、下沿着主压应力迹线的方向发展形成斜裂缝,这种斜裂缝称为腹剪斜裂缝,其中间宽两头细,呈枣核形,如图 6-3(b)所示,常见于 I 形和 T 形截面梁等薄腹梁中。斜裂缝的出现与发展使得梁内应力的分布与大小发生变化,最终导致在剪力较大的近支座区段内不同部位的混凝土被压碎或拉坏而丧失承载能力,发生斜截面破坏。

为了防止斜截面发生破坏,需要在梁中设置箍筋,或将梁底的部分纵向钢筋弯起形成弯起钢筋,以提高梁的斜截面受剪承载力,控制斜裂缝的开展。箍筋和弯起钢筋统称为腹筋,如图 6-4 所示。配置了箍筋、弯起钢筋和纵向钢筋的梁称为有腹筋梁,仅有纵筋而未配置腹筋的梁称为无腹筋梁。根据梁腹主拉应力方向,箍筋方向与主拉应力方向一致时,对于提高斜截面受剪承载力更为有效。但从施工角度考虑,斜向的箍筋不便于绑扎,也不能承担反向的剪力,故在实际工程中一般配置垂直箍筋。弯起钢筋的方向基本与主拉应

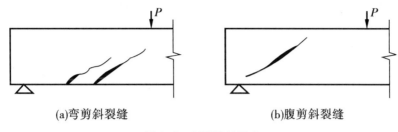

(a)弯剪斜裂缝　　　　　(b)腹剪斜裂缝

图 6-3　斜裂缝的形成

力方向一致,但由于其传力较为集中,受力不均匀,有可能在弯起处引起混凝土的劈裂裂缝(图 6-5),同时增加施工难度,所以工程设计中,应优先选用箍筋,一般在仅配置箍筋不能满足要求的情况下再配置弯起钢筋。此外,放置在梁侧面边缘的钢筋不宜弯起,梁底层钢筋中的角筋不应弯起,顶层钢筋中的角筋不应弯下,弯起钢筋的角度宜选用 45°或 60°。

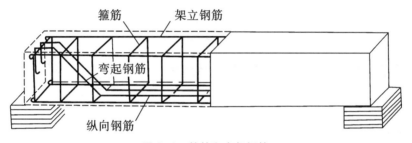

图 6-4　箍筋和弯起钢筋

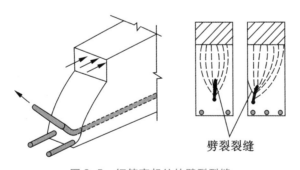

图 6-5　钢筋弯起处的劈裂裂缝

第 6.2 节在
线测试

6.2　受弯构件斜截面受力及破坏分析

Resistance and Failure Analysis of Diagonal Sections in Bending Member

由于无腹筋梁的受剪承载力很低,一旦出现斜裂缝即很快产生斜截面受剪破坏,因此在实际工程中,除了截面很小的梁和板外,一般均采用有腹筋梁。为了便于说明钢筋混凝土梁的受剪性能和破坏特征,以下先进行无腹筋梁斜截面的受力及破坏分析,并在此基础上分析有腹筋梁斜截面的受力及破坏形态。

6.2.1 无腹筋梁受力及破坏分析
Resistance and Failure Analysis of Beams without Web Reinforcement

6.2.1.1 斜裂缝形成后的应力状态

试验研究表明,当钢筋混凝土梁荷载较小、裂缝还没有出现时,可视为均质弹性材料的梁,采用材料力学方法对其进行受力分析。随着荷载的增加,梁在支座附近出现斜裂缝,梁内的应力状态发生了很大变化,亦即发生了应力重分布。如图6-6所示,一无腹筋钢筋混凝土简支梁在荷载作用下出现裂缝情况。为了定性分析斜裂缝出现后的受力状态,将该梁沿斜裂缝 $AA'B$ 切开,取左侧部分作为隔离体进行受力分析。

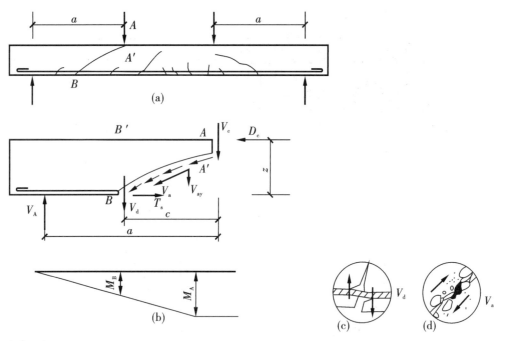

图6-6 斜裂缝形成后的应力状态

在这一隔离体上,荷载在斜截面 $AA'B$ 上产生的作用效应有弯矩 M_A 和剪力 V_A。而斜截面 $AA'B$ 上的抗力则有以下几个部分:斜裂缝顶端混凝土残余面 AA' 上的剪力 V_c 和压力 D_c;纵向钢筋的拉力 T_s;斜裂缝两边有相对的上下错动而使得纵向钢筋受到一定的剪力 V_d(称为纵筋的销栓作用);斜裂缝两侧混凝土发生相对错动而产生的骨料咬合力 V_a(其竖向分力为 V_{ay})。

随着荷载不断增加,靠近支座处的一条斜裂缝很快发展延伸至加载点,形成临界斜裂缝。斜裂缝的不断开展,使得纵向钢筋的销栓作用和骨料咬合力减小。最终,斜裂缝顶端混凝土在压力和剪力的共同作用下,达到混凝土强度而产生破坏。斜裂缝顶端混凝土受剪力和压力的共同作用的区域,称为剪压区。

斜裂缝的增大,使骨料咬合力的竖向分力逐渐减弱直至消失;纵筋的销栓作用只发生在梁底部很薄的混凝土保护层处,所以销栓作用不可靠。为了简化分析,斜截面上的 V_{ay} 和 V_d 可以不予考虑,则隔离体的平衡条件为:

$$\left.\begin{array}{l} \sum X = 0, D_c = T_s \\ \sum Y = 0, V_c = V_A \\ \sum M = 0, V_A a = T_s z \end{array}\right\} \tag{6-1}$$

由式(6-1)及图 6-6(b)可知,斜裂缝形成后弯剪段内梁的应力状态发生很大变化,主要表现在:

1)斜裂缝出现前,剪力由梁全截面承担;裂缝出现后,剪力主要由斜裂缝顶端的剪压区混凝土承担,由于剪压区的面积远小于梁的全截面面积,因而其受到的剪应力和压应力比裂缝出现前明显增大。

2)斜裂缝出现前,支座附近的纵向钢筋的拉应力由截面 BB' 处的弯矩 M_B 决定;斜裂缝出现后,根据力矩平衡,纵筋的拉应力则由截面 AA' 处的弯矩 M_A 决定,由于 $M_A > M_B$,所以斜裂缝出现后纵筋拉应力会显著增大。

3)纵向钢筋拉应力的增大导致钢筋和混凝土间的黏结应力的增大,这时有可能沿纵向钢筋出现黏结裂缝[图 6-7(a)]或撕裂裂缝[图 6-7(b)]。

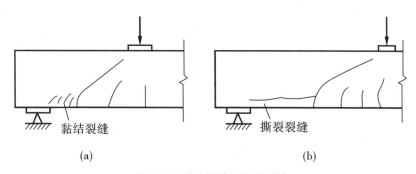

(a)　　　　　　　　　　　　(b)

图 6-7　黏结裂缝和撕裂裂缝

6.2.1.2　无腹筋梁斜截面受剪机制

试验表明,随着荷载的增加,在很多斜裂缝中将形成一条主要斜裂缝,它将梁划分成有联系的上下两部分。上面部分相当于一个带有拉杆的变截面两铰拱,纵筋为其拉杆,拱的支座就是梁的支座;下面部分被斜裂缝分剖成若干个梳状齿,齿根与拱内圈相连,每个齿相当于一根悬臂梁。这种力学模型称为"带拉杆的梳形拱模型",如图 6-8 所示。

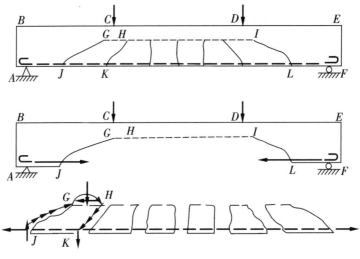

图 6-8   无腹筋梁斜裂缝形成后的受剪机理

以一个梳状齿 *GHKJ* 为隔离进行受力分析,如图 6-9 所示。*GH* 一端与梁上部拱相联系,相当于一个悬臂梁的固定端,*JK* 相当于自由端,在隔离体上的作用有:①纵筋的拉力 Z_J 和 Z_K , $Z_K > Z_J$;②纵筋的销栓作用 V_J 和 V_K ,这是由于斜裂缝两边的混凝土上下错动,使得纵筋受剪引起的;③斜裂缝间的骨料咬合力 S_J 和 S_K 。这些作用使得梳状齿的根部产生了弯矩 *M*、轴力 *N* 和剪力 *V*,弯矩、剪力主要与纵筋

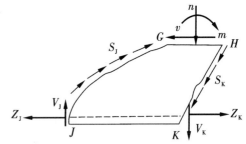

图 6-9   梳状齿的受力分析

的拉力差及销栓作用平衡,轴力则主要与骨料咬合力平衡。随着斜裂缝的不断发展加宽,骨料的咬合力下降,沿纵筋保护层混凝土有可能被劈裂,纵筋的销栓作用也会逐渐减弱,这时,梳状齿作用将相应减小,梁上的荷载绝大部分由上部拱体承担。这是一个带拉杆的拱体,拱顶 *CD* 是斜裂缝以上的残余剪压区,纵筋是拉杆,拱顶到支座间的斜向受压混凝土则是拱体 *AC* 和 *DF*,当拱顶或拱体的承载力不足时,将发生斜截面破坏。

6.2.1.3   无腹筋梁沿斜截面的破坏形态

试验研究表明,梁的受剪性能与梁截面上的弯矩 *M* 和剪力 *V* 的相对大小有很大关系,梁的斜截面最终受剪破坏形态与截面上的正应力 σ 和剪应力 τ 的比值有关。根据材料力学分析,正应力 σ 与 M/bh_0^2 成比例,剪应力 τ 与 V/bh_0 成比例,因此 σ/τ 与 M/Vh_0 成比例。定义:

$$\lambda = \frac{M}{Vh_0} \tag{6-2}$$

为广义剪跨比,简称剪跨比。

对于如图 6-1 所示集中荷载作用下的简支梁,有:

$$\lambda = \frac{M}{Vh_0} = \frac{a}{h_0}$$

式中　a——集中荷载至支座的剪跨长度,称为剪跨;

　　　λ——剪跨 a 与截面有效高度的比值,称为剪跨比。

剪跨比 λ 是一个能反映梁斜截面受剪承载力变化规律和区分发生各种剪切破坏形态的重要参数。无腹筋梁的受剪破坏形态主要受剪跨比 λ 的影响,有以下三种形态:

(1)斜压破坏[图 6-10(a)]

当梁的剪跨比较小($\lambda < 1$)时,常发生斜压破坏。这样破坏时斜裂缝首先在梁腹部出现,有若干条,且大致平行。随着荷载增加,斜裂缝一端向着支座、另一端向着荷载作用点发展,梁腹部被这些斜裂缝分割成若干个倾斜的受压柱体,最终是由于斜压柱体被压碎而产生破坏,因此称为斜压破坏。梁的受剪承载力主要取决于混凝土的抗压强度,为梁受剪承载力的上限。

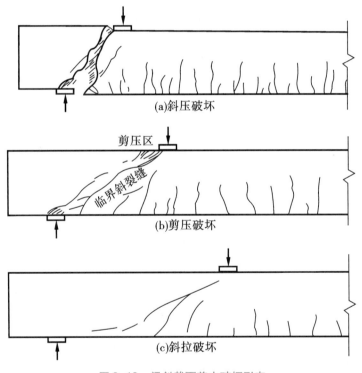

图 6-10　梁斜截面剪力破坏形态

(2)剪压破坏[图 6-10(b)]

当梁的剪跨比适当($1 < \lambda < 3$)时,常发生剪压破坏。这样的破坏是梁的弯曲下边缘出现初始垂直裂缝,随着荷载的增加,这些初始的垂直裂缝将大体沿着主压应力迹线向着集中荷载作用点延伸。当荷载增加到某一数值时,在几条斜裂缝中会形成一条主要的斜裂缝,称为临界斜裂缝。临界斜裂缝形成后,随着荷载增加,斜裂缝宽度加大,导致剩余

截面减小,剪压区混凝土在剪压复合应力共同作用下达到混凝土复合受力强度而破坏,梁丧失承载能力。

(3)斜拉破坏[图6-10(c)]

当梁的剪跨比较大(λ > 3)时,将发生斜拉破坏。这样的破坏是斜裂缝一出现,很快形成临界斜裂缝,并迅速延伸至集中荷载作用点处。随着斜裂缝的发展,梁斜向被拉裂成两个部分发生突然破坏。显然这种破坏是由于混凝土在正应力 σ 和剪应力 τ 的共同作用下发生的主拉应力破坏。发生斜拉破坏的梁,其斜截面受剪承载力主要取决于混凝土的抗拉强度。

根据上述三种破坏形态测得的梁的剪力和跨中挠度曲线关系如图6-11所示。由图可见,三种破坏形态的斜截面受剪承载力是不同的,斜压破坏时最大,剪压破坏次之,斜拉破坏最小。梁的剪力达到峰值时,跨中的挠度都不大,破坏时受剪承载力都会迅速下降,表明它们都属于脆性破坏,其中斜拉破坏最为突出,斜压破坏次之,剪压破坏稍好。为

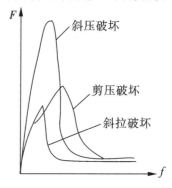

图6-11　梁的剪力-挠度曲线

此,规范规定用构造措施,强制地来防止斜拉、斜压破坏;而对剪压破坏,因其承载力变化幅度相对较大,所以通过计算来防止。

6.2.2　有腹筋梁受力及破坏分析
Stress and Failure Analysis of Beams with Web Reinforcement

6.2.2.1　有腹筋梁沿斜截面的破坏形态

有腹筋梁的破坏形态不仅与剪跨比有关,还与配箍率 ρ_{sv} 有关。配箍率 ρ_{sv} 的定义为箍筋截面面积与对应混凝土截面面积的比值(图6-12),按照下式计算:

$$\rho_{sv} = \frac{A_{sv}}{bs} = \frac{nA_{sv1}}{bs} \tag{6-3}$$

式中　b ——矩形截面的宽度,T 形截面和 I 形截面的腹板宽度;

　　　s ——沿构件长度方向箍筋的间距;

　　　A_{sv} ——配置在同一截面内箍筋各肢的全部截面面积,$A_{sv} = nA_{sv1}$,n 为同一截面内的箍筋肢数,A_{sv1} 为单肢腹筋的截面面积,如图6-12所示。

配置箍筋的有腹筋梁,其斜截面破坏形态与无腹筋梁类似,同样分为斜压破坏、剪压破坏和斜拉破坏三种破坏形态。这时,除了剪跨比对斜截面破坏形态有决定性的影响外,箍筋的配箍率对破坏形态也有很大的影响。

当剪跨比 λ > 3 且配箍率 ρ_{sv} 过小时,斜裂缝一旦出现,与斜裂缝相交的箍筋不足以承担斜裂缝出现前混凝土承担的拉应力,箍筋就达到屈服而不能限制斜裂缝的发展,无腹筋梁类似,发生斜拉破坏。当剪跨比 λ > 3 且配箍率 ρ_{sv} 适当时,则可以避免斜拉破坏,而转为剪压破坏。这时因为斜裂缝出现后,与斜裂缝相交的箍筋能够承担斜截面上的拉应

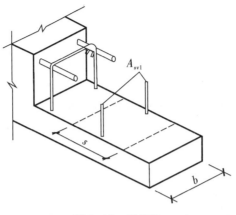

图 6-12　配箍率

力,荷载继续增加,箍筋的拉应力也随之不断增大,最后达到屈服,最终产生剪压破坏。当配箍率 ρ_{sv} 太大时,常发生斜压破坏,这是因为箍筋配置太多,箍筋还未屈服时,裂缝间的混凝土斜向柱体已经被压碎。在薄腹梁中,即使剪跨比比较大,也会发生斜压破坏。

所以,对于有腹筋梁,只要截面尺寸合适,箍筋配置数量适当,斜截面受剪破坏形态为剪压破坏形态是可能的。

6.2.2.2　有腹筋梁斜截面受剪机理

在有腹筋梁中,临界斜裂缝形成后,腹筋依靠"悬吊"作用把梳状齿的内力直接传递给拱体,再传给支座;腹筋的配置限制了斜裂缝的发展,增加了剪压区的面积,提供了混凝土的骨料咬合力;腹筋吊住纵向钢筋,阻止了纵筋发生竖向位移,延缓了混凝土沿纵筋的撕裂裂缝的发展,增强了纵筋的销栓作用。

由以上分析可见,由于腹筋的配置,梁的受剪性能发生了根本性变化,梁内斜截面受剪机理由无腹筋梁的"带拉杆的梳形拱模型"转变为"拱形桁架模型"(图 6-13)。混凝土拱体是拱形桁架的上弦压杆,斜裂缝间的梳状齿混凝土为受压腹杆,箍筋为受拉腹杆(当配有弯起钢筋时,可以将其看作拱形桁架的受拉斜腹杆),纵筋相当于下弦拉杆。这一模型,考虑了腹筋的受拉作用和斜裂缝间混凝土的受压作用。受拉腹杆(腹筋)较弱时将发生斜拉破坏,适当时将发生剪压破坏,过强时将发生斜压破坏。

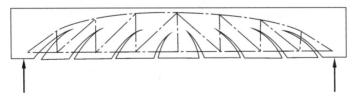

图 6-13　有腹筋梁斜裂缝形成后的受剪机理

第6.3节在线测试

6.3 斜截面受剪承载力的主要影响因素
Main Factors Affecting the Shear Strength of Diagonal Section

影响梁斜截面受剪承载力的因素很多。试验研究表明,主要影响因素有剪跨比、箍筋配筋率和强度、混凝土强度和纵筋配筋率。

6.3.1 剪跨比
Shear Span Ratio

剪跨比 λ 反映了截面上正应力和剪应力的相对关系。剪跨比大时,发生斜拉破坏,斜裂缝一出现就直通梁顶,受剪承载力较低;剪跨比适当时,发生剪压破坏,受剪承载力较高;剪跨比很小时,发生斜压破坏,荷载与支座间的混凝土就像一根短柱被压坏,受剪承载力很高但延性较差。因此,剪跨比对梁的破坏形态和受剪承载力有着重要影响。图 6-14 和图 6-15 分别为剪跨比对无腹筋梁和有腹筋梁受剪承载力的影响,可以看出,剪跨比越大,梁的受剪承载力越低。

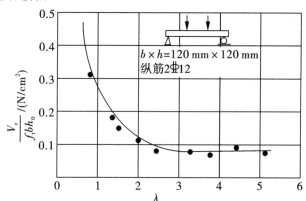

图 6-14 剪跨比对无腹筋梁受剪承载力的影响

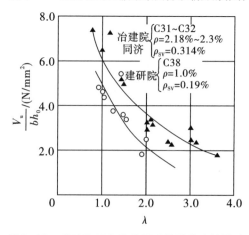

图 6-15 剪跨比对有腹筋梁受剪承载力的影响

6.3.2　箍筋的配筋率和强度
Ratio and Strength of Stirrup

有腹筋梁出现斜裂缝后,箍筋不仅直接承受相当部分的剪力,而且有效地抑制斜裂缝的开展和延伸,对提高剪压区混凝土的抗剪能力和纵向钢筋的销栓作用有着积极的影响。试验表明,在适当的范围内,梁的受剪承载力随配箍量的增多、箍筋强度的提高而有较大幅度的增长。

图 6-16 表示配箍率与箍筋强度的乘积 $\rho_{sv} f_{yv}$ 对梁受剪承载力的影响,可见当其他条件相同时,两者大体呈线性关系。

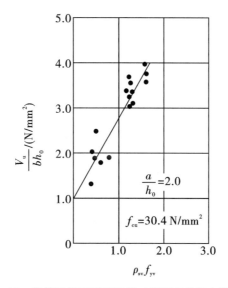

图 6-16　箍筋配箍率及其强度对梁受剪承载力的影响

6.3.3　混凝土强度
Strength of Concrete

梁斜截面剪切破坏时混凝土达到相应受力状态下的极限强度,所以混凝土强度对梁斜截面受剪承载力影响很大。如前所述,梁发生斜压破坏时,受剪承载力取决于混凝土的抗压强度;梁发生斜拉破坏时,受剪承载力取决于混凝土的抗拉强度;梁发生剪压破坏时,受剪承载力与混凝土强度的压剪复合受力强度有关。

图 6-17(a)、(b)分别表示集中荷载作用下($\lambda = 3$)无腹筋梁的名义剪应力(V_c/bh_0)与混凝土立方体抗压强度 f_{cu} 和轴心抗拉强度 f_t 的关系,图中黑点表示不同强度等级混凝土梁名义剪应力的试验值,共计 45 个点。由图可见,$V_c/(bh_0)$ 随 f_{cu} 增大而增大,但二者为非线性关系;而 $V_c/(bh_0)$ 与 f_t 近似为线性关系。

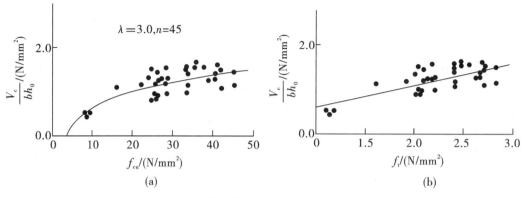

图 6-17　名义剪应力与混凝土强度的关系

6.3.4　纵筋配筋率

Ratio of Longitudinal Steel Bars

图 6-18 表示纵筋配筋率 ρ 与梁受剪承载力 $V_u/(f_t bh_0)$ 的关系。图中的散点表示不同剪跨比时的试验结果。由图可见,在其他条件相同的情况下,增加纵筋的配筋率可以提高梁的受剪承载力,两者大致为线性关系。这是因为纵筋能够抑制斜裂缝的开展和延伸,使得剪压区的混凝土面积增大,从而提高了剪压区混凝土的抗剪能力;另外,纵筋的数量增多,其销栓作用也随之增强。剪跨比较小时,销栓作用明显, ρ 对受剪承载力的影响较大;剪跨比较大时,属于斜拉破坏, ρ 对受剪承载力的影响程度较弱。

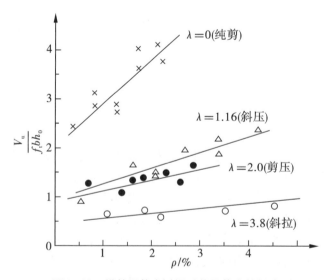

图 6-18　纵筋配筋率对梁受剪承载力的影响

6.3.5 其他因素
Other Factors

（1）截面形状

这主要是指 T 形梁，其翼缘大小对受剪承载力有影响。适当增加翼缘宽度，可提高受剪承载力 25%，但翼缘过大，增大作用就趋于平缓。另外，增加梁宽也可提高受剪承载力。

（2）梁的连续性

试验表明，连续梁的受剪承载力与相同条件下的简支梁相比，仅在受集中荷载时低于简支梁，而在受均布荷载时则是相当的。即使在承受集中荷载作用的情况下，也只有中间支座附近的梁段因异号弯矩的影响，受承载力有所下降；边支座附近梁段的抗剪承载力与简支梁相同。

（3）预应力

预应力能增加混凝土的剪压受压区高度，从而提高混凝土抗剪能力，预应力混凝土的斜裂缝长度比钢筋混凝土梁有所增长，也提高了斜裂缝内箍筋的抗剪承载力。

6.4 斜截面受剪承载力的计算公式与适用范围
Computational Formulas and Application of Shear Strength in Diagonal Section

6.4.1 计算原则
Calculation Principle

如前所述的梁斜截面剪切破坏的三种形态，在工程设计中都应设法避免。对于斜压破坏，通常采用控制截面的最小尺寸来防止；对于斜拉破坏，则要满足箍筋的最小配筋率条件及构造要求来防止；对于剪压破坏，因其承载力变化幅度较大，必须通过计算，使构件满足一定的斜截面受剪承载力，从而防止剪压破坏。我国《混凝土结构设计规范》中的受剪承载力计算公式就是依据剪压破坏特征建立的。

对于配置有箍筋和弯起钢筋的简支梁，梁达到受剪承载力极限状态而发生剪压破坏，取出被破坏斜截面所分割的一段梁作为隔离体，如图 6-19 所示。该隔离体上外荷载有剪力 V，斜截面上的抗力有混凝土剪压区的剪力和压力、箍筋和弯起钢筋的抗力、纵筋的抗力、纵筋的销栓作用力、骨料的咬合力等。斜截面的受剪承载力由以下几项构成：

$$V_u = V_c + V_{ay} + V_{sv} + V_{sb} + V_d \tag{6-4}$$

式中　V_u——斜截面受剪承载力；

V_c——剪压区混凝土所承担的剪力；

V_{ay}——斜截面上混凝土骨料咬合力的竖向分力总和；

V_{sv}——与斜裂缝相交的箍筋所承担剪力的总和；

V_{sb}——与斜裂缝相交的弯起钢筋所承担拉力的竖向分力的总和；

V_d ——纵筋的销栓作用力的总和。

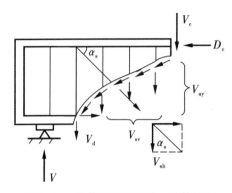

图 6-19   斜截面受剪承载力计算简图

由于梁的斜截面破坏位置和倾角及剪压区的面积很难用确定的理论分析;要确定最终剪压区混凝土所承受的剪力,将涉及混凝土的复合受力强度;根据前述内容分析,纵筋的销栓作用力 V_d 和混凝土骨料的咬合力的竖向分力 V_{ay} 对有腹筋梁的受剪承载力贡献较小,且影响因素繁多。因此,为了简化计算并便于应用,《混凝土结构设计规范》仅考虑一些主要因素,次要因素不考虑或合并于其他因素之中,采用半理论半经验的方法建立受剪承载力计算公式。于是式(6-4)可以简化为:

$$V_u = V_{cs} + V_{sb} \tag{6-5}$$

其中

$$V_{cs} = V_c + V_{sv} \tag{6-6}$$

式中 V_{cs} ——仅配置箍筋梁的斜截面承载力。

6.4.2   仅配箍筋梁的斜截面受剪承载力计算公式
Calculation Formula of Shear Bearing Capacity of Oblique Section of Beams with Only Stirrup

由式(6-6)可知,仅配置箍筋梁的斜截面受剪承载力 V_{cs} 由混凝土的受剪承载力 V_c 和与斜裂缝相交的箍筋的受剪承载力 V_{sv} 两个部分组成。根据前述的图 6-17(b)和图 6-16可知,$V_{cs}/(bh_0)$ 与混凝土的抗拉强度 f_t 和配箍强度 $\rho_{sv}f_{yv}$ 之间大致呈线性关系,所以可以简单地用线性函数表示这种关系,即:

$$\frac{V_{cs}}{bh_0} = \alpha_{cv}f_t + \alpha_{sv}\rho_{sv}f_{yv}$$

由此可得受剪承载力为:

$$V_u = V_{cs} = \alpha_{cv}f_t bh_0 + \alpha_{sv}f_{yv}\frac{A_{sv}}{s}h_0 \tag{6-7}$$

式中 α_{cv} 、α_{sv} ——待定系数。

由于钢筋混凝土梁受剪机理的复杂性,目前尚难通过理论方法给出式(6-7)中的待定系数 α_{cv} 和 α_{sv} ,而是根据试验结果(图 6-20)统计分析确定。《混凝土结构设计规范》

按95%的保证率取偏下限给出了待定系数的具体数值,具体地:

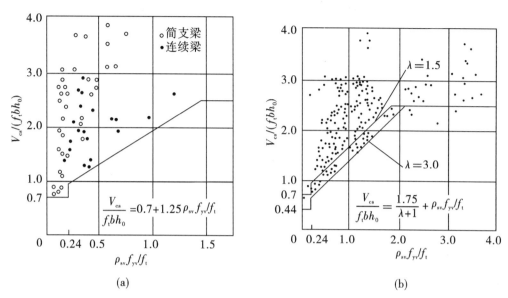

图6-20　荷载作用下有腹筋梁 V_{cs} 试验值

(a)均布荷载作用下有腹筋梁 V_{cs} 试验值与计算值的比较;(b)集中荷载作用下有腹筋梁 V_{cs} 试验值与计算值的比较

1)一般受弯构件,取 $\alpha_{cv}=0.7$, $\alpha_{sv}=1.0$,则式(6-7)可以写成:

$$V_{cs}=0.7f_{t}bh_{0}+f_{yv}\frac{A_{sv}}{s}h_{0} \tag{6-8}$$

2)集中荷载作用下(包括作用有多种复杂荷载,其中集中荷载对支座截面或节点边缘所产生的剪力值占总剪力的75%以上的情况)的独立梁(这里所指的独立梁为不与楼板整体浇筑的梁),取 $\alpha_{cv}=\dfrac{1.75}{\lambda+1}$, $\alpha_{sv}=1.0$,则式(6-7)可以写成:

$$V_{cs}=\frac{1.75}{\lambda+1}f_{t}bh_{0}+f_{yv}\frac{A_{sv}}{s}h_{0} \tag{6-9}$$

式(6-8)和式(6-9)的受剪承载力计算公式,可以写成统一的极限状态表达式:

$$V\leqslant V_{u}=V_{cs}=\alpha_{cv}f_{t}bh_{0}+f_{yv}\frac{A_{sv}}{s}h_{0} \tag{6-10}$$

式中　V——构件斜截面上的最大剪力设计值。

　　　V_{cs}——构件斜截面上混凝土和箍筋的受剪承载力设计值。

　　　α_{cv}——斜截面混凝土受剪承载力系数,对一般受弯构件取0.7;对集中荷载作用下(包括作用有多种荷载,其中集中荷载对支座截面或节点边缘所产生的剪力值占总剪力的75%以上的情况)的独立梁,取 $\alpha_{cv}=\dfrac{1.75}{\lambda+1}$, λ 为计算截面的剪跨比,可取 $\lambda=a/h_{0}$,当 $\lambda<1.5$ 时取1.5,当 $\lambda>3$ 时取3, a 取集中荷载作用点至支座截面或节点边缘的距离。

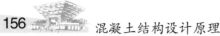

f_t ——混凝土轴心抗拉强度设计值。

b ——矩形截面的宽度，T 形截面或 I 形截面的腹板宽度。

s ——沿构件长度方向的箍筋间距。

h_0 ——截面的有效高度。

f_{yv} ——箍筋的抗拉强度设计值。

A_{sv} ——配置在同一截面内箍筋各肢的全部截面面积，即 nA_{sv1}，此处，n 为同一截面内的箍筋肢数，A_{sv1} 为单肢腹筋的截面面积。

6.4.3 配有箍筋和弯起钢筋梁的斜截面受剪承载力计算公式
Calculation Formula of Shear Bearing Capacity of Oblique Section of Beams with Both Stirrup and Bent Bar

由式(6-5)可知，配有箍筋和弯起钢筋梁的斜截面受剪承载力 V_u 由混凝土的受剪承载力 V_c、与斜裂缝相交的箍筋的受剪承载力 V_{sv} 和与斜裂缝相交的弯起钢筋的受剪承载力 V_{sb} 三个部分组成。其中弯起钢筋的受剪承载力按下式计算：

$$V_{sb} = 0.8 f_y A_{sb} \sin \alpha_s \tag{6-11}$$

将式(6-10)和式(6-11)代入式(6-5)，可得配箍筋和弯起钢筋梁的斜截面受剪承载力计算公式：

$$V \leqslant V_u = \alpha_{cv} f_t b h_0 + f_{yv} \frac{A_{sv}}{s} h_0 + 0.8 f_y A_{sb} \sin \alpha_s \tag{6-12}$$

式中 f_y ——弯起钢筋的抗拉强度设计值；

A_{sb} ——与斜裂缝相交的配置在同一弯起平面内的弯起钢筋截面面积；

α_s ——弯起钢筋与梁纵轴线的夹角，一般为 45°，当梁截面超过 800 mm 时，通常为 60°。

式(6-12)中 0.8 为应力不均匀折减系数，是对弯起钢筋受剪承载力的折减。这是因为考虑到弯起钢筋与斜裂缝相交时，有可能已接近受压区，钢筋强度在梁破坏时有可能达不到屈服强度。

6.4.4 一般板类构件斜截面受剪承载力计算公式

在高层建筑中，基础底板和转换层板的厚度有时达 1~3 m，水工、港工中的某些底板的厚度达 7~8 m，此类板称为厚板。对于厚板，除应计算正截面受弯承载力外，也还必须计算斜截面受剪承载力，但由于板类构件难以配置箍筋，所以这属于不配置箍筋和弯矩钢筋的无腹筋板类构件的斜截面受剪承载力问题。

《混凝土结构设计规范》规定，不配置箍筋和弯矩钢筋的无腹筋板类构件，其斜截面受剪承载力应按照下式计算：

$$V_u = 0.7 \beta_h f_t b h_0 \tag{6-13}$$

$$\beta_h = \left(\frac{800}{h_0} \right)^{\frac{1}{4}} \tag{6-14}$$

式中 β_h ——截面高度影响系数,当 $h_0 < 800$ mm 时,取 $h_0 = 800$ mm ;当 $h_0 > 2000$ mm 时,取 $h_0 = 2000$ mm 。

6.4.5 计算公式的适用范围
Applicable Scope of the Calculation Formulas

上述梁的斜截面受剪承载力计算公式是根据剪压破坏的受力特征和试验结果建立的,因而具有一定的适用范围,即公式的上、下限。

（1）公式上限值——截面的最小尺寸

当发生斜压破坏时,梁腹的混凝土被压碎,箍筋不屈服,受剪承载力主要取决于构件的腹板宽度、梁截面高度及混凝土强度。因此,设计时为避免斜压破坏,同时也为了防止梁在使用阶段斜裂缝过宽(主要是薄腹梁),只要保证构件截面尺寸不太小即可。为此,《混凝土结构设计规范》对梁的截面尺寸作如下规定。

当 $\dfrac{h_w}{b} \leqslant 4.0$ 时(属于一般梁),应满足:

$$V \leqslant 0.25\beta_c f_c b h_0 \tag{6-15}$$

当 $\dfrac{h_w}{b} \geqslant 6.0$ 时(属于薄腹梁),应满足:

$$V \leqslant 0.2\beta_c f_c b h_0 \tag{6-16}$$

当 $4.0 < \dfrac{h_w}{b} < 6.0$ 时,按线性内插法确定。

式中 V ——构件斜截面上的最大剪力设计值;

β_c ——混凝土强度影响系数,当混凝土强度等级不超过 C50 时 β_c 取 1.0,当混凝土强度等级为 C80 时 β_c 取 0.8,其间按线性内插法确定;

f_c ——混凝土轴心抗压强度设计值;

b ——矩形截面的宽度,T 形截面或 I 形截面的腹板宽度;

h_0 ——截面的有效高度;

h_w ——截面的腹板高度,矩形截面取有效高度,T 形截面取有效高度减去翼缘高度,I 形截面取腹板净高。

（2）公式下限值——箍筋的最小配筋率和箍筋最大间距

钢筋混凝土梁出现裂缝后,斜裂缝处原来由混凝土承受的拉力全部转移给箍筋,箍筋应力突然增大,如果箍筋配量过少,箍筋可能迅速达到屈服强度,甚至被拉断而发生斜拉破坏。为了防止出现这种情况,《混凝土结构设计规范》规定了箍筋的最小配筋率,即

$$\rho_{sv,min} = 0.24\frac{f_t}{f_{yv}} \tag{6-17}$$

在满足了最小配箍率后,如果箍筋较粗而间距较大,则可能因箍筋间距过大而在两根箍筋之间出现不与箍筋相交的斜裂缝,使箍筋无法发挥作用。因此梁内的箍筋还应满足下列要求。

1）当计算截面的剪力设计值满足：

$$V \leqslant \alpha_{cv} f_t b h_0 \tag{6-18}$$

时，无须计算配置箍筋，但需要按照构造要求配置箍筋，即箍筋的最大间距和最小直径应满足表6-1的构造要求。

表6-1　梁中箍筋的最大间距和最小直径　　　　　　　　单位：mm

梁截面高度 h	最大间距		最小直径
	$V>0.7f_t b h_0$	$V \leqslant 0.7f_t b h_0$	
$150<h \leqslant 300$	150	200	6
$300<h \leqslant 500$	200	300	6
$500<h \leqslant 800$	250	350	6
$h>800$	300	400	8

2）当式（6-18）不满足时，应按式（6-12）计算腹筋配置数量，并且计算所用的箍筋间距和直径也应满足表6-1的构造要求，同时箍筋的配置仍应满足最小配箍率要求。

6.5　斜截面受剪承载力的计算方法
Calculated Method of Shear Strength in Diagonal Section

6.5.1　截面的确定及箍筋级别选用
Determination of Cross Section and Selection of Stirrup Grade

在计算梁斜截面的受剪承载力时，应选择剪力设计值较大而受剪承载力较薄弱处，或是截面受剪承载力变化处，因此，《混凝土结构设计规范》规定设计中一般选取下列截面作为梁受剪承载力的计算截面：

1）支座边缘处的截面，如图6-21（a）中的1—1截面。该处的剪力设计值一般最大。

2）受拉区弯起钢筋起点处的截面，如图6-21（a）中的2—2截面。未弯起钢筋区段的受剪承载力低于设置弯起钢筋的区段，所以可能在弯起点处产生沿截面2—2的受剪破坏。

3）箍筋截面面积或间距改变处的截面，如图6-21（a）中的3—3截面。箍筋面积减小或是间距增大，受剪承载力降低，可能产生沿截面3—3的受剪破坏。

4）截面尺寸改变处的截面。当腹板宽度变小，受剪承载力降低时，可能产生沿截面4—4的受剪破坏。

计算截面处的剪力设计值按照下述方法采用：计算支座边缘处的截面时，取该处的剪力设计值；计算第一排（从支座算起）弯起钢筋时，取支座边缘处的剪力值；计算以后每一排弯起钢筋时，取前一排弯起钢筋弯起点处的剪力设计值；计算箍筋截面面积或间距改变处的截面时,取箍筋面积或间距开始改变处的剪力设计值;计算腹板宽度改变处的截面时,取腹板宽度改变处的剪力设计值。

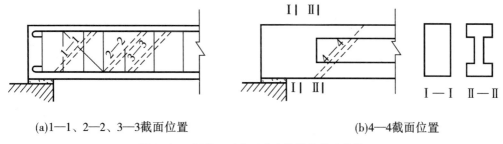

(a)1—1、2—2、3—3截面位置　　　　　　　　(b)4—4截面位置

图 6-21　斜截面受剪承载力的计算截面位置

箍筋宜采用 HRB400、HRBF400、HPB300、HRB500、HRBF500 钢筋,也可以采用 HRB335 钢筋。

6.5.2　斜截面受剪承载力的设计计算
Design and Calculation of Shear Bearing Capacity of Oblique Section

在工程设计中,斜截面受剪承载力计算亦存在截面设计和截面复核两类问题。

6.5.2.1　截面设计

已知构件的截面尺寸 b、h_0,材料强度设计值 f_t、f_y、f_{yv},荷载设计值(或内力设计值)和跨度等,要求确定箍筋和弯起钢筋的数量。

对于这类问题可以按照以下步骤进行计算:

1)求计算斜截面的剪力设计值,必要时作剪力图。

2)验算截面尺寸。根据构件斜截面上的最大剪力设计值 V,按式(6-15)或式(6-16)验算由正截面受弯承载力计算所选定的截面尺寸是否满足要求,如不满足则需要加大截面尺寸或提高混凝土强度等级。

3)验算截面是否需要按计算配置腹筋。当计算斜截面的剪力设计值满足式(6-18)时,则不需按计算配置腹筋,直接按最小配箍率及表 6-1 的构造要求配置箍筋。否则,应按计算要求配置腹筋。

4)当需要按计算配置腹筋时,计算腹筋数量。

关于计算腹筋配置,工程设计中一般采用以下两种方案:

①只配箍筋不配弯起钢筋。

当只配箍筋不配弯起钢筋时,由式(6-10)可得:

$$\frac{A_{sv}}{s} \geqslant \frac{V - \alpha_{cv} f_t b h_0}{f_{yv} h_0} \tag{6-19}$$

计算出 $\dfrac{A_{sv}}{s}$ 值后,一般采用双肢箍筋,即取 $A_{sv} = 2A_{sv1}$ (A_{sv1} 为单肢箍筋的截面面积),可选

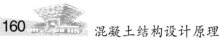

用钢筋直径,确定其截面面积,再求出箍筋间距 s 。注意选用的箍筋直径和间距应满足表 6-1 的构造要求,同时满足箍筋最小配筋率要求。

②既配箍筋又配弯起钢筋。

当计算截面的剪力设计值较大时,箍筋配置数量较多但仍不满足截面抗剪要求时,可以配置弯起钢筋与箍筋一起抗剪。此时,可先根据经验选定箍筋数量,然后按照下式确定弯起钢筋的面积 A_{sb} :

$$A_{sb} \geqslant \frac{V - V_{cs}}{0.8 f_y \sin \alpha_s} \qquad (6-20)$$

式中,V_{cs} 按照式(6-10)计算。

也可以根据已配纵筋选定弯起钢筋,然后按照下式确定箍筋用量:

$$\frac{A_{sv}}{s} \geqslant \frac{V - V_{sb} - \alpha_{cv} f_t b h_0}{f_{yv} h_0} \qquad (6-21)$$

式中,V_{sb} 按照式(6-11)计算。注意选用的箍筋直径和间距应满足表 6-1 的构造要求,同时满足箍筋最小配筋率要求。

梁斜截面受剪承载力计算步骤框图如图 6-22 所示。

6.5.2.2 截面复核

已知构件的截面尺寸 b、h_0,材料强度设计值 f_t、f_y、f_{yv},箍筋数量,弯起钢筋数量及位置等,要求复核构件斜截面所能承受的剪力设计值。

此类问题可将已知条件的有关数据直接代入式(6-12),即可得到解答。

6.5.3 计算例题

【例 6-1】 如图 6-23 所示,矩形截面钢筋混凝土简支梁截面尺寸 $b \times h = 250 \text{ mm} \times 600 \text{ mm}$,混凝土强度等级 C30($f_c = 14.3 \text{ N/mm}^2$,$f_t = 1.43 \text{ N/mm}^2$),环境类别为一类。纵向受力钢筋为 HRB400($f_y = 360 \text{ N/mm}^2$),箍筋采用 HPB300($f_{yv} = 270 \text{ N/mm}^2$)。梁承受均布荷载设计值 90 kN/m(包括梁自重)。根据正截面受弯承载力计算所配置的纵向受力钢筋为 4 Φ 22。试确定腹筋数量。

【解】 (1)计算剪力设计值

支座边缘处截面的剪力设计值:

$$V = \frac{1}{2} \times 90 \times (5.1 - 0.24) = 218.7 \text{ kN}$$

(2)验算截面尺寸

取 $a_s = 40 \text{ mm}$,则 $h_w = h_0 = h - a_s = 600 - 40 = 560 \text{ mm}$,$h_w/b = 560/250 = 2.24 < 4$,应按式(6-15)验算;因为混凝土强度等级为 C30,小于 C50,故取 $\beta_c = 1.0$,于是 $0.25\beta_c f_c b h_0 = 0.25 \times 1.0 \times 14.3 \times 250 \times 560 = 500500 \text{ N} = 500.5 \text{ kN} > V = 218.7 \text{ kN}$,截面尺寸满足要求。

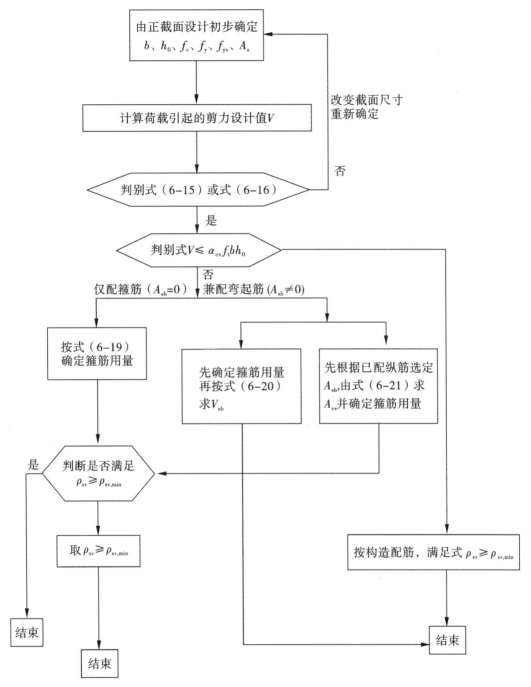

图6-22 梁斜截面受剪承载力计算步骤框图

(3)验算截面是否按计算配置腹筋

由式(6-18)得:

$$\alpha_{cv}f_tbh_0 = 0.7 \times 1.43 \times 250 \times 560 = 140140N = 140.14 \text{ kN} < V = 218.7 \text{ kN}$$

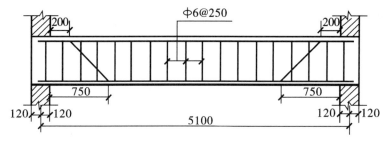

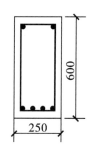

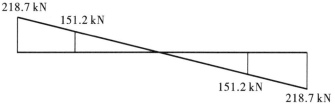

图 6-23　例 6-1 图

故需要按计算配置腹筋。

（4）计算腹筋数量

1）只配箍筋不配弯起钢筋：

由式（6-19）得

$$\frac{A_{sv}}{s} \geqslant \frac{V - \alpha_{cv}f_t bh_0}{f_{yv}h_0} = \frac{218700 - 140140}{270 \times 560} = 0.520$$

根据表 6-1，梁的箍筋直径不宜小于 6 mm，最大间距 $s_{max} = 250$ mm，故选用双肢箍筋直径为 $\phi 8$，则 $A_{sv} = 101$ mm^2，于是

$$s \leqslant \frac{A_{sv}}{0.520} = \frac{101}{0.520} = 194 \text{ mm} < s_{max} = 250 \text{ mm}$$

取 $s = 180$ mm，相应的箍筋配筋率为

$$\rho_{sv} = \frac{A_{sv}}{bs} = \frac{101}{250 \times 180} = 0.224\% \geqslant \rho_{sv,min} = 0.24\frac{f_t}{f_{yv}} = 0.24 \times \frac{1.43}{270} = 0.127\%$$

故所配的双肢 $\phi 8@180$ 箍筋满足要求。

2）既配箍筋又配弯起钢筋：

按照表 6-1 的构造要求，选用箍筋为 $\phi 6@250$，由式（6-20）得

$$A_{sb} \geqslant \frac{V - V_{cs}}{0.8 f_y \sin \alpha_s} = \frac{218700 - (140140 + 270 \times \frac{57}{250} \times 560)}{0.8 \times 360 \times \sin 45°} = 216 \text{ mm}^2$$

根据已配的 4Φ22 纵向受力钢筋，将 1Φ22（$A_{sb} = 380.1$ mm^2）以 45°弯起。梁外边缘至纵向受力钢筋外表面的距离为保护层厚度与箍筋直径之和，即为 20+6＝26 mm，则弯起钢筋的水平投影长度为 600－26×2＝548 mm，近似取 550 mm。弯起钢筋的上弯点取 200 mm < $s_{max} = 250$ mm，则弯起钢筋的下弯点至支座边缘的距离为 200+550＝750 mm，

如图 6-23 所示。

下面验算弯起点的斜截面承载力。弯起点处对应的剪力设计值 V_1 和该处截面的受剪承载力设计值 V_{cs} 计算如下：

$$V_1 = \frac{1}{2} \times 90 \times (5.1 - 0.24 - 1.5) = 151.2 \text{ kN}$$

$$V_{cs} = 140140 + 270 \times \frac{57}{250} \times 560 = 174614\text{N} = 174.614 \text{ kN} > V_1$$

故弯起点处截面满足受剪承载力要求，所以梁配置双肢φ6@250 的箍筋，配置 1 Φ20 的弯起钢筋。

【例6-2】 如图 6-24 所示，矩形截面钢筋混凝土外伸梁支承于砖墙上，截面尺寸 $b \times h = 250 \text{ mm} \times 700 \text{ mm}$，梁截面有效高度 $h_0 = 630 \text{ mm}$，混凝土强度等级 C30（$f_c = 14.3 \text{ N/mm}^2$，$f_t = 1.43 \text{ N/mm}^2$），环境类别为一类。纵向受力钢筋为 HRB500（$f_y = 435 \text{ N/mm}^2$），箍筋采用 HRB400（$f_{yv} = 360 \text{ N/mm}^2$）。梁承受荷载设计值(均布荷载已包括梁自重)如图 6-24 所示。根据正截面受弯承载力计算，所配置的跨中截面纵向受力钢筋为2 Φ20+3 Φ22。试确定腹筋数量。

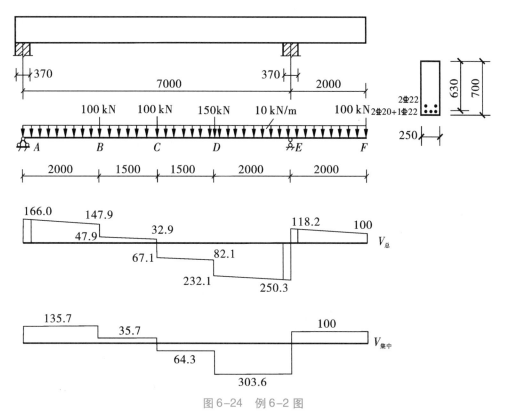

图 6-24 例 6-2 图

【解】 (1)计算剪力设计值
剪力设计值如图 6-24 所示。

（2）验算截面尺寸

$h_w = h_0 = 630$ mm，$h_w/b = 630/250 = 2.52 < 4$，应按式（6-15）验算；因为混凝土强度等级为 C30，小于 C50，故取 $\beta_c = 1.0$，于是

$0.25\beta_c f_c bh_0 = 0.25 \times 1.0 \times 14.3 \times 250 \times 630 = 563062.5$ N $= 563.0625$ kN

该值大于梁支座边缘处最大剪力设计值，截面尺寸满足要求。

（3）验算截面是否按计算配置腹筋

由图 6-24 可知，集中荷载作用下的各个支座截面所产生的剪力设计值均占相应支座截面总剪力的 75% 以上，都需要考虑计算剪跨比。

截面 $B_左$、$D_左$、$E_左$、$E_右$ 的弯矩设计值为

$$M_{B左} = 315.8 \text{ kN} \cdot \text{m}, \quad M_{D右} = 264.5 \text{ kN} \cdot \text{m}$$

$$M_{E左} = -173.53 \text{ kN} \cdot \text{m}, \quad M_{E右} = -198.0 \text{ kN} \cdot \text{m}$$

截面 $B_左$、$D_左$、$E_左$、$E_右$ 的剪跨比分别为

$$\lambda_{B左} = \frac{M_{B左}}{V_{B左}h_0} = \frac{315.8}{147.9 \times 0.63} = 3.39 > 3, \quad \lambda_{D左} = \frac{M_{D左}}{V_{D左}h_0} = \frac{264.5}{82.1 \times 0.63} = 5.11 > 3$$

$$\lambda_{E左} = \frac{M_{E左}}{V_{E左}h_0} = \frac{173.53}{250.3 \times 0.63} = 1.10 < 1.5, \quad \lambda_{E右} = \frac{M_{E右}}{V_{E右}h_0} = \frac{198.0}{118.2 \times 0.63} = 2.66$$

由式（6-18）得

$$B_左: \alpha_{cv}f_t bh_0 = \frac{1.75}{3+1} \times 1.43 \times 250 \times 630 = 98.536 \text{ kN} < V_{B左} = 147.9 \text{ kN}$$

$$D_左: \alpha_{cv}f_t bh_0 = \frac{1.75}{3+1} \times 1.43 \times 250 \times 630 = 98.536 \text{ kN} > V_{D左} = 82.1 \text{ kN}$$

$$E_左: \alpha_{cv}f_t bh_0 = \frac{1.75}{1.5+1} \times 1.43 \times 250 \times 630 = 157.685 \text{ kN} < V_{E左} = 250.3 \text{ kN}$$

$$E_右: \alpha_{cv}f_t bh_0 = \frac{1.75}{2.66+1} \times 1.43 \times 250 \times 630 = 107.690 \text{ kN} < V_{E右} = 118.2 \text{ kN}$$

所以，除了 $D_左$ 截面外，其余的都需要按计算配置腹筋。

（4）计算腹筋数量

1）AB 段，该区段的最大剪力设计值为 166.0 kN，采用只配箍筋的方案，由式（6-19）得

$$\frac{A_{sv}}{s} \geqslant \frac{V - \alpha_{cv}f_t bh_0}{f_{yv}h_0} = \frac{166000 - 98536}{360 \times 630} = 0.298$$

根据表 6-1，梁的箍筋直径不宜小于 6 mm，最大间距 $s_{max} = 250$ mm，故选用双肢 2ϕ6 箍筋（$A_{sv} = 57$ mm^2），于是

$$s \leqslant \frac{A_{sv}}{0.298} = \frac{57}{0.298} = 191 \text{ mm} < s_{max} = 250 \text{ mm}$$

取 $s = 180$ mm，相应的箍筋配筋率为

$$\rho_{sv} = \frac{A_{sv}}{bs} = \frac{57}{250 \times 180} = 0.127\% \geqslant \rho_{sv,min} = 0.24\frac{f_t}{f_{yv}} = 0.24 \times \frac{1.43}{360} = 0.095\%$$

满足要求，故选配双肢ϕ6@180 箍筋。

2)BC 段和 CD 段,该区段的最大剪力设计值为 82.1 kN,剪力较小,可以按照构造要求配置双肢$\Phi6@250$ 箍筋,其受剪承载力为

$$V_u = \frac{1.75}{\lambda + 1}f_t b h_0 + f_{yv}\frac{A_{sv}}{s}h_0 = 98536 + 360 \times \frac{57}{250} \times 630 = 150.2 \text{ kN} > 82.1 \text{ kN}$$

满足要求,故选配双肢$\Phi6@250$ 箍筋。

3)DE 段,该区段的剪力设计值较大,采用既配箍筋又配弯起钢筋的方案。选用双肢$\Phi6@250$ 箍筋,由式(6-20)得

$$A_{sb} \geqslant \frac{V - V_{cs}}{0.8f_y\sin\alpha_s} = \frac{250300 - (157685 + 360 \times \frac{57}{250} \times 630)}{0.8 \times 435 \times \sin45°} = 166 \text{ mm}^2$$

选择 1$\Phi20$($A_{sb} = 314.2 \text{ mm}^2$) 弯起即可满足要求。考虑到 DE 段长度为 2 m,需弯起三排,均为 1$\Phi22$,覆盖整个 2 m 长的区段。

4)EF 段,该区段的最大剪力设计值为 118.2 kN,剪力较小,可以按照构造要求配置双肢$\Phi6@250$ 箍筋,其受剪承载力为

$$V_u = \frac{1.75}{\lambda + 1}f_t b h_0 + f_{yv}\frac{A_{sv}}{s}h_0 = 107690 + 360 \times \frac{57}{250} \times 630 = 159.4 \text{ kN} > 118.2 \text{ kN}$$

满足要求,故选配双肢$\Phi6@250$ 箍筋。

【例 6-3】　T 形截面钢筋混凝土如图 6-25 所示,截面尺寸 $b \times h = 250 \text{ mm} \times 700 \text{ mm}$,跨度 5 m,梁截面有效高度 $h_0 = 630 \text{ mm}$,混凝土强度等级 C30($f_c = 14.3 \text{ N/mm}^2$,$f_t = 1.43 \text{ N/mm}^2$),环境类别为一类。纵向受力钢筋为 HRB500($f_y = 435 \text{ N/mm}^2$),箍筋采用 HRB400($f_{yv} = 360 \text{ N/mm}^2$)。梁承受一设计值为 450 kN(已包括梁自重影响)的集中荷载。梁跨中截面纵向受力钢筋为 2$\Phi22$+3$\Phi25$。试确定腹筋数量。

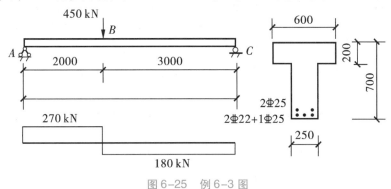

图 6-25　例 6-3 图

【解】　(1)计算剪力设计值

剪力图如图 6-25 所示。

(2)验算截面尺寸

$h_w = h_0 - h_f' = 630 - 200 = 430 \text{ mm}$,$h_w/b = 430/250 = 1.72 < 4$,应按式(6-15)验算;因为混凝土强度等级为 C30,小于 C50,故取 $\beta_c = 1.0$,于是

$0.25\beta_c f_c b h_0 = 0.25 \times 1.0 \times 14.3 \times 250 \times 630 = 563062.5 \text{ N} = 563.0625 \text{ kN} > 270 \text{ kN}$

故截面尺寸满足要求。

（3）验算截面是否按计算配置腹筋

AB 段：$\lambda = a/h_0 = 2000/630 = 3.17 > 3$，取 $\lambda = 3$ 计算，则

$$\frac{1.75}{\lambda + 1}f_t bh_0 = \frac{1.75}{3 + 1} \times 1.43 \times 250 \times 630 = 98.536 \text{ kN} < 270 \text{ kN}$$

BC 段：$\lambda = a/h_0 = 3000/630 = 4.76 > 3$，取 $\lambda = 3$ 计算，则

$$\frac{1.75}{\lambda + 1}f_t bh_0 = \frac{1.75}{3 + 1} \times 1.43 \times 250 \times 630 = 98.536 \text{ kN} < 180 \text{ kN}$$

所以，AB 段和 BC 段均应按计算配置腹筋。

（4）计算腹筋数量

1）AB 段：采用既配箍筋又配弯起钢筋的方案。选用双肢ϕ8@200 箍筋，由式（6-20）得

$$A_{sb} \geqslant \frac{V - V_{cs}}{0.8 f_y \sin \alpha_s} = \frac{270000 - (98536 + 360 \times \dfrac{101}{200} \times 630)}{0.8 \times 435 \times \sin 45°} = 233 \text{ mm}^2$$

选择 1 ϕ25（$A_{sb} = 491 \text{ mm}^2$）弯起即可满足要求。$AB$ 段内弯起两排。

2）BC 段：采用仅配箍筋的方案。选用双肢ϕ8@200 箍筋，由于

$$V_{cs} = 98536 + 360 \times \frac{101}{200} \times 630 = 213.07 \text{ kN} > 180 \text{ kN}$$

故 BC 段不需要按计算配置箍筋。

由上述的计算可见，当计算截面的剪力设计值较大时，采用高强度钢筋可以减少箍筋数量，较为经济。

【例6-4】 一矩形截面简支梁，净跨 $l_n = 5.2$ m，承受均布荷载。截面尺寸 $b \times h = 250 \text{ mm} \times 550 \text{ mm}$，混凝土强度等级 C25（$f_c = 11.9 \text{ N/mm}^2$，$f_t = 1.27 \text{ N/mm}^2$），混凝土保护层厚度为 25 mm。箍筋采用 HPB300（$f_{yv} = 270 \text{ N/mm}^2$）。若沿梁的全长配置双肢$\phi$8@150箍筋，试计算该梁的斜截面承载力，并确定梁所能承受的均布荷载设计值（不包括自重）。

【解】 取 $a_s = 40$ mm，则 $h_0 = h - a_s = 550 - 40 = 510$ mm，最小配筋率为

$$\rho_{sv,min} = 0.24 \times \frac{f_t}{f_{yv}} = 0.24 \times \frac{1.27}{270} = 0.113\%$$

$$\rho_{sv} = \frac{A_{sv}}{bs} = \frac{101}{250 \times 150} = 0.269\% \geqslant \rho_{sv,min} = 0.113\%$$

满足要求。

由式（6-10）可得

$$V_u = V_{cs} = \alpha_{cv} f_t bh_0 + f_{yv} \frac{A_{sv}}{s} h_0$$

$$= 0.7 \times 1.27 \times 250 \times 510 + 270 \times \frac{101}{150} \times 510 = 206066 \text{ N} = 206.066 \text{ kN}$$

$$< 0.25\beta_c f_c bh_0 = 0.25 \times 1.0 \times 11.9 \times 250 \times 510 = 379.313 \text{ kN}$$

设该梁所承受的均布荷载设计值为 q，梁单位长度上的自重标准值为 g，则有 $V_u = \frac{1}{2}(q + 1.2g)l_n$，于是可得

$$q = \frac{2V_u}{l_n} - 1.2g = \frac{2 \times 206.066}{5.2} - 1.2 \times 0.25 \times 0.55 \times 25 = 75.131 \text{ kN/m}$$

因此，根据梁斜截面受剪承载力值 V_u 求得的梁所能承受的均布荷载设计值为75.131 kN/m。

6.6 受弯构件斜截面的构造要求

Detailing Requirements of Diagonal Section in Bending Member

受弯构件斜裂缝形成后，在斜截面上不仅存在剪力 V，还作用有弯矩 M，即受弯构件斜截面承载力包括斜截面受剪承载力和斜截面受弯承载力两个方面，图6-26(a)、(b)所示为一简支梁和它的弯矩图。如图6-26(c)所示，梁的斜截面受弯承载力是指斜截面上的纵向受拉钢筋、弯起钢筋、箍筋等斜截面破坏时，它们各自所提供的拉力对剪压区 C 的内力矩之和为

$$M_u = f_y(A_s - A_{sb})z + \sum f_y A_{sb} z_{sb} + \sum f_{yv} A_{sv} z_{sv} \tag{6-22}$$

式中 M_u——斜截面的受弯承载力。

上式等号右边的第一项为纵筋的受弯承载力，第二项和第三项分别为弯起钢筋和箍筋的受弯承载力。

与斜截面末端 C 相对应的正截面 CC' 的受弯承载力为

$$M_u = f_y A_s z \tag{6-23}$$

由于斜截面 JC 和正截面 CC' 承受的外荷载弯矩均等于 M_c [图6-26(b)]，因此按跨中最大弯矩 M_{max} 而配置的钢筋 A_s 只要沿着梁全长既不弯起也不截断，那么必然满足斜截面的抗弯要求。但在实际工程设计中，纵筋有时需要弯起或截断。这样斜截面 JC 的受弯承载力公式(6-22)中第一项将小于正截面 CC' 受弯承载力 [式(6-23)]。在这种情况下，斜截面的受弯承载力可能得不到保证。因此，在纵筋弯起或截断的梁中，必须考虑斜截面的受弯承载力问题。通常斜截面受弯承载力是不进行计算的，而是通过梁内纵向钢筋的弯起、截断、锚固及箍筋的间距等构造要求与措施来保证。本节将在上一章讲述单个正截面受弯承载力的计算与构造基础上，着重讲述沿整个受弯构件长度的配筋构造等问题。

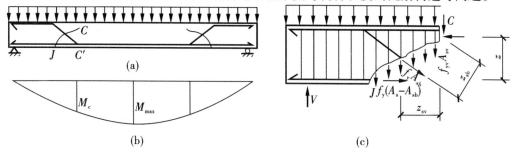

图6-26 斜截面受弯承载力计算

为了说清楚这些问题,必须先建立正截面抵抗弯矩图的概念。

6.6.1 抵抗弯矩图
Resistance Moment Diagram

荷载对梁的各个正截面产生的弯矩设计值 M 所绘制的图形,称为设计弯矩图(即 M 图,严格地讲是弯矩包络图)。按照梁实际配置的纵向受力钢筋所确定的各正截面所能抵抗的弯矩图形称为抵抗弯矩图(即 M_R 图),图上各纵坐标代表各相应的正截面实际能抵抗的弯矩值。下面讨论抵抗弯矩图的做法。

(1)纵向受力钢筋全部伸入支座的抵抗弯矩图

图 6-27 所示的钢筋混凝土简支梁,按照跨中最大弯矩计算,配置纵筋 2 Φ25+1 Φ22,其抵抗弯矩按下式计算:

$$M_u = f_y A_s (h_0 - \frac{f_y A_s}{2\alpha_1 f_c b}) \tag{6-24}$$

每根钢筋所能承担的抵抗弯矩 M_{ui} 可以按照该根钢筋的面积 A_{si} 与钢筋总面积 A_s 的比值乘以总抵抗弯矩 M_u 求得:

$$M_{ui} = \frac{A_{si}}{A_s} M_u \tag{6-25}$$

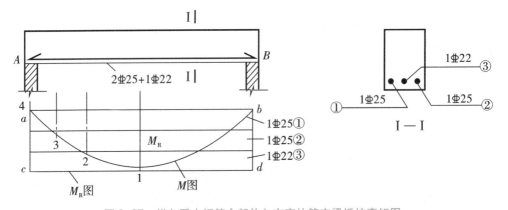

图 6-27　纵向受力钢筋全部伸入支座的简支梁抵抗弯矩图

图 6-27 所示的钢筋混凝土简支梁,三根钢筋沿梁长度方向不变化,全部伸入支座,各截面的抵抗弯矩图相同,即 M_R 图为矩形 $acdb$,每根钢筋所能抵抗的弯矩 M_{Ri} 用水平线表示于图中。由图可见,纵筋的配置构造简单,但除了跨中外,M_R 要比 M 大得多,临近支座处的正截面受弯承载力大大富裕。这种布置钢筋方式是不够经济的,为了节约钢材,在实际工程设计中往往将跨中多余的部分钢筋弯起,用以抗剪或抵抗支座的负弯矩,而把支座多余的钢筋尽量合理地截断。

由图 6-27 可知,截面 1 处①、②、③钢筋被充分利用;截面 2 处①、②钢筋被充分利用;截面 3 处①钢筋被充分利用,因而,把截面 1、2、3 分别称为③、②、①号钢筋的充分利用截面。由图 6-28 还可知,从理论上讲,过了截面 2 以后,就不需要③号钢筋了,过了截面 3 以后,就不需要②号钢筋了,所以可以把截面 2、3、4 分别称为③、②、①号钢筋的不需要截面,也称为理论截断点。

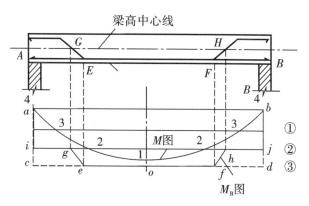

图 6-28　部分纵向受力钢筋弯起时的抵抗弯矩图

（2）部分纵向受拉钢筋弯起的抵抗弯矩图

《混凝土结构设计规范》规定:梁底部的外侧纵向受力钢筋不能截断,且进入支座也不能少于 2 根,所以用于弯起的钢筋只有③号钢筋 1 ⏀ 22。将③号钢筋在临近支座处弯起,如图 6-28 所示,弯起点 E、F 必须在截面 2 处的外面。可近似认为,当弯起钢筋在穿过其与梁截面高度中心线相交处,不再提供受弯承载力,因此该处的 M_R 即为图中所示的 $aigefhjb$。图中的 e、f 点分别垂直对应于弯起点 E、F，g、h 点分别垂直对应于弯起钢筋与梁高度中心线的交点 G、H。由于弯起钢筋的正截面受弯内力臂逐渐减小,其承担的正截面受弯承载力相应减小,所以反映在 M_R 图上的 eg 和 fh 呈斜线。

（3）部分纵向受拉钢筋截断的抵抗弯矩图

图 6-29 为一钢筋混凝土连续梁中间支座的弯矩设计图 M、抵抗弯矩图 M_R 及其配筋图。根据支座负弯矩设计,所需钢筋为 2 ⏀ 18+2 ⏀ 16,相应的抵抗弯矩用 GH 表示。根据 M 与 M_R 的关系,可以①号钢筋的理论截断点（不需要截面）为 J、L 点,从 J、L 两点分别向上作垂直投影线交于 I、K 两点,则 $JIKL$ 为①号钢筋被截断后的抵抗弯矩图。同样地,图中也给出了②号和③号钢筋被分别截断后的抵抗弯矩图。

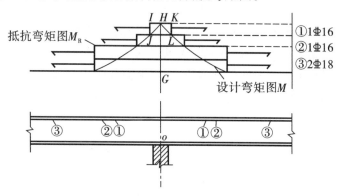

图 6-29　部分纵向受弯钢筋截断时的抵抗弯矩图

通过以上的分析可知,对梁的正截面受弯承载力而言,把纵向受拉钢筋在不需要的地方弯起和截断是合理的,并且从设计弯矩图和抵抗弯矩图关系来看,二者越靠近越经济。但是,由于纵筋的弯起和截断多数发生在弯剪段,所以在处理过程中不仅应满足正截面受弯承载力的要求,还要满足斜截面受弯承载力的要求。

6.6.2 纵筋的弯起
Bent-up of Longitudinal Steel Bars

确定纵向弯起钢筋,需要考虑以下三个方面的构造要求。

(1)满足弯起点要求的位置

梁的钢筋弯起除了满足正截面受弯承载力外,还必须满足斜截面受弯承载力的要求。弯起纵筋在受拉区的弯起点,应设在该钢筋的充分利用点以外,该弯起点至充分利用点的距离 a(如图6-28中 oe 段和 of 段)大于或等于 $h_0/2$。以下讨论为什么纵向钢筋的弯起点离充分利用点的距离 $a \geqslant h_0/2$ 就能满足斜截面受弯承载力要求。

如图6-30所示,设要弯起的纵向受力钢筋的截面面积为 A_{sb},弯起前,其在被充分利用的正截面上 I—I 截面处提供的受弯承载力为:

$$M_{u,I} = f_y A_{sb} z \tag{6-26}$$

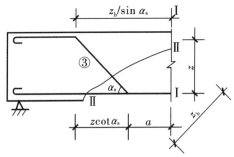

图6-30 弯起点的位置

弯起后,其在斜截面上 II—II 截面处提供的受弯承载力为:

$$M_{u,II} = f_y A_{sb} z_b \tag{6-27}$$

由图6-30可知,斜截面 II—II 所承担的弯矩设计值就是斜截面末端剪压区处正截面 I—I 所承担的弯矩设计值,亦即不能因为纵向钢筋的弯起而导致斜截面 II—II 的受弯承载力降低。为了保证斜截面的受弯承载力,要求斜截面受弯承载力要大于或等于正截面受弯承载力,即满足 $M_{u,II} \geqslant M_{u,I}$,相当于 $z_b \geqslant z$。设弯起点距弯起钢筋充分利用点的截面 I—I 的距离为 a,从图6-30可得:

$$\frac{z_b}{\sin \alpha_s} = z\cot \alpha_s + a, 即 z_b = z\cos \alpha_s + a\sin \alpha_s$$

式中 α_s ——弯起钢筋与构件纵轴线的夹角。

于是,可得:

$$zcos\ \alpha_s + asin\ \alpha_s \geq z$$

则
$$a \geq \frac{1 - \cos\ \alpha_s}{\sin\ \alpha_s}z$$

通常,近似取 $z = 0.9h_0$,当 $\alpha_s = 45°$ 时, $a \geq 0.37h_0$;当 $\alpha_s = 60°$, $a \geq 0.52h_0$。

因此,为了方便起见,《混凝土结构设计规范》规定弯起点与按计算充分利用该钢筋截面之间的距离,不应小于 $h_0/2$,也即弯起点应在该钢筋充分利用截面以外,大于或等于 $h_0/2$ 处,所以图 6-28 中 e 点离 1 截面应大于或等于 $h_0/2$,这样才能保证斜截面受弯承载力。

连续梁中,把跨中承受正弯矩的纵向钢筋弯起,承担支座负弯矩的钢筋也必须遵循这一规定,如图 6-31 中的钢筋 b,其在受拉区域中的弯起点(对承受正弯矩的纵向钢筋来讲是它的弯终点)离开充分利用截面 4 的距离应大于等于 $h_0/2$,否则,此弯起筋将不能用作支座截面的负钢筋(工程设计中,常把承受正、负弯矩的纵向受拉钢筋,简称为正钢筋、负钢筋)。

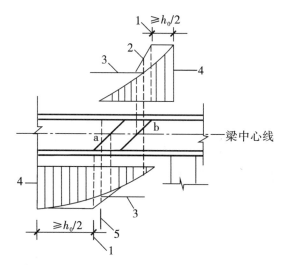

1—在受拉区域中的弯起截面;2—按计算不需要钢筋"b"的截面;3—正截面受弯承载力图;4—按计算充分利用钢筋强度的截面;5—按计算不需要钢筋"a"的截面

图 6-31 弯起钢筋弯起点与弯矩图形的关系

(2)满足弯终点的位置要求

如图 6-32 所示,弯起钢筋的弯终点到支座边或前一排弯起钢筋弯起点之间的距离,都不应大于箍筋的最大间距,其值见表 6-1。这一要求是为了使每根弯起钢筋都能与斜裂缝相交,以保证斜截面的受剪和受弯承载力。

(3)弯起钢筋的锚固

弯起钢筋的弯终点以外,也应留有一定的锚固长度:在受拉区不应小于 $20d$,在受压区不应小于 $10d$,对于光面弯起钢筋,在末端应设置弯钩,如图 6-33 所示。

位于梁底或梁顶的角筋以及梁截面两侧的钢筋不宜弯起。

弯起钢筋除利用纵筋弯起外,也可单独设置,如图6-34(a)所示,称为鸭筋。由于弯起的作用是将斜裂缝之间的混凝土斜压力传递给受压区混凝土,以加强混凝土块体之间的共同作用,形成拱形桁架,因而不允许设置如图6-34(b)所示的浮筋。

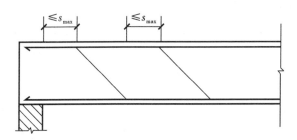

图6-32　弯起钢筋的构造要求

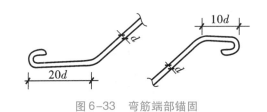

图6-33　弯筋端部锚固

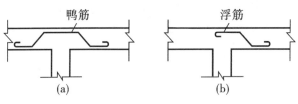

图6-34　鸭筋和浮筋

6.6.3　纵筋的截断
Cut-off of Longitudinal Steel Bars

如果在受拉区截断纵向受力钢筋,会导致截断处钢筋面积骤减,混凝土拉力突增,导致在纵筋截断处过早出现裂缝。因此,对梁底部承受正弯矩的钢筋,不宜在跨中截断而应伸入支座。在连续梁和框架梁的跨内,支座负弯矩区的受拉钢筋在向跨内延伸时,可以根据弯矩图在适当部位截断。当梁段作用的剪力较大时,在支座负弯矩钢筋的延伸区段范围内将形成由负弯矩引起的垂直裂缝和斜裂缝,并可能在斜裂缝区前端沿该钢筋形成劈裂裂缝,使得纵筋拉应力由于斜弯作用和黏结退化而增加,并使钢筋受拉范围相应向跨中方向扩展(称为应力延伸)。为了使负弯矩钢筋的截断不影响其在各个截面中发挥所需的抗弯能力,《混凝土结构设计规范》对纵筋的截断位置做了如下规定:

1)当 $V \leqslant 0.7 f_t b h_0$ 时,应延伸至按照正截面受弯承载力计算不需要该钢筋的截面以

外不小于 $20d$ 处截断,且从该钢筋强度充分利用截面伸出的长度不应小于 $1.2l_a$,见图 6-35(a)。

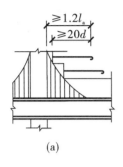

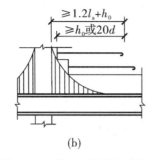

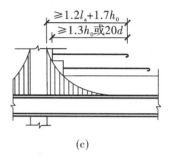

图 6-35　纵向钢筋截断时的延伸长度

2)当 $V > 0.7f_t bh_0$ 时,应延伸至按照正截面受弯承载力计算不需要该钢筋的截面以外不小于 h_0 且不小于 $20d$ 处截断,且从该钢筋强度充分利用截面伸出的长度不应小于 $1.2l_a + h_0$,见图 6-35(b)。

3)若负弯矩区的相对长度较大,按上述 1)、2)条确定的截断点仍位于与支座最大负弯矩对应的负弯矩受拉区内时,则应延伸至按照正截面受弯承载力计算不需要钢筋截面以外不小于 $1.3h_0$ 且不小于 $20d$ 处截断,且从该钢筋强度充分利用截面伸出的长度不应小于 $1.2l_a + 1.7h_0$,见图 6-35(c)。

对于悬臂梁,由于是全部承受负弯矩的构件,其根部弯矩最大,向悬臂端逐渐减小。因此,理论上抵抗负弯矩钢筋可根据弯矩图的变化而逐渐减少。但是,由于悬臂梁中存在着比一般梁更为严重的斜弯作用和黏结退化而引起的应力延伸,所以在梁中截断钢筋会引起斜弯失效。《混凝土结构设计规范》对悬臂梁中负弯矩钢筋的配置做了如下规定:

1)对较短的悬臂梁,将全部上部钢筋(负弯矩钢筋)伸至悬臂顶端,并向下弯折锚固,锚固段的竖向投影长度不小于 $12d$ 。

2)对较长的悬臂梁,应有不少于两根上部钢筋伸至悬臂梁外端,并按上述规定向下弯折锚固;其余钢筋不应在梁的上部截断,可分批向下弯折,锚固在梁的受压区。弯折点位置可根据弯矩图确定;弯折角度为 45° 或 60°;在受压区的锚固长度为 $10d$ 。

6.6.4　纵筋的锚固
Anchorage of Longitudinal Steel Bars

支座附近的剪力较大,在出现斜裂缝后,由于与斜裂缝相交的纵筋应力会突然增大,若纵筋伸入支座的锚固长度不够,钢筋与混凝土之间的相对滑动将导致斜裂缝宽度显著增大,从而造成支座处的黏结锚固破坏。为了防止这种破坏,纵向钢筋伸入支座的长度和数量应该满足下列要求:

1)伸入梁支座的纵向受力钢筋根数不应少于两根。

2)简支梁和连续梁简支端下部纵筋锚固。简支梁和连续梁简支端的下部受力钢筋伸入支座的锚固长度 l_{as} (图 6-36)应满足下列规定:

①当 $V \leqslant 0.7f_t bh_0$ 时, $l_{as} \geqslant 5d$;

②当 $V > 0.7f_t bh_0$ 时,带肋钢筋 $l_{as} \geqslant 12d$,光圆钢筋 $l_{as} \geqslant 15d$ 。

对于混凝土强度等级为 C25 及以下的简支梁和连续梁的简支端,当距支座边 $1.5h$ (h 为梁截面高度)范围内作用集中荷载,且 $V > 0.7f_t bh_0$ 时,对带肋钢筋宜采取附加锚固措施,或取锚固长度 $l_{as} \geqslant 15d$ 。

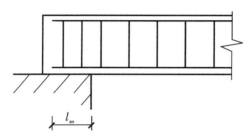

图 6-36　纵向受力钢筋锚固长度

如果纵向受力钢筋伸入梁支座范围内的锚固长度不符合上述要求,应采取在钢筋上加焊锚固钢板或将钢筋端部焊接在梁端预埋件上等有效措施。

支承在砌体结构上的钢筋混凝土独立梁,由于约束较小,在纵向受力钢筋的锚固长度 l_{as} 范围内应配置箍筋数量不少于两个,其直径不宜小于纵筋最大直径的 1/4,间距不宜大于纵筋最小直径的 10 倍;当采取机械锚固措施时,箍筋间距不宜大于纵向受力钢筋最小直径的 5 倍。

3)连续梁或框架梁下部纵向钢筋在中间支座或中间节点处的锚固。

在连续梁或框架梁的中间支座或中间节点处,上部纵向钢筋受拉而下部纵向钢筋受压。显然上部纵向钢筋应贯穿中间支座或中间节点(图 6-37),而下部纵向钢筋的中间支座或中间节点处的锚固长度应满足下列要求:

①当计算时不利用钢筋的强度时,对光圆钢筋不小于 $15d$,对带肋钢筋取不小于 $12d$, d 为钢筋的最大直径;

②当计算时充分利用钢筋的抗压强度时,钢筋应按受压钢筋锚固在中间支座或中间节点范围内,其直线锚固长度不应小于 $0.7l_a$;

③当计算中充分利用钢筋的抗拉强度时,钢筋可采用直线方式锚固在支座或节点内,锚固长度不应小于钢筋的受拉锚固长度 l_a [图 6-37(a)];

④钢筋也可以在支座或节点外梁中弯矩较小处设置搭接接头,搭接长度的起始点距支座或节点边缘的距离不应小于 $1.5h_0$ [图 6-37(b)];

⑤当柱截面尺寸不足时,也可以采用钢筋端部加锚头的机械锚固措施[图 6-37(c)],或采用90°弯折锚固的方式[图 6-37(d)]。

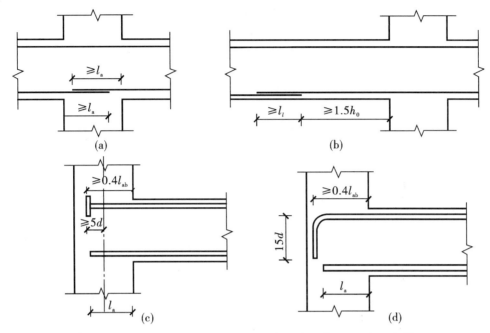

图 6-37　梁下部纵向钢筋在中间支座和中间节点范围内的锚固与搭接

6.6.5　箍筋的构造要求
Construction Requirements of Stirrup

（1）箍筋的形式与肢数

箍筋在梁中除了受到剪力外，还起到固定纵筋位置、使梁内钢筋形成钢筋骨架，以及连接梁的受拉区和受压区、增加受压区混凝土的延性等重要作用。箍筋的形式有封闭式和开口式两种（图 6-38），一般采用封闭式，既方便固定纵筋又对梁的抗扭有利。当梁中配有计算的受压钢筋时，均应做成封闭式。

箍筋有单肢、双肢和复合箍筋等形式。一般按以下情况选用：当梁的宽度不大于400 mm 时，可采用双肢箍；当梁的宽度大于 400 mm 且一层内的纵向受压钢筋多于 3 根时，或者当梁的宽度小于等于 400 mm，但一层内的纵向受压钢筋大于 4 根时，应设复合箍筋[图 6-38（c）]；当梁宽小于 100 mm 时，可采用单肢箍。

（2）钢筋的直径与间距

为使钢筋骨架具有一定的刚性，便于制作安装，箍筋的直径不应太小，《混凝土结构设计规范》规定了箍筋的最小直径（见表 6-1）。当梁中配有计算的受压钢筋时，箍筋直径尚不应小于受压钢筋最大直径的 1/4。

箍筋间距除应满足计算要求外，其最大间距应符合表 6-1 的规定，当梁中配有计算需要的纵向受压钢筋时，箍筋应为封闭式，其间距不应大于 $15d$，同时不应大于 400 mm ；当一层内的纵向受压钢筋多于 5 根时且直径大于 18 mm 时，箍筋间距不应大于 $10d$。

  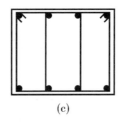 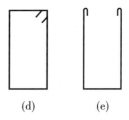

(a)　　　　　(b)　　　　　　(c)　　　　　　(d)　　　(e)

图 6-38　箍筋的形式与肢数

（3）箍筋的布置

按照计算不需要配箍筋的梁，其截面高度大于 300 mm 时，应沿全长设置箍筋；当截面高度为 150~300 mm 时，可仅在构件端部各 1/4 跨度范围内设置箍筋，但在构件中部 1/2 跨度范围内有集中荷载时，应沿构件全长设置；当截面高度小于 150 mm 时，可不设置箍筋。

6.7　受弯构件设计实例

Design Exmaple of Flexural Members

本节综合运用前述的受弯构件承载力计算和构造知识，对一简支的钢筋混凝土伸臂梁进行设计，使初学者对梁的设计全貌有一个较清楚的了解。

◆设计条件

某支承在 240 mm 厚砖墙上的钢筋混凝土伸臂梁（图 6-39），其跨度 $l_1 = 6.0$ m，伸臂梁长度 $l_2 = 8.5$ m；承受均布荷载设计值为 $q = 90$ kN/m。采用的混凝土强度等级为 C30，纵向受力钢筋、箍筋和构造钢筋均为 HRB400 钢筋。试设计该梁并绘制配筋图。

◆梁的内力和内力图

（1）截面尺寸选择

取高跨比 $h/l_1 = 1/10$，则 $h = 600$ mm；按高宽比的一般规定，取 $b = 250$ mm，$h/b = 2.4$。初选 $h_0 = h - a_s = 600 - 40 = 560$ mm（按一排布置纵筋）。

（2）梁的内力图

梁在荷载作用下的弯矩图、剪力图如图 6-39 所示。

◆配筋计算

（1）已知条件

混凝土强度等级 C30，$\alpha_1 = 1.0$，$f_c = 14.3$ N/mm²，$f_t = 1.43$ N/mm²；HRB400 钢筋，$f_y = 360$ N/mm²，$\xi_b = 0.518$。

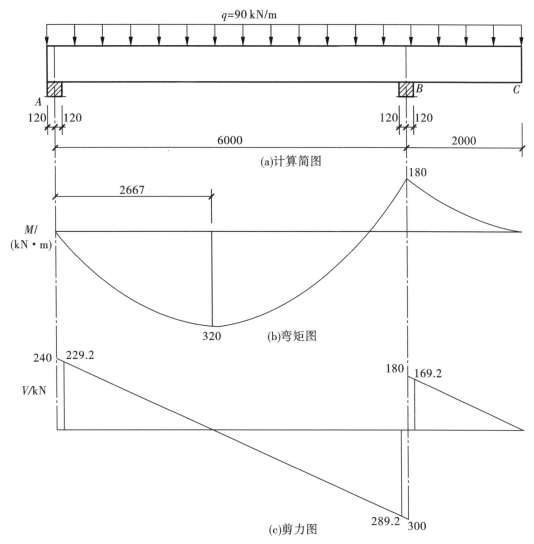

图 6-39　伸臂梁的计算简图、弯矩图和剪力图

（2）截面尺寸验算

沿梁长的剪力设计值的最大值在 B 支座左边缘，$V_{max} = 289.2$ kN 。

$h_w/b = 560/250 = 2.24 < 4$，属于一般梁。

$0.25\beta_c f_c bh_0 = 0.25 \times 1.0 \times 14.3 \times 250 \times 560 = 500.5$ kN $> V_{max} = 289.2$ kN

故截面尺寸满足要求。

（3）纵筋计算（一般采用单筋截面）

由图知：跨中最大弯矩 $M = 320$ kN·m，支座最大负弯矩 $M = 180$ kN·m 。

1）跨中截面：

$$\alpha_s = \frac{M}{\alpha_1 f_c b h_0^2} = \frac{320 \times 10^6}{1.0 \times 14.3 \times 250 \times 560^2} = 0.2854$$

$$\xi = 1 - \sqrt{1 - 2\alpha_s} = 1 - \sqrt{1 - 2 \times 0.2854} = 0.3449 < \xi_b = 0.518$$

$$\rho_{min} = \max\left\{0.2\%, \frac{0.45 f_t}{f_y}\right\} = 0.2\%$$

$$A_s = \frac{\alpha_1 f_c b h_0 \xi}{f_y} = \frac{14.3 \times 250 \times 560 \times 0.3449}{360} = 1918 \ mm^2$$

$$> 0.2\% bh = 0.2\% \times 250 \times 600 = 300 \ mm^2$$

选用 4 ⊈ 25，$A_s = 1964 \ mm^2$。

2）支座截面：

$$\alpha_s = \frac{M}{\alpha_1 f_c b h_0^2} = \frac{180 \times 10^6}{1.0 \times 14.3 \times 250 \times 560^2} = 0.1606$$

$$\xi = 1 - \sqrt{1 - 2\alpha_s} = 1 - \sqrt{1 - 2 \times 0.1606} = 0.1761 < \xi_b = 0.518$$

$$\rho_{min} = \max\left\{0.2\%, \frac{0.45 f_t}{f_y}\right\} = 0.2\%$$

$$A_s = \frac{\alpha_1 f_c b h_0 \xi}{f_y} = \frac{1.0 \times 14.3 \times 250 \times 560 \times 0.1761}{360} = 979 \ mm^2$$

$$> 0.2\% bh = 0.2\% \times 250 \times 600 = 300 \ mm^2$$

选用 2 ⊈ 25，$A_s = 982 \ mm^2$。

（4）腹筋计算

各支座边缘的剪力设计值如图 6-39 所示。

1）验算是否可按构造配筋：

$$0.7 f_t b h_0 = 0.7 \times 1.43 \times 250 \times 560 = 140.1 \ kN < V$$

需按计算配置箍筋。

2）箍筋计算：

方案一：仅考虑箍筋抗剪，并梁全长配置同一规格箍筋，则 $V = 289.2 \ kN$

$$\frac{A_{sv}}{s} \geq \frac{V - 0.7 f_t b h_0}{f_{yv} h_0} = \frac{289.2 \times 10^3 - 0.7 \times 1.43 \times 250 \times 560}{360 \times 560} = 0.739$$

选用双肢箍 ⊈ 8（$A_{sv1} = 50.3 \ mm^2$），则

$$s = \frac{n A_{sv1}}{0.739} = \frac{2 \times 50.3}{0.739} = 136.1 \ mm$$

实配 ⊈ 8@130，满足要求。全梁按此直径和间距配置箍筋。

方案二：配置箍筋和弯起筋共同抗剪。在 AB 段内配置箍筋和弯起钢筋，弯起钢筋参与抗剪，但不用于抵抗 B 支座负弯矩；BC 段仍配双肢箍。计算过程采用列表方式，见表 6-2。

表 6-2 箍筋计算表

截面位置	A 支座	B 支座左	B 支座右
剪力设计值 V	229.2 kN	289.2 kN	169.2 kN
$0.7f_t bh_0$	140.1 kN	140.1 kN	140.1 kN
选用箍筋(直径、间距)			
$V \leqslant V_u = V_{cs} = \alpha_{cv}f_t bh_0 + f_{yv}\dfrac{A_{sv}}{s}h_0$	可不设弯筋 266.9 kN > V	设弯筋，266.9 kN < V	298.6 kN > V
$V - V_{cs}$	—	22.3 kN	—
$A_{sb} \geqslant \dfrac{V - V_{cs}}{0.8f_y \sin\alpha_s}$	—	109.5 mm^2	—
弯起钢筋选择	—	$A_{sb} = 490.9$ mm^2	—
第一排弯起点距支座边缘距离	—	50 + 550 = 600 mm	—
第一排弯起点处剪力设计值 V_2	—	262.2 kN	—
是否需要第二排弯起筋	—	不需要	—

◆进行钢筋布置和作材料抵抗弯矩图

(1)材料抵抗弯矩图的绘制

跨中 4 ⊈25 抵抗正弯矩,其中,中部 2 ⊈25(2 号钢筋)弯起用于 B 支座抗剪需要的钢筋(实际需要 1 ⊈25),不用于抵抗 B 支座负弯矩。伸臂部分另外配置 2 ⊈25,用于抵抗 B 支座负弯矩。

纵筋的弯起和截断位置由材料图确定,故需按比例设计绘制弯矩图和材料图。A 支座按计算可以不配弯起筋,本例中仍将②号钢筋在 A 支座处弯起。

根据图 6-39,应用材料力学知识可知,AB 跨正弯矩包络线确定如下:

$$M(x) = \frac{g}{2}\left[\left(1 - \frac{l_2^2}{l_1^2}\right)l_1 x - x^2\right] + \frac{q_1}{2}(l_1 x - x^2)$$

AB 跨最小弯矩确定如下:

$$M(x) = \frac{g}{2}\left[\left(1 - \frac{l_2^2}{l_1^2}\right)l_1 x - x^2\right] + \frac{q_2}{2} \times \frac{l_2^2}{l_1} \times x$$

以上 x 均为计算截面到 A 支座中心坐标原点的距离。

BC 跨弯矩确定如下(以 C 点为坐标原点):

$$M(x) = \frac{1}{2}(g + q_2)x^2$$

选取适当比例的坐标,即可绘出弯矩包络图(图 6-40)。

(2)确定各纵筋承担的弯矩

跨中钢筋 4 ⊈25,由抗剪计算可知需弯起 1 ⊈25,故可将跨中钢筋分为两种:①2 ⊈25

伸入支座;②2 Φ25 弯起。按它们的面积比例将正弯矩包络图用虚线分为两部分,第一部分就是相应钢筋可承担的弯矩,虚线与包络图的交点就是钢筋强度的充分利用截面或不需要截面。

支座负弯矩钢筋 2 Φ25 抵抗负弯矩,编号为③。

在排列钢筋时,应将伸入支座的跨中钢筋、最后截断的负弯矩钢筋(或不截断的负弯矩钢筋)排在相应弯矩包络图内的最长区段内,然后再排列弯起点离支座距离最近(负弯矩钢筋为最远)的弯起钢筋、离支座较远截面截断的负弯矩钢筋。

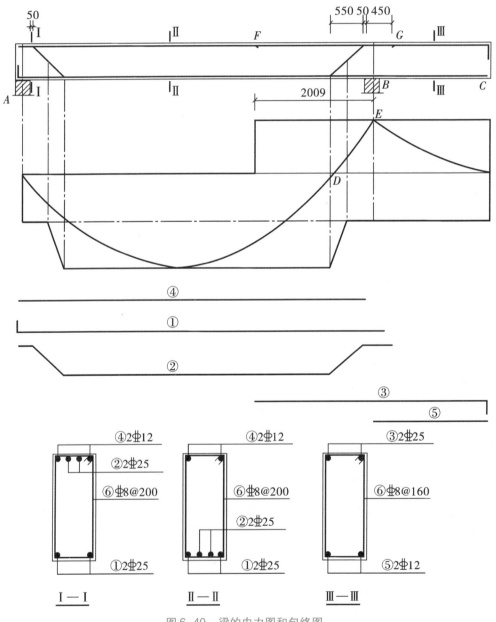

图 6-40　梁的内力图和包络图

（3）确定弯起钢筋的弯起位置

由抗剪计算确定的弯起钢筋位置作材料图。显然，②号筋的材料图全部覆盖相应弯矩图，且弯起点离它的强度充分利用截面的距离都大于 $h_0/2$。故它满足抗剪、正截面抗弯、斜截面抗弯的三项要求。

若不需要弯起钢筋抗剪而仅需要弯起钢筋弯起后抵抗负弯矩时，只需满足后两项要求（材料图覆盖弯矩图、弯起点离开其钢筋充分利用截面距离 $\geq h_0/2$）。

（4）确定纵筋截断位置

③号筋的理论截断位置就是按正截面受弯承载力计算不需要该钢筋的截面——图中 D 处。从该处向外的延伸长度应不小于 $20d = 500$ mm，且不小于 $h_0 = 560$ mm；同时，从该钢筋强度充分利用截面（图中 E 处）的延伸长度应不小于 $1.2l_a + 1.7h_0 = 1.2 \times 881 + 1.7 \times 560 = 2009$ mm。根据材料图，可知其实际截断位置由尺寸 2009 mm 控制。

◆ 绘梁的配筋图

梁的配筋图包括纵断面图、横断面图及单根钢筋图（对简单配筋，可只画纵断面图或横断面图）。纵断面图表示各钢筋沿梁长方向的布置情形，横断面图表示钢筋在同一截面内的位置。

（1）按比例画出梁的纵断面和横断面

纵、横断面可用不同比例。当梁的纵横向断面尺寸相差悬殊时，在同一纵断面图中，纵横向可选用不同比例。

（2）画出每种规格钢筋在纵、横断面上的位置并进行编号（钢筋的直径、强度、外形尺寸完全相同时，用同一编号）

1）直钢筋①2Φ25 全部伸入支座，伸入支座的锚固长度 $l_{as} \geq 12d = 12 \times 25$ mm $= 300$ mm。因其锚固长度大于支座宽度，故将其左端向上弯折。该钢筋总长 $= 300 + 300 + (7000 - 300) = 7300$ mm。

2）弯起钢筋②2Φ25 进入支座的锚固长度在受拉区不应小于 $20d = 20 \times 25 = 500$ mm。

3）负弯矩钢筋③2Φ25 左端按实际的截断位置截断延伸至正截面受弯承载力计算不需要该钢筋的截面之外 560 mm。同时，从该钢筋强度充分利用截面延伸的长度为 2009 mm，大于 $h_0 + 1.2l_a$。右端向下弯折不小于 $12d = 12 \times 25 = 300$ mm。该筋同时兼作梁的架立钢筋。

4）AB 跨内的架立钢筋可选 2Φ12，左端伸入支座内 240 mm–25 mm $= 215$ mm 处，右端与③筋搭接，搭接长度可取 150 mm（非受力搭接）。该钢筋编号为④，其水平长度 $= 215$ mm$+6000$ mm-2009 mm$+150$ mm$=4356$ mm。

伸臂下部的架立钢筋可同样选 2Φ12，在支座 B 内与①号筋搭接 150 mm，其水平长度 $= 2000$ mm-120 mm$+150$ mm$-(300-240)$ mm $= 1970$ mm，钢筋编号为⑤。

5）箍筋编号为⑥，在纵断面图上标出不同间距的范围。

（3）绘出单根钢筋图（或作钢筋表）

详见图 6-40。

（4）图纸说明

简单说明梁所采用的混凝土强度等级、钢筋规格、混凝土保护层厚度、图内比例、采用尺寸等。

从本例可以看出，即使对于这样较简单的钢筋混凝土构件的设计，其计算也是相当麻烦的。对于复杂的钢筋混凝土结构设计，采用手工计算将耗费大量的人力和时间。随着计算机的应用和各种软件的开发，从内力计算到配筋图的绘制，已都可以由计算机完成。

本章小结

在设计中，为了防止受弯构件发生斜截面破坏，必须进行斜截面受剪承载力计算。受弯构件除承受弯矩外，还承受剪力。设计时不仅需要通过配置纵向受力钢筋抵抗弯矩作用，还需要通过配置腹筋抵抗剪力，从而保证受弯构件满足承载力极限状态要求。因此，受弯构件斜截面承载力计算是十分重要的。

本章结合相关的试验研究，主要介绍了受弯构件斜裂缝的产生、斜截面的受力分析与破坏形态、斜截面受剪承载力的影响因素，建立斜截面受剪承载力计算的理论基础；在此基础上，结合《混凝土结构设计规范》，提供了斜截面承载力计算的基本公式及其适用条件。通过例题，展现基本公式的应用与计算方法。由于斜截面承载力计算不仅包括斜截面受剪承载力计算，还包括斜截面受弯承载力计算。斜截面受弯承载力一般通过构造措施来满足，故引入相应的构造要求。最后，提供了一个简化的受弯构件设计实例，将本章与上一章联系起来，为今后的结构设计打下基础。

思考题

1. 什么是腹筋，其作用是什么？

2. 什么是剪跨比，如何计算？它对斜截面破坏形态及斜截面受剪承载力有何影响？

3. 无腹筋梁斜截面破坏的主要形态有哪些？主要取决于什么因素？

4. 有腹筋梁斜截面受剪破坏的主要形态有哪些？发生的条件分别是什么？

5. 影响斜截面受剪承载力的主要因素有哪些？

6. 斜截面承载力计算的基本公式有哪些，适用条件是什么？

7. 如何选取斜截面受剪承载力计算截面？

8. 如何保证斜截面的受弯承载力？

9. 什么叫抵抗弯矩图？如何绘制？

10. 梁中弯起钢筋的弯起点位置有哪些要求？

11. 为什么梁中正钢筋不能截断只能弯起？负钢筋截断时为什么要满足伸出长度和延伸长度的要求？

习　题

1. 同例题 6-1 简支梁,若箍筋采用 HRB400 级钢筋,试确定腹筋数量。

2. 已知某装配式楼盖中某矩形截面简支梁,如图 6-41 所示。该简支梁计算跨度 $l_n =$ 8.5 m , $b = 300$ mm , $h = 600$ mm ,承受均布荷载设计值 $g + q = 12.5$ kN/m (包括梁自重),集中荷载设计值 $P = 200$ kN 。环境类别为一类,若采用 C30 级混凝土,HRB400 级箍筋,求所需配置的箍筋。

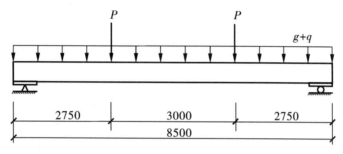

图 6-41　习题 2 图

3. 矩形截面简支梁如图 6-42 所示。集中荷载设计值 $P = 130$ kN (包括梁自重等恒载),混凝土为 C30 级,环境类别为一类。箍筋采用 HPB300 级钢筋,纵筋采用 HRB400 级钢筋,要求:

(1)根据跨中最大弯矩计算该梁的纵向受拉钢筋;

(2)按配箍筋和弯起钢筋进行斜截面受剪承载力计算;

(3)进行配筋,绘抵抗弯矩图、钢筋布置图和钢筋尺寸详图。

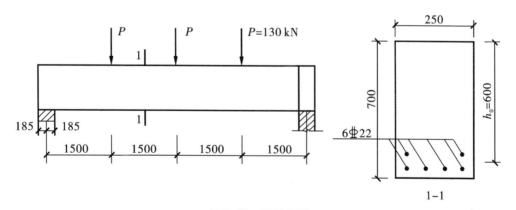

图 6-42　习题 3 图

4. 一矩形截面简支梁,净跨 6 m ,承受均布荷载设计值(包括自重) $q = 60$ kN/m ,截面尺寸 $b = 200$ mm , $h = 600$ mm ,混凝土强度等级取 C30,箍筋用 HRB335 级钢筋,纵筋用

HRB400 级钢筋,选配 2 Φ 28+1 Φ 25。要求:

(1)仅配箍筋,求箍筋的直径和间距;

(2)把纵筋 1 Φ 25 弯起,计算所需箍筋的直径和间距。

5. 受均布荷载作用的外伸梁,如图 6-43 所示,梁截面尺寸 $b = 250\ \text{mm}$, $h = 600\ \text{mm}$, 混凝土的强度等级为 C30,纵向受力钢筋采用 HRB400 级钢筋,箍筋采用 HRB400 级钢筋,要求对该梁进行配筋计算并布置钢筋。

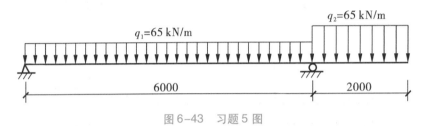

图 6-43　习题 5 图

6. 钢筋混凝土梁如图 6-44 所示,混凝土强度等级为 C30,均布荷载设计值 $q = 50\ \text{kN/m}$(包含自重),环境类别为一类,求截面 A、$B_{\text{左}}$、$B_{\text{右}}$ 受剪钢筋。

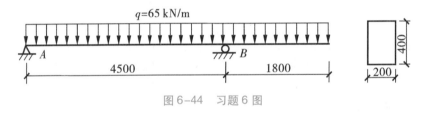

图 6-44　习题 6 图

7. 钢筋混凝土简支梁如图 6-45 所示,混凝土强度等级为 C30,纵向受力钢筋采用 HRB400 级钢筋,箍筋采用 HPB300 级钢筋,如果忽略自重及架立钢筋的作用,环境类别为一类,试求此梁所承受的最大荷载设计值 P,此时该梁为正截面破坏还是斜截面破坏?

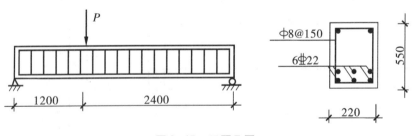

图 6-45　习题 7 图

第 7 章 偏心受压构件承载力计算

Chapter 7   Cross-section Strength of Eccentric Compression Members

7.1 工程应用实例
Applications in Engineering

第 7.1 节在线测试

7.1.1 偏心受压构件的工程应用
Engineering Applications of Eccentric Compression Members

竖向承重构件是任何结构的承重骨架都不可或缺的,如图 7-1(a)所示单层厂房结构的排架柱,图 7-1(b)所示框架结构的框架柱,图 7-1(c)所示剪力墙结构中的实体剪力墙,都是竖向承重构件。

这些竖向承重构件首先要承受水平承重结构所传来的竖向荷载,这些荷载将会使竖向承重构件产生轴向压力,而这些竖向荷载的合力往往不会恰好作用在截面形心处,从而使得这些竖向构件的内力又是偏心的轴向压力,或者说,其截面上的内力除了轴心压力以外,还有弯矩;即使对于一些规则对称结构的中部竖向承重构件,竖向荷载对其截面的偏心可能不大,但是整体结构还要受到风荷载或水平地震作用的影响,而这些水平的荷载作用会使其截面上产生弯矩,此时截面上仍然是既有轴心压力,又有弯矩。在混凝土结构中,通常将此类构件称为偏心受压构件,其受力性能及设计计算方法有别于第 4 章中所讲的轴心受压构件。

偏心受压构件在工程结构中的应用非常广泛,除了上述各类房屋建筑结构的竖向承重构件(排架柱、框架柱、实体剪力墙等)外,桥梁结构中桥墩的受力也是如此,见图 7-2。又如埋于地下的矩形筒结构(图 7-3),在周边土压力的作用下,其筒壁在水平方向的受力亦为偏心受压。

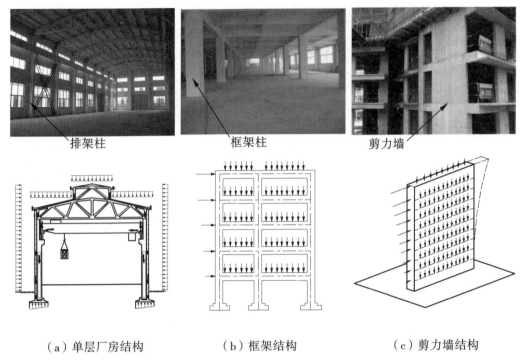

（a）单层厂房结构　　　　（b）框架结构　　　　（c）剪力墙结构

图 7-1　偏心受压构件的工程应用——房屋建筑结构

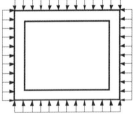

图 7-2　偏心受压构件的工程应用——桥　　图 7-3　偏心受压构件的工程应用——地下矩
　　　　梁工程　　　　　　　　　　　　　　　　　形筒结构

7.1.2　受压构件的类型
Types of Eccentric Compression Members

　　为了设计方便,工程中一般不考虑混凝土材料的不匀质性和钢筋不对称布置的影响,近似地用轴向压力的作用点与构件正截面形心的相对位置来划分受压构件的类型。第 4 章所述轴心受压构件,其截面上仅作用轴向压力,且其作用点与构件正截面形心重合,见图 4-2(b);对于偏心受压构件,其轴向压力作用点与构件正截面形心不重合。当轴向压力作用点仅对构件正截面的一个主轴有偏心距时,称为单向偏心受压构件,如图 7-4(a)所示;当轴向压力作用点对构件正截面的两个主轴都有偏心距时,称为双向偏心受压构件,如图 7-4(b)所示。如果将偏心受压构件截面上的轴向力移到截面形心,则构件将承受轴力和弯矩的共同作用。

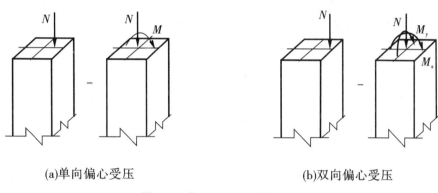

(a)单向偏心受压　　　　　　(b)双向偏心受压

图 7-4　偏心受压构件截面内力

　　应当指出,当弯矩沿构件轴线发生变化时,构件截面中还有剪力存在。因此,偏心受压构件的承载力计算包括正截面受压承载力计算和斜截面受剪承载力计算两部分,其设计计算方法可通过本章知识的学习来解决。

7.2　偏心受压构件正截面受力性能分析
Analysis of the Load-bearing Performances of the Cross-section of the Eccentric Compression Members

第 7.2 节在
线测试

7.2.1　偏心受压构件正截面破坏形态及其特征
Failure Modes and Characteristics of the Cross-section of Eccentric Compression Members

　　偏心受压构件的破坏形态介于受弯构件和轴心受压构件之间,受弯构件和轴心受压构件相当于偏心受压构件的特殊情况:当截面上轴向压力 $N=0$ 时,即为受弯构件;当弯矩 $M=0$ 时,即为轴心受压构件。偏心受压构件的钢筋通常布置在截面偏心方向两侧,离偏心压力较近一侧的受力钢筋为受压钢筋,其截面面积用 A'_s 表示;离偏心压力较远一侧的受力钢筋可能受拉也可能受压,不论受拉还是受压,其截面面积都用 A_s 表示。钢筋混凝土偏心受压短柱的受力特点及破坏特征与轴向压力的偏心距、纵向钢筋的配筋率以及钢筋和混凝土的强度等因素有关。试验表明,其破坏形态有受拉破坏和受压破坏两种情况。

7.2.1.1 受拉破坏(大偏心受压破坏)

受拉破坏发生于轴向压力 N 的相对偏心距 e_0/h_0 较大,且受拉钢筋配筋 A_s 的配置不过多时,通常称为大偏心受压破坏。此时,在偏心压力 N 作用下,与 N 作用点较近一侧的截面受压,而另一侧受拉。当荷载增加到一定值时,首先会在受拉区产生横向裂缝,随着荷载增加,裂缝不断开展延伸。当 N 接近破坏荷载时,横向水平裂缝急剧开展,并形成一条主要破坏裂缝,受拉钢筋的应力达到屈服强度 f_y,并进入流幅阶段,裂缝明显加宽并向受压区延伸,截面中和轴向受压区移动,受压区高度急剧减小,混凝土压应变快速增大,受压区混凝土出现纵向裂缝。最后当受压边缘混凝土的应变达到极限压应变时,受压区混凝土被压碎,构件即告破坏。此时,受压钢筋的应力一般也达到其抗压屈服强度。其正截面的应力状态如图 7-5(a)所示,破坏形态如图 7-5(b)所示。

受拉破坏的主要特征是破坏从受拉区开始,受拉钢筋首先屈服,而后受压区混凝土被压碎。这种破坏形态与适筋梁中双筋受弯构件的破坏形态相似,属于延性破坏类型。

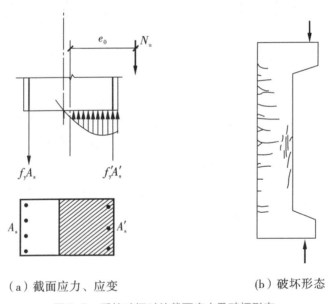

(a) 截面应力、应变   (b) 破坏形态

图 7-5 受拉破坏时的截面应力及破坏形态

7.2.1.2 受压破坏(小偏心受压破坏)

对于偏心受压构件的受压破坏,其截面破坏都是从受压区开始的,包括以下两种情况。

1）当轴向压力 N 的相对偏心距 e_0/h_0 较小，或虽然相对偏心距 e_0/h_0 较大，但受拉钢筋 A_s 的配置过多时，随着偏心压力 N 的逐步增大，与受拉破坏的情况类似，截面受拉边缘也出现水平裂缝，但是水平裂缝的开展与延伸较为缓慢，未形成明显的主裂缝，而受压区边缘混凝土的压应变增长较快，最后受压区混凝土被压碎导致构件破坏。此时，受压钢筋应力一般能够达到屈服强度，但受拉钢筋不屈服，其正截面的应力状态如图7-6(a)所示，破坏形态如图7-6(c)所示。

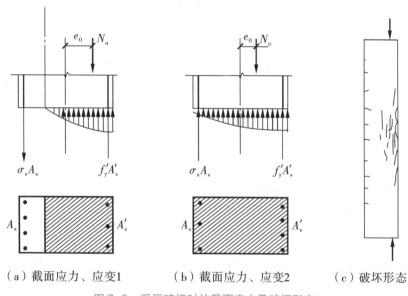

（a）截面应力、应变1　　（b）截面应力、应变2　　（c）破坏形态

图7-6　受压破坏时的截面应力及破坏形态

2）当轴向压力 N 的相对偏心距 e_0/h_0 很小时，截面将全部受压，靠近轴向压力作用点一侧的压应力较大，另一侧压应力较小。构件破坏从压应力较大边开始，该侧混凝土被压碎，钢筋的压应力一般也达到屈服强度，而另一侧的钢筋达不到屈服强度。破坏时正截面的应力状态如图7-6(b)所示。若相对偏心距更小，由于截面的实际形心和构件的几何中心不重合，也可能发生离轴向压力 N 较远一侧的混凝土先被压碎的情况，称为"反向破坏"。

以上两种情况的破坏特征类似，都是由于混凝土受压而破坏，压应力较大一侧钢筋能够达到屈服强度，而另一侧钢筋可能受拉也可能受压，一般均达不到屈服强度，属于脆性破坏类型。对于第一种情况中，"偏心距 e_0/h_0 较大，但受拉钢筋 A_s 的配置过多"的状况类似于双筋截面的超筋梁，属配筋不当，在设计中应避免。因此，受压破坏大多是在偏心距较小的时候发生的，通常称为小偏心受压破坏。

7.2.2　两类偏心受压破坏的界限
Boundary State of the Two Types of Eccentric Compression Failure

比较受拉破坏和受压破坏两种破坏形态的破坏过程和破坏特征，两者之间的根本区别在于构件破坏时受拉钢筋是否达到屈服。受拉破坏时,受拉钢筋先达到其屈服强度,而后受压区混凝土被压碎;受压破坏时,受压区混凝土被压碎破坏,而受拉钢筋未达到其屈服强度。两者之间存在一种界限状态,即受拉钢筋达到屈服的同时受压区混凝土被压碎,称为界限破坏。试验表明,从加载开始到构件破坏,偏心受压构件的截面平均应变都较好地符合平截面假定,因此,界限状态时的截面应变可用图7-7表示。由此可见,两类偏心受压构件的界限破坏特征

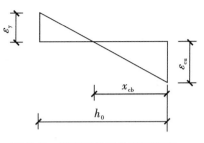

图 7-7　界限破坏时的截面应变

与受弯构件中适筋梁与超筋梁的界限破坏特征完全相同。另外,与受弯构件正截面承载力计算类似,在偏心受压构件正截面承载力计算中,受压区混凝土也采用等效矩形应力分布图,其相对界限受压区高度的表达式与第5章中受弯构件的公式完全一样,即

$$\xi_{b} = \frac{\beta_{1}}{1 + \dfrac{f_{y}}{E_{s}\varepsilon_{cu}}} \tag{7-1}$$

对于常用的钢材品种,ξ_b 可直接从第 5 章表 5-3 查取。

根据上述分析,可知大、小偏心受压构件的判别条件为:

当 $\xi \leqslant \xi_b$ 或 $x \leqslant x_b = \xi_b h_0$ 时,截面破坏时受拉钢筋屈服,为大偏心受压构件;

当 $\xi > \xi_b$ 或 $x > x_b = \xi_b h_0$ 时,截面破坏时受拉钢筋未达到屈服,为小偏心受压构件。

7.2.3　附加偏心距、初始偏心距
Additional Eccentricity and Initial Eccentricity

当截面上作用的弯矩设计值为 M、轴向压力设计值为 N 时,可求得轴向压力对截面重心的偏心距 e_0,即

$$e_{0} = \frac{M}{N} \tag{7-2}$$

但工程中实际存在着荷载作用位置的不确定性、混凝土质量的不均匀性及施工偏差等因素,将使实际的轴向压力偏心距和按式(7-2)计算的偏心距有所不同。《混凝土结构设计规范》规定,在偏心受压构件正截面承载力计算中,应考虑轴向压力在偏心方向的附加偏心距 e_a,轴向压力的初始偏心距 e_i 按下列公式计算:

$$e_{i} = e_{0} + e_{a} \tag{7-3}$$

式中　e_i——初始偏心距;

　　　e_0——轴向压力对截面重心的偏心距;

　　　e_a——附加偏心距,其值取 20 mm 和偏心方向截面最大尺寸的 1/30 两者中的较大值。

7.2.4　偏心受压构件的二阶效应和设计弯矩

Second-order Effects and Design Moment of Eccentric Compression Members

7.2.4.1　二阶效应的基本概念

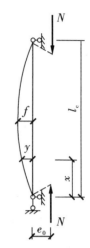

　　钢筋混凝土偏心受压构件在偏心轴向力的作用下,将产生纵向弯曲变形,从而导致临界截面轴向压力的偏心距增大。图 7-8 所示为一两端铰支柱,在其两端作用偏心轴向力 N,由于侧向挠度的影响,弯矩作用平面内产生弯曲变形,各个截面所受的弯矩将发生变化,在临界截面处将产生最大挠度,从而使得临界截面上轴向压力的偏心距由 e_0 增大到 e_0+f,相应弯矩也由 Ne_0 增大到 $N(e_0+f)$,这种弯矩受轴向压力和侧向附加挠度影响的现象称为偏心受压构件的二阶效应。通常把不考虑二阶效应的弯矩 Ne_0 称为初始弯矩或一阶弯矩,把 Nf 称为附加弯矩或二阶弯矩。

　　应当指出,上述二阶效应是由于单个构件本身的挠曲变形所致,通常又称为 $P-\delta$ 效应。在整体结构中,其竖向荷载对产生了侧移的结构也将引起二阶效应(图 7-9),此即重力二阶效应,通常又称为 $P-\Delta$ 效应。$P-\Delta$ 效应的计算属于结构整体层面的问题,与结构形式有关,其相关内容将在混凝土结构设计等课程中学习,本章内容为构件的设计计算,主要涉及效应。

图 7-8　偏心受压构件的 $P-\delta$ 效应

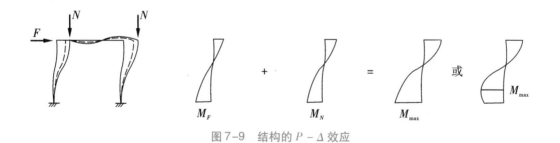

图 7-9　结构的 $P-\Delta$ 效应

7.2.4.2　二阶效应对偏心受压构件承载力的影响

　　由于二阶效应的影响,偏心受压构件将呈现不同的承载力和破坏类型。二阶效应的大小与构件的长细比有关,图 7-10 给出了三个截面尺寸、配筋、材料强度、支承情况和轴向压力偏心距等完全相同,仅长细比不同的偏心受压构件从加荷到破坏的 N-M 曲线及其截面的 N_u-M_u 关系曲线(即图中的曲线 $ABCD$,N_u 和 M_u 分别是截面破坏时所能承担的轴向压力和相应的弯矩)。由图 7-10 可见,当构件为短柱时,M 与 N 呈线性关系,即 M/N 为常数,表明偏心距保持不变,即二阶效应可以忽略,沿直线达到破坏点,如图 7-10 中 OB 线所示,受压承载力为 N_0,破坏属于"材料破坏",破坏时材料达到极限强度。当构件为长柱时,随着 N 的增大,纵向弯曲引起的偏心距呈非线性增大,M 也随着偏心距的增大呈非线性增大,此时二阶效应不能忽略。长细比不是很大时,沿曲线达到破坏点,如图 7-10 中 OC 线所示,受压承载力为 N_1,其破坏也属于"材料破坏"。当长细比很大时,二阶效应非常明显,当轴向力达到一定值时,由于纵向弯曲引起的偏心距急剧增大,微小的轴力增量会引起不收敛的弯矩增量,导致构件产生侧向失稳而破坏,如图 7-10 中 OF 线所示,其受压承载力为 N_2,破坏属于"失稳破坏",破坏时材料未达到极限强度。

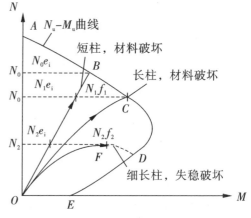

图 7-10　不同长细比偏心受压柱的 N-M 曲线

由此可见,在初始偏心距相同的情况下,不同长细比的偏心受压构件所能承受的极限压力是不同的。构件长细比越大,纵向弯曲引起的二阶效应越明显,所能承受的极限压力越小。因此,在对长细比较大的偏心受压构件进行承载能力分析时,不能忽略纵向弯曲的影响,既要考虑二阶效应,又要防止发生"失稳破坏"。

7.2.4.3　可不考虑二阶效应的条件

对于长细比小的短柱,由于其纵向弯曲很小,产生的二阶效应亦很小,一般可忽略不计。《混凝土结构设计规范》规定,弯矩作用平面内截面对称的偏心受压构件,当同一主轴方向的杆端弯矩比 M_1/M_2 不大于 0.9 且轴压比不大于 0.9 时,若构件的长细比满足式(7-4)的要求,可不考虑轴向压力在该方向挠曲杆件中产生的附加弯矩影响;否则,附加弯矩的影响不可忽略,需按截面的两个主轴方向分别考虑轴向压力在挠曲杆件中产生的附加弯矩影响:

$$\frac{l_c}{i} \leq 34 - 12\frac{M_1}{M_2} \qquad (7-4)$$

式中　M_1、M_2——已考虑侧移影响的偏心受压构件两端截面按结构弹性分析确定的对同一主轴的组合弯矩设计值,绝对值较大端为 M_2,绝对值较小端为 M_1,当构件按单曲率弯曲时,M_1/M_2 取正值,如图 7-11(a)所示,否则取负值,如图 7-11(b)所示;

　　　　l_c——构件的计算长度,可近似取偏心受压构件相应主轴方向上下支撑点之间的距离;

　　　　i——偏心方向的截面回转半径。

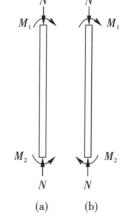

图 7-11　偏心受压构件的弯曲

7.2.4.4　考虑二阶效应的偏心距调节系数和弯矩增大系数

当偏心受压构件不满足上述条件时,在设计计算中就要考虑由于构件的侧向挠曲而引起的二阶效应的影响,《混凝土结构设计规范》通过引入偏心距调节系数和弯矩增大系数的方法考虑此影响,即偏心受压构件考虑二阶效应影响后的设计弯矩为原柱端最大弯矩 M_2 乘以偏心距调节系数 C_m 和弯矩增大系数 η_{ns}。

（1）偏心距调节系数 C_m

对于弯矩作用平面内截面对称的偏心受压构件,同一主轴方向两端的杆端弯矩大多不相同,构件两端弯矩的相对大小及其方向对其二阶效应有着重要影响,《混凝土结构设计规范》对此通过偏心距调节系数 C_m 来考虑,按下式进行计算:

$$C_m = 0.7 + 0.3\frac{M_1}{M_2} \geqslant 0.7 \tag{7-5}$$

同一主轴方向两端单曲率弯曲为正时,构件在其两端方向相同、大小相近的弯矩作用下产生较大的偏心距。当 $M_1 = M_2$ 时, $C_m = 1$,为最不利的情况。

（2）弯矩增大系数 η_{ns}

按图7-8,考虑侧向挠度 f 后,柱中截面弯矩可表示为:

$$M = N(e_0 + f) = Ne_0\left(1 + \frac{f}{e_0}\right) = \eta_{ns}Ne_0 \tag{7-6}$$

式中　η_{ns}——弯矩增大系数, $\eta_{ns} = 1 + \dfrac{f}{e_0}$。

根据相关试验研究和理论分析结果,并考虑附加偏心距后,《混凝土结构设计规范》给出的弯矩增大系数的计算公式为:

$$\eta_{ns} = 1 + \frac{1}{1300(M_2/N + e_a)/h_0}\left(\frac{l_c}{h}\right)^2 \zeta_c \tag{7-7}$$

$$\zeta_c = \frac{0.5f_c A}{N} \tag{7-8}$$

式中　M_2——偏心受压构件两端截面按结构分析确定的弯矩设计值中绝对值较大的弯矩设计值;

　　　N——与弯矩设计值 M_2 相应的轴向压力设计值。

　　　e_a——附加偏心距;

　　　ζ_c——截面曲率修正系数,当计算值大于1.0时取1.0;

　　　l_c——构件的计算长度;

　　　h——截面高度;

　　　h_0——截面有效高度;

　　　f_c——混凝土轴心抗压强度设计值;

　　　A——构件截面面积。

7.2.4.5　考虑二阶效应的偏心受压构件设计弯矩

《混凝土结构设计规范》规定,除排架结构柱外,其他偏心受压构件考虑轴向压力在挠曲杆件中产生的二阶效应后控制截面的弯矩设计值,应按下列公式计算:

$$M = C_m\eta_{ns}M_2 \tag{7-9}$$

当 $C_m\eta_{ns} < 1.0$ 时,取 1.0;对剪力墙及核心筒墙,可取 $C_m\eta_{ns} = 1.0$。

7.3　矩形截面偏心受压构件正截面受压承载力基本计算公式
Basic Cross–section Load Capacity Calculation Formula of Eccentric Compression Members with Rectangular Section

在进行偏心受压构件正截面受压承载力计算时,采用与受弯构件正截面承载力计算相同的基本假定,受压区混凝土应力分布图亦等效为矩形,利用静力平衡条件建立其承载力计算基本公式。

7.3.1　矩形截面大偏心受压构件正截面受压承载力基本公式
Basic Cross–section Load Capacity Calculation Formula of Eccentric Compression Members with Large Eccentricity

7.3.1.1　计算公式

在承载能力极限状态下,大偏心受压构件纵向受拉钢筋 A_s 的应力取其抗拉强度设计值 f_y ,纵向受压钢筋 A'_s 的应力一般也能达到抗压强度设计值 f'_y ,受压区混凝土等效矩形应力图形应力值为 $\alpha_1 f_c$ 。截面应力计算图形如图 7–12 所示。

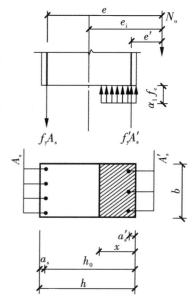

由纵向力的平衡条件及其对受拉钢筋合力点取矩的力矩平衡条件,可以得到以下两个承载力计算基本公式:

$$N \leqslant N_u = \alpha_1 f_c bx + f'_y A'_s - f_y A_s \qquad (7\text{–}10)$$

$$Ne \leqslant N_u e = \alpha_1 f_c bx \left(h_0 - \frac{x}{2} \right) + f'_y A'_s (h_0 - a'_s) \qquad (7\text{–}11)$$

式中　N ——轴向压力设计值;

　　　N_u ——轴向受压承载力设计值;

　　　x ——截面混凝土受压区高度;

　　　e ——轴向压力作用点至纵向受拉钢筋合力点的距离:

图 7–12　矩形截面大偏心受压构件截面应力计算图形

$$e = e_i + \frac{h}{2} - a_s \qquad (7\text{–}12)$$

　　　e_i ——初始偏心距。

7.3.1.2　适用条件

为了保证构件截面为大偏心受压破坏,即构件破坏时受拉钢筋应力能达到抗拉强度设计值,同时受压钢筋应力也能达到抗压强度设计值,必须满足以下两个适用条件:

$$x \leqslant \xi_b h_0 \tag{7-13}$$

$$x \geqslant 2a'_s \tag{7-14}$$

式中　a'_s——纵向受压钢筋合力点至受压区边缘的距离。

若计算中出现 $x < 2a'_s$ 的情况,说明破坏时纵向受压钢筋的应力没有达到抗压强度设计值 f'_y,此时可近似取 $x = 2a'_s$,并由对受压钢筋 A'_s 的合力点的力矩平衡条件,得:

$$Ne' \leqslant N_u e' = f_y A_s (h_0 - a'_s) \tag{7-15}$$

式中　e'——轴向压力作用点至纵向受压钢筋合力点的距离:

$$e' = e_i - \frac{h}{2} + a'_s \tag{7-16}$$

7.3.2　矩形截面小偏心受压构件正截面受压承载力基本计算公式
Basic Cross-Section Load Capacity Calculation Formula of Eccentric Compression Members with Small Eccentricity

7.3.2.1　计算公式

在承载能力极限状态下,小偏心受压构件受压区混凝土被压碎,受压钢筋 A'_s 的应力一般达到抗压强度设计值 f'_y,而另一侧钢筋 A_s 可能受拉或受压,但一般达不到屈服,其应力用 σ_s 表示,受压区混凝土等效矩形应力图形应力值为 $\alpha_1 f_c$。截面应力计算图形如图 7-13 所示。

由纵向力的平衡条件及其对受拉钢筋合力点或受压钢筋合力点取矩的力矩平衡条件,可以得到以下承载力基本计算公式:

$$N \leqslant N_u = \alpha_1 f_c bx + f'_y A'_s - \sigma_s A_s \tag{7-17}$$

$$Ne \leqslant N_u e = \alpha_1 f_c bx \left(h_0 - \frac{x}{2}\right) + f'_y A'_s (h_0 - a'_s) \tag{7-18}$$

或

$$Ne' \leqslant N_u e' = \alpha_1 f_c bx \left(\frac{x}{2} - a'_s\right) - \sigma_s A_s (h_0 - a'_s) \tag{7-19}$$

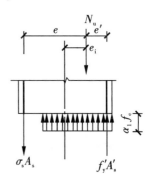
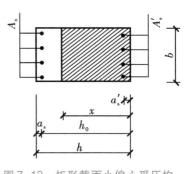

图 7-13　矩形截面小偏心受压构件截面应力计算图形

式中　N——轴向压力设计值;

　　　N_u——轴向受压承载力设计值;

　　　x——截面混凝土受压区高度;

　　　e——轴向压力作用点至纵向受拉钢筋合力点的距离;

　　　e'——轴向压力作用点至纵向受压钢筋合力点的距离;

　　　σ_s——钢筋 A_s 的应力值。

根据截面应变平截面假定,σ_s 可近似按下式计算:

$$\sigma_s = \frac{f_y}{\xi_b - \beta_1}\left(\frac{x}{h_0} - \beta_1\right) = \frac{\xi - \beta_1}{\xi_b - \beta_1}f_y \qquad (7-20)$$

式中　ξ、ξ_b——截面的相对受压区高度和相对界限受压区高度。

当 σ_s 的计算值为正值时表示 A_s 受拉，为负值时表示 A_s 受压，且应满足下式要求：

$$-f'_y \leqslant \sigma_s \leqslant f_y \qquad (7-21)$$

下面介绍式（7-20）的建立过程。根据平截面假定，截面应变分布如图 7-14 所示，由比例关系可得：

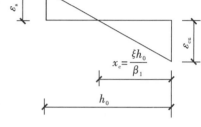

$$\sigma_s = E_s\varepsilon_s = E_s\varepsilon_{cu}\left(\frac{\beta_1}{\xi} - 1\right) = E_s\varepsilon_{cu}\left(\frac{\beta_1 h_0}{x} - 1\right) \qquad (7-22)$$

式中　β_1——等效矩形受压区高度 x 与实际受压区高度 x_a 的比值系数，即 $x = \beta_1 x_a$。

如果直接将式（7-22）用于小偏心受压构件的计算，就必须求解 x 的三次方程，给计算带来困难。根据

图 7-14　截面应变分布图

大量的试验资料，钢筋 A_s 的实测应力 σ_s 与 ξ 接近直线关系。为计算方便，《混凝土结构设计规范》对其按直线关系考虑：当 $\xi = \xi_b$ 时，$\sigma_s = f_y$；当 $\xi = \beta_1$ 时，由式（7-22）得 $\sigma_s = 0$。根据这两点建立的直线方程就是式（7-20）。

7.3.2.2　适用条件

小偏心受压构件破坏时，受压区混凝土被压碎，离轴向力作用点较远侧的纵向钢筋 A_s 达不到受拉屈服，须满足以下两个适用条件：

$$x > \xi_b h_0 \qquad (7-23)$$

$$x \leqslant h \qquad (7-24)$$

当不满足式（7-24）的要求，即计算得 $x > h$ 时，取 $x = h$。

当轴向压力 N 的相对偏心距 e_0/h_0 很小时，截面将全部受压，靠近轴向压力作用点一侧的压应力较大，另一侧的压应力较小。构件破坏从压应力较大边开始，该侧混凝土被压碎，钢筋的压应力一般也达到屈服强度，而另一侧的钢筋达不到屈服强度。破坏时正截面的应力状态如图 7-6（b）所示。若相对偏心距更小，由于截面的实际形心和构件的几何中心不重合，也可能发生离轴向压力 N 较远一侧的混凝土先被压碎的情况，称为"反向破坏"。

此外，当轴向压力较大而偏心距很小，且 A'_s 比 A_s 大得较多时，也可能发生小偏心受压的反向破坏，即离轴向力作用点较远一侧先被压坏，A_s 达到受压屈服，其截面应力计算图形如图 7-15 所示。为了防止这种反向破坏的发生，《混凝土结构设计规范》规定，对于小偏心受压构件，当 $N > f_c A$ 时，除应按式（7-17）、式（7-18）或式（7-19）进行

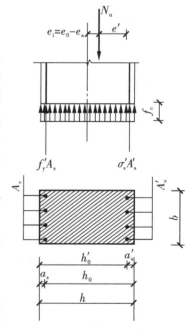

图 7-15　小偏心受压反向破坏时的截面应力计算图形

计算外,还应满足下式要求:

$$Ne' \leq N_u e' = \alpha_1 f_c bh\left(h'_0 - \frac{h}{2}\right) + f'_y A_s(h'_0 - a_s) \tag{7-25}$$

式中　e'——轴向力作用点至钢筋 A'_s 合力点之间的距离:

$$e' = \frac{h}{2} - a'_s - (e_0 - e_a) \tag{7-26}$$

h'_0——钢筋 A'_s 合力点至离轴向力作用点较远一侧边缘的距离, $h'_0 = h - a'_s$。

应当注意,式(7-25)仅适用于反向破坏的计算,取初始偏心距 $e_i = e_0 - e_a$,这是考虑了不利方向的附加偏心距,按这样计算的 e' 会增大,从而使得 A_s 用量增加,偏于安全。此外,A_s 的配置还应满足最小配筋率要求,即 $A_s \geq \rho_{\min}bh$。

7.4　非对称配筋矩形截面偏心受压构件正截面受压承载力计算
Cross-section Load Capacity Calculation of Rectangular Section with Asymmetric Reinforcement at Two Sides

7.4.1　截面设计
Section Design

7.4.1.1　大、小偏心受压的初步判别

进行偏心受压构件截面设计,一般是混凝土强度等级和钢筋种类、截面尺寸 $b \times h$、构件的计算长度 l_c、柱端弯矩设计值 M_1 和 M_2 及相应轴向力设计值 N 等为已知,要求确定钢筋截面面积 A_s 和 A'_s。此时,应首先判别截面的偏心类型。如果按大、小偏心的界限条件 $x = \xi_b h_0$ 来判别,则需要计算出混凝土受压区高度 x,而 x 值又取决于钢筋截面面积的大小,在钢筋截面面积确定之前无法求出,因此必须另外寻求一种间接的判别方法。根据经验,对于常用材料,通常取 $e_i = 0.3h_0$ 作为大、小偏心受压的界限。当 $e_i > 0.3h_0$ 时,可先按大偏心受压的情况进行计算;当 $e_i \leq 0.3h_0$ 时,则按小偏心受压的情况进行计算。然后应用有关计算公式求出钢筋截面面积,再根据钢筋截面面积计算 x,看是否与初步判别一致,不一致时改变判别,重新计算。最后,还应按轴心受压构件验算垂直于弯矩作用平面的受压承载力,此时可不计弯矩的作用,但应考虑稳定系数 φ 的影响。

7.4.1.2　大偏心受压构件的计算

大偏心受压构件截面设计有以下两种情况。

(1) A_s 和 A'_s 均未知,求 A_s 和 A'_s

由式(7-10)、式(7-11)可知,此时共有 x、A_s 和 A'_s 三个未知数,而平衡方程只有两个,与双筋受弯构件一样,以总用钢量($A_s + A'_s$)最小为补充条件,取 $x = \xi_b h_0$,代入式(7-11),解出 A'_s:

$$A'_s = \frac{Ne - \alpha_1 f_c bh_0^2 \xi_b(1 - 0.5\xi_b)}{f'_y(h_0 - a'_s)} \tag{7-27}$$

如果 $A'_s < \rho_{\min} bh$ 或为负值,则取 $A'_s = \rho_{\min} bh$,按第二种情况(已知 A'_s 求 A_s)计算 A_s 。

如果 $A'_s > \rho_{\min} bh$,则将求得的 A'_s 及 $x = \xi_b h_0$ 代入式(7-10),可求得 A_s :

$$A_s = \frac{\alpha_1 f_c b \xi_b h_0 + f'_y A'_s - N}{f_y} \qquad (7-28)$$

当 $A_s < \rho_{\min} bh$ 时,应按 $A_s = \rho_{\min} bh$ 进行配筋。

(2)已知 A'_s ,求 A_s

由式(7-10)、式(7-11)可知,此时只有 x 和 A_s 两个未知数,可以直接求解。计算过程中需要解 x 的二次方程, x 有两个根,要注意判别哪一个根是真实的。若求得 $2a'_s \leqslant x \leqslant \xi_b h_0$,则继续求得 A_s ;若求得 $x > \xi_b h_0$,则说明受压钢筋 A'_s 数量不足,应增加 A'_s 数量,按第一种情况(A_s 和 A'_s 均未知)重新计算;或按小偏心受压构件(A_s 和 A'_s 均未知)重新计算;若仍不满足,则可再加大构件截面重新计算;若求得 $x < 2a'_s$,则应按式(7-15)计算 A_s ,即

$$A_s = \frac{Ne'}{f_y(h_0 - a'_s)} \qquad (7-29)$$

另外,再按不考虑受压钢筋 A'_s ,利用计算式(7-10)、式(7-11)求出 A_s ,与上式计算结果进行比较,取其较小值配筋。

当计算 $A_s < \rho_{\min} bh$ 时,应按 $A_s = \rho_{\min} bh$ 进行配筋。

非对称配筋矩形截面大偏心受压构件的截面设计计算框图如图7-16所示。

【例7-1】 某钢筋混凝土偏心受压柱,截面尺寸 $b \times h = 300 \text{ mm} \times 500 \text{ mm}$,承受轴向压力设计值 $N = 510 \text{ kN}$,弯矩设计值 $M_1 = M_2 = 220 \text{ kN·m}$ 。弯矩作用平面内柱上下两端的支撑长度 $l_c = 3.6 \text{ m}$,弯矩作用平面外柱的计算长度 $l_0 = 4.4 \text{ m}$ 。混凝土强度等级C25,采用HRB400级钢筋。 $a_s = a'_s = 40 \text{ mm}$ 。求钢筋截面面积 A'_s 和 A_s 并选配钢筋。

【解】 (1)资料整理

确定钢筋和混凝土的材料强度及几何参数:

C25混凝土, $f_c = 11.9 \text{ N/mm}^2$;HRB400级钢筋, $f_y = f'_y = 360 \text{ N/mm}^2$;

$b = 300 \text{ mm}$, $a_s = a'_s = 40 \text{ mm}$, $h = 500 \text{ mm}$, $h_0 = 500 - 40 = 460 \text{ mm}$;

HRB400级钢筋,C25混凝土, $\beta_1 = 0.8$, $\xi_b = 0.518$ 。

(2)求框架柱设计弯矩 M

由于 $M_1/M_2 = 1 > 0.9$, $i = \sqrt{\dfrac{I}{A}} = 144.3 \text{ mm}$,则 $l_c/i = 24.9 > 34 - 12(M_1/M_2) = 22$,

因此,需要考虑附加弯矩影响。根据式(7-5)~式(7-8)有:

$$\zeta_c = \frac{0.5 f_c A}{N} = 1.75 > 1 ,取 \zeta_c = 1$$

$$C_m = 0.7 + 0.3 \frac{M_1}{M_2} = 1$$

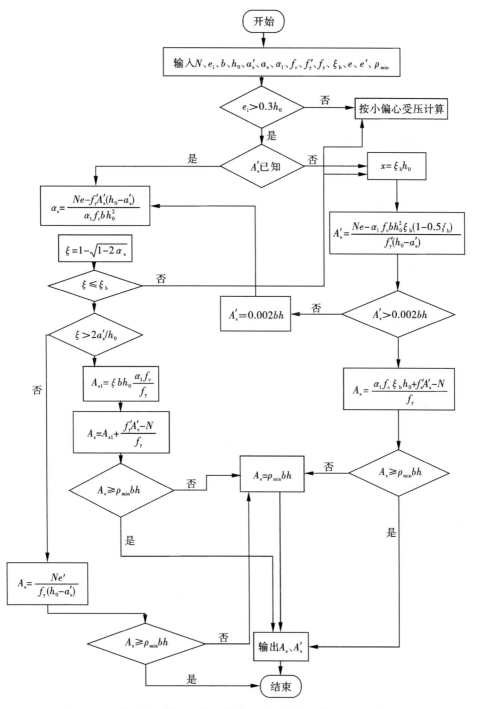

图 7-16　非对称配筋矩形截面大偏心受压构件的截面设计计算框图

$$\frac{h}{30} = \frac{500}{30} = 16.7 \text{ mm} < 20 \text{ mm}, \text{取} \ e_a = 20 \text{ mm}$$

$$\eta_{ns} = 1 + \frac{1}{1300(M_2/N + e_a)/h_0}\left(\frac{l_c}{h}\right)^2 \zeta_c$$

$$= 1 + \frac{1}{1300(220 \times 10^6/510 \times 10^3 + 20)/460}\left(\frac{3600}{500}\right)^2 \times 1$$

$$= 1.041$$

代入式(7-9)计算框架柱设计弯矩,有:

$$M = C_m \eta_{ns} M_2 = 1 \times 1.041 \times 220 = 229 \text{ kN} \cdot \text{m}$$

(3)求 e_i,判别偏心受压类型

根据式(7-2)有:

$$e_0 = \frac{M}{N} = \frac{229 \times 10^6}{510 \times 10^3} = 449 \text{ mm}$$

代入式(7-3)有:

$$e_i = e_0 + e_a = 449 + 20 = 469 \text{ mm}$$

由于 $e_i = 469$ mm $> 0.3h_0 = 138$ mm,按大偏心受压计算。

(4)求 A_s 及 A'_s

由式(7-12)有:

$$e = e_i + \frac{h}{2} - a_s = 469 + 250 - 40 = 679 \text{ mm}$$

代入式(7-27)有:

$$A'_s = \frac{Ne - \alpha_1 f_c b h_0^2 \xi_b(1 - 0.5\xi_b)}{f'_y(h_0 - a'_s)}$$

$$= \frac{510 \times 10^3 \times 679 - 1.0 \times 11.9 \times 300 \times 460^2 \times 0.518 \times (1 - 0.5 \times 0.518)}{360 \times (460 - 40)}$$

$$= 373 \text{ mm}^2 > 0.002bh = 0.002 \times 300 \times 500 = 300 \text{ mm}^2$$

再由式(7-28)有:

$$A_s = \frac{\alpha_1 f_c b h_0 \xi_b + f'_y A'_s - N}{f_y}$$

$$= \frac{1.0 \times 11.9 \times 300 \times 460 \times 0.518 + 360 \times 373 - 510 \times 10^3}{360}$$

$$= 1319 \text{ mm}^2 > 0.002bh = 0.002 \times 300 \times 500 = 300 \text{ mm}^2$$

同时

$$A_s + A'_s = 373 + 1319 = 1692 \text{ mm}^2 > 0.0055bh = 0.0055 \times 300 \times 500 = 825 \text{ mm}^2$$

满足要求。

（5）选配钢筋

受压钢筋选用 2 Φ 16（ $A'_s = 402\ mm^2$），受拉钢筋选用 3 Φ 25

（ $A_s = 1473\ mm^2$），配筋如图 7-17 所示。

（6）验算垂直于弯矩作用平面的受压承载力

$l_0/b = 4400/300 = 14.67$，查表 4-1，得 $\varphi = 0.903$。

$$N_u = 0.9\varphi[f_cA + f'_y(A_s + A'_s)]$$

$$= 0.9 \times 0.903 \times [11.9 \times 300 \times 500 + 360 \times (402 + 1473)]$$

$$= 1999 \times 10^3\ N = 1999\ kN > N = 510\ kN$$

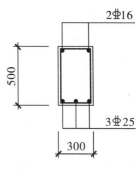

图 7-17　例 7-1 配筋图

满足要求。

【**例 7-2**】　基本条件同例 7-1，并已知受压钢筋采用 2 Φ 20（ $A'_s = 628\ mm^2$）。求该柱所需受拉钢筋截面面积 A_s。

【**解**】　令 $N = N_u,M = N_ue_0$，由式（7-11）得：

$$510 \times 10^3 \times 679 = 1.0 \times 11.9 \times 300 \times x(460 - 0.5x) + 360 \times 628 \times (460 - 40)$$

$$x = 193.6\ mm$$

$$\xi_bh_0 = 0.518 \times 460 = 238.28\ mm$$

$$2a'_s = 2 \times 40 = 80\ mm$$

故 $2a'_s < x < \xi_bh_0$。

由式（7-10）得：

$$A_s = \frac{\alpha_1 f_c bx + f'_y A'_s - N}{f_y}$$

$$= \frac{1.0 \times 11.9 \times 300 \times 193.6 + 360 \times 628 - 510 \times 10^3}{360}$$

$$= 1131\ mm^2 > 0.002bh = 0.002 \times 300 \times 500 = 300\ mm^2$$

同时

$$A_s + A'_s = 628 + 1131 = 1759\ mm^2$$

$$> 0.0055bh = 0.0055 \times 300 \times 500 = 825\ mm^2$$

满足要求。

受拉钢筋 A_s 选用 3 Φ 22（ $A_s = 1140\ mm^2$），配筋如图 7-18 所示。

与例 7-1 比较，例 7-1 中总的钢筋用量计算值为 373 + 1319 = 1692 mm^2，本例总的钢筋用量计算值为 1761 mm^2，比较可知，当 $x = \xi_bh_0$ 时，总的钢筋用量少。另外，由例 7-1 垂直于弯矩作用平面的受压承载力验算结果可知本题亦满足要求。

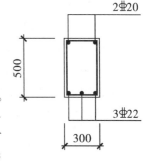

图 7-18　例 7-2 配筋图

7.4.1.3　小偏心受压构件的计算

由式（7-17）、式（7-18）或式（7-19）可以看出，此时共有 x、A_s、A'_s 三个未知数，而独立的平衡方程只有两个，此时若仍以总用钢量（ $A_s + A'_s$）最小为补充条件，则计算工作将非常复杂。实用上常采用如下办法：

小偏心受压破坏应满足 $\xi > \xi_b$ 及 $-f'_y \leqslant \sigma_s \leqslant f_y$ 的条件,当纵筋 A_s 的应力达到受压屈服强度($\sigma_s = -f'_y$)且钢筋的受压屈服强度与受拉屈服强度相等($f'_y = f_y$)时,根据式(7-20)可以求出相对受压区计算高度:

$$\xi_{cy} = 2\beta_1 - \xi_b \tag{7-30}$$

可见,当 $\xi_b < \xi < \xi_{cy}$ 时,不论 A_s 数量配置多少,一般都不会屈服。为了使钢筋用量最小,按最小配筋率进行配置,取 $A_s = \rho_{min}bh$;当 $N > f_cA$ 时, A_s 应取为按式(7-25)计算所得和 $A_s = \rho_{min}bh$ 二者的较大值。然后,将初步选定的 A_s 及式(7-20)代入计算公式(7-19),可求得 x (或 ξ);也可将选定的 A_s 及式(7-20)代入式(7-17)与式(7-18)求得 x (或 ξ),但这样需要解联立方程。

1)若满足 $\xi_b < \xi < \xi_{cy}$,则按式(7-18)计算 A'_s ,且使 $A'_s \geqslant 0.002bh$ 。

2)若 $\xi \leqslant \xi_b$,则应按大偏心受压构件重新计算。

3)若 $\xi_{cy} < \xi < \dfrac{h}{h_0}$,则 σ_s 达到 $-f'_y$,可取 $\sigma_s = -f'_y$,代入式(7-19)重新计算 x (或 ξ),再代入式(7-18)计算 A'_s ,且使 $A'_s \geqslant 0.002bh$ 。

4)若 $\xi > \dfrac{h}{h_0}$,则取 $\sigma_s = -f'_y$, $x = h$,利用式(7-17)、式(7-18)或式(7-19)计算 A_s 和 A'_s ,且使 $A'_s \geqslant 0.002bh$,并将此处算得的 A_s 值与前面初步选定的 A_s 值比较,取较大值。

非对称配筋矩形截面小偏心受压构件的截面设计计算框图如图7-19所示。

【例7-3】 某钢筋混凝土偏心受压柱,截面尺寸 $b \times h = 400 \text{ mm} \times 600 \text{ mm}$ 。承受轴向压力设计值 $N = 3800 \text{ kN}$,柱顶截面弯矩设计值 $M_1 = 100 \text{ kN} \cdot \text{m}$,柱底截面弯矩设计值 $M_2 = 100 \text{ kN} \cdot \text{m}$ 。弯矩作用平面内柱上下两端的支撑长度为 $l_c = 4.0 \text{ m}$,弯矩作用平面外柱的计算长度 $l_0 = 4.8 \text{ m}$ 。混凝土强度等级为C35,采用HRB400级钢筋。 $a_s = a'_s = 60 \text{ mm}$ 。求钢筋截面面积 A'_s 和 A_s 并选配钢筋。

【解】 (1)资料整理

确定钢筋和混凝土的材料强度及几何参数:

C35混凝土, $f_c = 16.7 \text{ N/mm}^2$;HRB400级钢筋, $f_y = f'_y = 360 \text{ N/mm}^2$;

$b = 400 \text{ mm}$, $a_s = a'_s = 60 \text{ mm}$, $h = 600 \text{ mm}$, $h_0 = 600 - 40 = 560 \text{ mm}$;

HRB400级钢筋,C35混凝土, $\beta_1 = 0.8$, $\xi_b = 0.518$ 。

(2)求框架柱设计弯矩,M

由于 $M_1/M_2 = 1 > 0.9$, $i = \sqrt{\dfrac{I}{A}} = 173.2 \text{ mm}$,则 $l_c/i = 23.1 > 34 - 12(M_1/M_2) = 22$,因此,需要考虑附加弯矩影响。根据式(7-5)~式(7-8)有:

$$\zeta_c = \frac{0.5f_cA}{N} = \frac{0.5 \times 16.7 \times 400 \times 600}{3800 \times 10^3} = 0.527$$

$$C_m = 0.7 + 0.3 \frac{M_1}{M_2} = 1$$

$$\frac{h}{30} = \frac{600}{30} = 20 \text{ mm} , 取 e_a = 20 \text{ mm}$$

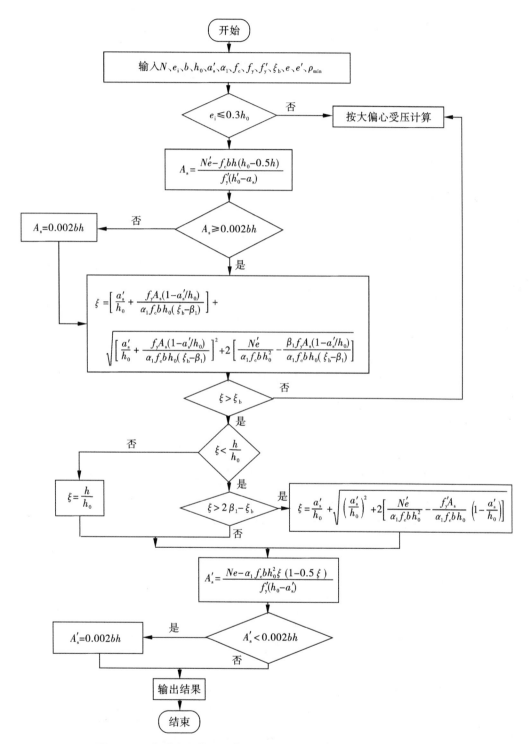

图 7-19 非对称配筋矩形截面小偏心受压构件的截面设计计算框图

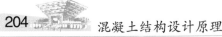

$$\eta_{ns} = 1 + \frac{1}{1300(M_2/N + e_a)/h_0}\left(\frac{l_c}{h}\right)^2 \zeta_c$$

$$= 1 + \frac{1}{1300[100 \times 10^6/(3800 \times 10^3) + 20]/560} \times \left(\frac{4000}{600}\right)^2 \times 0.527$$

$$= 1.218$$

代入式(7-9)计算框架柱设计弯矩,有:

$$M = C_m \eta_{ns} M_2 = 1 \times 1.218 \times 100 = 121.8 \text{ kN} \cdot \text{m}$$

(3)求e_i,判别偏心受压类型

根据式(7-2)有:

$$e_0 = \frac{M}{N} = \frac{121.8 \times 10^6}{3800 \times 10^3} = 32 \text{ mm}$$

代入式(7-3)有:

$$e_i = e_0 + e_a = 32 + 20 = 52 \text{ mm} < 0.3h_0 = 168 \text{ mm}$$

故按小偏心受压构件计算。

(4)求A_s及A'_s

由式(7-12)有:

$$e = e_i + \frac{h}{2} - a_s = 52 + \frac{600}{2} - 60 = 292 \text{ mm}$$

因$N = 3800$ kN $< f_c bh = 16.7 \times 400 \times 600 = 4008$ kN,故取$A_s = 0.002bh = 0.002 \times 400 \times 600 = 480 \text{ mm}^2$,选2$\Phi$18($A_s = 509 \text{ mm}^2$)。

又由式(7-20)有:

$$\sigma_s = \frac{\xi - \beta_1}{\xi_b - \beta_1}f_y = \frac{\dfrac{x}{610} - 0.8}{0.518 - 0.8} \times 360 = 1021.3 - 2.09x$$

代入式(7-27)和式(7-28)联立求解得:

$$\xi_b h_0 = 0.518 \times 560 = 290.08 \text{ mm} < x = 545.28 \text{ mm} < (2\beta_1 - \xi_b)h_0 = 606 \text{ mm}$$

代入式(7-27)求A'_s:

$$A'_s = \frac{Ne - \alpha_1 f_c bx(h_0 - 0.5x)}{f'_y(h_0 - a'_s)}$$

$$= \frac{3800 \times 10^3 \times 292 - 1.0 \times 16.7 \times 400 \times 545.28 \times (560 - 0.5 \times 545.28)}{360 \times (560 - 60)}$$

$$= 349 \text{ mm}^2 < 0.002 \times 400 \times 600 = 480 \text{ mm}^2$$

应按最小配筋率配筋。

因采用HRB400级钢筋,全部纵向钢筋的最小配筋率为0.55%,即$A_s + A'_s \geqslant 0.0055bh = 0.0055 \times 400 \times 600 = 1320 \text{ mm}^2$,受拉钢筋已选配2$\Phi$18($A_s = 509 \text{ mm}^2$),则:

$$A'_s \geqslant 1320 - 509 = 811 \text{ mm}^2$$

选配3Φ20($A'_s = 942 \text{ mm}^2$),配筋如图7-20所示。

（5）验算垂直于弯矩作用平面的受压承载力

由 $\dfrac{l_0}{b} = \dfrac{4800}{400} = 12$，查表 4-1 得 $\varphi = 0.95$，有：

$$0.9\varphi[f_c A + f_y'(A_s + A_s')]$$
$$= 0.9 \times 0.95 \times [16.7 \times 400 \times 600 + 360 \times (509 + 942)]$$
$$= 3874 \times 10^3 \text{ N} = 3874 \text{ kN} > 3800 \text{ kN}$$

满足要求。

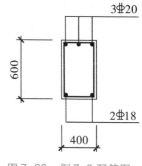

图 7-20　例 7-3 配筋图

7.4.2　截面复核
Section Check

在实际工程中有时需要对偏心受压构件进行承载力复核，此时混凝土强度等级和钢筋种类、截面尺寸、构件在弯矩作用平面内上、下两端的支撑长度 l_c、配筋面积 A_s 和 A_s' 均为已知。根据构件轴力和弯矩的作用方式，截面复核可分为以下两种情况。

（1）给定轴向压力设计值 N，求弯矩设计值 M

这种情况关键在于计算确定偏心距 e_0，求得 e_0 后由式（7-2）求得弯矩设计值 $M = Ne_0$，最后可再由式（7-5）、式（7-6）、式（7-7）与式（7-8）联立求得构件所能承担的较大端部设计弯矩 M_2。

先将已知配筋和 $x = \xi_b h_0$ 代入式（7-10）计算界限破坏情况下受压承载力 N_{ub}，即：

$$N_{ub} = \alpha_1 f_c \xi_b b h_0 + f_y' A_s' - f_y A_s \tag{7-31}$$

当 $N \leqslant N_{ub}$ 时，为大偏心受压，可按计算式（7-10）求得 x。如果 $2a_s' \leqslant x \leqslant \xi_b h_0$，则将 x 值代入式（7-11）求得 e，再由式（7-3）、式（7-12）可求得偏心距 e_0；如果 $x < 2a_s'$，则由式（7-15）可求得 e'，再由式（7-3）、式（7-16）可求得偏心距 e_0。

当 $N > N_{ub}$ 时，为小偏心受压，可由式（7-17）、式（7-20）求得 x（或 ξ）。

①若 $\xi_b < \xi < \xi_{cy}$，则按式（7-18）求得 e，再由式（7-3）、式（7-12）求得偏心距 e_0。

②若 $\xi_{cy} < \xi < \dfrac{h}{h_0}$，则取 $\sigma_s = -f_y'$，代入式（7-17）重新计算 x（或 ξ），再按式（7-18）求得 e，进而由式（7-3）、式（7-12）可求得偏心距 e_0。

③若 $\xi > \dfrac{h}{h_0}$，则取 $x = h$，按式（7-18）求得 e，再由式（7-3）、式（7-12）求得偏心距 e_0。

（2）给定偏心距 e_0，求轴向压力设计值 N

由于截面配筋已知，对轴向压力 N 作用点取矩，可求出截面混凝土受压区高度 x。

$$f_y A_s e = f_y' A_s' e' + \alpha_1 f_c b x (e' - a_s' + x/2) \tag{7-32}$$

当 $x \leqslant \xi_b h_0$ 时，为大偏心受压，将 x 及已知数据代入式（7-10）即可求出轴向压力设计值 N；当 $x > \xi_b h_0$ 时，为小偏心受压，式（7-31）中 f_y 用 σ_s［按式（7-20）计算］代替，由小偏心受压基本公式重新联立求解 x（或 ξ），并应类似于第一种情况判断 ξ 值的范围，根据 ξ

值的范围由小偏心受压基本公式求出轴向压力设计值 N。

此外，当构件在垂直于弯矩作用平面的长细比 l_0/b 较大时，尚应根据 l_0/b 确定的稳定系数 φ，按轴心受压构件验算垂直于弯矩作用平面的受压承载力，并与上面求得的 N 比较后取较小值。

【例 7-4】 偏心受压构件轴向力设计值 $N = 1200$ kN，截面尺寸为 $b \times h = 500$ mm × 600 mm，$a_s = a'_s = 40$ mm。构件在弯矩作用平面内上下两端的支撑长度 $l_c = 4.8$ m，采用 C35 混凝土和 HRB400 级钢筋，$A_s = 1964$ mm²，$A'_s = 1520$ mm²。求该构件在 h 方向上所能承受的弯矩设计值 M_2。（按两端弯矩相等考虑）

【解】 （1）整理资料

确定钢筋和混凝土的材料强度及几何参数：

C35 混凝土，$f_c = 16.7$ N/mm²；HRB400 级钢筋，$f_y = f'_y = 360$ N/mm²；

$b = 500$ mm，$a_s = a'_s = 40$ mm，$h = 600$ mm，$h_0 = 600 - 40 = 560$ mm；

HRB400 级钢筋，C35 混凝土，$\beta_1 = 0.8$，$\xi_b = 0.518$，$A_s = 1964$ mm²，$A'_s = 1520$ mm²。

（2）判别偏心受压类型

按式（7-31）求界限轴力，得

$$
\begin{aligned}
N_{ub} &= \alpha_1 f_c b \xi_b h_0 + f'_y A'_s - f_y A_s \\
&= 16.7 \times 500 \times 0.518 \times 560 + 360 \times 1520 - 360 \times 1964 \\
&= 2262 \text{ kN} > N = 1200 \text{ kN}
\end{aligned}
$$

故为大偏心受压柱。

（3）求 $x(\xi)$

由式（7-10）得

$$
x = \frac{N - f'_y A'_s + f_y A_s}{\alpha_1 f_c b} = \frac{1200 \times 10^3 - 360 \times 1520 + 360 \times 1964}{1.0 \times 16.7 \times 500} = 163 \text{ mm}
$$

且 $2a'_s = 80 \leqslant x \leqslant \xi_b h_0 = 0.518 \times 560 = 290$ mm。

（4）求 e_0

由式（7-11）得

$$
\begin{aligned}
e &= \frac{\alpha_1 f_c b x \left(h_0 - \dfrac{x}{2} \right) + f'_y A'_s (h_0 - a'_s)}{N} \\[2mm]
&= \frac{1.0 \times 16.7 \times 500 \times 163 \times (560 - 163/2) + 360 \times 1520 \times (560 - 40)}{1200 \times 10^3} \\[2mm]
&= 780 \text{ mm}
\end{aligned}
$$

$$
\frac{h}{30} = \frac{600}{30} = 20 \text{ mm}，取 e_a = 20 \text{ mm}
$$

$$
e_0 = 780 + 40 - 300 - 20 = 500 \text{ mm}
$$

（5）求 M_2

截面弯矩设计值为

$$
M = N e_0 = 1200 \times 500 \times 10^{-3} = 600 \text{ kN} \cdot \text{m}
$$

$$\zeta_c = \frac{0.5 f_c A}{N} = \frac{0.5 \times 16.7 \times 500 \times 600}{1200 \times 10^3} = 2.09 > 1，取 \zeta_c = 1$$

由式(7-5)有

$$C_m = 0.7 + 0.3 \frac{M_1}{M_2}$$

代入式(7-9)，再联立式(7-7)得

$$\frac{M}{M_2} = C_m \eta_{ns} = 1.0 \times \left[1 + \frac{1}{1300(M_2/N + e_a)/h_0} \left(\frac{l_c}{h} \right)^2 \zeta_c \right]$$

$$\frac{600 \times 10^6}{M_2} = 1 + \frac{1}{1300[M_2/(1200 \times 10^3) + 20]/560} \times \left(\frac{4800}{600} \right)^2 \times 1$$

将有关数据代入上式，得到 M_2 的二次方程，解得

$$M_2 = 568.28 \text{ kN} \cdot \text{m}$$

【例 7-5】　已知偏心受压构件截面尺寸 $b \times h = 450 \text{ mm} \times 600 \text{ mm}$，$a_s = a'_s = 40 \text{ mm}$，混凝土强度等级为 C30，钢筋为 HRB400 级，A_s 选用 5 Φ 22（$A_s = 1900 \text{ mm}^2$），A'_s 选用 4 Φ 20（$A'_s = 1256 \text{ mm}^2$）。构件在弯矩作用平面内上下两端的支撑长度 $l_c = 4.5 \text{ m}$。轴向力的偏心距 $e_0 = 420 \text{ mm}$（已考虑弯矩增大系数和偏心距调节系数）。求截面能承受的轴向力设计值 N_u。

【解】　(1)整理资料

确定钢筋和混凝土的材料强度及几何参数：

C30 混凝土，$f_c = 14.3 \text{ N/mm}^2$；HRB400 级钢筋，$f_y = f'_y = 360 \text{ N/mm}^2$，$b = 450 \text{ mm}$，$a_s = a'_s = 40 \text{ mm}$；

$h = 600 \text{ mm}$，$h_0 = 600 - 40 = 560 \text{ mm}$，HRB400 级钢筋，C35 混凝土，$\beta_1 = 0.8$，$\xi_b = 0.518$，$A_s = 1900 \text{ mm}^2$，$A'_s = 1256 \text{ mm}^2$。

(2)判别偏心受压类型

$$\frac{h}{30} = \frac{600}{30} = 20 \text{ mm}，取 e_a = 20 \text{ mm}$$

由式(7-3)有

$$e_i = e_0 + e_a = 420 + 20 = 440 \text{ mm} > 0.3 h_0 = 168 \text{ mm}$$

为大偏心受压。

(3)求 N

对 N 点建立力矩平衡方程可得

$$\alpha_1 f_c b x \left(e_i - \frac{h}{2} + \frac{x}{2} \right) = f_y A_s \left(e_i + \frac{h}{2} - a_s \right) - f'_y A'_s \left(e_i - \frac{h}{2} + a'_s \right)$$

$$1.0 \times 14.3 \times 450 x(440 - 600/2 + x/2) = 360 \times 1900 \times (440 + 600/2 - 40) -$$
$$360 \times 1256 \times (440 - 600/2 + 40)$$

解得

$$x = 119.15 \text{ mm}$$

由式(7-10)得该截面能承受的轴向力设计值为

$$N_u = \alpha_1 f_c bx + f'_y A'_s - f_y A_s = 1.0 \times 14.3 \times 450 \times 119.15 + 360 \times 1256 - 360 \times 1900$$
$$= 534.9 \times 10^3 \text{ N} = 534.9 \text{ kN}$$

7.5 对称配筋矩形截面偏心受压构件正截面受压承载力计算
Cross-section Load Capacity Calculation of Rectangular Section with Symmetric Reinforcement at Two Sides

对称配筋就是截面两侧配置相同数量和相同种类的钢筋,即 $A_s = A'_s$, $f_y = f'_y$。在实际工程中,偏心受压构件在不同内力组合下,可能承受相反方向的弯矩,当其数值相差不大或相差较大但按对称配筋设计求得的纵向钢筋总量增加不多时,宜采用对称配筋。对于装配式柱来讲,采用对称配筋在吊装时不会出错,设计和施工都比较简便,因此,对称配筋应用更为广泛。

7.5.1 截面设计
Section Design

7.5.1.1 大、小偏心受压的判别

对称配筋时,对 HRB400 级及以下强度的钢筋, $A_s = A'_s$, $f_y = f'_y$。此时,令 $N = N_u$,则由式(7-10)可得:

$$x = \frac{N}{\alpha_1 f_c b} \tag{7-33}$$

当 $x \leq \xi_b h_0$ 时,判别为大偏心受压构件;当 $x > \xi_b h_0$ 时,判别为小偏心受压构件,但此时的 x 已不准确,需重新计算。

7.5.1.2 大偏心受压构件的计算

首先由式(7-33)求 x。若 $2a'_s \leq x \leq \xi_b h_0$,则将 x 代入式(7-11),可以求得:

$$A_s = A'_s = \frac{Ne - \alpha_1 f_c bx\left(h_0 - \dfrac{x}{2}\right)}{f'_y(h_0 - a'_s)} \tag{7-34}$$

若 $x < 2a'_s$,可按非对称配筋的计算方法,即按式(7-29)计算出 A_s,然后取 $A'_s = A_s$。

无论哪种情况,所选的钢筋面积均应满足最小配筋率的要求。

7.5.1.3 小偏心受压构件的计算

将 $A_s = A'_s$ 代入式(7-17)、式(7-18),得到对称配筋小偏心受压构件的计算公式,即

$$N \leq \alpha_1 f_c bx + f'_y A'_s - \sigma_s A'_s \tag{7-35}$$

$$Ne \leq \alpha_1 f_c bx\left(h_0 - \frac{x}{2}\right) + f'_y A'_s(h_0 - a'_s) \tag{7-36}$$

式中，σ_s 仍按式（7-20）计算，并满足式（7-21）的要求。

取 $f_y = f'_y$，并令 $N = N_u$，将 $x = \xi h_0$ 及式（7-20）代入式（7-35）、式（7-36）得：

$$N = \alpha_1 f_c bh_0 \xi + f'_y A'_s \times \frac{\xi_b - \xi}{\xi_b - \beta_1} \tag{7-37}$$

$$Ne = \alpha_1 f_c bh_0^2 \xi(1 - \frac{\xi}{2}) + f'_y A'_s(h_0 - a'_s) \tag{7-38}$$

由式（7-37）、式（7-38）知，求 x（或 ξ）需求解三次方程，计算非常不方便，可采用下述简化方法。

（1）迭代法

将式（7-37）、式（7-38）改写为如下形式：

$$\xi_{i+1} = \frac{N}{\alpha_1 f_c bh_0} - \frac{f'_y A'_{si}}{\alpha_1 f_c bh_0} \times \frac{\xi_b - \xi_i}{\xi_b - \beta_1} \tag{7-39}$$

$$A'_{si} = \frac{Ne - \alpha_1 f_c bh_0^2 \xi_i(1 - \frac{\xi_i}{2})}{f'_y(h_0 - a'_s)} \tag{7-40}$$

对于小偏心受压，ξ 的最小值是 ξ_b，最大值是 $\frac{h}{h_0}$，因此可取 $\xi = \frac{1}{2}(\xi_b + \frac{h}{h_0})$ 作为第一次近似值，代入式（7-40），得到 A'_s 的第一次近似值。然后，将 A'_s 的第一次近似值代入式（7-39），得到 ξ 的第二次近似值；再将其代入式（7-40），得到 A'_s 的第三次近似值。重复上述步骤直到相邻两次计算所得的 A'_s 相差不大为止，一般认为相差不超过 5% 即认为满足精度要求。

（2）近似公式法

由式（7-37）得：

$$f'_y A'_s = \frac{N - \alpha_1 f_c bh_0 \xi}{\dfrac{\xi_b - \xi}{\xi_b - \beta_1}}$$

代入式（7-38），得：

$$Ne = \alpha_1 f_c bh_0^2 \xi(1 - \frac{\xi}{2}) + \frac{(N - \alpha_1 f_c bh_0 \xi)(\xi_b - \beta_1)(h_0 - a'_s)}{\xi_b - \xi} \tag{7-41}$$

上式展开是关于 ξ 的三次方程，求解比较复杂。分析可以发现，对于小偏心受压的情况，$\xi(1 - \frac{\xi}{2})$ 一般在 $0.4 \sim 0.5$ 范围变化。为了简化计算，《混凝土结构设计规范》规定 $\xi(1 - \frac{\xi}{2})$ 近似取为常数 0.43，则式（7-41）可改写为 ξ 的一次方程，整理后得：

$$\xi = \frac{N - \alpha_1 f_c bh_0 \xi_b}{\dfrac{Ne - 0.43\alpha_1 f_c bh_0^2}{(\beta_1 - \xi_b)(h_0 - a'_s)} + \alpha_1 f_c bh_0} + \xi_b \tag{7-42}$$

将计算所得 ξ 值代入式（7-38），得：

$$A_s = A'_s = \frac{Ne - \alpha_1 f_c bh_0^2 \xi(1 - \frac{\xi}{2})}{f'_y(h_0 - a'_s)} \tag{7-43}$$

所选的钢筋面积同样应满足最小配筋率的要求。

同非对称配筋一样,最后还应验算垂直于弯矩作用平面的轴心受压承载力是否满足要求。

【例7-6】 已知条件同例7-1。采用对称配筋设计,求该柱所需纵向受力钢筋的截面面积。

【解】 (1)整理资料

C25 混凝土,$f_c = 11.9$ N/mm²;HRB400 级钢筋,$f_y = f'_y = 360$ N/mm²;

$b = 300$ mm, $a_s = a'_s = 40$ mm, $h = 500$ mm, $h_0 = 500 - 40 = 460$ mm;

HRB400 级钢筋,C25 混凝土,$\beta_1 = 0.8$, $\xi_b = 0.518$。

(2)判别偏心受压类型

由式(7-33)得:

$$x = \frac{N}{\alpha_1 f_c b} = \frac{510 \times 10^3}{1.0 \times 11.9 \times 300} = 143 \text{ mm}$$

$$2a'_s = 2 \times 40 = 80 \text{ mm} < x < \xi_b h_0 = 0.518 \times 460 = 238 \text{ mm}$$

属于大偏心受压,且 x 为真实值。

(3)计算钢筋面积

将 x 代入式(7-34)得:

$$A_s = A'_s = \frac{Ne - \alpha_1 f_c bx\left(h_0 - \frac{x}{2}\right)}{f'_y(h_0 - a'_s)}$$

$$= \frac{510 \times 10^3 \times 679 - 1.0 \times 11.9 \times 300 \times 143 \times \left(460 - \frac{143}{2}\right)}{360 \times (460 - 40)}$$

$$= 979 \text{ mm}^2$$

(4)验算最小配筋率,选配钢筋

$$\frac{A_s + A'_s}{bh} = \frac{979 \times 2}{300 \times 500} = 0.0131 > 0.0055$$

满足要求。

选配 2 $\oplus$ 25($A'_s = 982$ mm²),配筋如图7-21所示。

与例7-1比较,例7-1中总的钢筋用量计算值为 $373 + 1319 = 1692$ mm²,本例总的钢筋用量计算值为 $979 \times 2 = 1958$ mm²,用钢量比例7-1多。另外,由例7-1垂直于弯矩作用平面的受压承载力验算结果可知本题亦满足要求。

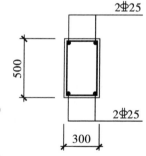

图 7-21   例 7-6 配筋图

【例7-7】 钢筋混凝土偏心受压柱,承受轴向压力设计值 $N = 2800$ kN,弯矩设计值 $M = 450$ kN·m,截面尺寸为 $b = 450$ mm,$h = 550$ mm,$a_s = a'_s = 40$ mm。弯矩作用平面内柱上、下两端的支撑长度为 $l_c = 4.8$ m,弯矩作用平面外柱的计算长度 $l_0 = 5.2$ m。采用 C35 混凝土和 HRB400 级钢筋,要求进行截面对称配筋设计。(按两端弯矩相等 $M_1/M_2 = 1$ 的框架柱考虑)

【解】 (1)整理资料

确定钢筋和混凝土的材料强度及几何参数：

C35 混凝土，$f_c = 16.7 \text{ N/mm}^2$；HRB400 级钢筋，$f_y = f'_y = 360 \text{ N/mm}^2$；

$b = 450 \text{ mm}$，$a_s = a'_s = 40 \text{ mm}$，$h = 550 \text{ mm}$，$h_0 = 550 - 40 = 510 \text{ mm}$；

HRB400 级钢筋，C35 混凝土，$\beta_1 = 0.8$，$\xi_b = 0.518$。

（2）求框架柱设计弯矩 M

由于 $M_1/M_2 = 1$，$i = \sqrt{\dfrac{I}{A}} = 158.77 \text{ mm}$，则 $l_c/i = 30.2 > 34 - 12(M_1/M_2) = 22$，因此，需要考虑附加弯矩影响。根据式(7-5)～式(7-8)，有：

$$\zeta_c = \frac{0.5 f_c A}{N} = \frac{0.5 \times 16.7 \times 450 \times 550}{2800 \times 10^3} = 0.738$$

$$C_m = 0.7 + 0.3 \frac{M_1}{M_2} = 1$$

$$\frac{h}{30} = \frac{550}{30} = 18.3 \text{mm} < 20 \text{ mm}，取 e_a = 20 \text{ mm}$$

$$\eta_{ns} = 1 + \frac{1}{1300(M_2/N + e_a)/h_0}\left(\frac{l_c}{h}\right)^2 \zeta_c$$

$$= 1 + \frac{1}{1300[450 \times 10^6/(2800 \times 10^3) + 20]/510} \times \left(\frac{4800}{550}\right)^2 \times 0.738$$

$$= 1.122$$

代入式(7-9)计算框架柱设计弯矩，有：

$$M = C_m \eta_{ns} M_2 = 1 \times 1.122 \times 450 = 504.9 \text{ kN} \cdot \text{m}$$

（3）求 e_i，判别偏心受压类型

$$e_0 = \frac{M}{N} = \frac{504.9 \times 10^6}{2800 \times 10^3} = 180.3 \text{ mm}$$

$$e_i = e_0 + e_a = 180.3 + 20 = 200.3 \text{ mm}$$

$$e = e_i + \frac{h}{2} - a_s = 200.3 + \frac{550}{2} - 40 = 435.3 \text{ mm}$$

$$\xi = \frac{N}{\alpha f_c b h_0} = \frac{2800 \times 10^3}{1.0 \times 16.7 \times 450 \times 510} = 0.731 > \xi_b = 0.518$$

为小偏心受压。

（4）求 A_s 及 A'_s

按矩形截面对称配筋小偏心受压构件的近似公式(7-42)重新计算 ξ：

$$\xi = \frac{N - \xi_b \alpha_1 f_c b h_0}{\dfrac{Ne - 0.43 \alpha_1 f_c b h_0^2}{(\beta_1 - \xi_b)(h_0 - a'_s)} + \alpha_1 f_c b h_0} + \xi_b$$

$$= \frac{2800 \times 10^3 - 0.518 \times 1.0 \times 16.7 \times 450 \times 510}{\dfrac{2800 \times 10^3 \times 435.3 - 0.43 \times 1.0 \times 16.7 \times 450 \times 510^2}{(0.8 - 0.518)(510 - 40)} + 1.0 \times 16.7 \times 450 \times 510} + 0.518$$

$$= 0.640$$

$$\sigma_s = \frac{\xi - \beta_1}{\xi_b - \beta_1} f_y = \frac{0.640 - 0.8}{0.518 - 0.8} \times 360 = 204 \ \text{N/mm}^2$$

$$-f_y < \sigma_s < f_y$$

将 ξ 代入计算式(7-43)得：

$$A_s = A'_s = \frac{Ne - \alpha_1 f_c bh_0^2 \xi(1 - 0.5\xi)}{f'_y(h_0 - a'_s)}$$

$$= \frac{2800 \times 10^3 \times 435.3 - 1.0 \times 16.7 \times 450 \times 510^2 \times 0.640 \times (1 - 0.5 \times 0.640)}{360 \times (510 - 40)}$$

$$= 2176 \ \text{mm}^2$$

(5)验算最小配筋率,选配钢筋

$$\frac{A_s + A'_s}{bh} = \frac{2176 \times 2}{450 \times 550} = 0.0176 > 0.0055$$

满足要求。选配 7 Φ 22($A_s = A'_s = 2661 \ \text{mm}^2$),配筋如图 7-22 所示。

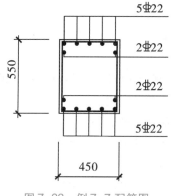

图 7-22　例 7-7 配筋图

(6)验算垂直于弯矩作用平面的受压承载力

$l_0/b = 5200/450 = 11.56$,查表 4-1,得 $\varphi = 0.957$。

$$N_u = 0.9\varphi[f_c A + f'_y(A'_s + A_s)] = 0.9 \times 0.957 \times (16.7 \times 450 \times 550 + 360 \times 2661 \times 2)$$

$$= 5210 \times 10^3 \ \text{N} = 5210 \ \text{kN} > N = 2800 \ \text{kN}$$

满足要求。

7.5.2　截面复核
Section Check

对称配筋矩形截面偏心受压构件的截面复核,可按非对称配筋截面复核的方法进行,但在复核时取 $A_s = A'_s$, $f_y = f'_y$。

7.6　对称配筋 I 形截面偏心受压构件正截面承载力计算
Cross-section Load Capacity Calculation of I-shaped Section with Symmetric Reinforcement

为了节省混凝土和减轻自重,对于较大尺寸的装配式柱往往采用 I 形截面。I 形截面偏心受压构件的受力性能、破坏特征及计算原理与矩形截面偏心受压构件相似,仅由于截面形状的不同使得计算公式稍有差别。本节重点讲述对称配筋 I 形截面偏心受压构件的正截面受压承载力计算。

7.6.1　计算公式及适用条件
Calculation Formulas and Application Conditions

（1）大偏心受压构件

对于 I 形截面大偏心受压构件,中和轴的位置可能在受压翼缘内,也可能在腹板内,见图 7-23。

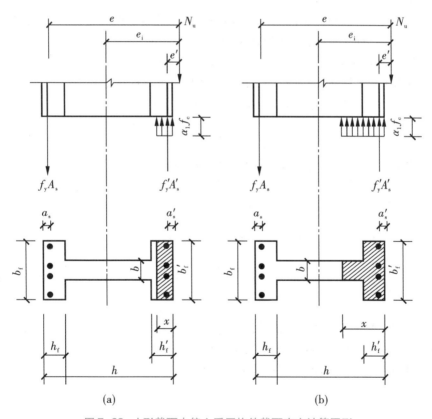

图 7-23　I 形截面大偏心受压构件截面应力计算图形

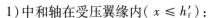

1）中和轴在受压翼缘内（$x \leqslant h'_\mathrm{f}$）：

截面应力图形如图 7-23（a）所示，其受力特征与截面宽度为 b'_f 的矩形截面相类似，由平衡条件可得其计算公式为

$$N \leqslant N_\mathrm{u} = \alpha_1 f_\mathrm{c} b'_\mathrm{f} x \tag{7-44}$$

$$Ne \leqslant N_\mathrm{u} e = \alpha_1 f_\mathrm{c} b'_\mathrm{f} x (h_0 - \frac{x}{2}) + f'_\mathrm{y} A'_\mathrm{s} (h_0 - a'_\mathrm{s}) \tag{7-45}$$

2）中和轴在腹板内（$h'_\mathrm{f} < x \leqslant \xi_\mathrm{b} h_0$）：

截面应力图形如图 7-23（b）所示，由平衡条件可得其计算公式为

$$N \leqslant N_\mathrm{u} = \alpha_1 f_\mathrm{c} [bx + (b'_\mathrm{f} - b) h'_\mathrm{f}] \tag{7-46}$$

$$Ne \leqslant N_\mathrm{u} e = \alpha_1 f_\mathrm{c} \left[bx(h_0 - \frac{x}{2}) + (b'_\mathrm{f} - b) h'_\mathrm{f} (h_0 - \frac{h'_\mathrm{f}}{2}) \right] + f'_\mathrm{y} A'_\mathrm{s} (h_0 - a'_\mathrm{s}) \tag{7-47}$$

式中　b'_f——受压翼缘的宽度；

　　　h'_f——受压翼缘的高度。

式（7-44）~式（7-47）的适用条件为 $2a'_\mathrm{s} \leqslant x \leqslant \xi_\mathrm{b} h_0$。

若 $x < 2a'_\mathrm{s}$，则取 $x = 2a'_\mathrm{s}$ 进行计算。

（2）小偏心受压构件

对于 I 形截面小偏心受压构件，中和轴的位置一般也有两种情况，既可能在腹板内，也可能在距轴向力作用点较远一侧的翼缘内，见图 7-24。

1）中和轴在腹板内（$\xi_\mathrm{b} h_0 < x < h - h_\mathrm{f}$）：

截面应力图形如图 7-24（a）所示，由平衡条件可得其计算公式为

$$N \leqslant N_\mathrm{u} = \alpha_1 f_\mathrm{c} [bx + (b'_\mathrm{f} - b) h'_\mathrm{f}] + f'_\mathrm{y} A'_\mathrm{s} - \sigma_\mathrm{s} A'_\mathrm{s} \tag{7-48}$$

$$Ne \leqslant N_\mathrm{u} e = \alpha_1 f_\mathrm{c} [bx(h_0 - \frac{x}{2}) + (b'_\mathrm{f} - b) h'_\mathrm{f} (h_0 - \frac{h'_\mathrm{f}}{2})] + f'_\mathrm{y} A'_\mathrm{s} (h_0 - a'_\mathrm{s}) \tag{7-49}$$

2）中和轴在距 N 作用点较远一侧翼缘内（$h - h_\mathrm{f} < x \leqslant h$）：

截面应力图形如图 7-24（b）所示，由平衡条件可得其计算公式为

$$N \leqslant N_\mathrm{u} = \alpha_1 f_\mathrm{c} [bx + (b'_\mathrm{f} - b) h'_\mathrm{f} + (b_\mathrm{f} - b)(h_\mathrm{f} - h + x)] + f'_\mathrm{y} A'_\mathrm{s} - \sigma_\mathrm{s} A'_\mathrm{s} \tag{7-50}$$

$$Ne \leqslant N_\mathrm{u} e = \alpha_1 f_\mathrm{c} [bx(h_0 - \frac{x}{2}) + (b'_\mathrm{f} - b) h'_\mathrm{f} (h_0 - \frac{h'_\mathrm{f}}{2}) +$$

$$(b_\mathrm{f} - b)(h_\mathrm{f} - h + x)(h_\mathrm{f} - a_\mathrm{s} - \frac{h_\mathrm{f} - h + x}{2})] + f'_\mathrm{y} A'_\mathrm{s} (h_0 - a'_\mathrm{s})$$

$$\tag{7-51}$$

式中　b_f——距 N 作用点较远一侧翼缘的宽度；

　　　h_f——距 N 作用点较远一侧翼缘的高度。

式（7-48）~式（7-51）的适用条件为 $x > \xi_\mathrm{b} h_0$。

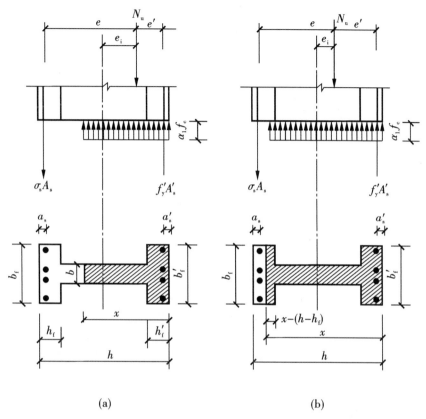

图 7-24 I 形截面小偏心受压构件截面应力计算图形

7.6.2 截面设计
Section Design

（1）大偏心受压构件的计算

首先假定中和轴在受压翼缘内，则由式（7-44）可得：

$$x = \frac{N}{\alpha_1 f_c b_f'} \tag{7-52}$$

若 $x \leq h_f'$，表明假定是正确的，此时可按宽度为 b_f' 的矩形截面进行计算。

当 $2a_s' \leq x \leq h_f'$ 时，由式（7-45）可求得 A_s' 和 A_s：

$$A_s = A_s' = \frac{Ne - \alpha_1 f_c b_f' x \left(h_0 - \dfrac{x}{2} \right)}{f_y'(h_0 - a_s')} \tag{7-53}$$

当 $x < 2a_s'$ 时，取 $x = 2a_s'$ 进行计算：

$$A_s = A_s' = \frac{Ne'}{f_y(h_0 - a_s')} \tag{7-54}$$

式中 e' 按式（7-16）计算。

若由式(7-52)计算出的 $x > h'_f$，表明假定错误，中和轴应在腹板内，应重新计算 x：

$$x = \frac{N - \alpha_1 f_c (b'_f - b) h'_f}{\alpha_1 f_c b} \qquad (7-55)$$

当由式(7-55)计算的 $x \leqslant \xi_b h_0$ 时，说明截面为大偏心受压，由式(7-49)可求得 A'_s 和 A_s：

$$A_s = A'_s = \frac{Ne - \alpha_1 f_c \left[bx \left(h_0 - \dfrac{x}{2} \right) + (b'_f - b) h'_f \left(h_0 - \dfrac{h'_f}{2} \right) \right]}{f'_y (h_0 - a'_s)} \qquad (7-56)$$

如果 $x > \xi_b h_0$，说明截面为小偏心受压，须按小偏心受压重新计算。

(2)小偏心受压构件的计算

当由式(7-55)计算的 $x > \xi_b h_0$ 时，截面属于小偏心受压，应重新计算 x。此时与对称配筋矩形截面小偏心受压构件计算相类似，可采用迭代法或近似公式法。当采用近似公式法时，按式(7-57)计算出 ξ：

$$\xi = \frac{N - \alpha_1 f_c \left[(b'_f - b) h'_f + b h_0 \xi_b \right]}{\dfrac{Ne - \alpha_1 f_c \left[(b'_f - b) h'_f \left(h_0 - \dfrac{h'_f}{2} \right) + 0.43 b h_0^2 \right]}{(\beta_1 - \xi_b)(h_0 - a'_s)} + \alpha_1 f_c b h_0} + \xi_b \qquad (7-57)$$

当 $\xi_b < \xi \leqslant \dfrac{h - h_f}{h_0}$ 时，将 ξ 代入式(7-49)，即可求得 A'_s 和 A_s：

$$A_s = A'_s = \frac{Ne - \alpha_1 f_c \left[bx \left(h_0 - \dfrac{x}{2} \right) + (b'_f - b) h'_f \left(h_0 - \dfrac{h'_f}{2} \right) \right]}{f'_y (h_0 - a'_s)} \qquad (7-58)$$

当 $\xi > \dfrac{h - h_f}{h_0}$ 时，中和轴在距 N 作用点较远一侧翼缘内，应将式(7-50)、式(7-51)联立重新求 ξ，并将其代入式(7-20)求得 σ_s，再根据求解出的 ξ 和 σ_s，区分不同情况计算。

弯矩作用平面内受压承载力计算后，还应按轴心受压构件验算垂直于弯矩作用平面的受压承载力。

【例7-8】 I 形截面钢筋混凝土偏心受压柱，柱子的截面尺寸为 $b = 120 \text{ mm}$，$h = 950 \text{ mm}$，$b_f = b'_f = 420 \text{ mm}$，$h_f = h'_f = 180 \text{ mm}$。弯矩作用平面内柱上下两端的支撑长度为 $l_c = 5.2 \text{ m}$，弯矩作用平面外柱的计算长度 $l_0 = 5.7 \text{ m}$，$a_s = a'_s = 40 \text{ mm}$，$\eta_{ns} = 1$。采用 C35 混凝土，HRB400 级钢筋。截面承受轴向压力设计值 $N = 1300 \text{ kN}$，柱顶和柱底截面弯矩设计值均为 $M = 950 \text{ kN} \cdot \text{m}$。采用对称配筋，试求 A_s 和 A'_s。

【解】 (1)整理资料

$f_c = 16.7 \text{ N/mm}^2$，$f_y = f'_y = 360 \text{ N/mm}^2$。

$C_m = 0.7 + 0.3 \dfrac{M_1}{M_2} = 1$，$\eta_{ns} = 1$。

则由式(7-9)得：

$$M = C_m \eta_{ns} M_2 = 1 \times 1 \times 950 = 950 \text{ kN} \cdot \text{m}$$

（2）判别偏心受压类型

由式（7-55）得：

$$x = \frac{N - \alpha_1 f_c(b_f' - b)h_f'}{\alpha_1 f_c b} = \frac{1300 \times 10^3 - 16.7 \times (420 - 120) \times 180}{16.7 \times 120} = 198.70 \text{ mm}$$

可见：

$$h_f' = 180 \text{ mm} < x < \xi_b h_0 = 0.518 \times 910 = 471.38 \text{ mm}$$

属于大偏心受压。

（3）求配筋 $A_s(A_s')$

由式（7-2）、式（7-3）得：

$$e_0 = \frac{M}{N} = \frac{950 \times 10^6}{1300 \times 10^3} = 731 \text{ mm}$$

$$\frac{h}{30} = \frac{950}{30} = 31.7 \text{ mm} > 20 \text{ mm}, \text{取} e_a = 31.7 \text{ mm}$$

$$e_i = e_0 + e_a = 731 + 31.7 = 762.7 \text{ mm}$$

代入式（7-12）有：

$$e = e_i + \frac{h}{2} - a_s = 762.7 + \frac{950}{2} - 40 = 1197.7 \text{ mm}$$

再根据式（7-56）有：

$$A_s = A_s' = \frac{Ne - \alpha_1 f_c\left[bx\left(h_0 - \frac{x}{2}\right) + (b_f' - b)h_f'\left(h_0 - \frac{h_f'}{2}\right)\right]}{f_y'(h_0 - a_s')}$$

$$= \frac{1300 \times 10^3 \times 1197.7 - 1.0 \times 16.7 \times \left[120 \times 198.7 \times \left(910 - \frac{198.7}{2}\right) + (420 - 120) \times 180 \times \left(910 - \frac{180}{2}\right)\right]}{360 \times (910 - 40)}$$

$$= 1580 \text{ mm}^2$$

（4）验算最小配筋率，选配钢筋

$$\frac{A_s + A_s'}{bh + (b_f' - b)h_f' + (b_f - b)h_f} = \frac{1580 \times 2}{120 \times 950 + (420 - 120) \times 180 + (420 - 120) \times 180}$$

$$= \frac{3160}{222000} = 0.0142 > 0.0055$$

满足要求。

每边选配 2⌀25+2⌀20（$A_s = A_s' = 1610 \text{ mm}^2$），配筋如图 7-25 所示。

（5）验算垂直于弯矩作用平面的受压承载力

$$I_x = \frac{1}{12}(h - 2h_f)b^3 + 2 \times \frac{1}{12}h_f b_f^3$$

$$= \frac{1}{12}(950 - 2 \times 180) \times 120^3 + 2 \times \frac{1}{12} \times 180 \times 420^3 = 23.1 \times 10^8 \text{ mm}^4$$

$$i_x = \sqrt{\frac{I_x}{A}} = 142.3 \text{ mm}$$

$l_0/i_x = 5700/142.3 = 40$，查表 4-1，得 $\varphi = 0.959$。

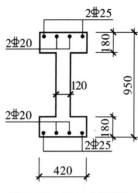

图 7-25 例 7-8 配筋图

$$N_u = 0.9\varphi[f_cA + f'_y(A_s + A'_s)]$$
$$= 0.9 \times 0.959 \times (16.7 \times 222000 + 360 \times 1610 \times 2)$$
$$= 4200 \times 10^3 \text{ N} = 4200 \text{ kN} > N = 1300 \text{ kN}$$

满足要求。

【例7-9】 已知条件同例 7-8,截面承受轴向压力设计值 $N = 2200$ kN,弯矩设计值 $M = 950$ kN·m,采用对称配筋,求 A_s 和 A'_s。

【解】 (1)整理资料

$f_c = 16.7 \text{ N}/\text{mm}^2$, $f_y = f'_y = 360 \text{ N}/\text{mm}^2$。

(2)计算设计弯矩

根据题意可知:

$$C_m = 0.7 + 0.3\frac{M_1}{M_2} = 1 \text{ , } \eta_{ns} = 1$$

则由式(7-9)得:

$$M = C_m\eta_{ns}M_2 = 1 \times 1 \times 950 = 950 \text{ kN·m}$$

(3)判别偏心受压类型

先假定中和轴在受压翼缘内,按式(7-52)计算受压区高度:

$$x = \frac{N}{\alpha_1 f_c b'_f} = \frac{2200 \times 10^3}{1.0 \times 16.7 \times 420} = 313.66 \text{ mm} > h'_f = 180 \text{ mm}$$

受压区已经进入腹板,按式(7-55)重新计算受压区高度:

$$x = \frac{N - \alpha_1 f_c(b'_f - b) h'_f}{\alpha_1 f_c b}$$

$$= \frac{2200 \times 10^3 - 1.0 \times 16.7 \times (420 - 120) \times 180}{1.0 \times 16.7 \times 120}$$

$$= 648 \text{ mm} > \xi_b h_0 = 0.518 \times 910 = 471 \text{ mm}$$

为小偏心受压构件。

（4）求配筋 $A_s(A_s')$

$$e_0 = \frac{M}{N} = \frac{950 \times 10^6}{2200 \times 10^3} = 432 \text{ mm}$$

$$e_i = e_0 + e_a = 432 + 31.7 = 463.7 \text{ mm}$$

$$e = e_i + \frac{h}{2} - a_s = 463.7 + \frac{950}{2} - 40 = 899 \text{ mm}$$

用近似公式法，对于 I 形截面小偏心受压构件，由式（7-57）得：

$$\xi = \frac{N - \alpha_1 f_c [(b_f' - b) h_f' + b h_0 \xi_b]}{\dfrac{Ne - \alpha_1 f_c \left[(b_f' - b) h_f' \left(h_0 - \dfrac{h_f'}{2}\right) + 0.43 b h_0^2\right]}{(\beta_1 - \xi_b)(h_0 - a_s')} + \alpha_1 f_c b h_0} + \xi_b$$

$$= \frac{2200 \times 10^3 - 16.7 \times [(420 - 120) \times 180 + 120 \times 910 \times 0.518]}{\dfrac{2200 \times 10^3 \times 899 - 16.7 \times \left[(420 - 120) \times 180 \times \left(910 - \dfrac{180}{2}\right) + 0.43 \times 120 \times 910^2\right]}{(0.8 - 0.518)(910 - 40)} + 16.7 \times 120 \times 910} + 0.518$$

$$= 0.607$$

$$x = \xi h_0 = 0.607 \times 910 = 552.37 \text{ mm}$$

代入式（7-58），得：

$$A_s = A_s' = \frac{Ne - \alpha_1 f_c \left[bx\left(h_0 - \dfrac{x}{2}\right) + (b_f' - b) h_f'\left(h_0 - \dfrac{h_f'}{2}\right)\right]}{f_y'(h_0 - a_s')}$$

$$= \frac{2200 \times 10^3 \times 899 - 16.7 \times \left[120 \times 552.37 \times \left(910 - \dfrac{552.37}{2}\right) + (420 - 120) \times 180 \times \left(910 - \dfrac{180}{2}\right)\right]}{360 \times (910 - 40)}$$

$$= 1714 \text{ mm}^2$$

（5）验算最小配筋率，选配钢筋

$$\frac{A_s + A_s'}{bh + (b_f' - b)h_f' + (b_f - b)h_f} = \frac{1714 \times 2}{120 \times 950 + (420 - 120) \times 180 + (420 - 120) \times 180}$$

$$= \frac{3428}{222000} = 0.0154 > 0.0055$$

满足要求。

每边选配 2 Φ25+2 Φ22（ $A_s = A_s' = 1742 \text{ mm}^2$ ），配筋如图 7-26 所示。

（6）验算垂直于弯矩作用平面的受压承载力

$$I_x = \frac{1}{12}(h - 2h_f)b^3 + 2 \times \frac{1}{12}h_f b_f^3$$

$$= \frac{1}{12} \times (950 - 2 \times 180) \times 120^3 + 2 \times \frac{1}{12} \times 180 \times 420^3 = 23.1 \times 10^8 \text{ mm}^4$$

$$i_x = \sqrt{\frac{I_x}{A}} = 142.3 \text{ mm}$$

$l_0/i_x = 5700/142.3 = 40$，查表 4-1，得 $\varphi = 0.959$。

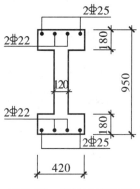

图 7-26　例 7-9 配筋图

$$N_u = 0.9\varphi[f_c A + f'_y(A_s + A'_s)]$$
$$= 0.9 \times 0.959 \times (16.7 \times 222000 + 360 \times 1742 \times 2)$$
$$= 4282 \times 10^3 \text{ N} = 4282 \text{ kN} > N = 2200 \text{ kN}$$

满足要求。

7.6.3　截面复核
Section Check

对称配筋 I 形截面偏心受压构件的截面复核的方法,与对称配筋矩形截面偏心受压构件相似,可参照矩形截面大、小偏心受压构件的步骤进行计算。

7.7　偏心受压构件的 N_u–M_u 相关曲线
N_u–M_u Correlation Curve of Eccentric Compression Members

分析偏心受压构件正截面承载力的计算公式可以发现,对于给定截面尺寸、材料强度及配筋的偏心受压构件,无论是大偏心受压,还是小偏心受压,达到承载能力极限状态时,截面所能承受的轴向压力设计值 N_u 和弯矩设计值 M_u 都不是相互独立的,而是具有相关性。将大、小偏心受压构件的计算公式以曲线的形式绘出,可以很直观地了解偏心受压构件 N_u 和 M_u 的相关关系。下面以对称配筋矩形截面偏心受压构件为例,来绘制 N_u–M_u 相关曲线。

7.7.1　对称配筋矩形截面大偏心受压构件的 N_u–M_u 相关曲线
N_u–M_u Correlation Curve of Eccentric Compression Members with Large Eccentricity and Symmetric Reinforcement

将 $A_s = A'_s$、$f_y = f'_y$ 代入式(7-10),得:

$$x = \frac{N_u}{\alpha_1 f_c b} \tag{7-59}$$

将式(7-59)代入式(7-11),整理得:

$$N_u e_i = -\frac{N_u^2}{2\alpha_1 f_c b} + \frac{N_u h_0}{2} + f'_y A'_s (h_0 - a'_s) \qquad (7-60)$$

这里,$N_u e_i = M_u$,于是:

$$M_u = -\frac{N_u^2}{2\alpha_1 f_c b} + \frac{N_u h_0}{2} + f'_y A'_s (h_0 - a'_s) \qquad (7-61)$$

由式(7-61)可知,对于大偏心受压构件,M_u 是 N_u 的二次函数,如图 7-27 中曲线 bc 所示。

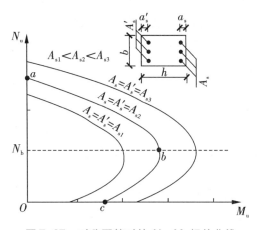

图 7-27　对称配筋时的 N_u–M_u 相关曲线

7.7.2　对称配筋矩形截面小偏心受压构件的 N_u–M_u 相关曲线

N_u–M_u Correlation Curve of Eccentric Compression Members with Small Eccentricity and Symmetric Reinforcement

将 $x = \xi h_0$、式(7-20)代入式(7-17)、式(7-18),整理得:

$$N_u = \alpha_1 f_c b h_0 \xi + f'_y A'_s - \frac{\xi - \beta_1}{\xi_b - \beta_1} f_y A_s \qquad (7-62)$$

$$N_u e = \alpha_1 f_c b h_0^2 \xi \left(1 - \frac{\xi}{2}\right) + f'_y A'_s (h_0 - a'_s) \qquad (7-63)$$

将 $A_s = A'_s$、$f_y = f'_y$ 代入式(7-62),整理得:

$$N_u = \frac{\alpha_1 f_c b h_0 (\xi_b - \beta_1) - f'_y A'_s}{\xi_b - \beta_1} \xi + \frac{\xi_b f'_y A'_s}{\xi_b - \beta_1} \qquad (7-64)$$

由上式解得:

$$\xi = \frac{\xi_b - \beta_1}{\alpha_1 f_c b h_0 (\xi_b - \beta_1) - f'_y A'_s} N_u - \frac{\xi_b f'_y A'_s}{\alpha_1 f_c b h_0 (\xi_b - \beta_1) - f'_y A'_s} \qquad (7-65)$$

将式(7-12)代入式(7-63),并注意 $N_u e_i = M_u$,整理得

$$M_u = \alpha_1 f_c b h_0^2 \xi \left(1 - \frac{\xi}{2}\right) - N_u \left(\frac{h}{2} - a_s\right) + f'_y A'_s (h_0 - a'_s) \qquad (7-66)$$

将式(7-65)代入式(7-66)，即可得到小偏心受压构件 N_u 和 M_u 的关系式，可见 M_u 也是 N_u 的二次函数，如图 7-27 中曲线 ab 所示。

7.7.3 N_u–M_u 相关曲线的特点和应用
Characteristic and Application of N_u–M_u Correlation Curve

N_u–M_u 相关曲线反映了钢筋混凝土偏心受压构件正截面在轴向压力和弯矩共同作用下的承载力规律，具有以下特点：

1）N_u–M_u 相关曲线的任一点代表截面处于正截面承载能力极限状态时的一种内力组合。若一组内力 (M, N) 在曲线内侧，说明截面尚未达到承载力极限状态，是安全的；若 (m, N) 在曲线外侧，则表明截面承载力不足。

2）当弯矩 M 为零时，轴向承载力 N_u 达到最大，即为轴心受压承载力，对应图 7-27 曲线 abc 中的 a 点；当轴力 N 为零时，M_u 为纯受弯承载力，对应图 7-27 曲线 abc 中的 c 点，不是 M_u 的最大值；在界限破坏时，M_u 达到最大值，对应图 7-27 曲线 abc 中的 b 点。

3）大偏心受压时，N_u 随 M_u 的增大而增大；小偏心受压时，N_u 随 M_u 的增大而减小。

4）如果截面尺寸和材料强度保持不变，N_u–M_u 相关曲线随着配筋率的增加而向外侧增大。

5）对于对称配筋截面，界限破坏时的轴向压力与配筋率无关（$N_b = \alpha_1 f_c b x_b$，如图 7-27中的水平虚线所示），而弯矩随着配筋率的增加而增大。

应用 N_u–M_u 的相关关系，可以对一些特定的截面尺寸、特定的混凝土强度等级和特定的钢筋类别的偏心受压构件，预先绘制一系列图表。设计时可直接查图求得所需的配筋面积，使得计算工作大大简化。

另外，N_u–M_u 相关曲线的特点对于偏心受压构件截面最不利内力组合的筛选非常有益。对于偏心受压构件的某一控制截面，其承载能力极限状态的内力组合可以有多种，实际设计时，最关心的是其中最不利的内力组合，通常以配筋量为指标来判断某种组合是否为最不利内力组合。由图 7-27 中的 N_u–M_u 相关曲线可知，对于大偏心受压构件，当轴向压力 N 值基本不变时，弯矩 M 值越大，所需纵向钢筋越多；当弯矩 M 值基本不变时，轴向压力 N 值越小，所需纵向钢筋越多。对于小偏心受压构件，当轴向压力 N 值基本不变时，弯矩 M 值越大，所需纵向钢筋越多；当弯矩 M 值基本不变时，轴向压力 N 值越大，所需纵向钢筋越多。利用上述规律，可以很快地从多组内力中挑选出配筋量大的不利内力，从而大大减少计算工作量。

7.8 双向偏心受压构件正截面承载力计算
Normal Section Bearing Capacity Calculation of Biaxial Eccentric Compression Members

当构件所承受轴向压力在截面两个主轴方向都有偏心，或者构件同时承受轴心压力及两个主轴方向的弯矩作用时，则为双向偏心受压构件。在实际结构工程中，框架结构房屋的角柱、水塔的支柱等均属于双向偏心受压构件。

由于双向偏心受压构件的中和轴一般不与截面的主轴相互垂直,而是斜交,受压区的形状变化较大,较复杂,对于矩形截面,可能为三角形、四边形或五边形,对于 L 形、T 形截面则更复杂。同时,由于各根钢筋到中和轴的距离不等,且往往相差悬殊,致使纵向钢筋应力不均匀。因此,双向偏心受压构件的计算是十分繁杂的,在工程设计中一般都采用较为简单的近似计算方法。我国《混凝土结构设计规范》对于双向偏心受压构件的正截面承载力计算列出了两种算法,即基本计算方法和简化计算方法。

7.8.1 基本计算方法
Basic Calculation Method

双向偏心受压构件正截面承载力的计算也采用与受弯构件正截面承载力计算相同的假定。下面以矩形截面为例,讲述双向偏心受压构件正截面承载力计算的基本方法。

如图 7-28 所示,矩形截面承受轴向压力 N 及引起的两个方向的偏心弯矩 M_x 和 M_y,截面尺寸为 $b \times h$,截面主轴为 $x-y$ 轴,阴影线表示受压区。为了使几何关系直观,进行坐标变换。将压区的最高点 o 定义为新坐标系 $x'-y'$ 的原点,x' 轴平行于中和轴。由坐标变换得到:

$$x' = -x\cos\theta + y\sin\theta + \frac{b}{2}\cos\theta - \frac{h}{2}\sin\theta \tag{7-67}$$

$$y' = -x\sin\theta - y\cos\theta + \frac{b}{2}\sin\theta + \frac{h}{2}\cos\theta \tag{7-68}$$

式中 θ ——x 轴与中和轴的夹角,顺时针方向取正值。

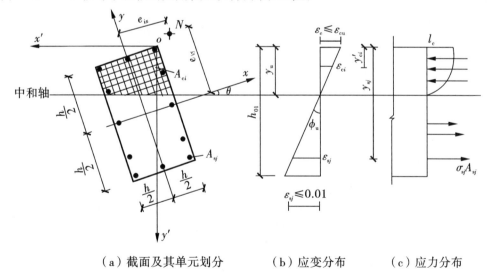

（a）截面及其单元划分　　　（b）应变分布　　（c）应力分布

图 7-28 双向偏心受压截面计算图形

如图 7-28 所示,把受压区混凝土划分为 l 个单元,用 A_{ci}、ε_{ci} 和 σ_{ci}（$i = 1 \sim l$）分别表示第 i 单元的面积、应变和应力。把每根钢筋作为一个单元,用 j（$j = 1 \sim m$）分别编

号,其面积、应变和应力分别用 A_{sj}、ε_{sj} 和 σ_{sj}($j = 1 \sim m$)表示,并近似取单元内的应变和应力为均匀分布,其合力点在单元重心处。根据平截面假定和几何关系,可得各混凝土单元和各个钢筋单元的应变如下:

$$\varepsilon_{ci} = \phi_{u}(y_n - y'_{ci}) \quad (i = 1 \sim l) \tag{7-69}$$

$$\varepsilon_{sj} = -\phi_{u}(y'_{sj} - y_n) \quad (j = 1 \sim m) \tag{7-70}$$

式中　y_n ——中和轴到受压区最外侧边缘的距离;

　　　y'_{ci} ——第 i 个混凝土单元重心到 x' 轴的距离,按式(7-68)计算;

　　　y'_{sj} ——第 j 个钢筋单元重心到 x' 轴的距离,按式(7-68)计算;

　　　ϕ_{u} ——截面达到承载能力极限状态时的极限曲率。

ϕ_{u} 应按下列两种情况确定:

1)当截面受压区外边缘的混凝土压应变 ε_{c} 达到混凝土极限压应变 ε_{cu} 且受拉区最外排钢筋的应变 ε_{s1} 小于 0.01 时,应按下列公式计算:

$$\phi_{u} = \frac{\varepsilon_{cu}}{y_n} \tag{7-71}$$

2)当截面受拉区最外排钢筋的应变 ε_{s1} 达到 0.01 且受压区外边缘的混凝土压应变 ε_{c} 小于混凝土极限压应变 ε_{cu} 时,应按下列公式计算:

$$\phi_{u} = \frac{0.01}{h_{01} - y_n} \tag{7-72}$$

式中　h_{01} ——截面受压区外边缘至受拉区最外排钢筋之间垂直于中和轴的距离。

将各混凝土单元和各个钢筋单元的应变,分别代入各自的应力-应变关系式,即可得到各混凝土单元和各个钢筋单元的应力 σ_{ci} 和 σ_{sj},注意钢筋应力的绝对值不大于其相应的强度设计值,受拉钢筋的极限拉应变取为 0.01。

根据平衡条件,双向偏心受压构件正截面承载力可按下列公式计算:

$$N \leqslant N_{u} = \sum_{i=1}^{l} \sigma_{ci}A_{ci} - \sum_{j=1}^{m} \sigma_{sj}A_{sj} \tag{7-73}$$

$$M_x \leqslant M_{ux} = \sum_{i=1}^{l} \sigma_{ci}A_{ci}y_{ci} - \sum_{j=1}^{m} \sigma_{sj}A_{sj}y_{sj} \tag{7-74}$$

$$M_y \leqslant M_{uy} = \sum_{i=1}^{l} \sigma_{ci}A_{ci}x_{ci} - \sum_{j=1}^{m} \sigma_{sj}A_{sj}x_{sj} \tag{7-75}$$

式中　N ——轴向压力设计值,取正值;

　　　N_{u} ——截面轴向受压承载力设计值;

　　　M_x、M_y ——截面 x 轴、y 轴方向的弯矩设计值,应考虑附加偏心距引起的附加弯矩,轴向压力作用在 x 轴的上侧时 M_y 取正值,轴向压力作用在 y 轴的右侧时 M_x 取正值;

　　　M_{ux}、M_{uy} ——截面 x 轴、y 轴方向的受弯承载力设计值;

　　　σ_{ci} ——第 i 个混凝土单元的应力,受压时取正值,受拉时取应力 $\sigma_{ci} = 0$;

　　　A_{ci} ——第 i 个混凝土单元的面积;

　　　x_{ci}、y_{ci} ——第 i 个混凝土单元的形心到截面形心轴 y 轴和 x 轴的距离,x_{ci} 在 y 轴右侧及 y_{ci} 在 x 轴上侧时取正号;

l ——混凝土单元数;

σ_{sj} ——第 j 个钢筋单元的应力,受拉时取正值,应力 σ_{sj} 应满足 $-f'_y \leqslant \sigma_{sj} \leqslant f_y$ 的条件;

A_{sj} ——第 j 个钢筋单元面积;

x_{sj}、y_{sj} ——第 j 个钢筋单元重心到 y 轴、x 轴的距离,x_{sj} 在 y 轴右侧及 y_{sj} 在 x 轴上侧时取正值;

m ——钢筋单元数;

x、y ——以截面重心为原点的直角坐标系的两个坐标轴。

利用上述公式进行双向偏心受压构件的正截面承载力计算是非常烦琐的,需借助于计算机进行求解。

7.8.2 简化计算方法
Simplified Calculation Method

对于具有两个相互垂直的对称轴的双向偏心受压构件,《混凝土结构设计规范》采用弹性容许应力方法推导的近似公式来计算正截面的承载力。

假定材料在弹性阶段的容许压应力为 $[\sigma]$,根据材料力学有关公式,截面轴心受压、单向偏心受压和双向偏心受压的承载力可分别表示为:

$$\left.\begin{aligned} \frac{N_{u0}}{A_0} &= [\sigma] \\ N_{ux}\left(\frac{1}{A_0} + \frac{e_{ix}}{W_{0x}}\right) &= [\sigma] \\ N_{uy}\left(\frac{1}{A_0} + \frac{e_{iy}}{W_{0y}}\right) &= [\sigma] \\ N_u\left(\frac{1}{A_0} + \frac{e_{ix}}{W_{0x}} + \frac{e_{iy}}{W_{0y}}\right) &= [\sigma] \end{aligned}\right\} \tag{7-76}$$

式中 A_0、W_{0x}、W_{0y} ——考虑全部纵筋的换算截面面积和绕两个对称轴的换算截面抵抗矩;

e_{ix}、e_{iy} ——轴向压力对 y 轴和 x 轴的初始偏心距。

合并以上各式,消去 $[\sigma]$、A_0、W_{0x}、W_{0y},可得:

$$\frac{1}{N_u} = \frac{1}{N_{ux}} + \frac{1}{N_{uy}} - \frac{1}{N_{u0}} \tag{7-77}$$

从而,可得双向偏心受压构件承载力近似计算公式为:

$$N \leqslant N_u = \frac{1}{\dfrac{1}{N_{ux}} + \dfrac{1}{N_{uy}} - \dfrac{1}{N_{u0}}} \tag{7-78}$$

式中 N ——轴向压力设计值;

N_u ——截面轴向受压承载力设计值;

N_{u0} ——构件截面的轴心受压承载力设计值,此时考虑全部纵筋,但不考虑稳定系数;

N_{ux} ——轴向压力作用于 x 轴并考虑相应的计算偏心距 e_{ix} 后,按全部纵向钢筋计算的构件偏心受压承载力设计值;

N_{uy} ——轴向压力作用于 y 轴并考虑相应的计算偏心距 e_{iy} 后,按全部纵向钢筋计算的构件偏心受压承载力设计值。

7.9　偏心受压构件斜截面承载力计算

Diagonal Section Load Capacity Calculation of Eccentric Compression Members

偏心受压构件一般情况下所受剪力相对较小,斜截面受剪承载力通常不起控制作用。但对于有较大水平力作用的框架柱、有横向力作用的桁架上弦压杆等,剪力影响相对较大,必须进行斜截面受剪承载力计算。

7.9.1　轴向压力对构件斜截面受剪承载力的影响

Influence of Axial Compression to Diagonal Section Load Capacity

试验研究表明,轴向压力的存在能推迟垂直裂缝的出现,并可延缓斜裂缝的出现和发展,斜裂缝倾角变小,混凝土剪压区高度增大,从而提高构件的斜截面受剪承载力。随着轴压比 $N/(f_cbh)$ 的增大,斜截面受剪承载力将增大。但这种作用是有一定限度的,当轴压比 $N/(f_cbh) = 0.3 \sim 0.5$ 时,受剪承载力达到最大值。再增加轴向应力,则受剪承载力反而会随着轴压比的增大而降低,并转变为带有斜裂缝的小偏心受压破坏的情况,如图 7–29 所示。

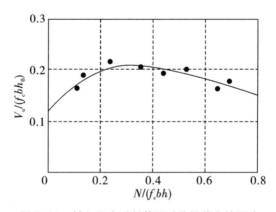

图 7–29　轴向压力对斜截面受剪承载力的影响

试验研究还表明,对于不同剪跨比的构件,轴向压力的影响相差不多。

7.9.2　偏心受压构件斜截面受剪承载力计算公式
Diagonal Section Load Capacity Calculation Formula of Eccentric Compression Members

通过试验资料分析和可靠度计算,对于矩形、T 形和 I 形截面偏心受压构件,其斜截面受剪承载力应按下式计算:

$$V \leqslant V_{u} = \frac{1.75}{\lambda + 1}f_{t}bh_{0} + f_{yv}\frac{A_{sv}}{s}h_{0} + 0.07N \qquad (7{-}79)$$

式中　λ ——偏心受压构件计算截面的剪跨比,取为 $M/(Vh_{0})$;

　　　N ——与剪力设计值 V 相应的轴向压力设计值,当 $N > 0.3f_{c}A$ 时,取 $N = 0.3f_{c}A$
　　　　（ A 为构件的截面面积）。

计算截面的剪跨比 λ 应按下列规定取用:

1)对框架结构中的框架柱,当其反弯点在层高范围内时,可取 $\lambda = H_{n}/(2h_{0})$;当 $\lambda < 1$ 时,取 $\lambda = 1$;当 $\lambda > 3$ 时,取 $\lambda = 3$ 。此处, M 为计算截面上与剪力设计值 V 相应的弯矩设计值, H_{n} 为柱净高。

2)其他偏心受压构件,当承受均布荷载时,取 $\lambda = 1.5$;当承受集中荷载(包括作用有多种荷载,其中集中荷载对支座截面或节点边缘所产生的剪力值占总剪力值的 75% 以上的情况)时,取 $\lambda = a/h_{0}$;当 $\lambda < 1.5$ 时,取 $\lambda = 1.5$;当 $\lambda > 3$ 时,取 $\lambda = 3$ 。此处, a 为集中荷载至支座或节点边缘的距离。

当满足下列公式要求时,可不进行斜截面受剪承载力计算,按照构造要求配置箍筋:

$$V \leqslant \frac{1.75}{\lambda + 1}f_{t}bh_{0} + 0.07N \qquad (7{-}80)$$

偏心受压构件的受剪截面尺寸尚应符合《混凝土结构设计规范》的有关规定。

7.10　偏心受压构件的一般构造要求
General Detailing Requirements of Eccentric Compression Members

偏心受压构件除应满足承载力计算要求外,还应满足相应的构造要求。这些构造要求多而复杂,这里只介绍最基本的部分内容。

7.10.1　截面形式和尺寸
Shape and Dimension of the Section

偏心受压构件截面形式的选择要考虑受力合理和模板制作方便,一般采用矩形截面。当截面尺寸较大时,为节约混凝土和减轻柱的自重,装配式偏心受压构件也常采用 I 形截面形式。

偏心受压构件的截面尺寸不宜小于 250 mm×250 mm,避免长细比过大降低构件截面的承载力,一般长细比宜控制在 $l_{0}/b \leqslant 30$ 、$l_{0}/h \leqslant 25$ 、$l_{0}/d \leqslant 25$ (l_{0} 为柱的计算长度,b、

h、d 分别为柱的短边、长边尺寸和圆形柱的截面直径）。此外,为了施工支模方便,柱的截面尺寸宜使用整数:在 800 mm 以下时取 50 mm 的倍数,在 800 mm 以上时取 100 mm 的倍数。I 形截面要求翼缘厚度不宜小于 120 mm,腹板厚度不宜小于 100 mm。

7.10.2 材料强度
Strength of the Materials

混凝土强度等级对受压构件正截面承载力的影响较大。为了减小构件截面尺寸及节省钢材,宜采用强度等级较高的混凝土,一般设计中采用 C30 ~ C50 或更高。

纵向受力钢筋应采用 HRB400、HRB500、HRBF400、HRBF500 钢筋,箍筋宜采用 HRB400、HRBF400、HPB300、HRB500、HRBF500 钢筋。

7.10.3 纵向钢筋
Longitudinal Reinforcements

轴心受压构件中的纵向钢筋应沿构件截面周边均匀布置,偏心受压构件中的纵向钢筋应布置在偏心方向的两侧。矩形截面受压构件中纵向受力钢筋根数不应少于 4 根,以便与箍筋形成钢筋骨架。圆形截面受压构件中纵向钢筋宜沿周边均匀布置,根数不宜少于 8 根,且不应少于 6 根。

为了减少钢筋在施工时可能产生的纵向弯曲,宜采用较粗的钢筋。纵向钢筋直径不宜小于 12 mm,通常在 16 ~ 32 mm 范围内选用。当偏心受压柱的截面高度 $h \geqslant 600$ mm 时,在柱的侧面上应设置直径为 10 ~ 16 mm 的纵向构造钢筋,以防止构件因温度和混凝土收缩应力而产生裂缝,并相应地设置复合箍筋或拉筋。

柱内纵向钢筋的净距不应小于 50 mm,且不宜大于 300 mm;在偏心受压柱中,垂直于弯矩作用平面的侧面上的纵向受力钢筋以及轴心受压柱中各边的纵向受力钢筋,其中距不宜大于 300 mm;水平浇筑的预制柱,纵向钢筋最小净间距可按梁的有关规定取用。

对于受压构件,全部纵向钢筋最小配筋率,对强度等级 300 MPa 的钢筋为 0.6% ,对强度等级 400 MPa 的钢筋为 0.55% ,对强度等级 500 MPa 的钢筋为 0.5% 。

7.10.4 箍筋
Stirrup

受压构件中的周边箍筋应做成封闭式,也可焊接成封闭环式。箍筋直径不应小于 $d/4$,且不应小于 6 mm,d 为纵向钢筋的最大直径。箍筋间距不应大于 400 mm 及构件截面的短边尺寸,且不应大于 15d,d 为纵向钢筋的最小直径。当柱截面短边尺寸大于 400 mm 且各边纵向钢筋多于 3 根时,或当柱截面短边尺寸不大于 400 mm 但各边纵向钢筋多于 4 根时,应设置复合箍筋,如图 7-30 所示。柱中全部纵向受力钢筋的配筋率大于 3% 时,箍筋直径不应小于 8 mm,间距不应大于 10d ,且不应大于 200 mm;箍筋末端应做成 135° 弯钩,且弯钩末端平直段长度不应小于 10d ,d 为纵向受力钢筋的最小直径。

不可采用具有内折角的箍筋,避免产生向外的拉力,致使折角处的混凝土破损,而应采用分离式箍筋,见图 7-31。

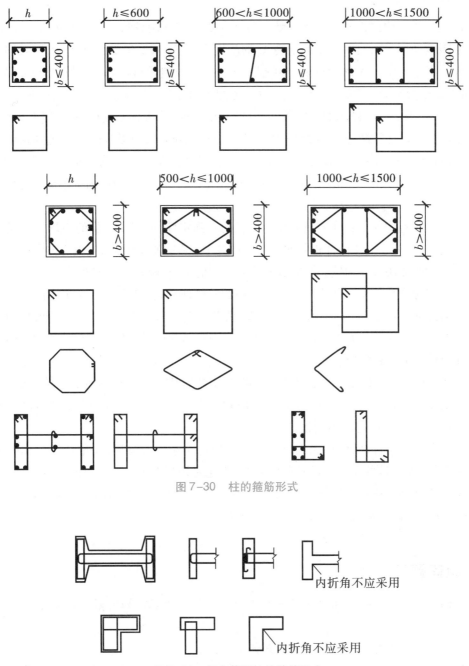

图 7-30　柱的箍筋形式

内折角不应采用

内折角不应采用

图 7-31　复杂截面柱的箍筋形式

本章小结

1）偏心受压构件正截面破坏有受拉破坏和受压破坏两种形态。当轴向压力 N 的相对偏心距 e_0/h_0 较大，且受拉钢筋配筋 A_s 的配置不过多时，发生受拉破坏，也称大偏心受压破坏。当轴向压力 N 的相对偏心距 e_0/h_0 较小，或虽然相对偏心距 e_0/h_0 较大，但受拉钢筋配筋 A_s 的配置过多时，发生受压破坏，也称小偏心受压破坏。

2）大、小偏心受压破坏的判别条件是：当 $\xi \leqslant \xi_b$ 时，为大偏心受压破坏；当 $\xi > \xi_b$ 时，为小偏心受压破坏。两种偏心受压构件的计算公式不同，截面设计时应首先判别偏压类型。不对称配筋在设计之前，无法求出 $\xi \leqslant \xi_b$，因此，可近似用偏心距的大小来判别：$e_i > 0.3h_0$ 时，可先按大偏心受压的情况进行计算；当 $e_i \leqslant 0.3h_0$ 时，则按小偏心受压的情况进行计算。

3）由于工程中实际存在着荷载作用位置的不确定性、混凝土质量的不均匀性及施工偏差等因素，在偏心受压构件正截面承载力计算中，应考虑轴向压力在偏心方向的附加偏心距 e_a，其值取 20 mm 和偏心方向截面最大尺寸的 1/30 两者中的较大值。

4）由于单个构件本身的挠曲变形或结构的整体侧移，会使得偏心受压构件临界截面轴向压力的偏心距增大，从而引起附加弯矩，称为二阶效应。由单个构件本身的挠曲变形所引起的二阶效应称为 $P-\delta$ 效应；在整体结构中竖向荷载对产生了侧移的结构所引起的二阶效应称为 $P-\Delta$ 效应。

5）大、小偏心受压构件正截面受压承载力计算的基本公式在本质上是统一的，只是小偏心受压构件计算时钢筋 A_s 的应力不明确而用 σ_s 表示，其值与相对受压区高度 ξ 有关，在 $-f_y' \leqslant \sigma_s \leqslant f_y$ 范围内变化。

6）偏心受压构件计算时，无论是大偏心受压还是小偏心受压，无论是非对称配筋还是对称配筋，无论是截面设计还是截面复核，无论是矩形截面还是 I 形截面，都应注意把握基本公式，根据不同情况利用基本公式进行计算。注意公式的适用条件，特别是应根据 ξ（或 σ_s）的数值，选用正确的计算公式和方法。

思考题

1．偏心受压短柱的两种破坏形态各在什么条件下出现？如何划分偏心受压构件的类型？

2．为什么要考虑附加偏心距 e_a？如何考虑？

3．什么是二阶效应？它对构件的承载力有何影响？在偏心受压构件承载力计算中如何考虑？

4．试画出矩形截面大、小偏心受压破坏时截面应力计算图形，标注出钢筋和受压混凝土的应力值。

5. 说明大、小偏心受压破坏的发生条件和破坏特征。什么是界限破坏？与界限状态对应的 ξ_b 是如何确定的？

6. 如何计算矩形截面大偏心受压构件和矩形截面小偏心受压构件正截面承载力？

7. 对称配筋时如何区分大、小偏心受压破坏？

8. 怎样进行对称配筋矩形截面偏心受压构件的正截面承载力计算？

9. 对称配筋和非对称配筋方式各有什么优缺点？

10. 如何确定 I 形截面是大偏心构件还是小偏心构件？又分几种情况进行计算？

11. 偏心受压构件的 $N_u - M_u$ 相关曲线是如何绘出的？有何特点？

12. 如何计算双向偏心受压构件的正截面承载力？

习　题

1. 已知某钢筋混凝土偏心受压柱，承受轴向压力设计值 $N = 720\ kN$，弯矩设计值 $M_1 = M_2 = 900\ kN \cdot m$，截面尺寸 $b \times h = 400\ mm \times 600\ mm$，$a_s = a_s' = 40\ mm$。弯矩作用平面内柱上下两端的支撑长度 $l_c = 7.2\ m$，弯矩作用平面外柱的计算长度 $l_0 = 7.8\ m$。采用 C30 混凝土，HRB400 级钢筋，试计算纵筋截面面积 A_s 和 A_s'。

2. 已知某钢筋混凝土偏心受压柱，承受轴向压力设计值 $N = 450\ kN$，弯矩设计值 $M_1 = 240\ kN \cdot m, M_2 = 260\ kN \cdot m$，截面尺寸 $b \times h = 400\ mm \times 500\ mm$，$a_s = a_s' = 40\ mm$，弯矩作用平面内柱上下两端的支撑长度 $l_c = 4.2\ m$，弯矩作用平面外柱的计算长度 $l_0 = 5.4\ m$。采用 C25 混凝土，HRB400 级钢筋，试计算纵筋截面面积 A_s 和 A_s'。

3. 已知条件同习题 2，当受压区已配置有 4 根直径 16 mm 的钢筋（$A_s' = 804\ mm^2$）时，试计算 A_s。

4. 已知某钢筋混凝土偏心受压柱，承受轴向压力设计值 $N = 3500\ kN$，弯矩设计值 $M = 120\ kN \cdot m$，截面尺寸 $b \times h = 450\ mm \times 650\ mm$，$a_s = a_s' = 40\ mm$。弯矩作用平面内柱上下两端的支撑长度 $l_c = 6.5\ m$，弯矩作用平面外柱的计算长度 $l_0 = 7.3\ m$。采用 C35 混凝土，HRB500 级钢筋，试计算纵筋截面面积 A_s 和 A_s'。（按两端弯矩相等 $M_1/M_2 = 1$ 的框架柱考虑）

5. 已知条件同习题 4，按对称配筋计算偏心受压柱的纵筋截面面积 A_s 和 A_s'。

6. 已知钢筋混凝土偏心受压柱，截面尺寸 $b \times h = 400\ mm \times 600\ mm$，$a_s = a_s' = 40\ mm$。弯矩作用平面内柱上下两端的支撑长度 $l_c = 6.2\ m$，弯矩作用平面外柱的计算长度 $l_0 = 7.1\ m$。采用 C30 混凝土，HRB400 级钢筋，已配置纵筋截面面积 $A_s = 960\ mm^2$ 和 $A_s' = 620\ mm^2$。已知偏心压力的偏心距为 380 mm，试求截面能够承受的偏心压力设计值。

7. 已知钢筋混凝土偏心受压柱，承受轴向压力设计值 $N = 2000\ kN$，弯矩设计值 $M = 610\ kN \cdot m$，截面尺寸 $b \times h = 500\ mm \times 650\ mm$，$a_s = a_s' = 40\ mm$。弯矩作用平面内柱上下两端的支撑长度 $l_c = 6.0\ m$，弯矩作用平面外柱的计算长度 $l_0 = 6.8\ m$。采用 C35 混凝土，HRB400 级钢筋，试按对称配筋计算纵筋截面面积 A_s 和 A_s'。（按两端弯矩相等 $M_1/M_2 = 1$ 的框架柱考虑）

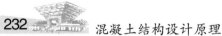
8. 已知钢筋混凝土 I 形截面偏心受压柱，承受轴向压力设计值 $N = 800 \ \text{kN}$，弯矩设计值 $M_1 = 300 \ \text{kN·m}$，$M_2 = 320 \ \text{kN·m}$，截面 $b = 100 \ \text{mm}$，$h = 700 \ \text{mm}$，$b_\text{f} = b_\text{f}' = 350 \ \text{mm}$，$h_\text{f} = h_\text{f}' = 112 \ \text{mm}$，$a_\text{s} = a_\text{s}' = 40 \ \text{mm}$，弯矩作用平面内柱上下两端的支撑长度 $l_\text{c} = 7.2 \ \text{m}$，弯矩作用平面外柱的计算长度 $l_0 = 7.8 \ \text{m}$。采用 C30 混凝土，HRB500 级钢筋，对称配筋，试计算纵筋截面面积。

第 8 章 偏心受拉构件承载力计算

Chapter 8   Strength of Eccentric Tension Members

8.1   工程应用实例
Applications in Engineering

8.1.1   偏心受拉构件的工程应用
Applications of Eccentric Tension Members in Actual Engineering

偏心受拉构件是工程中常用的一种构件,如图 8-1(a)所示的双肢柱受拉肢杆,图 8-1(b)所示的矩形水池的池壁,都属于偏心受拉构件。这些构件承受拉力 N 和弯矩 M。在混凝土结构中,通常将正截面同时承受轴心拉力及弯矩作用的构件称为偏心受拉构件。

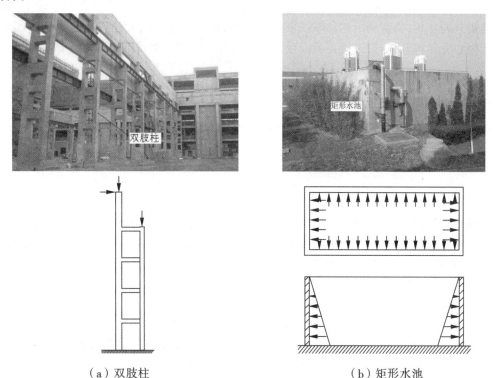

（a）双肢柱 　　　　　　　　　　　　　　（b）矩形水池

图 8-1   轴心受拉构件工程应用

8.1.2　偏心受拉构件类型
Types of Eccentric Tension Members

对于偏心受拉构件,当轴向拉力仅对构件正截面一个主轴有偏心时,称为单向偏心受拉构件,如图 8-2(a)所示;当轴向拉力对构件正截面的两个主轴都有偏心时,称为双向偏心受拉构件,如图 8-2(b)所示。

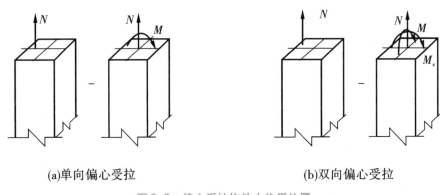

(a)单向偏心受拉　　　　　　　　　　(b)双向偏心受拉

图 8-2　偏心受拉构件力作用位置

偏心受拉构件的偏心拉力可以向构件截面形心轴分解,分解后构件相当于轴心拉力和弯矩共同作用,当弯矩沿构件轴线发生变化时,构件还受到较大的剪力 V 作用。因此,对于偏心受拉构件,需要进行正截面受拉承载力计算和斜截面受剪承载力计算。

8.2　偏心受拉构件正截面承载力计算
Calculation of Cross-section Strength of Eccentric Tension Members

8.2.1　偏心受拉构件的受力特点
Resistance Characteristic of Eccentric Tension Members

偏心受拉构件的破坏形态可分为大偏心受拉破坏和小偏心受拉破坏。偏心受拉构件是介于轴心受拉构件($M=0$)和受弯构件($N=0$)之间的一种受力构件,它同时承受轴心拉力 N 和弯矩 M,偏心距 $e_0 = M/N$。偏心受拉构件的受力特点及破坏特征与偏心距 e_0 及构件截面高度 h 的大小有关。

(1)小偏心受拉破坏

当偏心距 $e_0 \leqslant h/2 - a_s$,即 N 作用在 A_s 合力点及 A_s' 合力点范围之内(A_s 为离轴力近的一侧钢筋面积, A_s' 为离轴力远的一侧钢筋面积)时,这种情况属于小偏心,如图 8-3(a)所示。小偏心破坏属于受拉破坏,可以分为以下两种情况:

1)当轴向力 N 的偏心距 e_0 很小时,构件会出现全截面受拉,当混凝土全截面开裂贯通退出工作后,拉力由 A_s 和 A_s' 共同承担,最终钢筋达到屈服强度。

2）当轴向力 N 的偏心距 e_0 较大时,在轴向拉力较小,混凝土开裂前,大部分截面受拉,小部分截面受压;在轴向拉力较大,混凝土全截面开裂贯通退出工作后,原来的受压区也变为受拉区,此时拉力由 A_s 和 A'_s 共同承担,最终钢筋达到屈服强度。

（2）大偏心受拉破坏

当偏心距 $e_0 > h/2 - a_s$,即当 N 作用在 A_s 合力点及 A'_s 合力点范围之外时,这种情况属于大偏心,如图 8-3（b）所示。

因为偏心距 e_0 较大,轴向拉力作用后截面出现部分受拉（靠近拉力一侧）,部分受压（远离拉力一侧）。当轴向拉力增大,受拉侧混凝土裂缝逐渐变高、变宽,但是原来的受压区仍会保留一定高度的受压区,截面不会开裂贯通。最终受拉钢筋 A_s 首先达到屈服强度,随后受压区混凝土达到极限压应变出现压碎,同时受压区钢筋 A'_s 承担的压力迅速增大达到屈服强度,构件达到极限承载力而破坏。

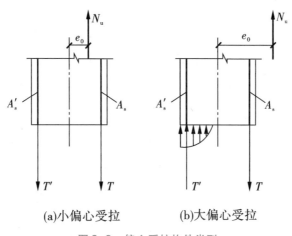

(a)小偏心受拉　　　　(b)大偏心受拉

图 8-3　偏心受拉构件类型

偏心受拉构件的偏心拉力可以向构件截面形心轴分解,分解后构件相当于轴心拉力和弯矩共同作用,当弯矩沿构件轴线发生变化时,构件还受到较大的剪力 V 作用。因此,对于偏心受拉构件,需要进行正截面受拉承载力计算和斜截面受剪承载力计算。

8.2.2　小偏心受拉构件正截面承载力计算
Calculation of Cross-section Strength of Small-eccentric Members

8.2.2.1　计算公式

在小偏心拉力作用下,构件破坏时,截面裂缝贯通,混凝土退出工作,拉力完全由钢筋承担,如图 8-4 所示。在这种情况下,可假定构件达到承载力极限状态时钢筋 A_s 及 A'_s 的应力都达到屈服强度。

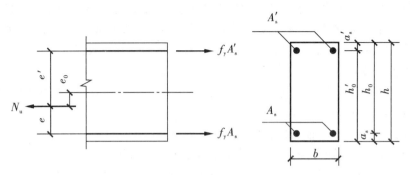

图8-4 小偏心受拉计算图形

根据力平衡条件,建立小偏心受拉构件正截面力和力矩的平衡方程:

$$N \leqslant N_{\mathrm{u}} = f_{\mathrm{y}}A_{\mathrm{s}} + f_{\mathrm{y}}A_{\mathrm{s}}' \tag{8-1}$$

$$Ne' \leqslant N_{\mathrm{u}}e' = f_{\mathrm{y}}A_{\mathrm{s}}(h_0' - a_{\mathrm{s}}) \tag{8-2}$$

$$Ne \leqslant N_{\mathrm{u}}e = f_{\mathrm{y}}A_{\mathrm{s}}'(h_0 - a_{\mathrm{s}}') \tag{8-3}$$

式中, $e' = \dfrac{h}{2} - a_{\mathrm{s}}' + e_0$, $e = \dfrac{h}{2} - a_{\mathrm{s}} - e_0$。

8.2.2.2 适用条件

小偏心受拉构件应满足最小配筋率要求,即其适用条件为:

1) $A_{\mathrm{s}} \geqslant \rho_{\min}bh$;

2) $A_{\mathrm{s}}' \geqslant \rho_{\min}bh$。

8.2.2.3 截面设计

(1)非对称配筋

小偏心受拉构件采用非对称配筋时,可由式(8-2)及式(8-3)直接得出:

$$A_{\mathrm{s}} = \frac{Ne'}{f_{\mathrm{y}}(h_0' - a_{\mathrm{s}})} \tag{8-4}$$

$$A_{\mathrm{s}}' = \frac{Ne}{f_{\mathrm{y}}(h_0 - a_{\mathrm{s}}')} \tag{8-5}$$

由式(8-4)、式(8-5)计算出两侧的钢筋面积,且应满足最小配筋率的要求。

(2)对称配筋

小偏心受拉构件采用对称配筋时,离轴向拉力 N 较远一侧的纵向钢筋 A_{s}' 的应力达不到抗拉强度设计值。工程中采用该配筋形式主要考虑施工方便,配筋偏安全。截面设计时按靠近偏心距 e_0 一侧钢筋 A_{s} 计算钢筋用量,可按下列公式计算:

$$A_{\mathrm{s}}' = A_{\mathrm{s}} = \frac{Ne'}{f_{\mathrm{y}}(h_0 - a_{\mathrm{s}}')} \tag{8-6}$$

式中, $e' = \dfrac{h}{2} + e_0 - a_{\mathrm{s}}'$。

8.2.2.4　截面复核

小偏心受拉构件截面复核时,截面尺寸、配筋、材料强度及截面作用效应(M 和 N)均为已知,可由式(8-2)、式(8-3)计算出,取其中较小值 N_u 与 N 比较,即可判别截面承载力是否满足。

8.2.3　大偏心受拉构件正截面承载力计算
Calculation of Cross-section Strength of Large-eccentric Members

8.2.3.1　计算公式

大偏心受拉构件通常采用非对称配筋,在构件进入承载力极限状态时,钢筋 A_s 及 A'_s 的应力均能达到屈服强度,受压区混凝土曲线压应力图形同样采用等效矩形,受压区混凝土强度为 $\alpha_1 f_c$,其计算图形如图8-5所示。

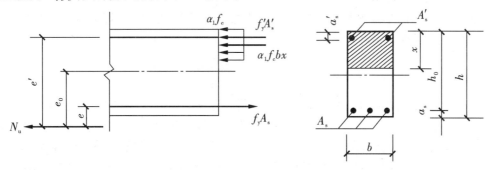

图 8-5　大偏心受拉计算图形

根据图8-5建立力及力矩平衡方程,大偏心受拉构件的计算公式为:

$$N \leqslant f_y A_s - f'_y A'_s - \alpha_1 f_c bx \tag{8-7}$$

$$Ne \leqslant \alpha_1 f_c bx\left(h_0 - \frac{x}{2}\right) + f'_y A'_s (h_0 - a'_s) \tag{8-8}$$

式中　e ——轴向拉力 N 到 A_s 合力点之间的距离, $e = e_0 - \dfrac{h}{2} + a_s$ 。

8.2.3.2　适用条件

为保证构件不发生超筋和少筋破坏,并在破坏时纵向受压钢筋 A'_s 达到屈服强度,式(8-7)、式(8-8)的适用条件为:

1) $2a'_s \leqslant x \leqslant \xi_b h_0$;

2) $A_s \geqslant \rho_{min} bh$, $A'_s \geqslant \rho'_{min} bh$ 。

同时还应该指出,偏心受拉构件在弯矩和轴心拉力作用下,也会发生纵向弯曲,但这种弯曲将减小轴心拉力的偏心距,在设计公式中为简化计算,一般不考虑这种有利的影响。

8.2.3.3　截面设计

截面设计时,有以下两种情况。

情况 I : A_s 及 A'_s 未知。

在式(8-7)、式(8-8)中有三个未知数 A_s 、A'_s 及 x ,需要补充一个方程才能求解。为节约钢筋及充分发挥受压混凝土的作用,取 $x = x_b = \xi_b h_0$,代入式(8-8)得:

$$A'_s = \frac{Ne - \alpha_1 f_c b h_0^2 \xi_b (1 - 0.5\xi_b)}{f'_y (h_0 - a'_s)} \tag{8-9}$$

如果 $A'_s \geqslant \rho'_{min} bh$,说明取 $x = \xi_b h_0$ 成立。进一步将 A'_s 及 $x = \xi_b h_0$ 代入式(8-7)得:

$$A_s = \frac{\alpha_1 f_c b \xi_b h_0 + f'_y A'_s + N}{f_y} \tag{8-10}$$

若 $A'_s < \rho'_{min} bh$ 或者 A'_s 为负值,说明 $x = x_b = \xi_b h_0$ 不能成立,应按构造要求选用钢筋 A'_s 的直径及根数,此时要按 A'_s 为已知的情况(即情况 II)考虑。

情况 II :已知 A'_s 求 A_s 。

此时公式为两个方程两个未知数。故可由式(8-7)、式(8-8)联立求解。步骤为由式(8-8)求得混凝土相对受压区高度 ξ :

$$\xi = 1 - \sqrt{1 - 2 \times \frac{Ne - f'_y A'_s (h_0 - a'_s)}{\alpha_1 f_c b h_0^2}} \tag{8-11}$$

若 $2a'_s \leqslant x \leqslant \xi_b h_0$,则可将 x 代入式(8-7)求得靠近偏心拉力一侧的受拉钢筋截面面积:

$$A_s = (N + \alpha_1 f_c bx + f'_y A'_s)/f_y \tag{8-12}$$

若 $x > \xi_b h_0$,则表明构件的截面尺寸偏小,此时可增大截面或按 A'_s 未知重新计算。若 $x < 2a'_s$ 或为负值,则表明受压钢筋位于混凝土受压区合力作用点的内侧,破坏时将达不到其屈服强度,即 A'_s 的应力为一未知量,此时可取 $x = 2a'_s$,根据平衡条件对钢筋 A'_s 合力作用点取矩,得:

$$A_s = \frac{Ne'}{f_y (h_0 - a'_s)} \tag{8-13}$$

式中, $e' = e_0 + \dfrac{h}{2} - a'_s$ 。

然后取该值作为截面配筋的依据。

大偏心受拉构件采用对称配筋时,离轴向拉力 N 较远一侧的纵向钢筋 A'_s 的应力达不到抗拉强度设计值,故不能利用式(8-7)和式(8-8)计算。此时可以参考小偏心受拉构件对称配筋计算方法,即按式(8-6)计算钢筋截面面积。

$$A'_s = A_s = \frac{Ne'}{f_y (h_0 - a'_s)}$$

8.2.3.4　截面复核

截面复核时,截面尺寸、配筋、材料强度及内力组合设计值 M 和 N 均为已知。大偏心受拉时,在式(8-7)、式(8-8)中,仅 x 和截面偏心受拉承载力 N_u 为未知,故可联立求解。

若式(8-7)和式(8-8)联立求得的 x 满足 $2a'_s \leqslant x \leqslant \xi_b h_0$,则将 x 代入式(8-7),即可

得截面偏心受拉承载力：

$$N_{\mathrm{u}} = f_{\mathrm{y}}A_{\mathrm{s}} - f_{\mathrm{y}}'A_{\mathrm{s}}' - \alpha_1 f_{\mathrm{c}}bx \tag{8-14}$$

若 $x > \xi_{\mathrm{b}}h_0$，说明 A_{s} 过量，截面破坏时，A_{s} 达不到屈服强度，此时先求 σ_{s}，即 $\sigma_{\mathrm{s}} = \dfrac{\xi - \beta_1}{\xi_{\mathrm{b}} - \beta_1}f_{\mathrm{y}}$，并对偏心拉力作用点取矩，重新求 x，然后按下式计算截面偏心受拉承载力：

$$N_{\mathrm{u}} = \sigma_{\mathrm{s}}A_{\mathrm{s}} - f_{\mathrm{y}}'A_{\mathrm{s}}' - \alpha_1 f_{\mathrm{c}}bx \tag{8-15}$$

若 $x < 2a_{\mathrm{s}}'$，近似取 $x = 2a_{\mathrm{s}}'$，利用截面上的内外力对 A_{s}' 合力作用点取矩的平衡条件，求得 N_{u}。

以上求得的 N_{u} 和 N 进行比较，即可判别截面承载力是否足够。

【例 8-1】　已知矩形截面偏心受拉构件，截面尺寸 $b \times h = 300 \ \mathrm{mm} \times 400 \ \mathrm{mm}$，截面上作用的弯矩设计值为 $M = 68 \ \mathrm{kN \cdot m}$，轴向拉力设计值 $N = 680 \ \mathrm{kN}$。设 $a_{\mathrm{s}} = a_{\mathrm{s}}' = 40 \ \mathrm{mm}$，混凝土强度等级为 C30，钢筋为 HRB400。试计算该截面所需要的 A_{s} 及 A_{s}'。

【解】　(1) 资料整理

查附表 1、附表 7 得：

C30 混凝土　$f_{\mathrm{t}} = 1.43 \ \mathrm{N/mm^2}$；

HRB400 级钢筋　$f_{\mathrm{y}} = 360 \ \mathrm{N/mm^2}$；

取 $a_{\mathrm{s}} = a_{\mathrm{s}}' = 40 \ \mathrm{mm}$，则 $h_0 = h - a_{\mathrm{s}} = 400 - 40 = 360 \ \mathrm{mm}$，$h_0' = h - a_{\mathrm{s}}' = 400 - 40 = 360 \ \mathrm{mm}$。

(2) 判别大、小偏心受拉

$$e_0 = \frac{M}{N} = \frac{68 \times 10^6}{680 \times 10^3} = 100 \ \mathrm{mm} < \frac{h}{2} - a_{\mathrm{s}} = \frac{400}{2} - 40 = 160 \ \mathrm{mm}$$

为小偏心受拉构件。

(3) 求 A_{s} 及 A_{s}'

$$e = \frac{h}{2} - e_0 - a_{\mathrm{s}} = \frac{400}{2} - 100 - 40 = 60 \ \mathrm{mm}$$

$$e' = \frac{h}{2} + e_0 - a_{\mathrm{s}}' = \frac{400}{2} + 100 - 40 = 260 \ \mathrm{mm}$$

$$A_{\mathrm{s}} = \frac{Ne'}{f_{\mathrm{y}}(h_0' - a_{\mathrm{s}})} = \frac{680000 \times 260}{360 \times (360 - 40)} = 1535 \ \mathrm{mm^2}$$

$$A_{\mathrm{s}}' = \frac{Ne}{f_{\mathrm{y}}(h_0 - a_{\mathrm{s}}')} = \frac{680000 \times 60}{360 \times (360 - 40)} = 354 \ \mathrm{mm^2}$$

(4) 计算最小配筋率

$$\rho_{\min} = \max\{0.2\%, 0.45f_{\mathrm{t}}/f_{\mathrm{y}}\} = \max\{0.2\%, 0.45 \times 1.43/360\}$$

$$= \max\{0.2\%, 0.18\%\} = 0.2\%$$

$$A_{\mathrm{s}} = 1535 \ \mathrm{mm^2} > \rho_{\min}bh = 0.2\% \times 300 \times 450 = 270 \ \mathrm{mm^2}$$

$$A_{\mathrm{s}}' = 354 \ \mathrm{mm^2} > \rho_{\min}'bh = 0.2\% \times 300 \times 450 = 270 \ \mathrm{mm^2}$$

(5) 选钢筋

离轴向拉力较近一侧钢筋选用 5 Φ20（$A_{\mathrm{s}} = 1570 \ \mathrm{mm^2}$）；

离轴向拉力较远一侧钢筋选用 2 Φ16（$A_{\mathrm{s}}' = 402 \ \mathrm{mm^2}$）。

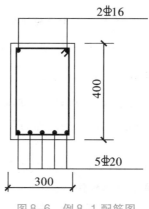

图8-6　例8-1 配筋图

【例 8-2】　某钢筋混凝土构件，截面尺寸 $b \times h = 1000$ mm $\times 400$ mm，截面上作用的弯矩设计值为 $M = 200$ kN·m，轴向拉力设计值 $N = 400$ kN。若混凝土采用 C30，钢筋为 HRB400 级，$a_s = a'_s = 40$ mm，试计算截面纵向受力钢筋的 A_s 及 A'_s。

【解】　（1）资料整理

查表 5-2、表 5-3 和附表 1、附表 7 得：

C30 混凝土　$f_c = 14.3$ N/mm^2，$f_t = 1.43$ N/mm^2，$\alpha_1 = 1.0$；

HRB400 级钢筋　$f_y = 360$ N/mm^2，$\xi_b = 0.518$；

取 $a_s = a'_s = 40$ mm，则 $h_0 = h - a_s = 400 - 40 = 360$ mm，$h'_0 = h - a'_s = 400 - 40 = 360$ mm。

（2）求 e_0，判别大小偏心受拉

$$e_0 = \frac{M}{N} = \frac{200 \times 10^6}{400 \times 10^3} = 500 \text{ mm} > \frac{h}{2} - a_s = \frac{400}{2} - 40 = 160 \text{ mm}$$

为大偏心受拉构件。

（3）取 $\xi = \xi_b = 0.518$，求 A'_s

$$e = e_0 - \frac{h}{2} + a_s = 500 - \frac{400}{2} + 40 = 340 \text{ mm}$$

$$e' = e_0 + \frac{h}{2} - a'_s = 500 + \frac{400}{2} - 40 = 660 \text{ mm}$$

$$A'_s = \frac{Ne - \alpha_1 f_c b h_0^2 \xi_b (1 - 0.5\xi_b)}{f'_y (h_0 - a'_s)}$$

$$= \frac{400 \times 10^3 \times 340 - 1.0 \times 14.3 \times 1000 \times 360^2 \times 0.518 \times (1 - 0.5 \times 0.518)}{360 \times (360 - 40)}$$

$$< 0$$

按构造要求：

$$\rho_{min} = 0.2\%$$

$$A'_s = \rho_{min} bh = 0.2\% \times 1000 \times 400 = 800 \text{ mm}^2$$

选用 $\Phi 12@140$，$A'_s = 808$ mm^2，这样就变为已知 A'_s 求 A_s 的问题了。

（4）已知 $A_s' = 808\ \text{mm}^2$，求 A_s

由式（8-8）得：

$$Ne = \alpha_1 f_c b h_0^2 \xi(1 - 0.5\xi) + f_y' A_s'(h_0 - a_s') = \alpha_s \alpha_1 f_c b h_0^2 + f_y' A_s'(h_0 - a_s')$$

$$\alpha_s = \frac{Ne - f_y' A_s'(h_0 - a_s')}{\alpha_1 f_c b h_0^2} = \frac{400 \times 10^3 \times 340 - 360 \times 808 \times (360 - 40)}{1.0 \times 14.3 \times 1000 \times 340^2} = 0.02596$$

又

$$\xi = 1 - \sqrt{1 - 2\alpha_s} = 1 - \sqrt{1 - 2 \times 0.02596} = 0.0263$$

所以

$$x = \xi h_0 = 0.0263 \times 360 = 9.47\ \text{mm} < 2a_s' = 80\ \text{mm}$$

取 $x = 2a_s'$，并对 A_s' 合力点取矩，可求得：

$$A_s = \frac{Ne'}{f_y(h_0' - a_s)} = \frac{400 \times 10^3 \times 660}{360 \times (360 - 40)} = 2292\ \text{mm}^2$$

受拉钢筋选Φ16@90（$A_s = 2234\ \text{mm}^2$），实配钢筋面积与计算面积差值小于 5%，满足工程要求。

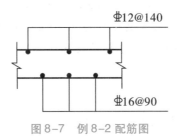

图 8-7　例 8-2 配筋图

8.3　偏心受拉构件斜截面承载力计算
Calculation of the Diagonal Section Strength of Eccentric Tension Members

8.3.1　偏心受拉构件斜截面受力分析
Diagonal Section Analysis of Eccentric Tension Members

对于偏心受拉构件，往往在截面受到弯矩 M 及轴向拉力 N 共同作用的同时，还受到较大的剪力 V 作用。因此，对于偏心受拉构件，除进行正截面受拉承载力计算外，还要验算其斜截面受剪承载力。

轴心拉力的存在，对斜截面的受剪承载力会产生一定的影响。试验表明，拉力 N 的存在，使弯曲裂缝提前出现，混凝土的剪压区的高度比受弯构件的小，轴心拉力使构件的抗剪能力明显降低，并且偏心受拉构件斜截面受剪承载力的降低与轴向力 N 基本成正比。

8.3.2　计算公式
Calculated Formula

《混凝土结构设计规范》规定,矩形、T 形和 I 形截面的偏心受拉构件的斜截面受剪承载力可按下式计算:

$$V \leqslant \frac{1.75}{\lambda + 1} f_t b h_0 + f_{yv} \frac{A_{sv}}{s} h_0 - 0.2N \tag{8-16}$$

式中　N ——与剪力设计值 V 相应的轴向拉力设计值;

　　　λ ——计算截面的剪跨比,与偏心受压构件斜截面受剪承载力计算中的规定相同。

当式(8-16)右边的计算值小于 $f_{yv}\dfrac{A_{sv}}{s}h_0$ 时,考虑到箍筋承受的剪力,应取等于 $f_{yv}\dfrac{A_{sv}}{s}h_0$,且 $f_{yv}\dfrac{A_{sv}}{s}h_0$ 值不得小于 $0.36 f_t b h_0$。

【例 8-3】　某钢筋混凝土偏心受拉构件,设计使用年限为 50 年,环境类别为一类,杆件长 3000 mm,截面尺寸 $b \times h = 200$ mm×300 mm,配筋如图 8-8 所示。构件上作用轴向拉力设计值 $N = 70$ kN,承受均布荷载设计值为 70 kN/m,混凝土强度等级 C30,箍筋用 HPB300 级,纵向钢筋用 HRB400 级。求箍筋数量。

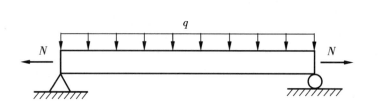
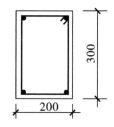

图 8-8　例 8-3 图

【解】　(1)资料整理

查附表 1、附表 7 得:

C30 混凝土　$f_t = 1.43$ N/mm², $f_c = 14.3$ N/mm², $\beta_c = 1.0$;

HPB300 级钢筋　$f_{yv} = 270$ N/mm²;

取 $a_s = a_s' = 40$ mm,则 $h_0 = 300 - 40 = 260$ mm。

(2)验算截面尺寸

$$N = 70 \text{ kN}$$

$$V = \frac{70 \times 3}{2} = 105 \text{ kN}$$

$$M = \frac{70 \times 3^2}{8} = 78.75 \text{ kN} \cdot \text{m}$$

均布荷载取 $\lambda = 1.5$。

验算截面尺寸:

$$0.25\beta_c f_c bh_0 = 0.25\times1.0\times14.3\times200\times260 = 185.9 \text{ kN} > V = 105 \text{ kN}$$

截面尺寸符合要求。

（3）选配钢筋

由式（8-16）求箍筋数量：

$$V_c = \frac{1.75}{1+\lambda}f_t bh_0 = \frac{1.75}{1+1.5}\times1.43\times200\times260 = 52052 \text{ N}$$

$$>0.2N = 0.2\times70000 = 14000 \text{ N}$$

$$\frac{nA_{sv1}}{s} = \frac{V - V_c + 0.2N}{f_{yv}h_0} = \frac{105\,000 - 52\,052 + 14\,000}{270\times260} = 0.95$$

采用φ10@150 的双肢箍时：

$$\frac{nA_{sv1}}{s} = \frac{2\times78.5}{150} = 1.05 > 0.95$$

满足要求。

8.4　偏心受拉构件构造要求

Detailing Requirement of Eccentric Tension Members

偏心受拉构件与受压构件的构造要求基本相同，但对于小偏心受拉构件，还应注意以下几方面构造要求：

1）小偏心受拉构件的纵向受力钢筋不得采用绑扎搭接。

2）偏心受拉构件受压一侧钢筋最小配筋率应满足 $\rho' = \dfrac{A'_s}{bh} \geq \rho_{min} = 0.2\%$ ；受拉一侧钢筋最小配筋率应满足 $\rho = \dfrac{A_s}{bh} \geq \rho_{min}$ ，ρ_{min} 取 0.2% 和 $0.45\dfrac{f_t}{f_y}$ 中较大值。

本章小结

1）偏心受拉构件按偏心力的作用位置不同分为大偏心受拉和小偏心受拉两种情况。当偏心距 $e_0 \leq h/2 - a_s$ 时，轴向拉力 N 作用在 A_s 合力点及 A'_s 合力点范围之内，称为小偏心受拉构件；当偏心距 $e_0 > h/2 - a_s$ 时，N 作用在 A_s 合力点及 A'_s 合力点范围之外，称为大偏心受拉构件。

2）小偏心受拉构件破坏时拉力全部由钢筋承受，在满足构造要求的前提下，以采用较小截面尺寸为宜；大偏心受拉构件的受力特点类似于受弯构件，随着受拉钢筋配筋率的变化，将出现少筋、适筋和超筋破坏，截面尺寸的加大有利于受弯和受剪。

3）偏心受拉构件的斜截面受剪承载力计算与受弯构件类似，轴向拉力 N 的存在，使受剪承载力明显降低。

4）偏心受拉构件计算框图如图 8-9 所示。

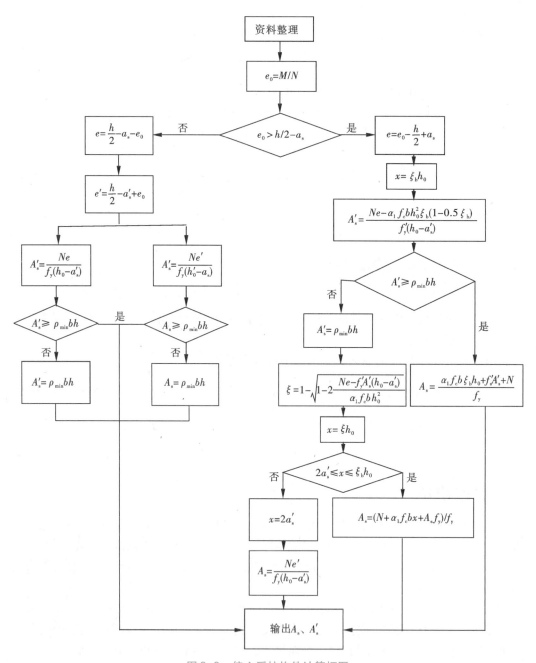

图 8-9　偏心受拉构件计算框图

思考题

1.偏心受拉构件的定义是什么？工程中常见的偏心受拉构件有哪些？

2.大偏心与小偏心受拉构件的界限如何划分？破坏特征有何区别？截面应力状态有何不同？

3.大偏心受拉构件在进行截面设计时，为什么要补充一个条件(或方程)？这个补充条件是根据什么建立的？

4.钢筋混凝土偏心受拉构件箍筋有何作用？

5.大偏心受拉构件的正截面承载力计算中，x_b 为什么取与受弯构件相同？

6.对于钢筋混凝土偏心受拉构件的受剪承载能力，拉力对其有何影响？

习 题

1.已知某矩形截面偏心受拉构件，截面尺寸 $b \times h = 250 \text{ mm} \times 500 \text{ mm}$，构件承受轴向拉力设计值 $N = 400 \text{ kN}$，弯矩设计值 $M = 80 \text{ kN} \cdot \text{m}$，混凝土强度等级为 C30，钢筋为 HRB400 级。试计算截面所需配置的钢筋 A_s 及 A_s'。

第8章在线测试

2.对于上题，如果采用对称配筋，试计算截面所需配置的钢筋 A_s 及 A_s'。

3.已知某矩形水池，池壁厚为 300 mm，池壁跨中水平方向每米宽度上最大弯矩设计值 $M = 30 \text{ kN} \cdot \text{m}$，相应的每米宽度上的轴向拉力设计值 $N = 30 \text{ kN}$，$a_s = a_s' = 40 \text{ mm}$，该水池的混凝土强度等级为 C30，钢筋为 HRB400 级。试求水池在该处所需的 A_s 及 A_s' 值。

4.已知某矩形截面 $b \times h = 250 \text{ mm} \times 400 \text{ mm}$，$a_s = a_s' = 40 \text{ mm}$，构件承受轴向拉力设计值 $N = 200 \text{ kN}$，弯矩设计值 $M = 237 \text{ kN} \cdot \text{m}$，混凝土强度等级为 C30，钢筋为 HRB400 级。试计算该截面配筋。

5.已知偏心受拉构件的截面尺寸 $b \times h = 300 \text{ mm} \times 400 \text{ mm}$，截面承受轴心力设计值 $N = 850 \text{ kN}$，弯矩设计值 $M = 15 \text{ kN} \cdot \text{m}$，剪力设计值 $V = 75 \text{ kN}$，混凝土强度等级为 C30，箍筋采用 HPB300 级，纵筋采用 HRB400 级。试计算该截面所需配置的箍筋。

第9章　受扭构件承载力计算

Chapter 9　Cross-section Strength of Torsion Members

9.1　工程应用实例
Applications in Engineering

9.1.1　受扭构件在工程中的应用
Applications of Torsion Members in Actual Engineering

凡在构件截面中有扭矩作用的构件,习惯上都称为受扭构件。在土木建筑结构中,很多构件受扭矩作用,但在实际工程中受到纯扭矩作用的构件很少见,大多数都是处于弯矩、剪力、扭矩(有时还同时作用有轴向的拉力或压力)共同作用下的复合受扭构件。图9-1是几种常见的受扭构件。一般来说,吊车梁、雨篷梁、平面曲梁或折梁以及与其他梁整浇的现浇框架边梁、螺旋楼梯等都是复合受扭构件。

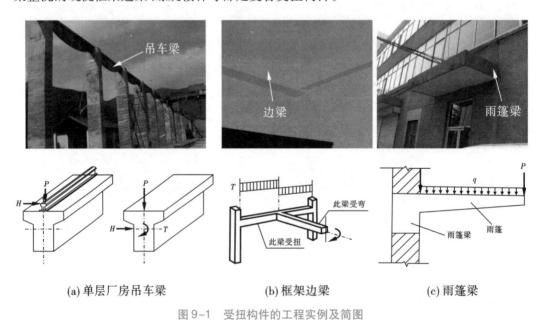

(a) 单层厂房吊车梁　　　　(b) 框架边梁　　　　(c) 雨篷梁

图9-1　受扭构件的工程实例及简图

9.1.2　受扭构件的类型
　　Types of Torsion Members

　　实际工程中,根据扭矩形成的原因,受扭构件分为两类:平衡扭转和协调扭转。

　　(1)平衡扭转

　　静定结构中,荷载产生的扭矩可以直接由构件的静力平衡条件求出,而与构件的扭转刚度无关,称为平衡扭转,如图 9-1 所示的吊车梁和雨篷梁。对于平衡扭转,受扭构件设计时必须有足够的抗扭承载力,否则不能与作用扭矩相平衡,从而导致破坏。

　　(2)协调扭转

　　超静定结构中,作用在构件上的扭矩除了满足静力平衡条件外,还必须由相邻构件的变形协调条件才能求出的,称为协调扭转。协调扭转中扭矩大小与受扭构件的抗扭刚度有关,混凝土构件开裂后扭矩随抗扭刚度发生非线性变化,而不是平衡扭转的定值,设计中需要考虑塑性内力重分布进行扭矩计算。如图 9-1 所示现浇框架的边梁,由于次梁在支座(边梁)处的转角,使边梁产生扭转,边梁因而受扭,边梁一旦开裂后,其抗扭刚度逐渐降低,边梁对次梁转角的约束作用也减小,相应地边梁的扭矩也减小。

　　本章主要介绍平衡扭转问题,有关协调扭转的计算方法可查《混凝土结构设计规范》。为便于分析,首先介绍纯扭构件的承载力计算,然后再介绍复合受扭构件的承载力计算。

9.2　纯扭构件的试验研究
　　Test Study on Pure-torsion Members

9.2.1　裂缝出现前的性能
　　Performance before Cracks

　　受扭矩作用的钢筋混凝土构件开裂前,基本符合材料力学的规律,由材料力学公式可知:构件的正截面上仅有剪应力作用,截面形心处剪应力值等于零,截面边缘处剪应力值较大,其中长边中点处剪应力值最大。在裂缝出现以前,构件的受力性能大体符合圣维南弹性扭转理论。如图 9-2 所示,在扭矩较小时,其扭矩-扭转角曲线为直线,扭转刚度与弹性理论的计算值十分接近,受扭钢筋的应力很低,因此在分析开裂前构件受扭受力性能时,一般忽略钢筋的影响。随着扭矩的增大,混凝土的塑性性能逐渐显现,扭矩-扭转角$(T-\theta)$曲线偏离弹性理论直线。当扭矩接近开裂扭矩时,偏离程度加大。

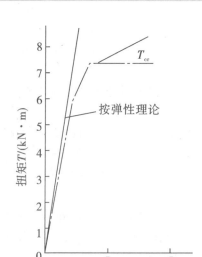

图9-2　钢筋混凝土矩形截面纯扭构件 T-θ 曲线

9.2.2　裂缝出现后的性能
Performance after Cracks

试验表明:当构件截面的主拉应力大于混凝土的抗拉强度时,出现与构件轴线呈45°方向的斜裂缝。初始裂缝一般发生在剪应力最大处,即截面长边中点。此后,这条初始裂缝逐渐向两端延伸至短边截面形成螺旋状裂缝并相继出现许多新的螺旋状裂缝,如图9-3所示。

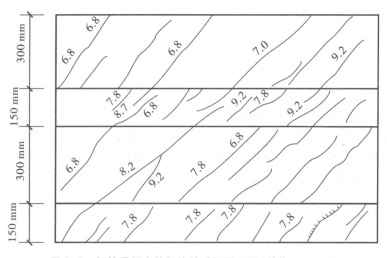

图9-3　钢筋混凝土纯扭构件破坏展开图(单位:kN·m)

裂缝出现时,部分混凝土退出工作,受扭钢筋应力明显增加,扭转角显著增大。截面原有的受力平衡状态被打破,带有裂缝的混凝土和受扭钢筋组成新的受力体系,构成新的平衡状态。此时,构件截面的抗扭刚度显著降低,受扭钢筋用量愈少,抗扭刚度降低愈多,如图9-4所示。随着扭矩不断加大,混凝土和钢筋的应力不断增长,直至构件破坏。

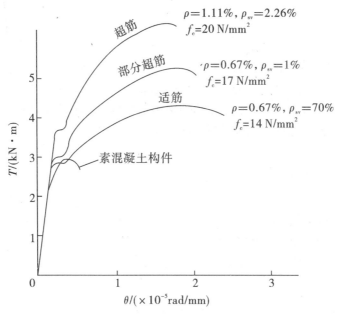

图9-4 矩形截面纯扭构件实测 $T-\theta$ 曲线

试验研究还表明,受扭构件的破坏形态与受扭纵筋和受扭箍筋的配筋率大小有关,大致可以分为少筋破坏、适筋破坏、部分超筋破坏和完全超筋破坏四类。

（1）少筋破坏

当构件的抗扭纵筋和抗扭箍筋配置数量均过少时,一旦裂缝出现,纵筋和箍筋立刻达到屈服强度而且可能进入强化阶段,甚至拉断,构件立即发生破坏,其破坏特征类似于受弯构件的少筋梁破坏,属于脆性破坏,应在工程设计中予以避免。

（2）适筋破坏

当构件的抗扭纵筋和抗扭箍筋配置数量适当时,裂缝出现后,纵筋和箍筋的应力随着扭矩增大而不断增加,先后达到屈服强度,而后混凝土被压碎,构件破坏,其破坏特征类似于受弯构件的适筋梁破坏,属于延性破坏,这种破坏形态可作为构件抗扭设计的依据。

（3）部分超筋破坏

当构件的抗扭纵筋和抗扭箍筋配置数量比率相差较大时,构件破坏会发生出现抗扭纵筋或抗扭箍筋的其中一种钢筋屈服;哪种钢筋配筋率小,哪种钢筋屈服。其破坏时具有一定的延性,但较适筋破坏时小。

（4）完全超筋破坏

当构件的抗扭纵筋和抗扭箍筋配置数量均过多时,裂缝出现后,纵筋和箍筋的应力也随着扭矩增大而不断增加,由于数量较多,应力增长的速度较慢,到混凝土压碎时,纵筋和箍筋都不会达到屈服。这种破坏类似于受弯构件的超筋梁,属于脆性破坏,应在工程设计中予以避免。

9.3 纯扭构件受扭承载力计算
The Section Bearing Capacity of the Pure-torsion Members

受扭构件最常用的截面形式是矩形截面。纯扭构件扭曲截面计算包括两个方面:一是受扭构件的开裂扭矩计算;二是受扭构件的承载力计算。如果构件承受的扭矩大于开裂扭矩,应按计算配置受扭纵筋和受扭箍筋来满足承载力要求,同时还应满足受扭构件构造要求。否则,应按构造要求配置受扭纵筋和受扭箍筋。

9.3.1 矩形截面纯扭构件开裂扭矩计算
Calculation of Cracking Torque

弹性材料纯扭构件在扭矩 T 作用下的剪应力分布如图 9-5(a) 所示,其最大剪应力 τ_{max} 发生在截面长边中点。若将混凝土视为理想弹性材料,随着扭矩 T 的增大,当主拉应力 $\sigma_{tp} = \tau_{max} = f_t$ 时,构件将开裂,此时的扭矩即为开裂扭矩 T_{cr}。

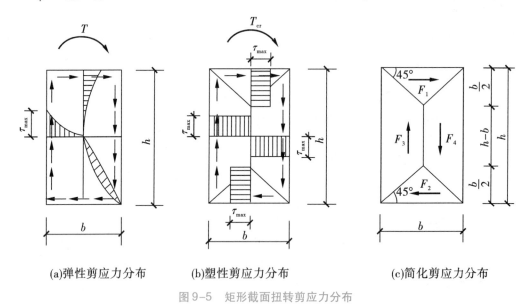

(a)弹性剪应力分布　　　(b)塑性剪应力分布　　　(c)简化剪应力分布

图 9-5　矩形截面扭转剪应力分布

根据材料力学公式,构件开裂扭矩 T_{cr} 按下式计算:

$$T_{cr} = f_t W_{te} \tag{9-1}$$

$$W_{te} = \alpha b^2 h \tag{9-2}$$

式中　W_{te}——受扭构件截面的弹性抵抗矩;

　　　α——形状系数,与比值 h/b 有关,$\alpha = 0.208 \sim 0.313$;

h、b——矩形截面的高度和宽度；

f_t——混凝土抗拉强度设计值。

若按塑性力学理论，将混凝土视为理想的弹塑性材料，可将截面上剪应力划分为四个部分，如图9-5(b)所示。当截面上剪应力全截面达到混凝土抗拉强度 f_t 时，构件开裂，其开裂扭矩即可由各部分扭剪应力的合力组成的合力偶来计算，如图9-5(c)所示，计算公式为：

$$T_{cr} = f_t \times \left[\frac{1}{2} \times b \times \frac{b}{2} \times \left(h - \frac{b}{3} \right) + 2 \times \frac{1}{2} \times \frac{b}{2} \times \frac{b}{2} \times \frac{2b}{3} + (h - b) \times \frac{b}{2} \times \frac{b}{2} \right]$$

$$= f_t \times \frac{b^2}{6} \times (3h - b)$$

(9-3)

令 $W_t = \dfrac{b^2}{6} \times (3h - b)$，则

$$T_{cr} = f_t W_t$$

(9-4)

式中　W_t——受扭构件截面的塑性抵抗矩。

实际上，混凝土既非理想弹性材料，也非理想塑性材料，按弹性理论式(9-1)计算的开裂扭矩 T_{cr} 比试验值低，按塑性理论式(9-4)计算的开裂扭矩 T_{cr} 比试验值高。为方便计算，开裂扭矩可近似采用图9-5(b)所示的理想弹塑性材料的应力分布图进行计算，但应乘以一个降低系数。试验表明，对于低强度等级混凝土，降低系数为0.8；对于高强度等级混凝土，降低系数为0.7。

《混凝土结构设计规范》取混凝土抗拉强度减低系数为0.7。因此，开裂扭矩的计算公式为：

$$T_{cr} = 0.7 f_t W_t$$

(9-5)

式中　T_{cr}——钢筋混凝土纯扭构件的开裂扭矩。

9.3.2　矩形截面纯扭构件截面受扭承载力计算
Twisted Section Bearing Capacity Calculation of Torsion

如前所述，钢筋混凝土受扭构件当受力钢筋（包括受扭纵筋和受扭箍筋）配筋均适当时，构件将发生适筋破坏；配置钢筋后不但可以提高构件的抗扭承载力，还可以提高构件的延性。对于钢筋混凝土构件扭曲截面受扭承载力计算，有很多理论模型，主要有两种计算模型为实际的计算方法提供理论基础，分别是变角度空间桁架模型和斜弯理论（扭曲破坏面极限平衡理论）。下面简要介绍变角度空间桁架模型。

变角度空间桁架模型认为，钢筋混凝土受扭构件的核心部分混凝土对产生抵抗扭矩贡献很小，因此可以将其计算简图简化为等效箱形截面，如图9-6(a)所示。构件提供抗扭承载力的部分是由四周侧壁混凝土、抗扭箍筋、抗扭纵向钢筋组成的空间受力结构体系。每个侧壁受力状况相当于一个平面桁架，纵筋为桁架的弦杆，箍筋为桁架的竖腹杆，斜裂缝间的混凝土为桁架的斜腹杆。斜裂缝与构件轴线夹角 α 会随抗扭纵筋与箍筋的强度比值的变化而变化（故称为变角度）。

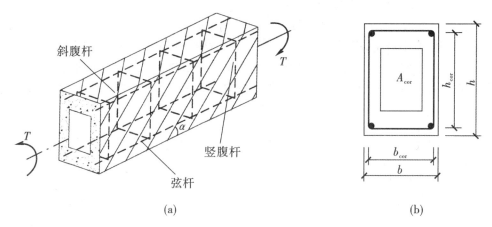

(a)　　　　　　　　　　　　　　(b)

图9-6　变角度空间桁架模型

变角度空间桁架模型的基本假定有：

1）混凝土只承受压力，具有螺旋形裂缝的混凝土外壳组成桁架的斜压杆，其倾角为 α。

2）纵筋和箍筋只承受拉力，分别为桁架的弦杆和竖腹杆。

3）忽略核心混凝土的受扭作用和钢筋的销栓作用。

根据弹性薄壁管理论，按照该模型，由平衡条件可以导出矩形截面适筋纯扭构件的受扭承载力 T_u 为：

$$T_u = 2\sqrt{\zeta}\,\frac{A_{st1}f_{yv}}{s}A_{cor} \tag{9-6}$$

$$\zeta = \frac{f_y A_{stl}/u_{cor}}{f_{yv}A_{st1}/s} = \frac{f_y A_{stl}}{f_{yv}A_{st1}}\frac{s}{u_{cor}} \tag{9-7}$$

式中　　T_u——用变角度空间桁架模型计算的纯扭构件抗扭承载力。

ζ——沿截面核心周长单位长度内的抗扭纵筋强度与沿构件长度方向单位长度内的单侧抗扭箍筋强度之间的比值。ζ 值不应小于 0.6；当 ζ 大于 1.7 时，取 1.7；当 ζ 接近 1.2 时为钢筋达到屈服的最佳值，设计中通常可取 ζ 为 1.2，保证纵向钢筋和箍筋的抗扭作用都能发挥到最佳。

A_{st1}——沿截面周边配置的箍筋单肢截面面积。

A_{stl}——取对称布置的全部抗扭纵向钢筋的总截面面积，若实际布置的纵筋是非对称的，只能取对称布置的面积。

f_{yv}——受扭箍筋的抗拉强度设计值。

f_y——受扭纵筋的抗拉强度设计值。

s——受扭箍筋的间距。

A_{cor}——截面核心部分的面积，为按箍筋内侧计算的截面核心部分的短边和长边尺寸之积，取 $A_{cor} = b_{cor}h_{cor}$，如图 9-6（b）所示。

u_{cor}——截面核心部分的周长（箍筋内皮所围周长），取 $u_{cor} = 2(b_{cor} + h_{cor})$。

截面核心部分是指截面中抗扭纵筋外表面连线范围内部分。b_{cor} 为截面短边尺寸减去两倍保护层厚度，h_{cor} 为截面长边尺寸减去两倍保护层厚度，如图 9-7 所示，图中的 1 表示剪力、弯矩作用平面。

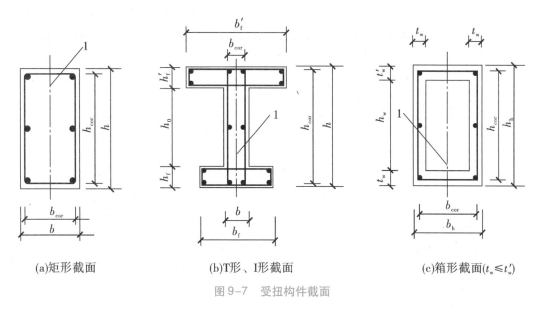

(a)矩形截面　　　　　　　(b)T形、I形截面　　　　　　(c)箱形截面($t_w \leqslant t_w'$)

图 9-7　受扭构件截面

9.3.3　配筋计算的方法与步骤
Method and Step of Calculation Reinforcement

根据试验资料统计分析，《混凝土结构设计规范》规定，对于受扭构件的扭曲截面承载力，在构件截面形式不同时，采用不同的计算方法。

（1）矩形截面承载力计算

由变角度空间桁架模型计算公式的计算结果与试验值比较，发现其计算结果与试验结论并不完全符合，主要有以下原因：该理论假设构件开裂后混凝土完全失去作用，并不考虑钢筋的销栓作用，而由于混凝土骨料之间的咬合力，只要裂缝的开展受到钢筋销栓作用的制约，混凝土就仍具有一定的受扭承载力。因此，对于配筋较少的构件，计算值较试验值偏低；当配筋较多时，由于纵筋和箍筋有时不能同时屈服，计算值又会比试验值高。

因此，《混凝土结构设计规范》在变角度空间桁架模型计算公式的基础上，考虑了混凝土的抗扭能力。根据试验结果，提出了由混凝土承担的扭矩和由钢筋承担的扭矩两项相加的设计计算公式，公式形式与受弯构件斜截面受剪承载力计算公式形式类似：

$$T \leqslant T_u = 0.35f_tW_t + 1.2\sqrt{\zeta} \cdot \frac{f_{yv}A_{st1}}{s} \cdot A_{cor} \tag{9-8}$$

式中第一项为混凝土承担的扭矩，取混凝土纯扭构件开裂扭矩值的一半；第二项为抗扭钢筋承担的扭矩，系数根据试验得到。

（2）T形和I形截面承载力计算

对于 T 形和 I 形截面纯扭构件受扭承载力的计算，我们利用矩形截面的计算公式式(9-8)计算。计算时首先将 T 形和 I 形截面划分成几个矩形截面，分别按式(9-8)计算各矩形截面的配筋，然后再将各矩形截面的配筋叠加，得到 T 形和 I 形截面的实际配筋。计算的关键在于划分矩形截面，划分的原则是首先保证腹板的完整性，然后再划分受拉翼缘和受压翼缘的面积，如图9-8 所示。

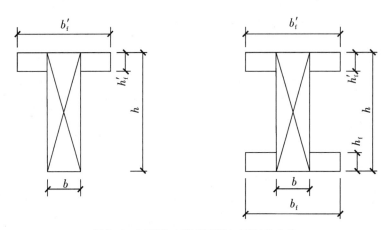

图9-8　T形和I形截面的矩形划分方法

每个矩形截面的扭矩设计值，可按各矩形截面的受扭塑性抵抗矩与截面总的受扭塑性抵抗矩的比例进行分配，计算公式为：

腹板

$$T_w = \frac{W_{tw}}{W_t}T \tag{9-9}$$

受压翼缘

$$T'_f = \frac{W'_{tf}}{W_t}T \tag{9-10}$$

受拉翼缘

$$T_f = \frac{W_{tf}}{W_t}T \tag{9-11}$$

式中　T_w、T'_f、T_f——腹板、受压翼缘和受拉翼缘所承受的扭矩设计值；

　　　　W_{tw}、W'_{tf}、W_{tf}——腹板、受压翼缘和受拉翼缘部分的矩形截面受扭塑性抵抗矩，分

　　　　　　　别取为 $W_{tw} = \frac{b^2}{6}(3h - b)$，$W'_{tf} = \frac{h'^2_f}{2}(b'_f - b)$，$W_{tf} = \frac{h^2_f}{2}(b_f - b)$；

　　　　W_t——T 形和 I 形截面的受扭塑性抵抗矩，$W_t = W_{tw} + W'_{tf} + W_{tf}$。

计算时取用的翼缘宽度和腹板高度尚应符合下列条件：$b'_f \leqslant b + 6h'_f$，$b_f \leqslant b + 6h_f$ 及 $h_w/b \leqslant 6$。

（3）箱形截面承载力计算

箱形截面纯扭构件受扭承载力计算公式为：

$$T \leqslant T_u = 0.35\alpha_h f_t W_t + 1.2\sqrt{\zeta} \times \frac{f_{yv}A_{st1}}{s} \times A_{cor} \tag{9-12}$$

$$\alpha_h = 2.5t_w/b_h \tag{9-13}$$

式中　α_h——箱形截面壁厚影响系数，当 α_h 大于 1.0 时，取 1.0；

t_w——箱形截面壁厚，其值不应小于 $b_h/7$；

b_h——箱形截面的宽度。

9.4　轴向力和扭矩共同作用下矩形截面受扭构件的承载力计算

The Calculation of Torsional Capacity for Rectangular Section Members under Axialforce and Torque

（1）轴向压力和扭矩共同作用下矩形截面受扭构件的承载力计算

当存在轴向压力时，轴向压力 N 的作用会抑制受扭斜裂缝的发展，提高受扭承载力，压扭构件的计算公式为：

$$T \leqslant T_u = \left(0.35f_t + 0.07\frac{N}{A}\right)W_t + 1.2\sqrt{\zeta} \times \frac{f_{yv}A_{st1}}{s} \times A_{cor} \tag{9-14}$$

式中　N——与扭矩设计值 T 相应的轴向压力设计值，当 N 大于 $0.3f_cA$ 时，取 $0.3f_cA$。

（2）轴向拉力和扭矩共同作用下矩形截面受扭构件的承载力计算

当存在轴向拉力时，轴向拉力 N 的作用会使纵筋产生拉应力，从而使纵筋的抗扭能力削弱，因此会降低受扭承载力，拉扭构件的计算公式为：

$$T \leqslant T_u = \left(0.35f_t - 0.2\frac{N}{A}\right)W_t + 1.2\sqrt{\zeta} \times \frac{f_{yv}A_{st1}}{s} \times A_{cor} \tag{9-15}$$

式中　N——与扭矩设计值 T 相应的轴向拉力设计值，当 N 大于 $1.75f_tA$ 时，取 $1.75f_tA$。

9.5　弯剪扭构件的承载力计算

Strength of Members in Combined Bending, Shear and Torsion

9.5.1　试验研究与计算模型

Test Study and Calculation Pattern

处于弯矩、剪力和扭矩共同作用下的钢筋混凝土构件，其受力状态是非常复杂的，构件的荷载条件及构件的内在因素影响构件的破坏特征及其承载力。对于荷载条件，通常以扭弯比 $\psi\left(\psi = \frac{T}{M}\right)$ 和扭剪比 $\chi\left(\chi = \frac{T}{Vb}\right)$ 表示。构件的内在因素是指构件的截面尺寸、配筋情况及材料强度。

试验表明：构件在适当的内在因素条件下，不同荷载条件会导致构件出现弯型破坏、扭型破坏或剪扭型破坏。

试验还表明,对于弯剪扭构件,构件的受扭承载力与其受弯、受剪承载力是相互影响的,即构件的受扭承载力随着同时作用的弯矩、剪力的大小而变化;同样构件的受弯、受剪承载力也随着同时作用的扭矩大小而发生变化。我们把构件各种承载力相互影响的性质称为各承载力之间的相关性。

弯剪扭共同作用下钢筋混凝土构件扭曲截面的承载力计算主要有变角度空间桁架模型和斜弯理论(扭曲破坏面极限平衡理论)两种计算方法。

9.5.2 弯剪扭构件破坏的影响因素
Influence Elements

弯剪扭构件即在弯矩、剪力和扭矩共同作用下的钢筋混凝土构件,是实际工程中最常见的受扭构件。钢筋混凝土弯剪扭构件的受力状态极为复杂,其破坏特征及承载力与以下两方面的因素有关:

1)内在因素,即构件的截面形状、尺寸、配筋及材料强度。

2)外部荷载条件,即扭矩和弯矩之间的比例关系,以及扭矩与剪力之间的比例关系。

由于多种内力的共同作用使钢筋混凝土弯剪扭构件处于复杂应力状态,理解扭矩的存在对构件的受弯承载力和受剪承载力的影响对于研究弯剪扭构件的破坏类型很重要。

扭矩对受弯承载力的影响:如图 9-9 所示,扭矩和剪力产生的剪应力总会在构件的一个侧面上叠加,因此扭矩的存在会降低构件的受剪承载力,同样剪力的存在也会降低构件的受扭承载力,即剪扭共同作用的构件其承载力总是小于剪力和扭矩单独作用的承载力。

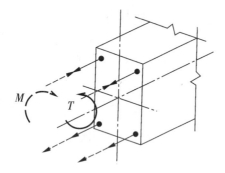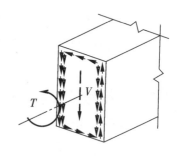

图 9-9　弯剪扭构件内力的相互影响

9.5.3 弯剪扭构件的破坏类型
Failure Morphology

钢筋混凝土弯剪扭构件随弯矩、剪力、扭矩的比值和配筋不同,有三种破坏类型。

(1)弯型破坏

当弯矩较大,剪力和扭矩均较小,即构件的扭弯比 ψ 较小时,弯矩起主导作用,裂缝首先在弯曲受拉底面出现,然后发展到两个侧面。底部的纵向受力钢筋受弯矩和扭矩产生的叠加的拉应力作用,当底部纵筋配筋适当时,则破坏始于底部纵筋屈服,终于顶部混凝土被压碎,承载力由底部纵向受力钢筋控制,如图 9-10(a)所示。构件的受弯承载力因扭矩的存在而降低。

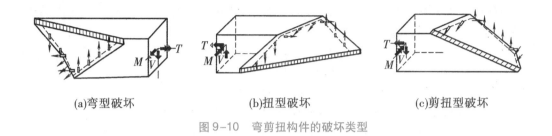

(a)弯型破坏　　　　　(b)扭型破坏　　　　　(c)剪扭型破坏

图 9-10　弯剪扭构件的破坏类型

（2）扭型破坏

当扭矩较大,弯矩和剪力较小,即扭弯比 ψ 及扭剪比 χ 均较大,且顶部纵筋的数量小于底部纵筋的数量时,由扭矩引起顶部纵筋的拉应力很大,而因为弯矩很小,弯矩在顶部产生的压应力也很小,所以导致顶部纵筋所受的拉应力大于底部纵筋,构件破坏是由于顶部纵筋先达到屈服,然后底部混凝土被压碎,承载力由顶部纵筋所控制,如图 9-10(b)所示。

由于弯矩对构件顶部产生压应力,抵消了一部分由于扭矩产生的拉应力,弯矩的存在会提高扭型破坏的抗扭承载力。但是应该注意,对于顶部和底部纵筋对称布置情况,总是底部纵筋先达到屈服,将不可能出现扭型破坏。

（3）剪扭型破坏

当弯矩较小,对构件的承载力不起控制作用时,构件主要在剪力和扭矩共同作用下产生剪扭型或扭剪型的受剪破坏。

裂缝从一个长边（剪应力方向一致的一侧）中点开始出现,并向顶面和底面延伸,当配筋适当时,随剪力和扭矩的增加,与斜裂缝相交的纵筋和箍筋达到屈服,最后在另一侧长边混凝土被压碎,从而达到破坏,如图 9-10(c)所示。当扭矩较大时,以受扭破坏为主;当剪力较大时,以受剪破坏为主。

9.5.4　配筋计算的方法和步骤
Method and Step of Calculation Reinforcement

工程实际中单纯的受扭构件很少,大多数情况是弯矩、剪力和扭矩同时作用,构件的弯、剪、扭承载力之间的相互影响相当复杂,要完全考虑三种承载力之间的相关性,并采用统一的相关方程进行计算将难以实现。因此,《混凝土结构设计规范》对复合受扭构件的承载力计算采用了部分相关、部分叠加的计算方法:①在构件剪扭承载力计算时,仅考虑混凝土部分承载力之间的相关性,箍筋部分承载力直接叠加;②在构件弯扭承载力计算时,不再考虑两者之间的相关性,分别按受弯、受扭单独计算抗弯纵筋和抗扭纵筋,配置在需要位置,对截面同一位置处的两种纵筋,可将两者面积叠加后选择钢筋。

9.5.4.1 剪扭构件的承载力计算

试验表明,当剪力与扭矩共同作用时,剪力的存在会使混凝土的抗扭承载力降低,而扭矩的存在也将使混凝土的抗剪承载力降低,两者之间的相关关系大致符合1/4圆的规律,如图9-11所示,其表达式为:

$$\left(\frac{V_{\mathrm{c}}}{V_{\mathrm{co}}}\right)^2 + \left(\frac{T_{\mathrm{c}}}{T_{\mathrm{co}}}\right)^2 = 1 \tag{9-16}$$

式中　V_{c}、T_{c}——剪扭共同作用下的受剪及受扭承载力;

　　　　V_{co}——纯剪构件混凝土的受剪承载力,$V_{\mathrm{co}} = 0.7 f_{\mathrm{t}} b h_0$;

　　　　T_{co}——纯扭构件混凝土的受剪承载力,$T_{\mathrm{co}} = 0.35 f_{\mathrm{t}} W_{\mathrm{t}}$。

将1/4圆简化为如图9-12所示的三段折线,则有:

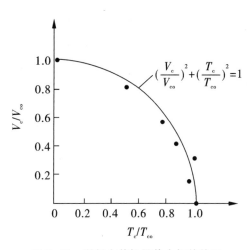

图9-11　混凝土剪扭承载力相关关系　　　　图9-12　混凝土剪扭承载力相关的计算模型

$\dfrac{V_{\mathrm{c}}}{V_{\mathrm{co}}} \leqslant 0.5$ 时　　　　　　$\dfrac{T_{\mathrm{c}}}{T_{\mathrm{co}}} = 1.0$　（CD 段）　　　　　　　　(9-17)

$\dfrac{T_{\mathrm{c}}}{T_{\mathrm{co}}} \leqslant 0.5$ 时　　　　　　$\dfrac{V_{\mathrm{c}}}{V_{\mathrm{co}}} = 1.0$　（AB 段）　　　　　　　　(9-18)

$\dfrac{V_{\mathrm{c}}}{V_{\mathrm{co}}} > 0.5$ 且 $\dfrac{T_{\mathrm{c}}}{T_{\mathrm{co}}} > 0.5$ 时　　$\dfrac{V_{\mathrm{c}}}{V_{\mathrm{co}}} + \dfrac{T_{\mathrm{c}}}{T_{\mathrm{co}}} = 1.5$　（BC 段）　　(9-19)

令 $\dfrac{T_{\mathrm{c}}}{T_{\mathrm{co}}} = \beta_{\mathrm{t}}$,则有　　　　　$\dfrac{V_{\mathrm{c}}}{V_{\mathrm{co}}} = 1.5 - \beta_{\mathrm{t}}$　　　　　　　　　　(9-20)

因为　　　　$\dfrac{V_{\mathrm{c}}/V_{\mathrm{co}}}{T_{\mathrm{c}}/T_{\mathrm{co}}} = \dfrac{V_{\mathrm{c}}}{T_{\mathrm{c}}} \times \dfrac{0.35 f_{\mathrm{t}} W_{\mathrm{t}}}{0.7 f_{\mathrm{t}} b h_0} = 0.5 \times \dfrac{V_{\mathrm{c}}}{T_{\mathrm{c}}} \times \dfrac{W_{\mathrm{t}}}{b h_0}$　　(9-21)

式(9-21)中,若以剪力和扭矩设计值之比 $\dfrac{V}{T}$ 代替 $\dfrac{V_c}{T_c}$,可得:

$$\beta_t = \frac{1.5}{1 + 0.5 \times \dfrac{V}{T} \times \dfrac{W_t}{bh_0}} \tag{9-22}$$

式中 β_t ——剪扭构件混凝土受扭承载力降低系数,相应地把 $(1.5 - \beta_t)$ 称为剪扭构件
混凝土受剪承载力降低系数。它是根据 BC 段推导的,所以 β_t 的计算值应
符合 $0.5 \leqslant \beta_t \leqslant 1$。即:当 β_t 小于 0.5 时,取 0.5;当 β_t 大于 1.0 时,取 1.0。

(1)矩形截面剪扭构件的截面受剪、受扭承载力

对于一般剪扭构件:

1)受剪承载力

$$V_u = 0.7(1.5 - \beta_t)f_t bh_0 + f_{yv}\frac{A_{sv}}{s}h_0 \tag{9-23}$$

2)受扭承载力

$$T_u = 0.35\beta_t f_t W_t + 1.2\sqrt{\zeta}f_{yv}\frac{A_{st1}A_{cor}}{s} \tag{9-24}$$

对于集中荷载作用下(多种荷载作用,且其中集中荷载对支座截面或节点边缘产生
的剪力值占总剪力值的 75% 以上的情况)的独立剪扭构件,受扭承载力仍按式(9-24)计
算,受剪承载力改用下式计算:

$$V_u = \frac{1.75}{\lambda + 1}(1.5 - \beta_t)f_t bh_0 + f_{yv}\frac{A_{sv}}{s}h_0 \tag{9-25}$$

此时,受扭及受剪承载力降低系数 β_t 应按下式计算:

$$\beta_t = \frac{1.5}{1 + 0.2(\lambda + 1) \times \dfrac{V}{T} \times \dfrac{W_t}{bh_0}} \tag{9-26}$$

式中 λ ——计算截面的剪跨比。

(2)箱形截面剪扭构件的截面受剪、受扭承载力

箱形截面剪扭构件的受扭性能与矩形截面受扭构件相似,但应考虑相对壁厚的影响。

对于一般剪扭构件:

1)受剪承载力

$$V_u = 0.7(1.5 - \beta_t)f_t bh_0 + f_{yv}\frac{A_{sv}}{s}h_0 \tag{9-27}$$

2)受扭承载力

$$T_u = 0.35\alpha_h \beta_t f_t W_t + 1.2\sqrt{\zeta}f_{yv}\frac{A_{st1}A_{cor}}{s} \tag{9-28}$$

式中 α_h ——箱形截面壁厚影响系数,按纯扭构件计算规定取用;

β_t ——受扭承载力降低系数,按式(9-22)计算时以 $\alpha_h W_t$ 代替 W_t,截面宽度 b 取
箱形截面两个侧壁总厚度。

对于集中荷载作用下(多种荷载作用,且其中集中荷载对支座截面或节点边缘产生的剪力值占总剪力值的 75% 以上)的独立剪扭构件,受扭承载力仍按式(9-28)计算,但式中的 β_t 值应按式(9-26)计算;受剪承载力仍按式(9-25)计算。

(3)T 形和 I 形截面剪扭构件的受剪、受扭承载力

1)受剪承载力:T 形和 I 形截面剪扭构件的受剪承载力可以按矩形截面的计算公式进行计算,但在计算中应以 T_w、W_{tw} 分别代替 T、W_t。

2)受扭承载力:T 形和 I 形截面剪扭构件的受扭承载力可以按纯扭构件的计算方法,将截面划分成几个矩形截面进行计算。其中腹板按矩形截面计算公式进行计算,但在计算中应以 T_w、W_{tw} 分别代替 T、W_t;受压翼缘和受拉翼缘按矩形截面纯扭构件的规定进行计算,但在计算中应以 T_f'、W_{tf}' 或 T_f、W_{tf} 分别代替 T、W_t。

9.5.4.2 弯剪扭构件配筋计算

矩形、T 形、I 形和箱形截面钢筋混凝土弯剪扭构件配筋计算的一般原则是:纵向钢筋应按受弯构件的正截面受弯承载力和剪扭构件的受扭承载力分别所需的钢筋截面面积和相应的位置进行配置;箍筋应按剪扭构件的受剪承载力和受扭承载力分别按所需的箍筋截面面积和相应位置进行配置。

《混凝土结构设计规范》规定,在弯矩、剪力和扭矩共同作用下的矩形、T 形、I 形和箱形截面的弯剪扭构件,可按下列规定进行承载力计算:

1)当 $V \leqslant 0.35 f_t b h_0$ 或 $V \leqslant 0.875 f_t b h_0 / (\lambda + 1)$ 时,可仅计算受弯构件的正截面受弯承载力和纯扭构件的受扭承载力。

2)当 $T \leqslant 0.175 f_t W_t$ 或 $T \leqslant 0.175 a_h f_t W_t$ 时,可仅验算受弯构件的正截面受弯承载力和斜截面受剪承载力。

9.6　受扭构件构造要求
Detailing Requirements for the Torsion Members

9.6.1　构件截面最小尺寸要求
Section Limit Condition

为保证构件截面尺寸及混凝土强度不至过小,以避免混凝土先被压碎而发生脆性破坏,在弯矩、剪力和扭矩共同作用下,h_w / b 不大于 6 的矩形、T 形、I 形截面和 h_w / t_w 不大于 6 的箱形截面构件(图 9-7),其截面应符合下列条件:

当 h_w / b(或 h_w / t_w)不大于 4 时

$$\frac{V}{bh_0} + \frac{T}{0.8W_t} \leqslant 0.25\beta_c f_c \qquad (9-29)$$

当 h_w/b（或 h_w/t_w）等于 6 时

$$\frac{V}{bh_0} + \frac{T}{0.8W_t} \leqslant 0.2\beta_c f_c \tag{9-30}$$

式中　V——剪力设计值；

　　　T——扭矩设计值；

　　　b——矩形截面的宽度，T 形或 I 形截面取腹板宽度，箱形截面取两侧壁总厚度 $2t_w$；

　　　W_t——受扭构件的截面受扭塑性抵抗矩；

　　　t_w——箱形截面壁厚，其值不应小于 $b_h/7$，此处，b_h 为箱形截面宽度；

　　　h_w——截面的腹板高度：对矩形截面取有效高度 h_0，对 T 形截面取有效高度减去翼缘高度，对 I 形和箱形截面取腹板净高。

当 h_w/b（或 h_w/t_w）大于 4 但小于 6 时，按线性内插法确定。

如计算中不满足上述要求，应加大构件截面尺寸，或提高混凝土强度等级。

9.6.2　构件截面构造配筋要求
Detailing Steel Reinforcement Requirements

在弯矩、剪力和扭矩共同作用下，当构件截面尺寸符合下列公式要求时，可不进行构件受剪扭承载力计算，但为了防止构件的脆断和保证构件破坏时具有一定的延性，应按《混凝土结构设计规范》规定的构造要求配置构造纵向受扭钢筋和受扭箍筋。

$$\frac{V}{bh_0} + \frac{T}{W_t} \leqslant 0.7f_t \tag{9-31}$$

或

$$\frac{V}{bh_0} + \frac{T}{W_t} \leqslant 0.7f_t + 0.07\frac{N}{bh_0} \tag{9-32}$$

式中　N——与剪力、扭矩设计值 V、T 相应的轴向压力设计值，当 N 大于 $0.3f_cA$ 时，取 $0.3f_cA$，此处 A 为构件的截面面积。

9.6.3　弯剪扭构件中受扭纵筋的最小配筋率
The Minimum Reinforcement Ratio

弯剪扭构件中受扭纵向钢筋的最小配筋率应符合下列规定：

$$\rho_{tl,min} = 0.6\sqrt{\frac{T}{Vb}}\frac{f_t}{f_y} \quad (当\frac{T}{Vb}>2.0 \text{ 时，取} \frac{T}{Vb}=2.0) \tag{9-33}$$

式中　$\rho_{tl,min}$——受扭纵向钢筋的最小配筋率，取 $A_{stl}/(bh)$；

　　　A_{stl}——沿截面周边布置的受扭纵筋总截面面积；

　　　b——受剪的截面宽度，矩形截面取宽度，T 形或 I 形截面取腹板宽度，箱形截面时 b 应以 b_h 代替。

沿截面周边布置的受扭纵向钢筋的间距不应大于 200 mm 及梁截面短边长度 b（图 9-13）；受扭纵筋除应在梁截面四角设置外，其余受扭纵向钢筋宜沿截面周边均匀对称布

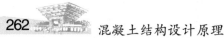
置。受扭纵向钢筋应按受拉钢筋锚固在支座内。

在弯剪扭构件中,配置在截面弯曲受拉边的纵向受力钢筋,其截面面积不应小于按受弯构件受拉钢筋最小配筋率计算的钢筋截面面积与按上述受扭纵向钢筋配筋率计算并分配到弯曲受拉边的钢筋截面面积之和。

9.6.4　弯剪扭构件中箍筋的最小配箍率
Minimum Stirrup Ratio in Flexural Shear Torsional Members

在弯剪扭构件中,箍筋的配筋率应满足下式要求:

$$\rho_{sv,min} = 0.28 \frac{f_t}{f_{yv}} \qquad (9-34)$$

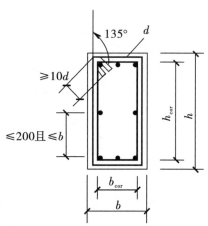

图 9-13　受扭配筋构造要求

其中受扭所需的箍筋应做成封闭式,且应沿截面周边布置;当采用复合箍筋时,位于截面内部的箍筋不应计入受扭所需的箍筋面积。受扭所需箍筋的末端应做成 135° 弯钩,弯钩端头平直段长度不应小于 $10d$,d 为箍筋直径(图 9-13)。箍筋的最小直径要求和最大间距要求应符合《混凝土结构设计规范》构造要求。

在超静定结构中,考虑协调扭转而配置的箍筋,其间距不宜大于 $0.75b$,此处 b 按9.6.1节之规定取用,但对箱形截面构件,b 均应以 b_h 代替。

9.7　矩形截面弯剪扭构件配筋计算实例
An Example of Reinforcement Calculation for Rectangular Section Flexural Shear Torsional Members

9.7.1　矩形截面弯剪扭构件配筋计算步骤
Calculation Steps of Reinforcement for Rectangular Section Bending Shear Torsion Members

当构件同时受弯矩、剪力和扭矩作用时,其承载力的计算步骤如下(以一般剪扭构件为例):

1)内力分析。计算并确定控制截面的弯矩设计值 M、剪力设计值 V 和扭矩设计值 T。

2)验算截面尺寸是否符合要求。按式(9-29)或式(9-30)验算截面尺寸是否满足最小尺寸要求,如不满足,应加大构件截面尺寸或提高混凝土强度等级。

3)验算是否可以构造配筋。按式(9-31)或式(9-32)验算截面是否满足构造配筋要求。如满足,即可按《混凝土结构设计规范》的构造要求配置受扭纵筋和箍筋;如不满足应计算配筋。

4）进行构件正截面受弯承载力计算。由弯矩设计值 M 计算受弯纵筋 A_s 和 A'_s，配筋应满足受弯构件相关要求。

5）验算是否可以忽略剪力或扭矩的影响，而不考虑剪扭相关性计算配筋。当剪力 $V \leqslant 0.35f_t bh_0$ 时，可仅计算受弯构件的正截面受弯承载力和纯扭构件的受扭承载力所需的受扭纵筋和箍筋；当扭矩 $T \leqslant 0.175f_t W_t$ 时，可仅验算受弯构件的正截面受弯承载力和斜截面受剪承载力。若不满足上述要求，则需考虑剪扭相关性。

6）按剪扭相关性计算所需的纵筋和箍筋。

①计算受扭箍筋和纵筋。首先计算 β_t，应注意 $0.5 \leqslant \beta_t \leqslant 1.0$；然后取最佳配筋强度比，即取 $\zeta = 1.2$，由式（9-24）求受扭箍筋 A_{st1}/s；最后将 A_{st1}/s 和 $\zeta = 1.2$ 代入式（9-7）计算受扭纵筋 A_{stl}，并满足受扭纵筋的最小配筋率要求。

②计算受剪箍筋。由式（9-23）计算受剪的箍筋 A_{v1}/s。

7）叠加计算得到的纵筋和箍筋，放在相应的位置。

①叠加受弯和受扭的纵向钢筋，即将 A_s、A'_s 和 A_{stl} 对位叠加组合，如图 9-14 所示，并满足相关的构造要求。

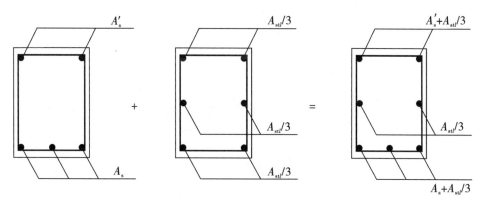

图 9-14　受弯纵筋和受扭纵筋叠加图

②叠加受剪和受扭的箍筋，即将 A_{sv}/s 和 A_{st1}/s 对位叠加组合，如图 9-15 所示，并满足相关的构造要求。

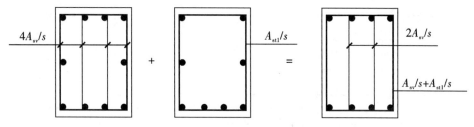

图 9-15　受剪箍筋和受扭箍筋叠加图

图 9-16 给出了矩形截面弯剪扭构件配筋计算框图。

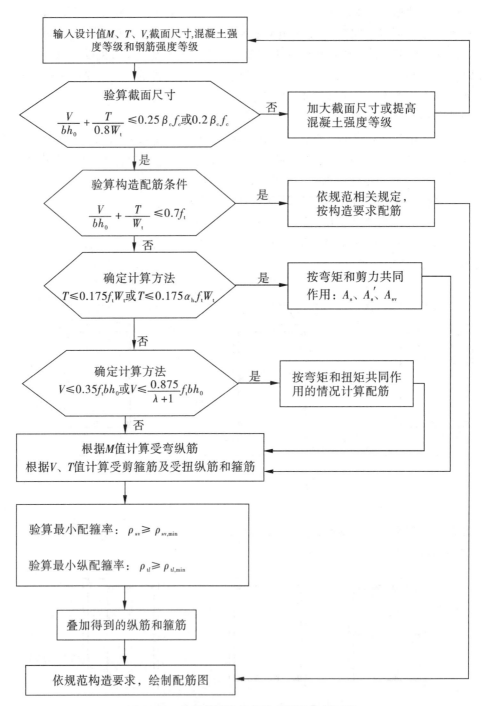

图 9-16　矩形截面弯剪扭构件配筋计算框图

9.7.2　设计例题
Design Examples

【例 9-1】　某钢筋混凝土矩形截面梁 $b \times h = 250 \text{ mm} \times 500 \text{ mm}$，控制截面承受扭矩设计值 $T = 16 \text{ kN} \cdot \text{m}$，弯矩设计值 $M = 93 \text{ kN} \cdot \text{m}$，剪力设计值 $V = 102 \text{ kN}$，混凝土为 C25，纵筋为 HRB400 级钢筋，箍筋为 HPB300 级钢筋，环境类别为一级。试计算该截面所需的配筋。

【解】　（1）计算相关设计参数

由已知条件可得，$f_c = 11.9 \text{ N/mm}^2$，$f_t = 1.27 \text{ N/mm}^2$，$f_y = 360 \text{ N/mm}^2$。混凝土强度等级小于 C50，则 $\alpha_1 = 1.0$，$\zeta_b = 0.55$。环境类别为一级，保护层厚度为 20 mm，假设纵筋为一排，箍筋为 $\phi 8$，纵筋直径为 20 mm，则 $h_0 = 500 - 20 - 8 - 10 = 462 \text{ mm}$。

截面核心部分的长短边尺寸、周长和面积分别为：

短边　$b_{cor} = 250 - 2 \times (20 + 8) = 194 \text{ mm}$

长边　$h_{cor} = 500 - 2 \times (20 + 8) = 444 \text{ mm}$

周长　$u_{cor} = 2 \times (194 + 444) = 1276 \text{ mm}$

面积　$A_{cor} = 194 \times 444 = 86136 \text{ mm}^2$。

截面塑性抵抗矩为：

$$W_t = \frac{b^2}{6}(3h - b) = \frac{250^2}{6} \times (3 \times 500 - 250) = 13.02 \times 10^6 \text{ mm}^3$$

（2）验算截面尺寸

$$\frac{V}{bh_0} + \frac{T}{0.8W_t} = \frac{102 \times 10^3}{250 \times 462} + \frac{16 \times 10^6}{0.8 \times 13.02 \times 10^6} = 2.42 \text{ N/mm}^2$$

$$< 0.25\beta_c f_c = 0.25 \times 1.0 \times 11.9 = 2.975 \text{ N/mm}^2$$

截面尺寸满足要求。

（3）验算是否可以构造配筋

$$\frac{V}{bh_0} + \frac{T}{W_t} = \frac{102 \times 10^3}{250 \times 462} + \frac{16 \times 10^6}{13.02 \times 10^6} = 2.11 \text{ N/mm}^2$$

$$> 0.7f_t = 0.7 \times 1.27 = 0.889 \text{ N/mm}^2$$

必须按计算配置钢筋。

（4）确定计算公式，验算是否可以忽略剪力或扭矩的影响

$0.35f_t bh_0 = 0.35 \times 1.27 \times 250 \times 462 = 51.34 \text{ kN} < V = 102 \text{ kN}$

$0.175f_t W_t = 0.175 \times 1.27 \times 13.02 \times 10^6 = 2.89 \text{ kN} \cdot \text{m} < T = 16 \text{ kN} \cdot \text{m}$

剪力和扭矩都不能忽略，应按剪扭共同作用计算配筋。

（5）正截面受弯承载力计算受弯纵筋

$$a_s = \frac{M}{a_1 f_c bh_0^2} = \frac{93 \times 10^6}{1.0 \times 11.9 \times 250 \times 462^2} = 0.146 < a_{max} = 0.399$$

$$\xi = 1 - \sqrt{1 - 2a_s} = 1 - \sqrt{1 - 2 \times 0.146} \approx 0.159 < \xi_b = 0.55$$

$$A_s = \xi bh_0 \frac{a_1 f_c}{f_y} = 0.159 \times 250 \times 462 \times \frac{1.0 \times 11.9}{360} = 607 \text{ mm}^2$$

$$> \rho_{\min} bh = \max \{ 0.45 f_t/f_y, \ 0.2\% \} \times 250 \times 500 = 250 \text{ mm}^2$$

（6）计算受扭钢筋

$$\beta_t = \frac{1.5}{1 + 0.5 \dfrac{VW_t}{Tbh_0}} = \frac{1.5}{1 + 0.5 \times \dfrac{102 \times 10^3 \times 13.02 \times 10^6}{16 \times 10^6 \times 250 \times 462}} = 1.103 > 1.0$$

取 $\beta_t = 1.0$。

1）计算受扭箍筋。为使纵筋和箍筋达到最佳配比，取 $\zeta = 1.2$，并设计为双肢箍，$n = 2$。由式（9-24）得：

$$\frac{A_{st1}}{s} = \frac{T - 0.35 \beta_t f_t W_t}{1.2 \sqrt{\zeta} f_{yv} A_{cor}} = \frac{16 \times 10^6 - 0.35 \times 1.0 \times 1.27 \times 13.02 \times 10^6}{1.2 \times \sqrt{1.2} \times 270 \times 86136}$$

$$= 0.334 \text{ mm}^2/\text{mm}$$

2）计算受扭纵筋。由式（9-7）得：

$$A_{stl} = \zeta \frac{f_{yv} A_{st1} u_{cor}}{f_y s} = 1.2 \times \frac{270 \times 0.334 \times 1276}{360} = 383 \text{ mm}^2$$

验算受扭纵筋最小配筋率：

$$\frac{T}{Vb} = \frac{16 \times 10^6}{102 \times 10^3 \times 250} = 0.627 < 2$$

$$\rho_{tl} = \frac{A_{stl}}{bh} = \frac{383}{250 \times 500} = 0.306\%$$

$$> \rho_{tl,\min} = 0.6 \sqrt{\frac{T}{Vb}} \frac{f_t}{f_y} = 0.6 \times \sqrt{0.627} \times \frac{1.27}{360} = 0.17\%$$

受扭纵筋满足最小配筋率要求。

（7）计算受剪箍筋

由式（9-23）得：

$$\frac{A_{sv1}}{s} = \frac{V - 0.7(1.5 - \beta_t) f_t bh_0}{n f_{yv} h_0}$$

$$= \frac{102 \times 10^3 - 0.7 \times (1.5 - 1) \times 1.27 \times 250 \times 462}{2 \times 270 \times 462} = 0.203 \text{ mm}^2/\text{mm}$$

（8）选配钢筋

1）确定纵筋。根据截面尺寸，并满足受扭纵筋的排列间距要求不大于 200 mm，纵筋分 4 层布置，顶层和中间 2 层的配筋为：

$$\frac{A_{stl}}{4} = \frac{383}{4} = 96 \text{ mm}^2$$

选用 2C12，$A_s = 226 \text{ mm}^2$，满足相关构造要求。

底部纵向钢筋应将受弯和受扭纵筋叠加，则：

$$\frac{A_{stl}}{4} + A_s = \frac{383}{4} + 607 = 703 \text{ mm}^2$$

选用 $3C20$，$A_s = 763$ mm^2，满足相关构造要求。

2）确定箍筋。

$$\frac{A_{st1}}{s} + \frac{A_{sv1}}{s} = 0.334 + 0.203 = 0.537 \text{ mm}^2/\text{mm}$$

箍筋直径采用 $\phi 8$，$A_{sv1} = 50.3$ mm^2，则：

$$s = \frac{50.3}{0.537} = 94 \text{ mm}$$

确定箍筋为双肢箍 $\phi 8@90$。

验算最小配筋率为：

$$\rho_{sv} = \frac{nA_{sv1}}{bs} = \frac{2 \times 50.3}{250 \times 90} = 0.447\%$$

$$> \rho_{sv,min} = 0.28 \frac{f_t}{f_{yv}} = 0.28 \times \frac{1.27}{270} = 0.132\%$$

最小配筋率满足要求。截面配筋如图 9-17 所示。

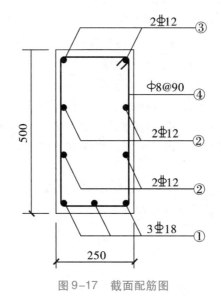

图 9-17 截面配筋图

本章小结

1）钢筋混凝土受扭构件的概念以及扭转的分类，可分为平衡扭转和协调扭转两类。

2）纯扭构件的破坏形态可分为适筋破坏、少筋破坏、部分超筋破坏和超筋破坏。

3）《混凝土结构设计规范》基于变角度空间桁架计算模型，建立纯扭构件承载力计算公式。公式中对受扭承载力的贡献分为两个部分：其一是钢筋，其二是混凝土。

4）为了保证受扭纵筋和箍筋全部屈服，《混凝土结构设计规范》规定了受扭纵筋和受扭箍筋的配筋强度比 ζ 的取值范围（$0.6 \leqslant \zeta \leqslant 1.7$），设计时一般取 1.2。

5）弯剪扭构件中，由于构件受扭、受弯与受剪承载力之间相互影响，为简化计算，弯剪扭构件对混凝土提供的抗力考虑其相关性，以避免构件受剪扭时混凝土的抗力被重复利用，钢筋提供的抗力采用叠加方法。T形和I形弯剪扭构件的计算，是在保证腹板完整性的前提下，将截面划分成若干矩形截面，分别计算每个矩形截面的配筋，最后叠加。腹板承受所有的剪力及按受扭塑性抵抗矩分配的扭矩；翼缘只承受扭矩，按纯扭构件计算。

6）为了避免构件发生少筋和超筋破坏，计算中应验算构件的最小截面尺寸和最小配筋率，并应满足相关构造要求。

思考题

1. 在实际工程中哪些构件属于受扭构件？
2. 什么叫受扭构件？其受力有什么特点？
3. 试写出受扭构件开裂扭矩的表达式。
4. 受扭承载力计算公式中"ζ"的物理意义是什么？
5. 钢筋混凝土构件纯扭构件的破坏形态有哪些？其破坏形态与什么有关？
6. 在受扭计算中如何避免少筋破坏和超筋破坏？
7. 变角度空间桁架模型的基本假定是什么？
8.《混凝土结构设计规范》是如何考虑弯矩、剪力和扭矩共同作用的？
9. 受扭承载力计算公式中的 β_t 的物理意义是什么？
10. 纯扭构件控制 $T \leqslant 0.25 f_c W_t$ 的目的是什么？当 $T \leqslant 0.7 f_t W_t$ 时，应如何配筋？
11. 在轴向压力和扭矩共同作用下的矩形截面钢筋混凝土构件的纵向钢筋和箍筋截面面积如何确定？
12. T形和I形截面弯剪扭构件与矩形截面弯剪扭构件在承载力计算上有什么特点？
13. 受扭构件中纵筋和箍筋有哪些构造要求？

习　题

第9章在线测试

1. 某钢筋混凝土受扭构件，截面尺寸 $b \times h = 250$ mm×500 mm，环境类别为二 a 类，承受扭矩设计值 $T = 18$ kN·m，混凝土强度等级为 C25，纵筋采用 HRB400，箍筋采用 HRB300。试确定纵向钢筋和箍筋的数量，并画出截面配筋图。

2. 某矩形截面钢筋混凝土受扭构件，截面尺寸 $b \times h = 250$ mm×500 mm，混凝土强度等级为 C30，箍筋采用 HPB300 级钢筋，纵向钢筋为 HRB400 级钢筋，环境类别为一级。控制截面在均布荷载作用下产生的内力设计值：扭矩 $T = 10$ kN·m，剪力 $V = 90$ kN，弯矩 $M = 140$ kN·m。试计算内力作用下该截面的配筋，并绘出截面配筋图。

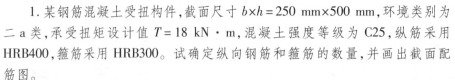

第 10 章　混凝土构件裂缝、变形及混凝土结构的耐久性

Chapter 10　Crack and Deflection of Concrete Members and Durability of Concrete Structures

10.1　工程实例
Engineering Examples

安全性、适用性和耐久性是结构必须满足的三大功能要求。第 4 章至第 9 章讨论了结构构件的承载力计算问题，是承载能力极限状态设计方法的应用，主要解决结构构件的安全性问题。本章主要讨论混凝土结构构件的裂缝、变形问题，即正常使用极限状态设计方法的应用。图 10-1 为钢筋混凝土构件超过正常使用极限状态的例子。

(a)梁裂缝

(b)楼板裂缝

(c)梁挠度过大

(d)柱子混凝土保护层脱落钢筋锈蚀

图 10-1　工程实例

在进行结构设计时,既要保证结构构件不超过承载能力极限状态,又要保证它们不超过正常使用极限状态。《混凝土结构设计规范》规定,混凝土结构构件应根据使用功能要求及外观要求,按下列规定进行正常使用极限状态验算:

1)对允许出现裂缝的构件,应进行受力裂缝宽度验算;

2)对不允许出现裂缝的构件,应进行混凝土拉应力验算;

3)对需要控制变形的构件,应进行变形验算;

4)对舒适度有要求的楼盖结构,应进行竖向自振频率验算。

对构件进行正常使用极限状态的验算时,应根据不同的要求,分别按照荷载效应的标准组合并考虑长期作用的影响或者荷载的准永久值组合并考虑长期作用的影响,以控制变形、裂缝、应力等计算值不超过相应的规定限值。

10.2 裂缝宽度及验算
Width of Crack and Checking

裂缝按其形成的原因可以分为两大类:一类是由荷载效应(如弯矩、剪力、拉力等)的直接作用引起的裂缝;另一类是由非荷载效应(如温度变化、材料收缩、钢筋锈蚀、地基不均匀沉降等)引起的裂缝。工程结构中非荷载效应引起的裂缝十分复杂,目前主要通过构造措施(加强配筋、设变形缝等)进行控制。本章所讨论的裂缝验算主要为由荷载引起的。

混凝土构件一般在正常使用阶段是带裂缝工作的,只要裂缝宽度不大,不会影响构件的正常使用。但如果裂缝宽度过大,在有水侵入或空气相对湿度很大的情况下,裂缝处的钢筋将锈蚀,从而使构件的承载力下降。此外,过宽的裂缝还会影响结构的外观,并引起使用者的不安,因此必须对裂缝宽度进行控制。

10.2.1 裂缝控制
Control of Crack

《混凝土结构设计规范》根据结构的功能要求、环境条件等将结构构件正截面的受力裂缝控制等级划分为三级,等级划分及要求应符合下列规定:

(1)一级

严格要求不出现裂缝的构件,按荷载标准组合计算时,受拉边缘混凝土不应出现拉应力。即:

$$\sigma_{ck} - \sigma_{pc} \leqslant 0 \qquad (10-1)$$

(2)二级

一般要求不出现裂缝的构件,按荷载标准组合计算时,受拉边缘混凝土拉应力不应大于混凝土抗拉强度的标准值。即:

$$\sigma_{ck} - \sigma_{pc} \leqslant f_{tk} \qquad (10-2)$$

也就是说,在荷载长期效应组合作用下,构件受拉边缘不应产生拉应力;在荷载短期效应组合作用下(按荷载标准组合计算时),构件受力边缘混凝土允许产生拉应力,但拉

应力不应超过 f_{tk}。

（3）三级

允许出现裂缝的构件,对钢筋混凝土构件,按荷载准永久组合并考虑长期作用影响计算时;对预应力混凝土构件,按荷载标准组合并考虑长期作用的影响计算时,构件的最大裂缝宽度不应超过附表 12 规定的最大裂缝宽度限值。即:

$$w_{max} \leqslant w_{lim} \tag{10-3}$$

对二 a 类环境的预应力混凝土构件,尚应按荷载准永久组合计算,且构件受拉边缘混凝土的拉应力不应大于混凝土的抗拉强度标准值。即:

$$\sigma_{cq} - \sigma_{pc} \leqslant f_{tk} \tag{10-4}$$

式（10-1）~ 式（10-4）中　σ_{ck}、σ_{cq} ——荷载标准组合、准永久组合下抗裂验算边缘的混凝土法向应力;

σ_{pc} ——扣除全部预应力损失后在抗裂验算边缘混凝土的预压应力;

f_{tk} ——混凝土轴心抗拉强度标准值;

w_{max} ——按荷载标准组合或准永久组合并考虑长期作用影响计算的最大裂缝宽度;

w_{lim} ——最大裂缝宽度限值,见附表 12。

试验和工程实践表明,在一般环境下,只要将混凝土结构构件的裂缝宽度限制在一定的范围内,即满足式（10-3）的要求,结构构件内钢筋锈蚀及对结构耐久性的影响就较小。由于预应力混凝土结构构件一旦开裂很容易达到允许裂缝宽度,所以必须按照一、二级裂缝控制等级进行抗裂能力验算。对于普通钢筋混凝土构件和部分预应力混凝土构件来说,由于使用阶段常带裂缝工作,故应按三级裂缝等级来控制裂缝宽度。

结构构件的最大裂缝宽度限值,主要是根据结构构件的耐久性要求确定的。结构构件的耐久性与结构所处的环境条件、构件的功能要求等有关。《混凝土结构设计规范》规定了最大裂宽度限值（附表 12）,设计时可根据结构构件所处的环境类别、结构构件种类、裂缝控制等级等查取。

10.2.2　裂缝宽度计算理论
Calculation Theory of Crack Width

钢筋混凝土构件的裂缝宽度计算是一个比较复杂的问题,各国学者对此进行了大量的试验研究和理论分析,提出了一些不同的裂缝宽度计算模式。其中有代表性的理论有两种:黏结滑移理论和无滑移理论。

早在 1936 年,Saliger 根据钢筋混凝土受拉杆件的试验就提出了裂缝开展的黏结滑移理论。该理论认为裂缝的开展是由于钢筋与混凝土之间变形不再协调、出现相对滑动、开裂处混凝土回缩而产生的。黏结滑移理论实际上假定混凝土应力沿截面是均匀分布的,应变服从平截面假定,即构件表面的裂缝宽度与钢筋表面处的裂缝宽度相同。对于轴心受拉构件,裂缝出现前,混凝土产生均匀回缩,回缩后截面仍保持为平面,如图 10-2 中虚线 a—a 所示。

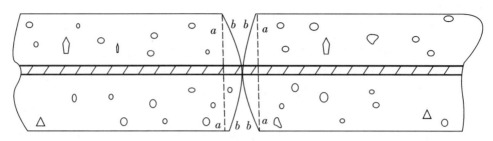

图 10-2　裂缝宽度计算理论

大量试验研究表明,裂缝出现后混凝土不再均匀回缩,构件表面回缩量大,钢筋表面回缩量小,如图 10-2 中实线 b—b 所示。随着距离钢筋表面距离的增大,裂缝宽度增大。这表明钢筋对混凝土变形存在着约束作用。在使用阶段,钢筋应力小于极限抗拉强度,钢筋与混凝土接触面的相对滑移非常微小,可略去不计。无滑移理论认为钢筋与混凝土间无相对滑移,钢筋表面处的裂缝宽度为零,构件表面裂缝宽度是由开裂截面的应变所控制。这种裂缝开展机理实质上也是假定的。

我国《混凝土结构设计规范》中的裂缝宽度是通过计算两条裂缝间受拉钢筋与相同水平处受拉混凝土伸长的差值,并考虑混凝土保护层厚度和钢筋的有效约束对裂缝宽度的影响给出的计算公式。

10.2.3　裂缝出现机理
Emergence Mechanism of Crack

由于混凝土的抗拉强度低,随着荷载的增加,在构件的受拉区将出现裂缝。下面以受弯构件为例讲述裂缝的出现机理。

设 M_{cr} 为构件正截面的开裂弯矩,即构件垂直裂缝即将出现时的弯矩;M_q 为使用阶段按照荷载准永久组合计算的构件截面弯矩值。当受弯构件承受的荷载较小时,混凝土处于弹性阶段,钢筋和混凝土协同受力,协同变形,外荷载在构件截面上产生的最大弯矩 $M < M_{cr}$,此时,$\sigma_{ct} < f_{tk}$,构件受拉边缘混凝土应力小于混凝土抗拉强度标准值,构件不会出现裂缝。

随着荷载不断增加,当构件截面最大弯矩值 $M = M_{cr}$ 时,混凝土进入弹塑性阶段。由于沿纯弯段各截面的弯矩相等,理论上各截面受拉区混凝土应力值均达到抗拉强度,各截面均进入裂缝即将出现的极限状态,如图 10-3(a)所示。但由于混凝土是非均质材料,沿构件纵向各截面混凝土实际抗拉强度的分布是不均匀的,第一条(批)裂缝将在混凝土最弱的截面(假设 a—a、c—c 为最弱截面)首先出现,如图 10-3(b)所示。

在裂缝出现截面,钢筋和混凝土所受到的拉应力将发生突然变化。开裂的混凝土不再承受拉力,拉应力降低至零,原来由混凝土承担的拉力全部转由钢筋承担,钢筋应力突然增大。开裂前混凝土有一定的弹性,开裂后原受拉张紧的混凝土分别向裂缝截面两侧回缩,混凝土与钢筋表面出现相对滑移并产生变形差,故裂缝一出现即具有一定程度的开展。由于钢筋与混凝土之间存在黏结应力,混凝土回缩受到钢筋的约束,因而随着离裂缝截面距离的加大,回缩逐渐减小,钢筋应力通过黏结应力逐渐传递给混凝土,混凝土的应力增大,亦即混凝土仍处于一定的张紧状态。而钢筋应力则相应地逐渐减小,直到达到某一距离处,钢筋和混凝土拉应变相等,两者应力回到未裂前的状态,相对滑移和黏结应力消失。

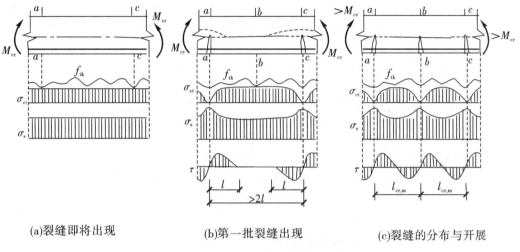

(a)裂缝即将出现　　　　　(b)第一批裂缝出现　　　　　(c)裂缝的分布与开展

图 10-3　受弯构件裂缝出现过程

当 $M \geq M_{cr}$ 时,在混凝土拉应力达到其抗拉强度的截面将出现第二批裂缝,如图 10-3(c)所示。荷载继续增加时,新的裂缝不断出现,裂缝间距不断减小;当裂缝截面之间混凝土的拉应力达不到混凝土抗拉强度时,即使荷载再增加,混凝土表面也不再产生新的裂缝。这时,裂缝间距基本趋于稳定,只是原有裂缝继续延伸和开展,裂缝宽度和长度越来越大。工程中将混凝土裂缝间距假设为均匀分布进行计算,理论上的最大裂缝间距是 $2l_{cr,min}$,最小裂缝间距是 $l_{cr,min}$,平均裂缝间距 $l_{cr,m} = 1.5l_{cr,min}$。

轴心受拉构件沿构件长度方向各截面应力相等,同一截面上应力分布均匀,裂缝分布也相对均匀,裂缝的具体出现和开展过程与受弯构件类似。

10.2.4　裂缝宽度计算
Calculation of Crack Width

《混凝土结构设计规范》计算构件在使用荷载作用下的最大裂缝宽度,是先确定平均裂缝间距和平均裂缝宽度,然后乘以根据统计求得的扩大系数确定最大裂缝宽度。

10.2.4.1　平均裂缝间距 $l_{cr,m}$

以轴心受拉构件为例,平均裂缝间距 $l_{cr,m}$ 可由裂缝之间的一段构件的受力平衡条件求得,钢筋隔离体如图 10-4 所示。设已开裂截面的钢筋应力为 σ_{scr},离开裂截面 $l_{cr,min}$ 处即将开裂截面的钢筋应力为 σ_s,在 $l_{cr,min}$ 范围内黏结应力并非均匀分布,设最大黏结应力为 τ_{max},平均黏结应力为 $\tau_m = \omega' \tau_{max}$,其中,$\omega'$ 为黏结应力图形丰满系数;钢筋周长 $u =$

πd ,d 为钢筋直径。

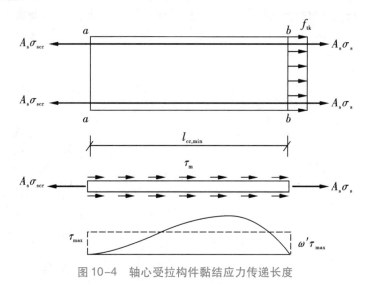

图 10-4　轴心受拉构件黏结应力传递长度

由图 10-4 钢筋的受力平衡条件可得：

$$A_s\sigma_{scr} = A_s\sigma_s + \tau_m u l_{cr,min} \tag{10-5}$$

经计算，得：

$$f_{tk}A_{te} = A_s(\sigma_{scr} - \sigma_s) \tag{10-6}$$

$$l_{cr,min} = \frac{f_{tk}A_{te}}{\tau_m u} \tag{10-7}$$

式中　A_{te} ——有效受拉混凝土截面面积，矩形截面轴心受拉构件 $A_{te} = bh$ ；

　　　f_{tk} ——受拉混凝土抗拉强度标准值。

由上可知，平均裂缝间距为：

$$l_{cr,m} = 1.5 \frac{f_{tk}A_{te}}{\tau_m u} \tag{10-8}$$

如为受弯构件，有效受拉混凝土面积利用式（10-9）计算（图 10-5）：

$$A_{te} = 0.5bh + (b_f - b)h_f \tag{10-9}$$

式中　b ——矩形截面宽度，T 形截面和 I 形截面腹板宽度；

　　　h ——截面高度；

　　　b_f、h_f ——受拉翼缘的宽度和高度。

对于矩形截面及正 T 形截面受弯构件，有效受拉混凝土截面面积取第一项 $0.5bh$ ，倒 T 形截面及 I 形截面受弯构件，有效受拉混凝土截面面积取两项之和。

令 $\rho_{te} = \dfrac{A_s}{A_{te}}$（钢筋直径 d 相同），ρ_{te} 表示以有效受拉混凝土面积计算的纵向钢筋配筋率，则平均裂缝间距为：

$$l_{cr,m} = 1.5 \times \frac{f_{tk}}{\tau_m} \times \frac{d}{4\rho_{te}} = \frac{3}{8} \times \frac{f_{tk}}{\tau_m} \times \frac{d}{\rho_{te}} \tag{10-10}$$

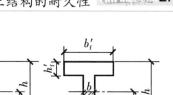

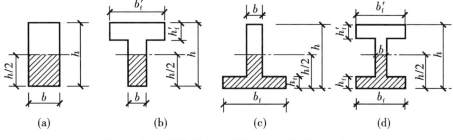

图 10-5　受弯构件有效受拉混凝土截面面积 A_{te}

试验表明,混凝土和钢筋之间的黏结强度大致与混凝土的抗拉强度成正比,故可取 $\dfrac{f_{\text{tk}}}{\tau_{\text{m}}}$ 为常数。则平均裂缝间距可写为:

$$l_{\text{cr,m}} = k_1 \frac{d}{v\rho_{\text{te}}} \qquad (10\text{-}11)$$

式中　k_1——经验系数;

　　　v——纵向受拉钢筋相对黏结特征系数。

在推导式(10-11)时,假设即将出现裂缝的截面处,受拉区混凝土的拉应力是均匀分布的,然而实际的拉应力可能并不均匀。由于混凝土和钢筋的黏结作用,钢筋对受拉张紧的混凝土会起约束作用,此约束作用有一定的影响区域,离钢筋表面越远的混凝土所受的约束作用越小。试验表明,平均裂缝间距 l_{cr} 与混凝土保护层厚度 c_s 为线性关系。

式(10-11)是按照轴心受拉构件进行推导的,对于受弯构件、偏心受拉构件和偏心受压构件,裂缝分布规律和裂缝间距计算过程与受弯构件类似。根据试验统计分析结果,并考虑工程实践经验,将平均裂缝间距计算公式考虑参数 d/ρ_{te}、纵向受拉钢筋表面形状 v、混凝土保护层厚度 c_s 及构件受力特征的影响,统一按下式计算:

$$l_{\text{cr,m}} = \beta \left(k_2 c_s + k_1 \frac{d_{\text{eq}}}{\rho_{\text{te}}} \right) \qquad (10\text{-}12)$$

$$d_{\text{eq}} = \frac{\sum n_i d_i^2}{\sum n_i v_i d_i} \qquad (10\text{-}13)$$

式中　k_1、k_2——经验系数,$k_1 = 0.08$,$k_2 = 1.9$;

　　　β——构件受力特征系数,轴心受拉构件,取 1.1,受弯构件、偏心受压构件和偏心受拉构件取 1.0;

　　　c_s——最外层纵向受拉钢筋外边缘至受拉区底边的距离,当 $c_s < 20$ mm 时取 $c_s = 20$ mm,当 $c_s > 65$ mm 时取 $c_s = 65$ mm;

　　　ρ_{te}——按有效受拉混凝土面积计算的纵向受拉钢筋配筋率,在最大裂缝宽度计算中,当 $\rho_{\text{te}} < 0.01$ 时,取 $\rho_{\text{te}} = 0.01$;

　　　d_{eq}——纵向受拉钢筋的等效直径,mm;

　　　d_i——受拉区第 i 种纵向钢筋的公称直径,mm;

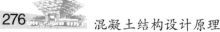
n_i ——受拉区第 i 种纵向钢筋的根数；

v_i ——受拉区第 i 种纵向钢筋的相对黏结特征系数，对带肋钢筋取 $v_i = 1.0$，对光面钢筋取 $v_i = 0.7$。

考虑上述系数后，平均裂缝间距计算一般公式为：

$$l_{cr,m} = \beta(1.9c_s + 0.08\frac{d_{eq}}{\rho_{te}}) \qquad (10-14)$$

由式（10-14）知，混凝土保护层厚度愈薄，有效配筋率愈高，钢筋直径愈小，则裂缝愈密。

10.2.4.2 平均裂缝宽度 w_m

我国现行《混凝土结构设计规范》定义的裂缝开展宽度是指两条裂缝间受拉钢筋重心水平处构件侧表面混凝土的裂缝宽度。由于裂缝的开展是混凝土的回缩、钢筋的伸长导致的钢筋与混凝土之间的滑移造成的，所以基于黏结滑移理论，裂缝宽度可以利用裂缝间钢筋伸长量与混凝土伸长量的差值进行计算。试验表明，裂缝宽度的离散程度比裂缝间距更大些。现仍以受弯构件（图10-6）为例来建立平均裂缝宽度 w_m 的计算公式。由图10-6知：

$$w_m = \varepsilon_{sm}l_{cr,m} - \varepsilon_{cm}l_{cr,m} = \varepsilon_{sm}(1 - \frac{\varepsilon_{cm}}{\varepsilon_{sm}})l_{cr,m} \qquad (10-15)$$

式中　ε_{sm} ——纵向受拉钢筋的平均应变，$\varepsilon_{sm} = \psi\varepsilon_s = \psi\frac{\sigma_s}{E_s}$，$\psi$ 为裂缝间纵向受拉钢筋应变不均匀系数，σ_s 为裂缝截面处纵向受拉钢筋应力，ε_s 为裂缝截面处纵向受拉钢筋应变；

　　　　ε_{cm} ——与纵向受拉钢筋相同水平处侧表面混凝土的平均应变。

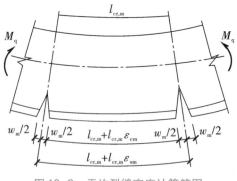

图 10-6　平均裂缝宽度计算简图

令 $\alpha_c = 1 - \dfrac{\varepsilon_{cm}}{\varepsilon_{sm}}$，$\alpha_c$ 称为裂缝间混凝土自身伸长对裂缝宽度的影响系数。将 ε_{sm}、α_c 代入式（10-15），可得：

$$w_{\mathrm{m}} = \alpha_{\mathrm{c}} \psi \frac{\sigma_{\mathrm{s}}}{E_{\mathrm{s}}} l_{\mathrm{cr,m}} \qquad (10\text{-}16)$$

由试验资料知,α_{c} 与配筋率、截面形状和混凝土保护层厚度有关,但与受力类型关系最大,受弯构件、偏心受压构件中,近似取 $\varepsilon_{\mathrm{cm}}/\varepsilon_{\mathrm{sm}} = 0.23$,故 $\alpha_{\mathrm{c}} = 1 - \dfrac{\varepsilon_{\mathrm{cm}}}{\varepsilon_{\mathrm{sm}}} = 0.77$;轴心受拉构件、偏心受拉构件中,近似取 $\varepsilon_{\mathrm{cm}}/\varepsilon_{\mathrm{sm}} = 0.15$,故 $\alpha_{\mathrm{c}} = 1 - \dfrac{\varepsilon_{\mathrm{cm}}}{\varepsilon_{\mathrm{sm}}} = 0.85$。

σ_{s} 对钢筋混凝土构件,按荷载准永久组合的效应值计算,即 $\sigma_{\mathrm{s}} = \sigma_{\mathrm{sq}}$;对预应力混凝土构件,按荷载标准组合的效应值计算,即 $\sigma_{\mathrm{s}} = \sigma_{\mathrm{sk}}$。下面内容主要讲钢筋混凝土构件的裂缝计算,故取 $\sigma_{\mathrm{s}} = \sigma_{\mathrm{sq}}$。

由式(10-16)可知,计算平均裂缝宽度须先求得 ψ、σ_{sq}、$l_{\mathrm{cr,m}}$ 的值,$l_{\mathrm{cr,m}}$ 的计算方法前面已介绍,现再将 ψ、σ_{sq} 的计算分述如下。

(1)裂缝间纵向受拉钢筋应变不均匀系数 ψ

钢筋应变沿构件长度是不均匀的,裂缝截面处最大,远离裂缝截面处应变减小。这是因为裂缝与裂缝之间的混凝土参与工作,承担部分拉力的原因。系数 ψ 反映了裂缝间混凝土参与工作的程度。ψ 的大小与以有效受拉混凝土截面面积计算的纵向受拉钢筋配筋率 ρ_{te} 及钢筋和混凝土的应力等有关。ψ 愈小,裂缝间的混凝土协助钢筋抗拉作用愈强;当 $\psi = 1$ 时,裂缝截面间的钢筋应力等于裂缝截面的钢筋应力,钢筋与混凝土之间的黏结力等于零,混凝土不再协助钢筋抗拉。《混凝土结构设计规范》规定,该系数可以按下列经验公式计算:

$$\psi = 1.1 - 0.65 \frac{f_{\mathrm{tk}}}{\rho_{\mathrm{te}} \sigma_{\mathrm{sq}}} \qquad (10\text{-}17)$$

为避免过高估计裂缝间混凝土参与受拉的作用,当 $\psi < 0.2$ 时,取 $\psi = 0.2$;当 $\psi > 1$ 时,取 $\psi = 1$;对于直接承受重复荷载的构件,考虑到应力的反复变化可能会导致裂缝间受拉混凝土更多地退出工作,取 $\psi = 1$。

(2)裂缝截面处受拉钢筋应力 σ_{sq}

在荷载效应的准永久组合作用下,构件裂缝截面处纵向受拉钢筋的应力 σ_{sq},根据使用阶段的应力状态计算。对于钢筋混凝土受弯构件、轴心受拉构件、偏心受拉构件、偏心受压构件,σ_{sq} 均可按裂缝截面处的平衡条件求得。

1)轴心受拉构件。由图 10-7(a)的截面轴向力平衡条件,可得:

$$\sigma_{\mathrm{sq}} = \frac{N_{\mathrm{q}}}{A_{\mathrm{s}}} \qquad (10\text{-}18)$$

2)受弯构件。由图 10-7(b)的截面力矩平衡条件,可得:

$$\sigma_{\mathrm{sq}} = \frac{M_{\mathrm{q}}}{0.87 A_{\mathrm{s}} h_0} \qquad (10\text{-}19)$$

3)偏心受拉构件。由图 10-7(c)的截面力矩平衡条件,可得:

$$\sigma_{\mathrm{sq}} = \frac{N_{\mathrm{q}} e'}{A_{\mathrm{s}}(h_0 - a_{\mathrm{s}}')} \qquad (10\text{-}20)$$

4)偏心受压构件。由图 10-7(d)的截面力矩平衡条件,可得:

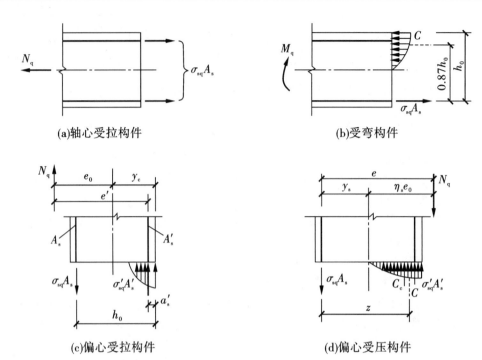

图 10-7 构件使用阶段截面应力图

$$\sigma_{sq} = \frac{N_q(e-z)}{zA_s} \tag{10-21}$$

$$z = \left[0.87 - 0.12(1 - \gamma'_f) \left(\frac{h_0}{e} \right)^2 \right] h_0 \tag{10-22}$$

$$e = \eta_s e_0 + y_s \tag{10-23}$$

$$\eta_s = 1 + \frac{1}{\dfrac{4000 e_0}{h_0}} \left(\frac{l_0}{h} \right)^2 \tag{10-24}$$

式中 N_q ——按荷载准永久组合计算的轴向力值;

A_s ——受拉区纵向钢筋截面面积,对轴心受拉构件取全部纵向钢筋截面面积,对偏心受拉构件取受拉较大边的纵向钢筋截面面积,对受弯、偏心受压构件取受拉区纵向钢筋截面面积;

M_q ——按荷载准永久组合计算的弯矩值;

e' ——轴向拉力作用点至受压区或受拉较小边纵向钢筋合力点的距离;

e ——轴向压力作用点至纵向受拉钢筋合力点的距离;

z ——纵向受拉钢筋合力点至受压区合力点的距离,且 $z \leqslant 0.87 h_0$;

γ'_f ——受压翼缘截面面积与腹板有效截面面积的比值,$\gamma'_f = \dfrac{(b'_f - b) h'_f}{b h_0}$,其中 b'_f、h'_f

分别为受压区翼缘的宽度和高度,当 $h'_f > 0.2 h_0$ 时,取 $h'_f = 0.2 h_0$;

y_s——截面重心至纵向受拉钢筋合力点的距离,对矩形截面,$y_s = \dfrac{h}{2} - a_s$;

η_s——使用阶段的轴向压力偏心距增大系数,当 $\dfrac{l_0}{h} \leqslant 14$ 时,取 $\eta_s = 1.0$。

10.2.4.3　最大裂缝宽度 w_{max}

由于混凝土质量的不均匀性和随机性,裂缝并非均匀分布,每条裂缝的宽度有大有小,具有较大的随机性,所以以裂缝宽度是随机变量。按式(10-16)求得的 w_m 是整个构件上的平均裂缝宽度。验算裂缝宽度是否超过允许值,应以最大裂缝宽度为准。在荷载长期作用下,由于受拉区混凝土的应力松弛和滑移徐变,导致裂缝间混凝土不断退出工作,裂缝间距内受拉钢筋的应变不均匀系数随时间增加不断增大,混凝土的收缩也使裂缝间混凝土的长度缩短,裂缝宽度随时间增大。

因此,在荷载效应组合下的短期最大裂缝宽度可由平均裂缝宽度 w_m 乘以一个扩大系数 τ_s 求得,当考虑荷载长期效应影响时,再乘以考虑荷载长期作用影响的扩大系数 τ_l。

根据试验结果,对于受弯和偏心受压构件,$\tau_s = 1.66$;对于轴心受拉和偏心受拉构件,$\tau_s = 1.9$。对于各受力构件,《混凝土结构设计规范》均取 $\tau_l = 0.9 \times 1.66 = 1.5$,因此有:

$$w_{max} = \tau_s \tau_l w_m = \tau_s \tau_l \alpha_c \psi \frac{\sigma_{sq}}{E_s} \beta \left(1.9c_s + 0.08 \frac{d_{eq}}{\rho_{te}}\right) \tag{10-25}$$

令 $\alpha_{cr} = \tau_s \tau_l \alpha_c \beta$,则:

$$w_{max} = \alpha_{cr} \psi \frac{\sigma_{sq}}{E_s} \left(1.9c_s + 0.08 \frac{d_{eq}}{\rho_{te}}\right) \tag{10-26}$$

式中　α_{cr}——最大裂缝宽度计算公式中构件受力特征系数。对于受弯和偏心受压构件,$\alpha_{cr} = 1.9$;对于偏心受拉构件,$\alpha_{cr} = 2.4$;对于轴心受拉构件,系数 $\beta = 1.1$,则 $\alpha_{cr} = 2.7$。

裂缝宽度验算时,应注意《混凝土结构设计规范》中的规定,要求按式(10-26)计算所得的最大裂缝宽度 w_{max} 不应超过附表12中规定的最大裂缝宽度允许值 w_{lim}。另外,对于受拉构件及受弯构件,当承载力较高时,会出现裂缝宽度不满足限值要求的情况,此时,有效的措施是施加预应力。对 $e_0/h_0 \leqslant 0.55$ 的偏心受压构件,可不作裂缝宽度验算。对于直接承受 $A_1 \sim A_5$ 级工作制吊车的受弯构件,吊车满载的可能性较小,按式(10-26)计算的最大裂缝宽度需要乘以降低系数0.85。

【例10-1】 已知一钢筋混凝土屋架下弦按轴心受拉构件设计,截面尺寸 $b \times h = 200 \text{ mm} \times 160 \text{ mm}$。耐久性环境类别为一类,混凝土强度等级为C40,混凝土保护层厚度 $c = 25 \text{ mm}$,纵向受拉钢筋采用 HRB400 级。按正截面承载力计算配置 4⏀16。按荷载准永久组合计算的轴向拉力值 $N_q = 142 \text{ kN}$。验算该下弦杆的最大裂缝宽度是否满足要求。

【解】　(1)资料整理

由附表3和附表6查得,$E_s = 2 \times 10^5 \text{ N/mm}^2$,$f_{tk} = 2.39 \text{ N/mm}^2$;由附表12查得,$w_{lim} = 0.3 \text{ mm}$;$A_s = 804 \text{ mm}^2$(4⏀16 mm);箍筋直径取 6 mm,$c_s = 25 + 6 = 31 \text{ mm}$。

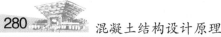

（2）钢筋应力计算

由式（10-18）可得裂缝截面处的钢筋应力：

$$\sigma_{sq} = \frac{N_q}{A_s} = \frac{142 \times 10^3}{804} = 177 \text{ N/mm}^2$$

$$\rho_{te} = \frac{A_s}{bh} = \frac{804}{200 \times 160} = 0.0251 > 0.01，取 \rho_{te} = 0.0251$$

（3）钢筋应变不均匀系数计算

由式（10-17）可得纵向受拉钢筋应变不均匀系数：

$$\psi = 1.1 - 0.65 \frac{f_{tk}}{\rho_{te}\sigma_{sq}} = 1.1 - 0.65 \times \frac{2.39}{0.0251 \times 177} = 0.75$$

$$0.2 < \psi = 0.75 < 1.0，取 \psi = 0.75$$

（4）裂缝宽度验算

对轴心受拉构件，$\alpha_{cr} = 2.7$，由式（10-26）可得：

$$w_{max} = \alpha_{cr}\psi\frac{\sigma_{sq}}{E_s}(1.9c_s + 0.08\frac{d_{eq}}{\rho_{te}})$$

$$= 2.7 \times 0.75 \times \frac{177}{2.0 \times 10^5}(1.9 \times 31 + 0.08 \times \frac{16}{0.0251})$$

$$= 0.197 \text{ mm} \leqslant 0.3 \text{ mm}$$

满足要求。

【例10-2】 已知某办公楼的一矩形截面简支梁的截面尺寸 $b \times h = 250 \text{ mm} \times 650 \text{ mm}$，计算跨度 6 m。混凝土强度等级为 C40（$f_{tk} = 2.39 \text{ N/mm}^2$），纵向受拉钢筋采用 4 Φ 20HRB400级钢筋（$A_s = 1256 \text{ mm}^2$，$E_s = 2 \times 10^5 \text{ N/mm}^2$），箍筋直径选取 10 mm。该梁承受的按荷载准永久组合计算的跨中截面弯矩值为 146.7 kN·m。耐久性环境类别为一类，$c = 20 \text{ mm}$，$w_{lim} = 0.3 \text{ mm}$。验算该梁的最大裂缝宽度是否满足要求。

【解】 （1）资料整理

$c_s = 20 + 10 = 30 \text{ mm}$，取 $a_s = 40 \text{ mm}$，则梁截面有效高度为 $h_0 = 650 - 40 = 610 \text{ mm}$，简支梁为受弯构件，$\alpha_{cr} = 1.9$。

（2）钢筋应力计算

由式（10-19）可得裂缝截面处的钢筋应力：

$$\sigma_{sq} = \frac{M_q}{A_s\eta h_0} = \frac{146.7 \times 10^6}{1256 \times 0.87 \times 610} = 220.1 \text{ N/mm}^2$$

$$\rho_{te} = \frac{A_s}{0.5bh} = \frac{1256}{0.5 \times 250 \times 650} = 0.0155 > 0.01$$

故取 $\rho_{te} = 0.0155$ 计算。

（3）钢筋应变不均匀系数计算

由式（10-17）可得纵向受拉钢筋应变不均匀系数：

$$\psi = 1.1 - 0.65 \times \frac{f_{tk}}{\rho_{te}\sigma_{sq}} = 1.1 - 0.65 \times \frac{2.39}{0.0155 \times 220.1} = 0.701$$

$0.2 < \psi = 0.701 < 1.0$，故取 $\psi = 0.701$ 计算。

（4）裂缝宽度验算

由式（10-26）可得：

$$w_{max} = \alpha_{cr} \psi \frac{\sigma_{sq}}{E_s} \left(1.9 c_s + 0.08 \frac{d_{eq}}{\rho_{te}} \right)$$

$$= 1.9 \times 0.701 \times \frac{220.1}{2.0 \times 10^5} \left(1.9 \times 35 + 0.08 \times \frac{20}{0.0155} \right)$$

$$= 0.249 \ mm < 0.3 \ mm$$

满足要求。

10.3　混凝土受弯构件挠度验算
Checking of Deformation of Concrete Flexural Member

10.3.1　变形控制
Deformation Control

变形验算主要是指受弯构件的挠度验算。结构构件在使用期间如产生过大的变形，将使其功能受到损害甚至完全丧失。变形控制的目的和要求主要有：

1）保证建筑的使用功能要求。如支承精密仪器的梁板挠度过大，将影响仪器的正常使用；吊车梁的挠度过大，会妨碍吊车的正常运行；屋面板和挑檐板挠度过大，会造成积水和渗漏等。

2）防止对结构构件产生不良影响。主要是指防止结构使用性能与设计中的假定不符，例如，梁端的旋转将使支承面积减小，支承反力偏心距增大，当梁支承在砖墙上时，可能使墙体沿梁顶、梁底出现水平裂缝，严重时将产生局部承压或墙体局部失稳破坏。

3）防止对非结构构件产生不良影响。房屋中脆性隔墙（如石膏板、灰砂砖隔墙等）的开裂和损坏很多是由于支承它的构件的变形过大而引起的，结构构件变形还可能引起门窗变形、天花板开裂等。

为了保证钢筋混凝土结构构件（受弯构件）在使用期间的适用性，应对结构构件的变形加以控制。《混凝土结构设计规范》规定，钢筋混凝土受弯构件按荷载效应的准永久组合并考虑荷载长期作用的影响求得的最大挠度值 f_{max} 不应超过挠度限值 f_{lim}，即：

$$f_{max} \leqslant f_{lim} \tag{10-27}$$

其中受弯构件的挠度限值 f_{lim} 见附表 13。

10.3.2　受弯构件的刚度
Rigidity of Flexural Member

以承受均布荷载准永久组合值为 q，计算跨度为 l_0 的简支梁为例，如果该梁为匀质弹性材料梁，则由材料力学可知，其跨中最大挠度为：

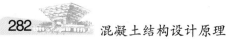

$$f_{max} = \frac{5ql_0^2}{384EI} = \frac{5M_ql_0^2}{48EI} \qquad (10-28)$$

式中　　M_q——按照荷载准永久组合计算的梁的最大弯矩；

EI——匀质弹性材料梁的抗弯刚度。

对于匀质弹性材料梁，截面抗弯刚度 EI 是一个常数，梁的刚度与弯矩关系呈线性变化，如图 10-8(a)中的虚线所示，弯矩与挠度(M-f)关系也呈线性变化，如图 10-8(b)中的虚线 1 所示。

钢筋混凝土是非匀质非弹性材料，钢筋混凝土受弯构件的抗弯刚度 B 是不断变化的，主要特点有：

(1)随荷载的增加而减小

钢筋混凝土梁的 M-B、M-f 曲线是非线性的，如图 10-8 中的实线所示，B 为梁的实际刚度。当荷载增加时，截面弯矩增加，截面刚度减小。图 10-8(b)中，裂缝出现后，M-f 曲线偏离直线，受拉区混凝土产生塑性变形，梁刚度明显下降，变形增长加快。

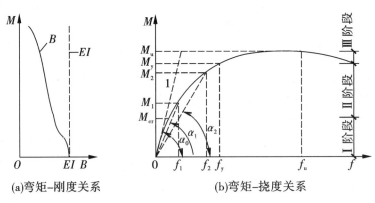

图 10-8　适筋梁 M-EI(B) 和 M-f 关系曲线

(2)随加载时间的增加而减小

试验表明，对一个构件保持不变的荷载值，随着时间的增长，截面抗弯刚度会减小，对一般构件，3 年后可趋于稳定。

(3)沿构件的跨度方向，截面的抗弯刚度是变化的

图 10-9(a)所示为一个承受两个对称集中荷载的简支梁的裂缝分布示意图，图 10-9(b)、(c)分别为沿梁跨度方向的刚度及曲率分布图。图 10-10 为梁纯弯段各截面的应变及裂缝分布。由图 10-9 和图 10-10 知，即使在纯弯段，各个截面的弯矩相同，但曲率和刚度却不完全相同。裂缝截面处的刚度小些，裂缝间的截面刚度大些。

(4)随配筋率的降低而减小

试验表明，截面尺寸和材料都相同的适筋梁，配筋率大的，其 M-f 曲线陡，变形小，相应的截面刚度大；反之，配筋率小，M-f 曲线平缓，变形大，截面抗弯刚度小。

因此钢筋混凝土梁的挠度计算中抗弯刚度不能用常量 EI 表示。通常用 B_s 表示钢筋混凝土梁在荷载短期效应组合作用下的截面抗弯刚度，简称短期刚度；用 B 表示钢筋混

凝土梁在荷载长期效应组合作用下的截面抗弯刚度,简称长期刚度。

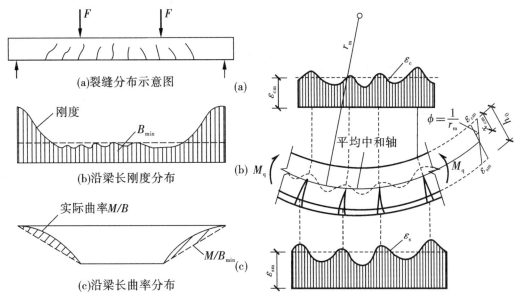

图 10-9　抗弯刚度沿构件跨度的变化　　　图 10-10　梁纯弯段各截面应变及裂缝分布

　　钢筋混凝土受弯构件中可以采用平截面假定,在变形计算中可以直接引用材料力学中的计算公式。唯一不同的是,钢筋混凝土受弯构件中抗弯刚度不能用常量 EI 表示,而用变量 B 表示。例如,同样是承受均布荷载准永久组合值为 q,计算跨度为 l_0 的钢筋混凝土简支梁,其跨中最大挠度表示为:

$$f_{max} = \frac{5ql_0^2}{384B} = \frac{5M_q l_0^2}{48B} \tag{10-29}$$

　　对于不同支承条件和承受不同荷载的钢筋混凝土受弯构件,用 k 表示与支承条件及所受荷载形式有关的挠度系数(如对承受均布荷载的简支梁,取 $k = 5/48$),则有:

$$f_{max} = k\frac{M_q}{B}l_0^2 \tag{10-30}$$

　　如果用 $\phi = M_q/B$ 表示截面曲率,即构件单位长度上的转角(最大弯矩处),则有:

$$f_{max} = k\phi l_0^2 \tag{10-31}$$

　　由此可见,钢筋混凝土受弯构件的变形计算问题主要是其抗弯刚度的计算问题。构件在使用阶段最大挠度受荷载长期作用影响,故刚度计算取长期刚度值,下面分述短期刚度 B_s 和长期刚度 B 的计算方法。

10.3.3　短期刚度 B_s
Short-term Rigidity B_s

　　钢筋混凝土梁的截面抗弯刚度与裂缝的出现和开展有关。在未开裂之前的第 I 阶段,受拉区混凝土已经表现出一定的塑性,实测抗弯刚度已经较未加载时的原始抗弯刚度

$E_c I_0$ 低,E_c 为混凝土的弹性模量。在此阶段,可以偏安全地取钢筋混凝土受弯构件的短期刚度为:

$$B_s = 0.85 E_c I_0 \tag{10-32}$$

构件受拉区混凝土开裂后,由于裂缝截面受拉区混凝土逐步退出工作,截面抗弯刚度比第 I 阶段更低。梁在正常使用情况下一般处于第 II 阶段的带裂缝工作阶段,所以钢筋混凝土受弯构件挠度计算应以第 II 阶段的受力状态为依据。

截面曲率与刚度有关。由几何关系分析曲率是由构件截面受拉区伸长、受压区缩短形成的。拉压变形愈大,曲率愈大。如果能够计算出受拉区和受压区的应变值,便可求得曲率,然后根据弯矩与曲率的关系,确定钢筋混凝土受弯构件的刚度。

由材料力学可知,均匀弹性材料梁的弯矩 M、曲率 $\phi = 1/r$(r 为截面曲率半径)和截面抗弯刚度 EI 之间的关系为:

$$\phi = \frac{1}{r} = \frac{M}{EI} \tag{10-33}$$

也即:

$$EI = \frac{M}{\dfrac{1}{r}} = \frac{M}{\phi} \tag{10-34}$$

钢筋混凝土梁在荷载准永久组合作用下,由裂缝出现后的变形特点、应力-应变关系和平衡条件,也可得到与上式相似的刚度公式,即:

$$B_s = \frac{M_q}{\phi} \tag{10-35}$$

由上式可见,求构件短期刚度的主要问题是求构件的曲率。

(1)受弯构件的平均曲率

裂缝出现后,受压混凝土和受拉钢筋的应变沿构件长度方向各截面的分布是不均匀的,设裂缝之间钢筋平均应变为 ε_{sm},受压区混凝土边缘纤维的平均压应变为 ε_{cm}。

根据平截面假定,受弯构件纯弯段的平均曲率为:

$$\phi_m = \frac{1}{r_m} = \frac{\varepsilon_{sm} + \varepsilon_{cm}}{h_0} \tag{10-36}$$

代入式(10-35),得:

$$B_s = \frac{M_q}{\phi_m} = \frac{M_q h_0}{\varepsilon_{sm} + \varepsilon_{cm}} \tag{10-37}$$

(2)平均应变 ε_{sm} 和 ε_{cm}

由前述内容可知:

$$\varepsilon_{sm} = \psi \varepsilon_{sq} = \psi \frac{\sigma_{sq}}{E_s} = \frac{\psi}{\eta} \times \frac{M_q}{E_s A_s h_0} \tag{10-38}$$

取 $\eta = 0.87$,有:

$$\varepsilon_{sm} = \frac{1.15 \psi M_q}{E_s A_s h_0} \tag{10-39}$$

通过试验研究,对受压区边缘混凝土的平均压应变 ε_{cm} 可取:

$$\varepsilon_{cm} = \frac{M_q}{\zeta b h_0^2 E_c} \tag{10-40}$$

式中　ζ——受压区边缘混凝土平均应变综合影响系数,可根据试验测得。

（3）短期刚度

将式（10-39）和式（10-40）代入式（10-37），得：

$$B_s = \frac{1}{1.15 \frac{\psi}{E_s A_s h_0^2} + \frac{1}{\zeta b h_0^3 E_c}} = \frac{E_s A_s h_0^2}{1.15\psi + \frac{\alpha_E \rho}{\zeta}} \tag{10-41}$$

式中　α_E——钢筋与混凝土的弹性模量比,$\alpha_E = E_s/E_c$;

　　　ρ——纵向受拉钢筋的配筋率,$\rho = A_s/bh_0$;

　　　ψ——钢筋应变不均匀系数,按式（10-17）计算。

由常见截面受弯构件实测结果的分析,可取：

$$\frac{\alpha_E \rho}{\zeta} = 0.2 + \frac{6\alpha_E \rho}{1 + 3.5\gamma_f'} \tag{10-42}$$

式中　γ_f'——受压翼缘面积与腹板面积之比,矩形截面,取 $\gamma_f' = 0$;T 形截面,取 $\gamma_f' = \frac{(b_f' - b) h_f'}{bh_0}$;当 $h_f' > 0.2h_0$ 时,取 $h_f' = 0.2h_0$。

从而有：

$$B_s = \frac{E_s A_s h_0^2}{1.15\psi + 0.2 + \frac{6\alpha_E \rho}{1 + 3.5\gamma_f'}} \tag{10-43}$$

式（10-43）就是受弯构件纯弯段的平均刚度,也即受弯构件的短期刚度。

10.3.4　长期刚度 B
　　　　　Long-term Rigidity B

钢筋混凝土受弯构件在荷载长期作用下,由于受压区混凝土的徐变及塑性发展,导致应力图形更接近矩形分布,使内力臂减小从而导致受拉钢筋应力增加;裂缝间受拉混凝土的应力松弛以及裂缝的向上发展,受拉混凝土与钢筋之间发生黏结滑移徐变,导致受拉混凝土不断退出工作,使受拉钢筋在裂缝间的平均应变不断增大;受拉区与受压区混凝土的收缩不一致,使梁发生翘曲;这些因素都会导致构件曲率增大、刚度降低,从而使受弯构件的变形随时间增长。

《混凝土结构设计规范》规定,受弯构件采用荷载准永久组合时的长期刚度 B 可根据短期刚度 B_s 按下式计算：

$$B = \frac{B_s}{\theta} \tag{10-44}$$

式中　θ——考虑荷载长期作用对挠度增大的影响系数。根据试验结果,《混凝土结构设计规范》规定:当 $\rho' = 0$ 时,$\theta = 2.0$;当 $\rho' = \rho$ 时,$\theta = 1.6$;当 ρ' 为中间数值时,θ 按线性内插法取值。ρ'、ρ 分别为纵向受压钢筋与受拉钢筋的配筋率,

$$\rho' = \frac{A'_s}{bh_0}, \rho = \frac{A_s}{bh_0}$$。对于翼缘位于受拉区的倒 T 形截面梁，挠度增大系数 θ 应增加 20%。

10.3.5 受弯构件的挠度验算
Checking of Deformation of Flexural Member

（1）最小刚度原则

钢筋混凝土受弯构件在荷载作用下，一般情况下，各截面的弯矩不相等，所以即使是等截面的钢筋混凝土梁，各截面刚度也不相等。另外，受弯构件不仅发生弯曲变形，也会发生剪切变形，斜裂缝的出现会增加构件的挠度。如果按照实际受力变形计算，梁的挠度将十分复杂。为了简化计算，对简支梁，在全跨范围内，可以都按弯矩最大截面处的最小弯曲刚度进行挠度计算；当构件上存在有正、负弯矩时，分别取正、负弯矩区段内弯矩最大截面处的最小刚度进行挠度计算。这就是挠度计算中的最小刚度原则。

（2）挠度验算

按《混凝土结构设计规范》要求，挠度验算应满足 $f_{max} \leqslant f_{lim}$。对于简支梁，跨中最大挠度按式（10-30）进行计算。

如不能满足时，说明构件刚度偏小，从短期刚度式（10-43）和长期刚度式（10-44）可知：增大构件截面高度是提高刚度的最有效的方法；当设计上构件截面尺寸不能加大时，也可增加受拉钢筋截面面积或者提高混凝土强度等级；对某些构件还可以采用双筋截面梁，充分利用受压钢筋对长期刚度的有利影响。此外，采用预应力混凝土构件也是提高受弯构件刚度的有效措施。

以上关于混凝土构件裂缝宽度和变形的控制，属于正常使用极限状态的验算，即使构件因偶然超载而引起裂缝宽度过大或变形过大，只是暂时影响正常使用，不会造成重大的安全事故。因此，在验算时荷载和材料强度均不考虑分项系数。

【例 10-3】 已知矩形截面简支梁的截面尺寸 $b \times h = 250\ mm \times 500\ mm$，计算跨度为 6.5 m。室内正常环境，混凝土强度等级为 C25，混凝土保护层厚度为 25 mm。纵向受拉钢筋采用 HRB400 级，按正截面承载力计算配置 4Φ20 的纵向钢筋，$A_s = 1256\ mm^2$。该梁承受的均布恒荷载为 $g_k = 12\ kN/m$（包括梁自重），活荷载为 $q_k = 8\ kN/m$，楼面活荷载准永久值系数为 0.5。验算使用阶段梁的挠度是否满足要求。

【解】 （1）资料整理

$E_s = 2.0 \times 10^5\ N/mm^2$，$E_c = 2.8 \times 10^4\ N/mm^2$，$f_{tk} = 1.78\ N/mm^2$；$l_0 = 6.5\ m$；由附表 13 查得，$f_{lim} = l_0/200 = 6500/200 = 32.5\ mm$；$c = 25\ mm$，箍筋直径拟选取 6 mm，$a_s = 25 + 6 + 20/2 = 41\ mm$，则梁截面有效高度为 $h_0 = 500 - 41 = 459\ mm$，$A_s = 1256\ mm^2$，$A'_s = 0$。

（2）计算按荷载准永久组合计算的梁跨中截面弯矩值

$$M_q = \frac{1}{8}(g_k + \psi_q q_k)l_0^2 = \frac{1}{8} \times (12 + 0.5 \times 8) \times 6.5^2 = 84.5\ kN \cdot m$$

(3)计算相关参数

$$\alpha_E = \frac{E_s}{E_c} = \frac{2 \times 10^5}{2.8 \times 10^4} = 7.143$$

$$\rho_{te} = \frac{A_s}{A_{te}} = \frac{1256}{0.5 \times 250 \times 500} = 0.0201 \geqslant 0.01$$

由式(10-19)得:

$$\sigma_{sq} = \frac{M_q}{A_s \eta h_0} = \frac{84.5 \times 10^6}{1256 \times 0.87 \times 459} = 168.5 \text{ N/mm}^2$$

$$\psi = 1.1 - 0.65 \times \frac{f_{tk}}{\rho_{te}\sigma_{sq}} = 1.1 - 0.65 \times \frac{1.78}{0.0201 \times 168.5} = 0.758$$

$$\rho = \frac{A_s}{bh_0} = \frac{1256}{200 \times 459} = 0.0137, \rho' = 0, \gamma_f' = \frac{(b_f' - b)h_f'}{bh_0} = 0$$

(4)计算短期刚度 B_s

将上述数据代入式(10-43),得:

$$B_s = \frac{E_s A_s h_0^2}{1.15\psi + 0.2 + \frac{6\alpha_E\rho}{1 + 3.5\gamma_f'}} = \frac{2 \times 10^5 \times 1256 \times 459^2}{1.15 \times 0.758 + 0.2 + 6 \times 7.143 \times 0.0137}$$

$$= 31.9 \times 10^{12} \text{ N} \cdot \text{mm}^2$$

(5)计算长期刚度 B

因是单筋截面梁,故 $\theta = 2.0$,则由式(10-44)得:

$$B = \frac{B_s}{\theta} = \frac{31.9 \times 10^{12}}{2} = 1.55 \times 10^{13} \text{ N} \cdot \text{mm}^2$$

(6)挠度验算

梁的挠度按式(10-30)计算,其中 $k = \frac{5}{48}$,故有:

$$f_{max} = \frac{5}{48} \frac{M_q}{B} l_0^2 = \frac{5}{48} \times \frac{84.5 \times 10^6 \times 6500^2}{1.55 \times 10^{13}} = 23.99 \text{ mm} \leqslant 32.5 \text{ mm}$$

故满足要求。

【例10-4】 已知某计算跨度 $l_0 = 6.6$ m 的 T 形截面简支梁,截面尺寸 $b \times h =$ 300 mm×600 mm, $b_f' = 600$ m, $h_f' = 100$ mm;梁上承受的均布恒荷载标准值为 19 kN/m,可变荷载标准值为 10 kN/m,可变荷载的准永久值系数为 0.5。混凝土强度等级为 C30,纵向受拉钢筋为 4 Φ 22(采用 HRB400 级, $A_s = 1520$ mm²),混凝土保护层厚度为 20 mm,处于室内正常环境,验算该梁挠度是否满足要求。

【解】 (1)资料整理

$f_{tk} = 2.01$ N/mm², $E_c = 3.00 \times 10^4$ N/mm², $E_s = 2.0 \times 10^5$ N/mm²。箍筋直径取10 mm, $c_s = 20 + 10 = 30$ mm, $a_s = 20 + 10 + 22/2 = 41$ mm,则梁截面有效高度 $h_0 = 600 - 41 = 559$ mm。

(2)按照荷载准永久组合计算梁内最大弯矩

$$M_q = \frac{1}{8}(g_k + \psi_q q_k)l_0^2 = \frac{1}{8}(19 + 10 \times 0.5) \times 6.6^2 = 130.68 \text{ kN} \cdot \text{m}$$

（3）计算相关参数

$$\rho_{te} = \frac{A_s}{0.5bh} = \frac{1520}{0.5 \times 300 \times 600} = 0.0168 > 0.1 \text{，故取} \rho_{te} = 0.0168$$

$$\rho = \frac{A_s}{bh_0} = \frac{1520}{300 \times 559} = 0.00906$$

由式（10-19）可得裂缝截面处的钢筋应力：

$$\sigma_{sq} = \frac{M_q}{A_s \eta h_0} = \frac{130.68 \times 10^6}{1520 \times 0.87 \times 559} = 176.78 \text{ N/mm}^2$$

$$\psi = 1.1 - 0.65 \times \frac{f_{tk}}{\rho_{te} \sigma_{sq}} = 1.1 - 0.65 \times \frac{2.01}{0.0168 \times 176.78} = 0.66$$

$0.2 < \psi = 0.66 < 1.0$，故取 $\psi = 0.66$ 计算。

$$\gamma_f' = \frac{(b_f' - b) h_f'}{bh_0} = \frac{(600 - 300) \times 100}{300 \times 559} = 0.179$$

$$\alpha_E = \frac{E_s}{E_c} = \frac{2.0 \times 10^5}{3.00 \times 10^4} = 6.67$$

（4）计算短期刚度 B_s

$$B_s = \frac{E_s A_s h_0^2}{1.15\psi + 0.2 + \frac{6\alpha_E \rho}{1 + 3.5\gamma_f'}} = \frac{2.0 \times 10^5 \times 1520 \times 559^2}{1.15 \times 0.66 + 0.2 + \frac{6 \times 6.67 \times 0.00906}{1 + 3.5 \times 0.179}}$$

$$= 8.04 \times 10^{13} \text{ N} \cdot \text{mm}^2$$

（5）计算长期刚度 B

因是单筋截面梁，故 $\theta = 2.0$，则：

$$B = \frac{B_s}{\theta} = \frac{8.04 \times 10^{13}}{2} = 4.02 \times 10^{13} \text{ mm}^2$$

（6）挠度验算

梁的挠度按式（10-30）计算，其中 $k = \frac{5}{48}$，故有：

$$f_{max} = \frac{5}{48} \times \frac{130.68 \times 10^6 \times 6600^2}{4.02 \times 10^{13}} = 14.75 \text{ mm}$$

$$f_{lim} = l_0/200 = 6600/200 = 33 \text{ mm} > 14.75 \text{ mm}$$

故满足要求。

10.4　混凝土结构的耐久性设计
Durability Design of Concrete Structure

10.4.1　耐久性设计的内容
Contents of Durability Design

混凝土结构的耐久性是指在正常的维护条件下，在预计的使用时期内，在指定的工作环境中,保证结构满足既定的功能要求,即在一定时期内维持其适用性的能力,亦即结构在其设计使用年限内,应当能够承受所有可能的荷载和环境作用,而不应发生过度的腐蚀、损坏或破坏。所谓正常维护是指不因耐久性问题而花过高维修费用。设计使用年限根据建筑物的重要性程度而定,一般为 50 年或者 100 年。指定的工作环境,是指建筑物所在地区的工作环境及工业生产形成的环境等。

一般情况下,耐久性设计的重要性比承载能力极限状态设计低。但是,如果结构因耐久性不足而失效,或为了维持其正常使用而需投入庞大的维修、加固或改造费用,势必影响结构的使用功能以及结构的安全性。因此,《混凝土结构设计规范》规定,混凝土结构除应进行承力力计算、变形和裂缝宽度验算外,还应根据设计使用年限和环境类别进行耐久性设计。耐久性设计包括下列内容:

1)确定结构所处的环境类别;

2)提出对混凝土材料的耐久性基本要求;

3)确定构件中钢筋的混凝土保护层厚度;

4)不同环境条件下的耐久性技术措施;

5)提出结构使用阶段的检测与维护要求。

对临时性的混凝土结构,可不考虑混凝土的耐久性要求。

10.4.2　混凝土结构的工作环境分类
Classification of Work Environment of Concrete Structure

混凝土结构的工作环境分为室内环境和室外环境、干燥环境和潮湿环境、温暖地区和寒冷地区、有侵蚀性环境和无侵蚀性环境等,混凝土结构在不同的工作环境中的工作性能是不一样的。

影响混凝土结构耐久性的因素分为内部因素和外部因素。其中内部因素有混凝土的强度、密实度、水泥用量、水灰比、氯离子及碱含量、外加剂用量、混凝土保护层厚度等。例如部分地区的混凝土的碱骨料反应会使混凝土微观结构改变,力学性能降低。

外部因素有环境条件,主要包括温度、湿度、CO_2 含量、侵蚀剂介质等。例如暴露于室外环境中的混凝土构件,大气中的 CO_2 或其他酸性气体,渗入混凝土会使混凝土碳化,若碳化深度过大,将会破坏钢筋表面的氧化膜,使钢筋锈蚀。当混凝土结构处于侵蚀性介质环境中时,如化工工厂的酸、碱、盐环境,海水环境,都将对混凝土产生严重腐蚀,使钢筋锈蚀,性能劣化,使结构开裂,承载力下降;处于冻融环境中的混凝土结构会引起混凝土内部开裂。

影响混凝土结构耐久性的其他因素还有设计构造上的缺陷、施工质量差、使用中维修不当等。其中工作环境是影响混凝土结构耐久性的重要因素。《混凝土结构设计规范》中将结构的工作环境分为五大类,见附表 9。

10.4.3　结构混凝土材料的耐久性基本要求
Basic Requirements of Durability of Structural Concrete Material

混凝土的质量是影响结构耐久性的另一个重要因素。提高混凝土强度、增加混凝土密实性、控制水灰比、控制混凝土中氯离子和碱的含量、减小渗透性等,对提高混凝土耐久性非常重要。《混凝土结构设计规范》规定,设计使用年限为 50 年的混凝土结构,其混凝土材料宜符合附表 15 的规定。

一类环境中,设计使用年限为 100 年的混凝土结构应符合下列规定:

1)钢筋混凝土结构的混凝土最低强度等级为 C30,预应力混凝土结构的混凝土最低强度等级为 C40;

2)混凝土中的最大氯离子含量为 0.06%;

3)宜使用非碱活性骨料,当使用碱活性骨料时,混凝土中的最大碱含量为 3.0 kg/m³;

4)混凝土保护层厚度应符合附表 10 的规定,当采取有效的表面防护措施时,混凝土保护层厚度可适当减小。

二、三类环境中,设计使用年限 100 年的混凝土结构应采取专门的有效措施,如:限制混凝土的水灰比;适当提高混凝土的强度等级;保证混凝土的抗冻性能;提高混凝土的抗渗能力;使用环氧涂层钢筋;构造上避免积水;构件表面增加防护层使之不直接承受环境作用等。特别是规定维修的年限或对结构构件进行局部更换,均可延长主体结构的实际使用年限。

耐久性环境类别为四类和五类的混凝土结构,其耐久性要求应符合有关标准的规定。

10.4.4　混凝土结构及构件的耐久性技术措施
Technical Measures of Durability of Concrete Structure and Member

根据影响混凝土结构耐久性的内部和外部因素,《混凝土结构设计规范》规定,混凝土结构应采取下列耐久性的技术措施,以保证其耐久性的要求:

1)预应力混凝土结构中的预应力筋应根据具体情况采取表面防护、管道灌浆、增大混凝土保护层厚度等措施,外露的锚固端应采取封锚和混凝土表面处理等有效措施;

2)有抗渗要求的混凝土结构,混凝土的抗渗等级应符合有关标准的规定;

3)严寒及寒冷地区的潮湿环境中,结构混凝土应满足抗冻要求,混凝土的抗冻等级应符合有关标准的要求;

4)处于二、三类环境中的悬臂构件,宜采用悬臂梁-板结构形式,或在其上表面增设防护层;

5)处于二、三类环境中的结构构件,其表面的预埋件、吊钩、连接件等金属部件应采取可靠的防锈措施;

6)三类环境中的混凝土结构构件,可采用除锈剂、环氧树脂涂层钢筋或其他具有耐腐蚀性钢筋,采取阴极保护措施或采用可更换的构件等措施。

混凝土结构在设计使用年限内尚应遵守下列规定:

1)建立定期的检测、维修制度;

2)设计中可更换的混凝土构件应按规定更换;

3)构件表面的防护层,应按规定维护或更换;

4)结构出现可见的耐久性缺陷时,应及时进行处理。

本章小结

1) 钢筋混凝土构件的裂缝、变形和耐久性问题,属于正常使用极限状态验算,对其进行验算的目的是保证其适用性和耐久性。

2) 裂缝控制等级分为三级。一级:严格要求不出现裂缝的构件,按荷载标准组合计算时,受拉边缘混凝土不出现拉应力;二级:一般要求不出现裂缝的构件,按荷载标准组合计算时,受拉边缘混凝土拉应力不应大于混凝土抗拉强度的标准值;三级:允许出现裂缝的构件,按照荷载效应准永久组合并考虑长期作用的影响计算的构件的最大裂缝宽度不应超过规定的最大裂缝宽度限值 $w_{max} \leqslant w_{lim}$。本章的裂缝宽度验算只限于荷载引起的正截面裂缝验算。

3) 平均裂缝宽度是基于黏结滑移理论,考虑混凝土保护层厚度和钢筋有效约束区的影响推导出来的;最大裂缝宽度等于平均裂缝宽度乘以扩大系数,这个系数需要考虑裂缝宽度的随机性以及荷载长期作用的影响。

4) 钢筋混凝土受弯构件的挠度按照荷载效应准永久组合并考虑长期作用的影响进行验算。钢筋混凝土受弯构件的截面抗弯刚度不是常数,先根据平均应变的平截面假定计算短期刚度 B_s,再通过挠度增大系数计算荷载长期作用影响下的长期刚度 B。构件挠度验算时取长期刚度 B,挠度验算的原则是最小刚度原则(即取弯矩最大截面处的最小刚度 B_{min} 进行计算)。

5) 对混凝土结构除应进行承载力计算、变形和裂缝宽度验算外,还必须进行耐久性设计。

思考题

1. 混凝土结构构件的裂缝控制等级是如何划分的?

2. 为什么要验算混凝土构件裂缝宽度和变形? 验算时,荷载组合值如何计算? 荷载长期作用的影响如何考虑?

3. 钢筋混凝土构件裂缝宽度的计算理论有哪两种?《混凝土结构设计规范》采用了哪种方法?

4. 简述受弯构件裂缝的出现和发展过程。

5.《混凝土结构设计规范》中的平均裂缝宽度 w_m 计算公式是根据什么原则确定的? 最大裂缝宽度 w_{max} 计算公式确立的基本思路是什么? 说明参数 ρ_{te}、ψ、η、ζ 的物理意义。

6. 影响裂缝宽度的因素主要有哪些? 减小裂缝宽度的最有效措施有哪些?

7. 试说明建立受弯构件刚度 B_s 计算公式的基本思路和方法,为什么挠度计算时应采用长期刚度 B?

8. 减小钢筋混凝土受弯构件挠度变形的措施有哪些?

9. 什么是"最小刚度原则"?

10. 如何进行混凝土结构耐久性设计?

 习　题

第 10 章在线
测试

1. 已知简支矩形截面梁截面尺寸 $b \times h = 200\ mm \times 500\ mm$,按荷载准永久组合计算的跨中弯矩 $M_q = 80\ kN \cdot m$,C25 混凝土,受拉区配置 4 ⚁ 16 的 HRB400 级钢筋,混凝土保护层厚度为 20 mm,$w_{lim} = 0.3\ mm$。试验算最大裂缝宽度是否符合要求。

2. 已知某钢筋混凝土屋架下弦为轴心受拉构件,$b \times h = 250\ mm \times 250\ mm$,按荷载准永久组合计算的轴心拉力 $N_q = 120\ kN$,配置 4 根⚁20 的 HRB400 级受拉钢筋,C30 混凝土,耐久性环境类别为一类,$w_{lim} = 0.3\ mm$。试验算最大裂缝宽度是否满足要求。

3. 某桁架下弦为偏心受拉构件,截面为矩形,$b \times h = 200\ mm \times 300\ mm$,C25 混凝土,钢筋为 HRB400 级,混凝土保护层厚度为 25 mm,按正截面承载力计算,靠近轴向力一侧需要配置 3 ⚁ 18 的钢筋,按荷载准永久组合计算的轴向拉力 $N_q = 125\ kN$,截面弯矩 $M_q = 15\ kN \cdot m$,$w_{lim} = 0.2\ mm$。试验算最大裂缝宽度是否满足要求。

4. 钢筋混凝土矩形截面偏心受压构件,截面尺寸 $b \times h = 400\ mm \times 600\ mm$,按荷载准永久组合计算的跨中截面弯矩 $M_q = 150\ kN \cdot m$,轴向拉力 $N_q = 300\ kN$,受拉受压钢筋均为 4 ⚁ 25 的 HRB400 级钢筋,混凝土强度等级为 C30,混凝土保护层厚度为 25 mm,$w_{lim} = 0.3\ mm$,试验算该梁的最大裂缝宽度是否满足要求。

5. 已知某钢筋混凝土屋面梁为矩形截面简支梁,截面尺寸 $b \times h = 200\ mm \times 400\ mm$,计算跨度 $l_0 = 4.5\ m$,C25 混凝土,配置 3 ⚁ 20 的 HRB400 级纵向受拉钢筋,混凝土保护层厚度为 20 mm,该梁承受恒荷载标准值(包括梁自重) $g_k = 18\ kN \cdot m$,屋面活荷载标准值 $q_k = 6.8\ kN \cdot m$,活荷载的准永久值系数 $\psi_q = 0$。若梁的最大挠度限值为 $f_{lim} = l_0/250$,最大裂缝宽度限值为 $w_{lim} = 0.3\ mm$。试验算该梁的跨中挠度和最大裂缝宽度是否符合要求。

6. 已知某 T 形截面简支梁,安全等级为二级,$l_0 = 6.3\ m$,$b'_f = 600\ mm$,$b = 250\ mm$,$h'_f = 60\ mm$,$h = 500\ mm$,C30 混凝土,HRB400 级钢筋。跨中截面的永久荷载产生的弯矩值为 45 kN · m,可变荷载产生的弯矩值为 38 kN · m。准永久值系数 $\psi_{q1} = 0.4$;雪荷载产生的弯矩值为 6 kN · m,准永久值系数 $\psi_{q2} = 0.2$。环境类别为一类。$w_{lim} = 0.3\ mm$,$f_{lim} = l_0/250$。试验算挠度和裂缝宽度是否满足要求。

第 11 章　预应力混凝土构件设计

Chapter 11　Design of Prestressed Concrete Members

11.1　预应力混凝土的基本概念
Basic Concepts of Prestressed Concrete

11.1.1　预应力混凝土的工作原理
Working Principle of Prestressed Concrete

（1）钢筋混凝土结构存在的问题

钢筋混凝土构件中，尽管钢筋和混凝土分工合作，充分发挥了两种材料各自的优点，但在变形方面出现了矛盾。混凝土具有抗压强度高和抗拉强度低的特点，其极限拉应变很小，大致为 $0.0001 \sim 0.00015$，当混凝土的拉应变达到和超过该值时将开裂，此时钢筋中的拉应力只有 $20 \sim 30$ N/mm^2。以 HRB400 钢筋为例，大致为其抗拉强度设计值 360 N/mm^2 的 $6\% \sim 8\%$。随着荷载的增加，裂缝宽度也将不断增大。由第 10 章可知，钢筋混凝土受弯构件和轴心受拉构件通常都是带裂缝工作的。混凝土开裂后，构件刚度降低，变形增大。若要限制构件的裂缝和变形，可以加大构件截面尺寸或增加钢筋用量，构件自重也相应增大。特别是大跨度和承受荷载较大的结构，截面尺寸和自重将更大，使得大部分材料用来承担自重荷载，这显然既不经济也不合理。

在钢筋混凝土结构中，采用高强钢筋虽然能提高构件承载力，但高强钢筋拉应变大，致使裂缝过宽，对于允许出现裂缝的构件，必须限制其裂缝宽度。当裂缝宽度达到 $0.2 \sim 0.3$ mm 时，相应钢筋应力约为 $150 \sim 250$ N/mm^2，可见配置高强钢筋不能充分发挥作用。如果提高混凝土的强度等级以增加混凝土的拉应变，显然也不能解决钢筋和混凝土拉应变不相适应的矛盾，亦无法解决混凝土的裂缝问题。

可见，在钢筋混凝土结构中，高强混凝土和高强钢筋是不能充分发挥作用的。

（2）预应力混凝土的工作原理

为了充分利用高强混凝土和高强钢筋，可以在混凝土构件受力之前，在其使用时的受拉区预先施加压力，使之产生预压应力，造成人为的应力状态。当构件在荷载作用下产生拉应力时，首先要抵消混凝土构件内的预压应力，然后随着荷载的增加，混凝土构件受拉并随荷载继续增加才出现裂缝，因此可推迟裂缝的出现，减小裂缝的宽度，满足使用要求。这种在构件承受荷载作用前预先对受拉区施加压应力的结构称为预应力混凝土结构。

预应力的概念其实在我们日常生活中早已有了应用。如常用的木桶（图11-1），就是用铁箍或竹箍将桶壁一块块的木板箍紧，使桶壁产生环向预压应力，将木板挤紧而不会漏水,套箍木桶其实就是预应力木结构。

下面以图 11-2 所示的预应
力混凝土简支梁为例,说明预应
力的基本概念。

图 11-2(a) 为一简支梁,在
外荷载作用前,预先在梁的下部
施加一对人为的偏心压力 N_p,则
在构件下边缘混凝土中将产生预
压应力 σ_{pc}。在外荷载作用下,构
件下边缘混凝土中将产生拉应力
σ_c,如图 11-2(b) 所示。在预压
应力和外荷载共同作用下,梁截
面上最后的应力图形就是上述两
种情况的叠加,如图 11-2(c) 所

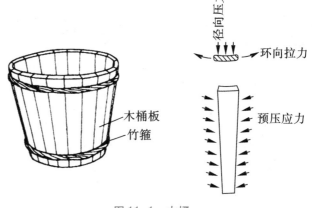

图 11-1　木桶

示。根据下边缘混凝土预压应力 σ_{pc} 和荷载产生的拉应力 σ_c 的绝对值大小的不同,叠加
后梁截面下边缘混凝土可能是压应力($\sigma_{pc} > \sigma_c$)、零应力($\sigma_{pc} = \sigma_c$)或较小的拉应力($\sigma_{pc} <
\sigma_c$),见图 11-2(c)。可见,由于预压应力 σ_{pc} 的作用,可部分或全部抵消由外荷载在构件
下边缘引起的拉应力,从而推迟裂缝的出现,提高构件的抗裂度。对于在使用荷载作用下
允许出现裂缝的构件,则将起到减小裂缝宽度的作用。

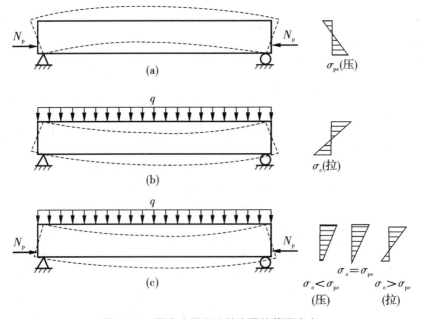

图 11-2　预应力混凝土简支梁的截面应力

综上,预应力混凝土的基本原理是:对于结构在使用荷载作用下将产生拉应力的部

位,预先用某种方法对混凝土施加一定的预压应力,当结构承载而产生拉应力时,必须先抵消混凝土的预压应力,然后才能随着荷载的增加而使混凝土受拉,进而出现裂缝,即预应力的作用可部分或全部抵消外荷载产生的拉应力。因此,预应力混凝土可以延缓受拉混凝土的开裂或裂缝开展,提高混凝土的抗裂性,使混凝土结构在外荷载作用下不产生过宽裂缝或不出现裂缝。

11.1.2 预应力混凝土的发展
Development of Prestressed Concrete

早在 19 世纪后期,土木工程领域的工程师为了克服钢筋混凝土裂缝问题而提出了预应力混凝土的概念,并开始了探索试验和实践。由于受到当时科学技术和工业化整体水平等的制约,尽管这段时期产生了许多预应力技术专利,如 1886 年 P. H. Jackson 取得了用钢筋对混凝土进行张拉制作楼板的专利,1888 年 W. Dohring 取得了施加预应力钢丝制作混凝土板和梁的专利,但当时的材料强度很低,混凝土的徐变性能尚未被人们充分认识,通过张拉钢筋对混凝土构件施加预压力不久,由于混凝土的徐变和收缩,已建立的混凝土预压应力几乎完全消失,致使这一新颖的构思未能实现。直到 1928 年法国著名工程师 Eugene Freyssine 提出预应力混凝土必须采用高强度钢材和高强度混凝土,并首先用高强度钢丝和高强度混凝土成功地设计建造了一座水压机。在 20 世纪 30 年代以后,高强钢材能够大量生产时,预应力混凝土才真正为人们所应用。

预应力混凝土的大量采用是在 1945 年第二次世界大战结束之后,当时西欧面临大量战后恢复工作。由于钢材奇缺,一些传统上采用钢结构的工程以预应力混凝土代替,开始用于公路桥梁和工业厂房,逐步扩大到公共建筑和其他工程领域。20 世纪 50 年代,中国和苏联对采用冷处理钢筋的预应力混凝土,做出了容许开裂的规定。直到 1970 年,第六届国际预应力混凝土会议上肯定了部分预应力混凝土的合理性和经济意义,认识到预应力混凝土与钢筋混凝土并不是截然不同的两种结构材料,而是同属于一个统一的加筋混凝土系列。以全预应力混凝土与钢筋混凝土为两个边界之间的范围,则为容许混凝土出现拉应力或开裂的部分预应力混凝土范围。设计人员可以根据对结构功能的要求和所处的环境条件,合理选用预应力的大小,以寻求使用性能好、造价低的最优结构设计方案,这是预应力混凝土结构设计思想上的重大发展。

随着土木工程中混凝土强度等级的不断提高,高强钢筋的进一步使用,目前预应力混凝土已广泛应用于建筑结构、交通水利、核电站等工程中。例如,广州国际大厦[图 11-3(a)]工程应用无黏结预应力楼盖体系,实现 63 层的建筑高度仅 200.18 m;上海东方明珠广播电视塔[图 11-3(b)]实现了 307 m 超长竖向预应力张拉。日新月异的众多公路铁路大桥,核电站保护壳,遍及国内外的众多高层建筑、大跨建筑及量大面广的工业建筑的吊车梁、屋面梁等,都采用了现代预应力混凝土技术。

未来的建筑和其他结构工程发展将更加高强、轻质、抗震、耐疲劳、耐火和耐腐蚀,采用预应力混凝土最适合于满足这些要求。预应力混凝土结构是两种高强度材料的结合,其结构承载力高,寿命长,耐久性较好,较少需要维修。预应力混凝土结构不仅比钢结构节约成本,而且比钢筋混凝土结构更具经济效益优势。预应力混凝土结构的发展方向可归纳为如下几个方面：

（a）广州国际大厦　　　　　　　　（b）上海东方明珠广播电视塔

图11-3　预应力混凝土的工程实例

1）预应力混凝土向轻质、高强发展；

2）预应力筋向高强度、低松弛、大直径和耐腐蚀的方向发展；

3）向高效率的预应力张拉锚固体系及施工配套设备发展；

4）向先进的预应力施工工艺与技术发展；

5）向预制预应力结构与构件工业化发展；

6）预应力结构设计、计算分析与研究将继续发展；

7）应用范围越来越广，应用结构形式和体系不断发展。

11.1.3　预应力混凝土的特点
Features of Prestressed Concrete

与钢筋混凝土相比，预应力混凝土具有如下优点：

（1）提高了构件的抗裂能力

因为承受外荷载之前预应力混凝土构件的受拉区已有预压应力存在，所以在外荷载作用下，只有当混凝土的预压应力被全部抵消转而受拉且拉应变超过混凝土的极限拉应变时，构件才会开裂。而钢筋混凝土构件中不存在预压应力，其开裂荷载的大小仅由混凝土的极限抗拉强度决定，因而抗裂能力很低。

（2）增大了构件的刚度

因为预应力混凝土构件正常使用时，在荷载效应标准组合下可能不开裂或只有很小的裂缝，混凝土基本上处于弹性阶段工作，因而构件的刚度比普通钢筋混凝土构件有所增大。

（3）充分利用高强度材料

如前所述，钢筋混凝土构件不能充分利用高强度材料。而在预应力混凝土构件中，预应力筋先被预拉，而后在外荷载作用下钢筋拉应力进一步增大，因而始终处于高拉应力状态，即能够有效利用高强度钢筋；而且钢筋的强度高，可以减小所需要的钢筋截面面积。与此同时，应该尽可能采用高强度等级的混凝土，以便与高强度钢筋相配合，获得较经济的构件截面尺寸。

（4）扩大了构件的应用范围

由于预应力混凝土改善了构件的抗裂性能，因而可用于有防水、抗渗透及抗腐蚀要求的环境；采用高强度材料，结构轻巧，刚度大、变形小，可用于大跨度、重荷载及承受反复荷载的结构。

但预应力混凝土也存在一些不足之处：施工工序多，工艺较复杂，施工技术要求较高，需要专门的张拉机具和锚夹具；预应力反拱不易控制；施工费用较大，施工周期较长；等等。但随着科学技术的日益进步，这种状况将不断得到改进。

11.1.4　预应力混凝土的分类
Classification of Prestressed Concrete

根据预加应力的方法、预应力的大小程度、预应力筋与混凝土的黏结状况等，预应力混凝土可作如下分类：

（1）按施加预应力的方法分类

根据张拉钢筋与混凝土浇筑的先后关系，可将预应力混凝土分为先张法和后张法两类。

先张法是制作预应力混凝土构件时，先张拉预应力筋后浇筑混凝土的一种方法；后张法是先浇筑混凝土，待混凝土达到规定强度后再张拉预应力筋的一种预加应力方法。

（2）按预应力大小程度分类

根据施加预应力的程度不同，预应力混凝土可分为全预应力混凝土和部分预应力混凝土两大类。

全预应力混凝土是在使用荷载作用下，构件截面混凝土不出现拉应力的预应力混凝土。它相当于《混凝土结构设计规范》裂缝控制等级中的一级抗裂，即严格要求不出现裂缝。

全预应力混凝土具有抗裂性好、刚度大等优点。但也存在一些缺点，例如预应力筋用钢量大、张拉控制应力高，构件反拱大，对于永久作用小而可变作用大的结构或构件容易影响其正常使用甚至引起非结构构件的损害等。

部分预应力混凝土是在使用荷载作用下，构件截面混凝土允许出现拉应力或开裂，即只有部分截面受压。部分预应力又分为 A、B 两类：A 类指在使用荷载作用下，构件预压区混凝土正截面的拉应力不超过规定的容许值，它相当于《混凝土结构设计规范》裂缝控制等级中的二级抗裂，即一般要求不出现裂缝；B 类指在使用荷载作用下，构件预压区混凝土正截面的拉应力允许超过规定的限值，但当裂缝出现时，其宽度不超过容许值，它相当于《混凝土结构设计规范》裂缝控制等级中的三级要求，即允许出现裂缝。

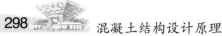

与全预应力混凝土相比,部分预应力混凝土较好地克服了全预应力混凝土的缺点,但其抗裂性稍差,刚度稍小。

与钢筋混凝土相比,部分预应力混凝土具有一定的预应力,在正常使用荷载下其裂缝通常是闭合的,即使在全部活荷载时构件偶然出现裂缝,裂缝宽度也很小,当部分活荷载移去时裂缝还可能闭合。因此,裂缝对部分预应力混凝土结构的危害较小。

（3）按预应力筋和混凝土的黏结状况分类

根据预应力筋和混凝土的黏结状况,预应力混凝土可分为有黏结预应力混凝土和无黏结预应力混凝土两类。

有黏结预应力混凝土是指沿预应力筋全长,其周围均与混凝土黏结、握裹在一起,荷载作用下预应力筋与相邻的混凝土具有相同的变形。先张法预应力混凝土及预留孔道穿筋压浆的后张法预应力混凝土均属此类。有黏结预应力混凝土中,预应力筋与相邻混凝土变形一致,可以约束混凝土的开裂,因此,结构受力性能较好,裂缝分布均匀,裂缝宽度小。

无黏结预应力混凝土,指预应力筋伸缩、滑动自由,不与周围混凝土黏结的预应力混凝土。这种结构的预应力筋表面涂有防锈材料,外套防老化的塑料管,防止与混凝土黏结。施工时同钢筋混凝土一样按设计要求将无黏结预应力筋与非预应力筋一起铺放在模板内,然后浇筑混凝土,待混凝土达到设计强度后,再张拉、锚固。

无黏结预应力混凝土结构中,无黏结预应力筋与混凝土不直接接触,处于无黏结状态,仅靠两端的锚具建立预应力,对锚具的要求较高。另外,预应力筋与相邻混凝土变形不协调,即对混凝土的开裂约束作用较小。

无黏结预应力混凝土结构在施工时不需要事先预留孔道、穿筋和张拉后灌浆等工序,极大地简化了普通后张法预应力混凝土结构的施工工艺,尤其适用于多跨、连续的整体现浇结构。

（4）按预应力筋在构件中的位置分类

按预应力筋在构件中的位置,预应力混凝土结构可分为体内预应力混凝土结构与体外预应力混凝土结构两类。

预应力筋布置在混凝土构件体内的称为体内预应力混凝土结构。先张法预应力结构和预设孔道穿筋的后张法预应力结构等均属此类。

体外预应力混凝土结构为预应力筋（称为体外索）布置在混凝土构件体外的预应力结构。

11.1.5　施加预应力的方法
Methods of Prestressing

对混凝土施加预应力的方法有很多种,一般是通过机械张拉钢筋（称为预应力筋）,利用钢筋的回缩来挤压混凝土,使混凝土受到预压应力,钢筋受到预拉应力;或在张拉钢筋的同时使混凝土受到预压。施加预应力的方法分为先张法和后张法两类。

（1）先张法

先张法是在浇筑混凝土之前先在永久或临时台座（或钢模）上布置预应力筋［图

11-4(a)]；然后在台座(或钢模)上张拉预应力筋，并将张拉后的预应力筋用夹具固定在台座(或钢模)上[图 11-4(b)]；而后安装模板，绑扎非预应力筋，并浇筑混凝土[图 11-4(c)]；待混凝土养护至设计规定的放张强度等级(一般不低于设计强度等级的 75%)后，切断或放松预应力筋(常称放张)，当预应力筋回缩时将挤压混凝土，使混凝土获得预压应力[图 11-4(d)]。因此，先张法是靠预应力筋与混凝土之间的黏结力来传递预应力的。

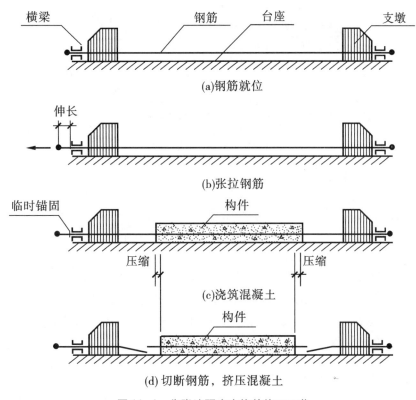

图 11-4　先张法预应力构件施工工艺

　　先张法的优点是适用于在台座上批量生产，效率高，施工简单，质量易保证，成本也较低。其缺点是需要专门台座，基建投资较大；为了便于运输，一般只用于中小型预应力混凝土构件的施工，如楼板、预制小梁及中小型吊车梁等。

　　(2)后张法

　　后张法是先浇筑混凝土构件，并在浇筑前在构件中预留孔道[图 11-5(a)]；待混凝土达到一定强度(一般不低于构件设计强度等级的 75%)后，将预应力筋穿入孔道，以构件本身作为台座，用张拉机具(如千斤顶)张拉预应力筋[图 11-5(b)]，此时，构件混凝土将受到压缩；当预应力筋张拉至要求的控制应力时，在张拉端用锚具将其锚固，使构件的混凝土受到预压应力，在预留孔道中灌浆，以使预应力筋与混凝土黏结在一起[图 11-5(c)]。后张法构件是依靠锚具锚住预应力筋并传递预应力的，锚具附近混凝土受到很大的局部集中力。

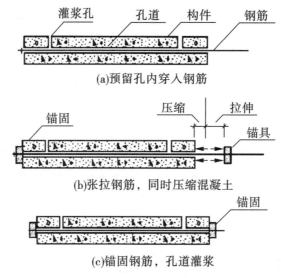

灌浆孔　孔道　构件　钢筋

(a)预留孔内穿入钢筋

压缩　拉伸

锚固　锚具

(b)张拉钢筋，同时压缩混凝土

锚固

(c)锚固钢筋，孔道灌浆

图 11-5　后张法预应力构件施工工艺

后张法的优点是不需要专门台座，便于现场制作大型构件，预应力筋可以布置成直线或曲线形状。其缺点是需要留孔、灌浆，施工工艺较复杂；锚具要附在构件内，耗钢量大，成本较高。

后张法从预留孔道、施加预压力、抽管到压浆、封堵锚固区等每道工序都应严格遵照操作规程，稍有不慎就将造成事故，且难以检查和发现隐患。如抽管时间不当，将使抽管困难或发生塌孔事故；孔道内压浆不密实，预留孔道中将会存在未经灌实的空隙、空洞甚至漏灌，易使钢筋受到腐蚀，影响构件耐久性。

先张法和后张法是以张拉钢筋和浇筑混凝土次序的先后来区分的，但其实质上的差别在于预应力建立方法的不同：

1）先张法是在放松预应力筋时才对混凝土产生压缩，而后张法是在张拉预应力筋的同时即对混凝土进行预压。

2）先张法是通过预应力筋与混凝土之间的黏结对混凝土施加预压应力，预应力筋依靠黏结应力建立预应力。而后张法则是通过锚具对混凝土施加预压应力，因此锚具是后张法构件的一部分，不能取下再用。

张拉预应力筋的方法除用机具张拉外，还可采用电热法。张拉时在钢筋两端接电，在低电压下输入强电流。由于钢筋电阻较大，使钢筋受热伸长，当伸长至预定长度后，拧紧钢筋端部的螺帽或插入垫板，将预应力筋锚固在构件上。切断电流时，预应力筋回缩使混凝土受到预压应力。电热法常用于对混凝土环形结构施加预应力。

11.2　预应力混凝土材料
Prestressed Concrete Materials

11.2.1　钢筋
Steel Bar

预应力混凝土结构中的钢筋包括预应力筋和非预应力筋。

预应力混凝土构件中,使混凝土建立预压应力是通过张拉钢筋来实现的。在预应力混凝土构件中,从张拉开始直至构件破坏,预应力筋始终处于高应力状态,因此应对预应力筋提出更高的质量要求。主要有以下几方面:

1)高强度。为了使预应力混凝土构件在混凝土产生弹性压缩、收缩和徐变后,仍能建立起较高的预压应力,需要采用较高的张拉应力,因此要求预应力筋应有较高的抗拉强度。

2)与混凝土有足够的黏结强度。这点对先张法预应力混凝土构件尤为重要,钢筋和混凝土之间的黏结强度是先张法构件建立预压应力和可靠自锚的保证。

3)良好的加工性能。如良好的可焊性,以及钢筋经过冷镦或热镦后不致影响原来的物理力学性能等。

4)具有一定的塑性。为了保证构件在破坏前有较大的变形能力,要求预应力筋有足够的塑性性能。预应力筋应满足一定的总伸长率和弯折次数的规定,在构件处于低温环境和冲击荷载条件下尤为重要。一般要求预应力筋的总伸长率不小于 3.5%。

5)低松弛。预应力筋张拉后,在长度保持不变的情况下,其应力将随时间的增长而降低,这种现象称为应力松弛。预应力筋的应力松弛可引起预应力损失,降低钢筋中的预拉应力。

6)耐腐蚀。具有高应力的预应力钢丝,当腐蚀存在时,将以更快的速度被腐蚀,这种现象称为应力腐蚀。

《混凝土结构设计规范》规定,预应力筋宜采用预应力钢丝、预应力钢绞线和预应力螺纹钢筋,如图 11-6 所示,简单介绍如下。

1)预应力钢丝:预应力钢丝包括中强度预应力钢丝和消除应力钢丝,二者均包括光圆钢丝和螺纹肋钢丝。

2)预应力钢绞线:钢绞线是在绞线机上以一种稍粗的直钢丝为中心,其余钢丝围绕其进行螺旋状绞和,再经低温回火处理而成的。预应力钢绞线按捻制结构不同可分为 1×3 钢绞线和 1×7 钢绞线等,其中后张法预应力混凝土常用的钢绞线规格为 1×7 标准型 12.7 和 15.2 钢绞线。

钢绞线由于整根破断力大、与混凝土黏结较好且比钢筋和钢丝柔软,便于运输和施工,具有广阔的发展前景。

3)预应力螺纹钢筋:该类钢筋具有强度高、松弛小等特点,可以单根或成束使用。

预应力筋的种类及其强度标准值和设计值详见附表 2、附表 5。

（a）预应力钢丝　　　　（b）预应力钢绞线　　　　（c）预应力螺纹钢筋

图11-6　预应力筋

11.2.2　混凝土
Concrete

预应力混凝土结构对混凝土有如下要求。

1）高强度。预应力混凝土要求采用较高强度的混凝土，其原因是：采用与高强度预应力筋相匹配的高强度混凝土，可使混凝土中建立尽可能高的预压应力，提高构件的抗裂性和刚度；高强度混凝土与钢筋间有更高的黏结强度，有利于先张法预应力混凝土中的预应力筋在混凝土中锚固，较好地传递应力；高强度混凝土具有较高的局部抗压强度，有利于承受后张法中构件端部锚具下很大的集中压力；有利于减小构件的截面尺寸，减轻自重。

2）低收缩、低徐变。混凝土会由于水分蒸发及其他物理化学原因而使体积缩小，使构件缩短。预应力混凝土构件中，由于混凝土长期承受着预压应力，因此混凝土会产生徐变变形而使构件缩短。

混凝土的收缩和徐变，使预应力混凝土构件缩短，将引起预应力损失。预应力损失也将使混凝土中的预压应力减小，降低预应力效果。混凝土的收缩、徐变越大，预应力损失越大，这对结构是不利的，因此应采用低收缩、低徐变的混凝土。

3）快硬、早强。预应力混凝土结构中的混凝土应具有快硬、早强的性质，可尽早施加预应力，加快施工进度，特别对先张法构件，可以加快台座、模具及夹具的周转效率。

混凝土强度等级的选用与施工方法、构件跨度、钢筋种类以及使用情况有关。《混凝土结构设计规范》规定，预应力混凝土结构的混凝土强度等级，不宜低于 C40，且不应低于 C30。

11.3 预应力锚具与孔道成型
Anchorages and Tube Form

11.3.1 锚具
Anchorages

锚具是预应力混凝土构件施工中用于锚固预应力筋的工具。先张法的锚具只起临时锚固作用,张拉结束至混凝土达到要求的强度,预应力钢丝放松后,即可取下重复使用,故有时称这种锚具为夹具或工作锚。在后张法构件中,锚具长期固定在构件上传递预压应力,成为构件的一部分。锚具锚固性能不好将导致预应力的损失。

锚具的制作和选用应满足下列要求:

1) 安全可靠,锚具本身具有足够的强度和刚度,受力安全可靠。

2) 使用有效,应使预应力筋在锚具内尽可能不产生滑移,以减少预应力的损失。

3) 构造简单,便于机械加工制作。

4) 使用方便,节省材料,成本低。

预应力锚具应根据《预应力筋用锚具、夹具和连接器》(GB/T 14370—2015)、《预应力筋用锚具、夹具和连接器应用技术规程》(JGJ 85—2010)的有关规定选用。

锚具的种类很多,常用的锚具有以下几种:摩阻式锚具、支承式锚具和固定端锚具。

11.3.1.1 摩阻式锚具

摩阻式锚具由于构造的不同又可分为锥塞式锚具和夹片式锚具两种。

(1) 锥塞式锚具

钢制锥塞式锚具由锚环(又称锚圈)和锚塞两部分组成(图 11-7),主要用于锚固钢绞线或预应力钢丝。其工作原理是通过顶压锥形锚塞,将预应力筋卡在锚塞与锚环之间,当张拉完毕而放松预应力筋时,钢筋向体内回缩带动锚塞向锚环内楔紧,预应力筋通过摩擦力将预应力传给锚环,然后由锚环承压,将预压应力传递到混凝土构件上。

图 11-7 锥塞式锚具

张拉预应力筋时使用有两个油缸的双作用千斤顶,一种作用是夹住钢筋进行张拉;另一种作用是张拉至控制应力后,反方向将锚塞顶入锚环,将预应力钢丝或钢绞线夹紧在锚环和锚塞之间,不能再回缩至张拉前的长度。

锥塞式锚具可用于锚固 12 ~ 24 根直径为 5 ~ 8 mm 的预应力钢丝束,或直径为 11.1 mm、12.7 mm 和 15.2 mm,由 7 根高强钢丝组成的钢绞线束。

锥塞式锚具的尺寸较小,便于分散布置,张拉和锚固的效率较高,施工方便,在预应力混凝土屋架、屋面梁等房屋建筑及桥梁等土木工程中应用较为广泛。其缺点是相对滑移较大,且难以控制每根钢丝或钢绞线中应力的均匀性。

（2）夹片式锚具

夹片式锚具如图11-8所示，主要用于锚固预应力钢绞线，由夹片、锚板及锚垫板组成。两分式或三分式夹片构成一套锚塞，共同夹持一根钢绞线，每个锚板上有锥形的孔洞，在钢绞线回缩过程中夹片按楔块作用原理将其拉紧从而达到锚固的目的，属于自锚式锚具，无须外加顶塞作用。夹片式锚具品种很多，目前国内常用的有OVM、CVM、OLM、TYM等。

目前国内普遍采用的锚具规格有：M15-N锚具和M13-N锚具。其中，M代表锚具；15（13）代表钢绞线的规格为15.2（12.7）；N是指所要穿过的钢绞线根数。

图11-8 夹片式锚具

11.3.1.2 支承式锚具

支承式锚具主要有镦头锚具和螺丝端杆锚具（或称扎丝锚具）。

（1）镦头锚具（DM）

镦头锚具由锚环、外螺帽、内螺帽和垫板组成，如图11-9所示。

由千斤顶通过外螺帽张拉预应力钢丝，边张拉边拧紧内螺帽，张拉力通过内螺帽、垫板传至构件端部混凝土上形成预压力。非张拉端可用镦头钢丝和锚板进行锚固。每个锚具可同时锚固几根到一百多根5~7 mm的高强钢丝，也可用于单根粗钢筋。先将钢丝端头镦粗成球形，穿入锚杯孔内，边张拉边拧紧锚杯的螺帽。

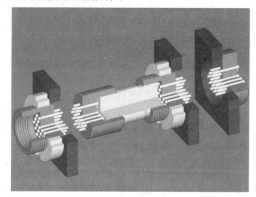

图11-9 镦头锚具

镦头锚具的优点是操作简便、迅速，锚固性能可靠，锚固力大，张拉操作方便，预应力损失较小。其缺点是钢丝端部需镦头，要求钢筋（丝）的长度有较高的精确度，否则会造成钢筋（丝）受力不均，施工要求较高。

（2）螺丝端杆锚具（LM）

螺丝端杆锚具适用于锚固预应力螺纹钢筋，如图11-10所示，其端部设有螺纹端，使用时和预应力筋对焊在一起，待预应力筋张拉完毕后，旋紧螺帽，预应力通过螺帽和垫板传力到混凝土上。

螺丝端杆锚具是锚固直径为12~40 mm单根粗钢筋最常用的锚具。

这种锚具的优点是：构造简单，用钢量省；滑移较小，预应力损失小；张拉操作方便，且便于再次张拉。其缺点是：对预应力筋长度的精度要求高，不能太长或太短，否则螺纹长度不够用。需要特别注意焊接接头的质量，以防止发生脆断。

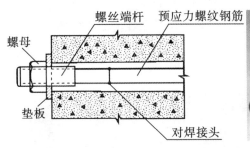

图 11-10　螺丝端杆锚具

11.3.1.3　固定端锚具

固定端锚具主要有 H 型锚具和 P 型锚具。

（1）H 型锚具

如图 11-11（a）所示，H 型锚具利用压花机将钢绞线端头压成梨形头，利用梨形自锚头与混凝土之间的黏结进行锚固。当需要把后张力传至混凝土时，可采用 H 型锚具。它适用于 55 根以下钢绞线束的锚固。

（2）P 型锚具

如图 11-11（b）所示，P 型锚具适用于构件端部受力大或端部空间受到限制的情况，它是使用挤压机将挤压锚压结在钢绞线上的一种握裹式锚具，预埋在混凝土内，按需要排布，待混凝土凝固到设计强度后，再进行张拉。它适用于锚固 19 根以下的钢绞线束。

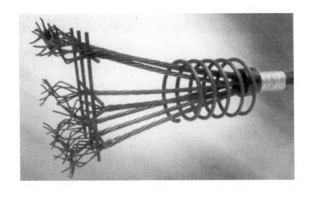

（a）H 型锚具　　　　　　　　　　　　（b）P 型锚具

图 11-11　固定端锚具

11.3.2　孔道成型与灌浆材料
Tube Form and Grouting Materials

后张有黏结预应力筋的孔道成型方法有抽拔型和预埋型两类。

抽拔型适用于直线形孔道,在浇筑混凝土前预埋钢管(或充水/充压的橡胶管),在混凝土浇筑并养护达到一定强度时拔抽出预埋管,便形成了预留在混凝土中的孔道。

预埋型适用于各种线形孔道,在浇筑前将金属波纹管或塑料波纹管(图 11-12)预埋于模板中,浇筑混凝土后永久留在构件中,形成预留孔道。

 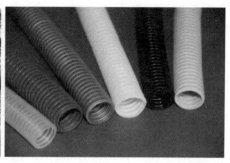

（a）金属波纹管　　　　　　　　（b）塑料波纹管

图 11-12　孔道成型材料

预留孔道的灌浆材料应具有流动性、密实性和微膨胀性,一般采用 32.5 或 32.5 以上标号的普通硅酸盐水泥,水灰比为 0.4~0.45,宜掺入 0.01% 水泥用量的铝粉作膨胀剂。当预留孔道的直径大于 150 mm 时,可在水泥浆中掺入不超过水泥用量 30% 的细砂或研磨很细的石灰石。

11.4　预应力损失计算
Calculation of Prestress Loss

11.4.1　张拉控制应力
The Control Stress of Tension

张拉预应力筋时允许的最大张拉应力称为张拉控制应力,亦即张拉钢筋时张拉设备(如千斤顶油压表)所控制的总张拉力除以预应力筋的截面面积所得到的应力值,用 σ_{con} 表示。

张拉控制应力的取值对预应力混凝土构件的受力性能影响很大。张拉控制应力越高,混凝土获得的预压应力越大,构件的抗裂度也越高,并可以节约预应力筋,所以张拉控制应力不能过低。但不是张拉控制应力越高越好,张拉控制应力的取值主要应根据构件的抗裂要求而定。如果张拉控制应力过高,可能带来以下问题:

1)张拉控制应力过高会造成构件在施工阶段的预拉区拉应力过大,甚至开裂。

2)张拉控制应力过高会增加预应力筋的应力松弛损失。

3)张拉控制应力过高,它与预应力筋强度标准值的比值过大(σ_{con}/f_{pyk}),构件出现裂缝时的荷载和极限荷载将十分接近,这使构件破坏前缺乏足够的预兆,构件延性较差。

4)当构件施工采用超张拉工艺时,可能会使个别钢筋的应力超过其屈服强度,产生永久变形或发生脆断。

5)张拉控制应力过高会对张拉设备、机具和锚具等要求均较高,经济效益不好。

因此,《混凝土结构设计规范》规定,预应力筋的张拉控制应力 σ_{con} 应符合下列规定:

消除应力钢丝、钢绞线

$$\sigma_{con} \leqslant 0.75 f_{ptk} \tag{11-1}$$

中强度预应力钢丝

$$\sigma_{con} \leqslant 0.70 f_{ptk} \tag{11-2}$$

预应力螺纹钢筋

$$\sigma_{con} \leqslant 0.85 f_{pyk} \tag{11-3}$$

式中　f_{ptk}——预应力筋极限强度标准值;

　　　f_{pyk}——预应力螺纹钢筋屈服强度标准值。

消除应力钢丝、钢绞线、中强度预应力钢丝的张拉控制应力值不应小于 $0.4f_{ptk}$,预应力螺纹钢筋的张拉应力控制值不宜小于 $0.5f_{pyk}$。

当符合下列情况之一时,上述张拉控制应力限制可相应提高 $0.05f_{ptk}$ 或 $0.05f_{pyk}$:

①要求提高构件在施工阶段的抗裂性能而在使用阶段受压区内设置的预应力筋;

②要求部分抵消由于应力松弛、摩擦、钢筋分批张拉以及预应力筋与张拉台座间的温差等原因产生的预应力损失。

11.4.2　预应力损失
The Losses of Prestress

钢筋张拉完毕或经历一段时间后,由于种种原因,钢筋中的张拉应力将逐渐降低,这种降低称为预应力损失。预应力损失会降低预应力效果,降低构件的抗裂性能和刚度,如预应力损失过大,会使构件过早出现裂缝,降低构件的刚度,甚至起不到预应力的作用。

引起预应力损失的因素很多,而且许多因素之间相互影响,所以要精确计算预应力损失非常困难。对预应力损失的计算,《混凝土结构设计规范》采用的是将各种因素产生的预应力损失值分别计算然后叠加的方法。下面分项讨论这些预应力损失。

11.4.2.1　张拉端锚具变形和钢筋内缩引起的预应力损失 σ_{l1}

预应力筋张拉完毕后,用锚具锚固在台座或构件上。由于锚具压缩变形、垫板与构件之间的缝隙被挤紧,以及钢筋和楔块在锚具内的滑移等因素的影响,将产生预应力损失,由符号 σ_{l1} 表示。由于锚固端的锚具变形在张拉过程中已经完成,计算这项损失时,只需考虑张拉端,不需考虑锚固端。

(1)直线预应力筋

直线预应力筋由于锚具变形和预应力筋内缩引起的预应力损失 σ_{l1} 应按下式计算:

$$\sigma_{l1} = \frac{a}{l} E_s \tag{11-4}$$

式中　a——张拉端锚具变形和预应力筋内缩值,mm,可按表 11-1 采用;

　　　l——张拉端至锚固端之间的距离,mm;

　　　E_s——预应力筋的弹性模量,N/mm²。

表 11-1　锚具变形与预应力筋内缩值 a

锚具类别		a/mm
支承式锚具(钢丝束镦头锚具等)	螺帽缝隙	1
	每块后加垫板的缝隙	1
夹片式锚具	有顶压时	5
	无顶压时	6~8

注:1. 表中锚具变形和预应力筋内缩值也可根据实测数据确定。

　　2. 其他类型的锚具变形和预应力筋内缩值应根据实测数据确定。

　　块体拼成的结构,其预应力损失尚应计算块体间填缝的预压变形。当采用混凝土或砂浆为填缝材料时,每条填缝的预压变形值可取为 1 mm。

(2) 曲线预应力筋

对后张法曲线或折线预应力筋,预应力筋回缩时受到指向张拉端的摩阻力(反向摩阻力)作用,由锚具变形和预应力筋内缩引起的预应力损失值 σ_{l1} 沿构件长度不是均匀分布的,而是集中在张拉端附近一定长度(即反向摩擦影响长度 l_f)范围内,见图 11-13。因此,锚固损失在张拉端最大,沿预应力筋向内逐步减小,直至消失。

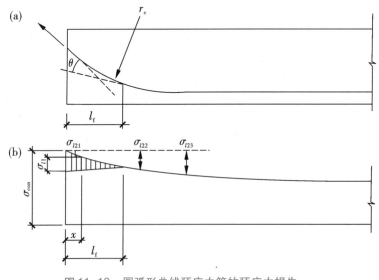

图 11-13　圆弧形曲线预应力筋的预应力损失 σ_{l1}

预应力损失 σ_{l1} 可根据曲线或折线预应力钢筋与孔壁之间反向摩擦影响长度 l_f 范围

内预应力筋总变形值,与锚具变形和预应力筋内缩值相等的条件确定。抛物线形预应力
筋可近似按圆弧形曲线预应力筋考虑,其对应的圆心角 $\theta \leqslant 30°$ 的圆弧形(抛物线形)曲线
预应力筋的锚固损失可按下式计算:

$$\sigma_{l1} = 2\sigma_{\text{con}}l_{\text{f}}\left(\frac{\mu}{r_{\text{c}}} + \kappa\right)\left(1 - \frac{x}{l_{\text{f}}}\right) \tag{11-5}$$

式中　x——从张拉端至计算截面的孔道长度,m,可近似取该段孔道在纵轴上的投影长
　　　　度,且不大于 l_{f};

　　　l_{f}——反向摩擦影响长度,m,按式(11-6)计算;

　　　r_{c}——圆弧形曲线预应力筋的曲线半径,m;

　　　μ——预应力筋与孔道壁之间的摩擦系数,按表 11-2 采用;

　　　κ——考虑孔道每米长度局部偏差的摩擦系数,按表 11-2 采用。

$$l_{\text{f}} = \sqrt{\frac{aE_{\text{s}}}{10000\sigma_{\text{con}}\left(\dfrac{\mu}{r_{\text{c}}} + \kappa\right)}} \tag{11-6}$$

表 11-2　摩擦系数

孔道成型方式	κ	μ	
		钢绞线、钢丝束	预应力螺纹钢
预埋金属波纹管	0.0015	0.25	0.50
预埋塑料波纹管	0.0015	0.15	—
预埋钢管	0.0010	0.30	—
抽芯成型	0.0014	0.55	0.60
无黏结预应力筋	0.0040	0.09	—

注:表中系数也可根据实测数据确定。

减小 σ_{l1} 的措施有:

1)选择锚具变形和钢筋内缩较小的锚具。

2)尽量减少垫板的数量。

3)对先张法,可增加台座的长度。当台座长度超过 100 m 时,σ_{l1} 可忽略不计。

11.4.2.2　预应力筋与孔道壁之间的摩擦引起的预应力损失 σ_{l2}

采用后张法张拉预应力筋时,钢筋与孔道壁之间产生摩擦力,使预应力筋的应力从张
拉端向里逐渐降低。预应力筋与孔道壁间摩擦力产生的原因为:①直线预留孔道因施工
原因发生凹凸和轴线的偏差,使钢筋与孔道壁产生法向压力而引起摩擦力;②曲线预应力
筋与孔道壁之间的法向压力引起的摩擦力。

孔道长度上局部位置偏移引起的摩擦系数 κ 与以下因素有关:预应力筋的表面形状、
孔道成型的质量状况(如孔道尺寸偏差、孔壁粗糙、孔道不直等)、预应力筋接头的外形、

预应力筋与孔壁接触程度。

由图 11-14 可知,预应力筋张拉时与孔壁的某些部位接触产生法向力,它与张拉力成正比,并产生与张拉方向相反的摩擦力,使钢筋中的预拉应力减小,离张拉端越远,预拉应力值越小。

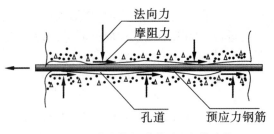

图 11-14 预应力筋与孔道壁之间的摩擦

当采用曲线预应力筋时,预应力筋在弯道处也产生垂直于孔壁的法向力,从而引起摩擦力,它与曲线孔道部分的曲率有关。在曲线预应力筋摩擦损失中,预应力筋与曲线弯道之间的摩擦引起的损失是控制因素。

预应力筋与孔道壁之间摩擦引起的预应力损失 σ_{l2} 可按下式计算:

$$\sigma_{l2} = \sigma_{con}(1 - \frac{1}{e^{\kappa x + \mu\theta}}) \tag{11-7}$$

当($\kappa x + \mu\theta$)不大于 0.3 时, σ_{l2} 可按以下近似公式计算:

$$\sigma_{l2} = \sigma_{con}(\kappa x + \mu\theta) \tag{11-8}$$

式中 x——从张拉端至计算截面的孔道长度,可近似取该段孔道在纵轴上的投影长度,m;

θ——从张拉端至计算截面曲线孔道各部分切线的夹角之和,rad。

其他参数意义及取值方法同式(11-5)。

在以上公式中,对按抛物线、圆曲线变化的空间曲线及可分段后叠加的广义空间曲线,夹角之和 θ 可按下列近似公式计算:

抛物线、圆弧曲线 $$\theta = \sqrt{\alpha_v^2 + \alpha_h^2} \tag{11-9}$$

广义空间曲线 $$\theta = \sum \sqrt{\Delta\alpha_v^2 + \Delta\alpha_h^2} \tag{11-10}$$

式中 α_v、α_h——按抛物线、圆曲线变化的空间曲线预应力筋在竖直向、水平向投影所形成的抛物线、圆曲线的弯转角;

$\Delta\alpha_v$、$\Delta\alpha_h$——广义空间曲线预应力筋在竖直向、水平向投影所形成的分段曲线的弯转角增量。

减小 σ_{l2} 的措施:

1)采用两端张拉。对较长的构件或弯曲角度较大时,可在两端进行张拉,则计算中的孔道长度即可减少一半, σ_{l2} 亦可减少一半。

2)采用超张拉。超张拉的张拉程序为: $0 \rightarrow 1.1\sigma_{con} \xrightarrow{\text{持荷 2 min}} 0.85\sigma_{con} \xrightarrow{\text{持荷 2 min}} \sigma_{con}$。

先张法构件当采用折线形预应力筋时,在转向装置处也有摩擦力,由此产生的预应力筋摩擦损失按实际情况确定。

当采用电热后张法时,不考虑这项损失。

11.4.2.3 预应力筋与台座之间温差引起的预应力损失 σ_{l3}

先张法预应力混凝土构件常采用蒸汽养护以加速台座周转。在养护的升温阶段钢筋受热伸长,台座长度不变,而此时混凝土尚未硬化,故钢筋应力值降低,产生应力损失值 σ_{l3};降温时,混凝土已经硬化并与钢筋产生了黏结,能够一起回缩,由于这两种材料的线膨胀系数相近,原来建立的应力关系不再发生变化。

设预应力筋的有效长度为 l,预应力筋与台座之间的温差为 Δt,则预应力筋因温度升高而产生的伸长变形为 $\Delta l = \alpha \Delta t l$。则预应力筋的应力损失 σ_{l3} 为:

$$\sigma_{l3} = \frac{\Delta l}{l} E_s = \alpha \Delta t E_s$$

式中　α ——预应力筋的温度线膨胀系数,钢材一般可取 $\alpha = 1 \times 10^{-5}\,℃^{-1}$。

由于钢筋的弹性模量 $E_P \approx 2 \times 10^5\ \text{N/mm}^2$,因此 σ_{l3} 的计算公式为:

$$\sigma_{l3} = 2\Delta t \qquad\qquad (11\text{-}11)$$

式中,σ_{l3} 以 "N/mm^2" 计。

为了减小温差引起的预应力损失 σ_{l3},可采取以下措施:

1)采用二次升温养护方法。先在常温或略高于常温下养护,待混凝土达到一定强度后,再逐渐升温至养护温度,这时因为混凝土已硬化与钢筋黏结成整体,能够一起伸缩而不会引起应力变化。

2)采用整体式钢模板。预应力筋锚固在钢模板上,因钢模板与构件一起加热养护,不会引起此项预应力损失。

11.4.2.4 预应力筋应力松弛引起的预应力损失 σ_{l4}

钢筋在高应力下,具有随时间增长而产生塑性变形的性能。在钢筋长度保持不变的条件下,钢筋应力会随时间的增长而降低,这种现象称为应力松弛。预应力筋张拉后固定在台座或构件上时,都会引起应力松弛,这种由于应力松弛引起的预应力筋应力的降低,称为预应力筋应力松弛损失 σ_{l4}。

钢筋应力松弛与以下因素有关:

1)钢筋性能。预应力钢丝和钢绞线有普通松弛和低松弛两种,前者的应力松弛损失要大于后者。

2)张拉时的初始应力值和钢筋极限强度的比值。当初始应力 $\sigma_{con} \leqslant 0.7 f_{ptk}$ 时,应力松弛与初始应力呈线性关系;当初始应力 $\sigma_{con} > 0.7 f_{ptk}$ 时,应力松弛显著增大,在高应力下,短时间的松弛可达到低应力下较长时间才能达到的数值。当初始应力 $\sigma_{con} \leqslant 0.5 f_{ptk}$ 时,实际的应力松弛值已很小,为简化计算,取其损失值为零。

3)与时间有关。张拉初期松弛发展很快,1000 h 后增加缓慢,5000 h 后仍有所发展,在张拉后的前 2 min 内,松弛值大约为总松弛值的 30%,5 min 内约为 40%,1 min 内完成50%,24 h 内完成 80% 左右,以后发展缓慢。

预应力筋应力松弛引起的预应力损失 σ_{l4} 可按下列方法计算。

(1)消除应力钢丝、钢绞线

普通松弛:

$$\sigma_{l4} = 0.4\left(\frac{\sigma_{con}}{f_{ptk}} - 0.5\right)\sigma_{con} \qquad\qquad (11\text{-}12)$$

低松弛：

当 $\sigma_{con} \leqslant 0.7f_{ptk}$ 时

$$\sigma_{l4} = 0.125\left(\frac{\sigma_{con}}{f_{ptk}} - 0.5\right)\sigma_{con} \tag{11-13}$$

当 $0.7f_{ptk} < \sigma_{con} \leqslant 0.8f_{ptk}$ 时

$$\sigma_{l4} = 0.20\left(\frac{\sigma_{con}}{f_{ptk}} - 0.575\right)\sigma_{con} \tag{11-14}$$

（2）预应力螺纹钢筋

$$\sigma_{l4} = 0.03\sigma_{con} \tag{11-15}$$

（3）中强度预应力钢丝

$$\sigma_{l4} = 0.08\sigma_{con} \tag{11-16}$$

为了减少应力松弛损失，可采用超张拉法，先控制张拉应力至 $1.05\sigma_{con}$，持荷 2 min，然后卸荷至张拉控制应力 σ_{con}，便可减少应力松弛引起的预应力损失。其原理是：高应力（超张拉）下短时间内发生的应力松弛损失在低应力下需要较长时间才能完成，持荷 2 min 可使相当一部分松弛损失完成。所以，经超张拉后部分松弛已经完成，锚固后的应力松弛即可减小。

11.4.2.5 混凝土收缩和徐变引起的预应力损失 σ_{l5}

混凝土在空气中结硬时会产生体积收缩，而在预压力作用下，混凝土沿受压方向又要产生徐变。两者均使构件的长度缩短，使预应力筋随之回缩，引起预应力损失值。由于收缩和徐变均使预应力筋回缩，两者的影响因素、变化规律相似，且相互作用，为简化起见，《混凝土结构设计规范》将合并考虑两者所产生的预应力损失。

一般情况下，混凝土收缩、徐变引起受拉区和受压区纵向预应力筋的预应力损失 σ_{l5}、σ'_{l5}（单位：N/mm²）可按下列公式计算：

先张法构件

$$\sigma_{l5} = \frac{60 + 340\dfrac{\sigma_{pc}}{f'_{cu}}}{1 + 15\rho} \tag{11-17}$$

$$\sigma'_{l5} = \frac{60 + 340\dfrac{\sigma'_{pc}}{f'_{cu}}}{1 + 15\rho'} \tag{11-18}$$

后张法构件

$$\sigma_{l5} = \frac{55 + 300\dfrac{\sigma_{pc}}{f'_{cu}}}{1 + 15\rho} \tag{11-19}$$

$$\sigma'_{l5} = \frac{55 + 300\dfrac{\sigma'_{pc}}{f'_{cu}}}{1 + 15\rho'} \tag{11-20}$$

式中 σ_{pc}、σ'_{pc}——受拉区、受压区预应力筋合力点处的混凝土法向压应力,详见
11.6 节。

f'_{cu}——施加预应力时的混凝土立方体抗压强度。

ρ、ρ'——受拉区、受压区预应力筋和普通钢筋的配筋率:对先张法构件,$\rho = (A_p +$
$A_s)/A_0$,$\rho' = (A'_p + A'_s)/A_0$;对后张法构件, $\rho = (A_p + A_s)/A_n$,$\rho' = (A'_p +$
$A'_s)/A_n$;对于对称配置预应力筋和普通钢筋的构件(如轴心受拉构件),
配筋率 ρ、ρ' 应按钢筋总截面面积的一半计算。A_0 为换算截面面积,包
括净截面面积以及全部纵向预应力筋截面面积换算成混凝土的截面面
积。A_n 为净截面面积,即扣除孔道、凹槽等削弱部分以外的混凝土全部
截面面积及纵向非预应力筋截面面积换算成混凝土的截面面积之和;
对由不同混凝土强度等级组成的截面,应根据混凝土弹性模量比值换
算成同一混凝土强度等级的截面面积。

由式(11−17) ～式(11−20)可见,后张法 σ_{l5} 的取值比先张法构件要低,这是因为后张法
构件在施加预应力时,混凝土的收缩已完成了一部分。此外,σ_{l5} 与相对初应力 σ_{pc}/f'_{cu} 呈
线性关系,故式(11−17) ～式(11−20)给出的是线性徐变条件下的应力损失,故必须符合
$\sigma_{pc} \leq 0.5f'_{cu}$ 的条件,否则将产生非线性徐变,预应力损失值将显著增加。

结构处于年平均相对湿度低于40%的环境下,σ_{l5} 和 σ'_{l5} 值应增加30%。

对重要的结构构件,当需要考虑与时间相关的混凝土收缩、徐变损失值时,可按《混
凝土结构设计规范》附录 K 进行计算。

混凝土收缩和徐变引起的预应力损失 σ_{l5} 在预应力总损失中占的比重较大,约为
40%～50%,在设计中应注意采取措施减少混凝土的收缩和徐变。可采取的措施有:

1)采用高标号水泥,以减少水泥用量;

2)采用高效减水剂,以减小水灰比;

3)采用级配好的骨料,加强振捣,提高混凝土的密实性;

4)加强养护,以减小混凝土的收缩。

11.4.2.6 螺旋预应力配筋对环形构件混凝土的局部挤压引起的预应力损失 σ_{l6}

用螺旋式预应力筋配筋的环形构件,由于预应力筋对混凝土的局部挤压,将引起预应
力损失值 σ_{l6}。混凝土受到挤压后,环形结构的直径将减小 2δ(δ 为挤压变形值),如
图 11−15所示,则 σ_{l6} 可按下式计算:

$$\sigma_{l6} = \varepsilon_s E_s = \frac{2\delta}{D} E_s \qquad (11−21)$$

由上式可见,σ_{l6} 的大小与构件的直径成反比,直径愈小,损失愈大。因此,《混凝土结
构设计规范》规定:当构件直径 $D \leq 3$ m 时,$\sigma_{l6} = 30$ N/mm²;当构件直径 $D > 3$ m 时,不考虑
该项损失。

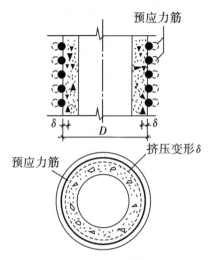

图 11-15　螺旋式预应力筋对环形构件的局部挤压变形

11.4.3　预应力损失值的组合
Combination of Prestress Loss

11.4.3.1　预应力损失值的组合

上述六项预应力损失有的只发生在先张法中,有的只发生于后张法中,有的在先张法和后张法中均有,且各项损失也不是同时产生的,而是按不同张拉方法分批出现的。为了构件应力分析和计算需要,可将各项预应力损失值加以组合,通常把混凝土预压前产生的损失称为第一批预应力损失,以 σ_{lI} 表示,混凝土预压后产生的损失称为第二批预应力损失,以 σ_{lII} 表示。各阶段预应力损失值的组合见表 11-3,其中先张法构件的 σ_{l2} 是对折线预应力筋,考虑钢筋转向装置处摩擦引起的应力损失,其数值按实际情况确定。

表 11-3　各阶段预应力损失值的组合

预应力损失值的组合	先张法构件	后张法构件
混凝土预压前(第一批)的损失	$\sigma_{l1}+\sigma_{l2}+\sigma_{l3}+\sigma_{l4}$	$\sigma_{l1}+\sigma_{l2}$
混凝土预压后(第二批)的损失	σ_{l5}	$\sigma_{l4}+\sigma_{l5}+\sigma_{l6}$

注:先张法构件由于钢筋应力松弛引起的损失值 σ_{l4} 在第一批和第二批损失中所占的比例如需区分,可根据实际情况确定。

11.4.3.2　预应力总损失的下限值

由于预应力损失的复杂性,预应力损失的计算值与实际值可能存在一定差异,为确保预应力混凝土构件的抗裂性,《混凝土结构设计规范》规定,当计算求得的预应力总损失

$\sigma_l = \sigma_{lI} + \sigma_{lII}$ 小于下列数值时,应按下列数据取用:

先张法构件 100 N/mm²;

后张法构件 80 N/mm²。

当后张法构件采用分批张拉时,应考虑后批张拉钢筋所产生的混凝土弹性压缩(或伸长)致使先批张拉钢筋中原来建立的预应力值降低(或提高)。若分若干批张拉,则每批张拉时都将逐次降低(或提高)应力值,且数值均不相同。此时可将先批张拉钢筋的张拉应力值 σ_{con} 增加(或减小)$\alpha_E \sigma_{pci}$,此处 α_E 为钢筋与混凝土弹性模量之比 E_s/E_c,σ_{pci} 为后批张拉钢筋在先批张拉钢筋重心处产生的混凝土法向应力。

11.4.3.3 有效预应力值

混凝土预压完成、预应力损失全部出现后,预应力筋中所承受预应力的大小称为有效预应力值。由于施工方法的不同,在先张法或后张法构件中有效预应力值是不同的。

(1)后张法构件

由于在张拉钢筋时,构件混凝土已同时受到预压,因此后张法构件在预应力损失全部出现后,预应力筋中所建立起来的有效预应力值为张拉控制应力值减去总的预应力损失值,即:

$$\sigma_{pe} = \sigma_{con} - \sigma_l \tag{11-22}$$

(2)先张法构件

在张拉钢筋时,混凝土尚未浇筑,张紧的钢筋是锚固在台座上的。直至放松预应力筋时,混凝土才受到预压,此时,混凝土产生弹性压缩。假设混凝土的应力-应变关系为线弹性,如果混凝土压缩应变为 ε_c,则预应力筋也同样产生压缩应变 ε_p,且 $\varepsilon_p = \varepsilon_c$,从而使预应力筋的应力减小了 $\Delta\sigma_p = \varepsilon_p E_{ps} = \varepsilon_c E_{ps} = \dfrac{\sigma_{pc}}{E_c} E_{ps} = \alpha_{Ep} \sigma_p$,此处 $\alpha_{Ep} = E_{ps}/E_c$。

因此,在预应力损失全部出现后,先张法构件在预应力筋中所建立的有效预应力值应为:

$$\sigma_{pe} = (\sigma_{con} - \sigma_l) - \Delta\sigma_p = \sigma_{con} - \sigma_l - \alpha_{Ep}\sigma_p \tag{11-23}$$

11.4.4 有效预应力沿构件长度的分布
The Length of Effective Prestress

11.4.4.1 先张法——预应力传递长度 l_{tr} 和锚固长度 l_a.

对于先张法构件,理论上各项预应力损失值沿构件长度方向均相同,但由于它是依靠预应力筋与混凝土之间的黏结传递预应力的,因此,在构件端部需经过一段传递长度 l_{tr}(传递长度内黏结应力的合力应等于预应力筋的有效预拉力 $A_p\sigma_{pe}$)才能在构件的中间区段建立起不变的有效预应力,如图 11-16 所示。

黏结应力为非均匀分布,因此 l_{tr} 范围内钢筋与混凝土的预应力应为曲线变化,但为了简化起见,《混凝土结构设计规范》近似按线性变化规律考虑,并规定先张法构件预应力

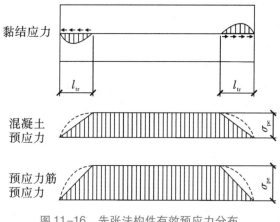

图 11-16　先张法构件有效预应力分布

筋的预应力传递长度 l_{tr} 应按下式计算：

$$l_{tr} = \alpha \frac{\sigma_{pe}}{f'_{tk}} d \qquad (11-24)$$

式中　σ_{pe}——放张时预应力筋的有效预拉应力；

　　　　d——预应力筋的公称直径；

　　　　α——预应力筋的外形系数，按表 2-3 采用；

　　　　f'_{tk}——与放张时混凝土立方体抗压强度 f'_{cu} 相应的轴心抗拉强度标准值，可按线性内插法确定。

当采用骤然放松预应力筋的施工工艺时，由于构件端部一定长度内预应力筋与混凝土之间的黏结力被破坏，所以对光面预应力钢丝，l_{tr} 的起点应从距构件末端 $0.25l_{tr}$ 处开始计算。

先张法构件端部的预应力传递长度 l_{tr} 和预应力筋的锚固长度 l_a 是两个不同的概念。前者是从预应力筋应力为零的端部到应力为 σ_{pe} 的这一段长度 l_{tr}，在正常使用阶段，对先张法构件端部进行抗裂验算时，应考虑 l_{tr} 内实际应力值的变化；而后者是当构件在外荷载作用下达到承载能力极限状态时，预应力筋的应力达到抗拉强度设计值 f_{py}，为了使预应力筋不致被拔出，预应力筋应力从端部的零到 f_{py} 的这一段长度 l_a。

11.4.4.2　后张法构件有效预应力沿构件长度的分布

后张法构件中，摩擦损失 σ_{l2} 在张拉端为零，然后逐渐增大，至锚固端达最大值。若预应力筋为直线，则其他各项损失值沿构件长度方向不变。因此，预应力筋的有效应力沿构件长度方向的各截面是不同的，从而在混凝土中建立的有效预应力也是变化的（张拉端最大，锚固端最小），其分布规律同摩擦损失。所以，计算后张法构件时，必须特别注意针对哪个截面。若预应力筋为曲线，则 σ_{l5} 沿构件长度方向也变化，应力分布较复杂。

11.5 预应力混凝土轴心受拉构件
Prestressed Concrete Axial Tensile Members

预应力混凝土轴心受拉构件从张拉钢筋开始直到构件破坏，截面中混凝土和钢筋应力的变化可以分为两个阶段，即施工阶段和使用阶段。设计计算主要包括正截面承载力计算、使用阶段裂缝控制验算和施工阶段局部承压验算等内容，其中使用阶段裂缝控制验算包括抗裂验算和裂缝宽度验算。

11.5.1 先张法轴心受拉构件
Pretension Axially Tensile Members

先张法轴心受拉构件受力特点为：预加力首先加在台座上，释放钢筋时，释放的力直接加在混凝土换算截面上，该力不仅在混凝土和非预应力筋上产生预压应力，且使预应力筋的应力减小。

1）张拉预应力筋。在固定的台座上穿好预应力筋（截面面积为 A_p），用张拉设备张拉预应力筋至张拉控制应力 σ_{con}，预应力筋所受的总拉力 $N_p = \sigma_{con}A_p$，此时该拉力由台座承担。

2）完成第一批损失（混凝土受到预压前）。张拉完毕，将预应力筋锚固在台座上，混凝土浇筑完毕并进行养护。由于锚具变形、预应力筋的部分松弛和混凝土养护时引起的温差等原因，使预应力筋产生了第一批预应力损失 σ_{l1}，此时预应力筋的有效拉应力为 $(\sigma_{con} - \sigma_{l1})$，预应力筋的合力为 $N_{p1} = (\sigma_{con} - \sigma_{l1})A_p$，由于此时预应力筋仍未放松，该拉力由台座承担，混凝土和非预应力筋的应力均为零，如图 11-17（a）所示。

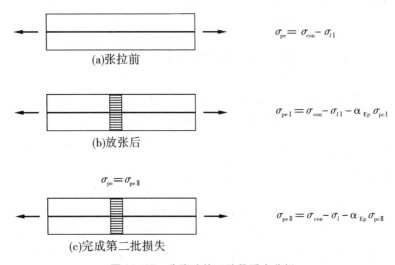

$$\sigma_{pe} = \sigma_{con} - \sigma_{l1}$$

(a)张拉前

$$\sigma_{pe\,I} = \sigma_{con} - \sigma_{l1} - \alpha_{Ep}\sigma_{pc\,I}$$

(b)放张后

$$\sigma_{pc} = \sigma_{pc\,II}$$

$$\sigma_{pe\,II} = \sigma_{con} - \sigma_l - \alpha_{Ep}\sigma_{pc\,II}$$

(c)完成第二批损失

图 11-17 先张法施工阶段受力分析

3）当混凝土达到75%以上设计强度后，放松预应力筋，预应力筋发生弹性回缩而缩短,依靠钢筋与混凝土间的黏结力挤压混凝土,使混凝土受压而缩短,由于预应力筋与混凝土之间存在黏结力,所以预应力筋的回缩量与混凝土受预压的弹性压缩量相等,由变形协调条件可得,混凝土受到的预压应力为 σ_{pcI},非预应力筋受到的预压应力为 $\alpha_{Es}\sigma_{pcI}$。预应力筋的应力减少了 $\alpha_{Ep}\sigma_{pcI}$。因此,放张后预应力筋的有效拉应力 σ_{peI}[图 11-17(b)]为:

$$\sigma_{peI} = \sigma_{con} - \sigma_{lI} - \alpha_{Ep}\sigma_{pcI} \tag{11-25}$$

此时,预应力构件处于自平衡状态,由内力平衡条件可知,预应力筋所受的拉力等于混凝土和非预应力筋所受的压力。即有:

$$\sigma_{peI}A_p = \sigma_{pcI}A_c + \alpha_{Es}\sigma_{pcI}A_s \tag{11-26}$$

将式(11-25)代入并整理得:

$$\sigma_{pcI} = \frac{(\sigma_{con} - \sigma_{lI})A_p}{A_c + \alpha_{Es}A_s + \alpha_{Ep}A_p} = \frac{N_{pI}}{A_0} \tag{11-27}$$

式中 N_{pI}——$N_{pI} = (\sigma_{con} - \sigma_{lI})A_p$,为预应力筋在完成第一批损失后的合力;

   A_0——换算截面面积,为混凝土截面面积与非预应力筋和预应力筋换算成混凝土的截面面积之和,$A_0 = A_c + \alpha_{Es}A_s + \alpha_{Ep}A_p$;

   α_{Es}、α_{Ep}——非预应力筋、预应力筋的弹性模量与混凝土弹性模量的比值。

4)构件在预应力 σ_{peI} 的作用下,混凝土发生收缩和徐变,预应力筋继续松弛,构件进一步缩短,完成第二批应力损失 σ_{lII}。此时混凝土和钢筋将进一步缩短,混凝土的应力由 σ_{pcI} 减少为 σ_{pcII},假定普通钢筋由混凝土发生收缩和徐变引起的应力增量与预应力筋的该项预应力损失值相同,即近似取 σ_{l5},则普通钢筋的预压应力由 $\alpha_{Es}\sigma_{pcI}$ 变为 $\alpha_{Es}\sigma_{pcII} + \sigma_{l5}$,预应力筋的有效拉应力 σ_{pcII} 为 $\sigma_{con} - \sigma_l - \alpha_{Ep}\sigma_{pcII}$,式中,$\sigma_l = \sigma_{lI} + \sigma_{lII}$ 为全部预应力损失[图 11-17(c)]。

根据构件截面的内力平衡条件 $\sigma_{peII}A_p = \sigma_{pcII}A_c + (\alpha_{Es}\sigma_{pcII} + \sigma_{l5})A_s$,可得:

$$\sigma_{pcII} = \frac{(\sigma_{con} - \sigma_l)A_p - \sigma_{l5}A_s}{A_c + \alpha_{Es}A_s + \alpha_{Ep}A_p} = \frac{N_{pII}}{A_0} \tag{11-28}$$

式中,$N_{pII} = (\sigma_{con} - \sigma_l)A_p - \sigma_{l5}A_s$,即为预应力筋完成全部预应力损失后预应力筋和非预应力筋的合力。

式(11-28)说明预应力筋按张拉控制应力 σ_{con} 进行张拉,在放张后并完成全部预应力损失 σ_l 时,先张法预应力混凝土轴心受拉构件在换算截面 A_0 上建立了预压应力 σ_{pcII}。

11.5.2 后张法轴心受拉构件
Post-tension Axially Tensile Members

后张法预应力混凝土轴心受拉构件施工阶段的主要工序为:浇筑混凝土并预留孔道,穿设并张拉预应力筋,锚固预应力筋和孔道灌浆。从施工工艺来看,后张法与先张法的主要区别仅在于张拉预应力筋与浇筑混凝土先后次序不同,但是其应力状况与先张法有本质差别。

1)张拉预应力筋之前:浇筑混凝土,养护直至钢筋张拉前,可以认为截面不产生任何应力,如图 11-18(a)所示。

2）张拉预应力筋：张拉预应力筋的同时，千斤顶的反作用力通过传力架传给混凝土，使混凝土受到弹性压缩，如图 11-18(b) 所示，在张拉过程中产生由于预应力筋与孔壁之间的摩擦引起的预应力损失 σ_{l2}，锚固预应力筋后，锚具的变形和预应力筋的回缩引起预应力损失 σ_{l1}，从而完成了第一批预应力损失 σ_{lI}。此时，混凝土受到的压应力为 σ_{pcI}，普通钢筋所受到的压应力为 $\alpha_{Es}\sigma_{pcI}$。预应力筋的有效拉应力 σ_{peI} 为：

$$\sigma_{peI} = \sigma_{con} - \sigma_{lI} \tag{11-29}$$

由构件截面的内力平衡条件 $\sigma_{pcI}A_p = \sigma_{pcI}A_c + \alpha_{Es}\sigma_{pcI}A_s$，可得：

$$\sigma_{pcI} = \frac{(\sigma_{con}-\sigma_{lI})A_p}{A_c+\alpha_{Es}A_s} = \frac{N_{pI}}{A_n} \tag{11-30}$$

式中　N_{pI}——完成第一批预应力损失后预应力筋的合力；

　　　A_n——构件的净截面面积，即扣除孔道后混凝土的截面面积与纵向非预应力筋换算成混凝土的截面面积之和，$A_0 = A_c + \alpha_{Es}A_s$。

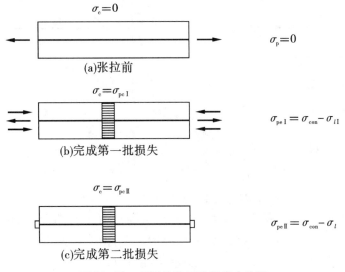

图 11-18　后张法施工阶段应力分析

3）随着时间的增长，将发生因预应力筋的松弛、混凝土的收缩和徐变（对环形构件还有挤压变形）而引起的预应力损失及 σ_{l4}、σ_{l5}（以及 σ_{l6}），此时混凝土的应力由 σ_{pcI} 变为 σ_{pcII}，普通钢筋的预压应力由 $\alpha_{Es}\sigma_{peI}$ 变为 $\alpha_{Es}\sigma_{peII}+\sigma_{l5}$，如图 11-18(c) 所示。预应力筋的有效应力 σ_{peII} 为：

$$\sigma_{peII} = \sigma_{peI} - \sigma_{lII} = \sigma_{con} - \sigma_{lI} - \sigma_{lII} = \sigma_{con} - \sigma_l \tag{11-31}$$

由力的平衡条件 $\sigma_{peII}A_p = \sigma_{pcII}A_c + (\alpha_{Es}\sigma_{pcII}+\sigma_{l5})A_s$，可得：

$$\sigma_{pcII} = \frac{(\sigma_{con}-\sigma_l)A_p - \sigma_{l5}A_s}{A_c+\alpha_{Es}A_s} = \frac{N_{pII}}{A_n} \tag{11-32}$$

式中，$N_{pII} = (\sigma_{con}-\sigma_l)A_p - \sigma_{l5}A_s$，即为预应力筋完成全部预应力损失后预应力筋和非预应力筋的合力。

式 (11-32) 说明预应力筋按张拉控制应力 σ_{con} 进行张拉，在放张后并完成全部预应力损

失 σ_l 时,后张法预应力混凝土轴心受拉构件在构件净截面 A_n 上建立了预压应力 σ_{pII}。

11.5.3　先张法与后张法的比较
Pre-tensioned and Post-tensioned Comparison

1)计算预应力混凝土轴心受拉构件截面混凝土的有效预压应力 σ_{pI}、σ_{pII} 时,可分别将一个轴向压力 σ_{pI}、σ_{pII} 作用于构件截面上,然后按材料力学公式计算。压力 σ_{pI}、σ_{pII} 由预应力筋和非预应力筋仅扣除相应阶段预应力损失后的应力乘以各自的截面面积并反向,然后再叠加而得(图 11-19)。计算时所用构件截面面积为:先张法用换算截面面积 A_0,后张法用构件的净截面面积 A_n。弹性压缩部分在钢筋应力中未出现,是由于它已经隐含在构件截面面积内了。

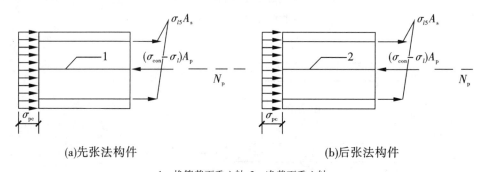

(a)先张法构件　　　　　　　　　　　　(b)后张法构件

1—换算截面重心轴;2—净截面重心轴

图 11-19　轴心受拉构件预应力筋及非预应力筋合力位置

2)在先张法预应力混凝土轴心受拉构件中,放松预应力筋后,因混凝土弹性压缩变形会引起预应力损失;在后张法预应力混凝土轴心受拉构件中,混凝土的弹性压缩变形是在预应力筋张拉过程中发生的,因此没有相应的预应力损失。所以,相同条件的预应力混凝土轴心受拉构件,当预应力筋的张拉控制应力相等时,先张法预应力筋中的有效预应力比后张法的小,相应建立的混凝土预压应力也比后张法的小,具体的数量差异取决于混凝土弹性压缩变形的大小。

3)在施工阶段中,当考虑到所有的预应力损失后,计算混凝土的预压应力 σ_{pcII} 的式(11-28)(先张法)与式(11-32)(后张法)在形式上大致相同,主要区别在于公式中的分母分别为 A_0 和 A_n。由于 $A_0 > A_n$,因此先张法预应力混凝土轴心受拉构件的混凝土预压应力小于后张法预应力混凝土轴心受拉构件的混凝土预压应力。

以上结论可推广应用于计算预应力混凝土受弯构件的混凝土预应力,只需将 σ_{pI}、σ_{pII} 改为偏心压力。

11.5.4　正常使用阶段应力分析
Stress Analysis of Normal Use

预应力混凝土轴心受拉构件在正常使用荷载的作用下,其受力特征点可划分为消压极限状态、开裂极限状态和带缝工作阶段。

11.5.4.1　消压极限状态

对构件施加轴心拉力 N_0 时,在截面上产生的拉应力为:

$$\sigma_{c0} = N_0 / A_0 \tag{11-33}$$

刚好与混凝土的预压应力 $\sigma_{pc\,II}$ 相等,即 $|\sigma_{c0}| = |\sigma_{pc\,II}|$,称 N_0 为消压轴力。此时,非预应力筋的应力由原来的 $\alpha_{Es}\sigma_{pc\,II} + \sigma_{l5}$ 减小了 $\alpha_{Es}\sigma_{pc\,II}$,即非预应力筋的应力 $\sigma_{s0} = \sigma_{l5}$;预应力筋的应力则由原来的 $\sigma_{pe\,II}$ 增加了 $\alpha_{Ep}\sigma_{pc\,II}$。

对于先张法预应力混凝土轴心受拉构件,结合式(11-25),得到预应力筋的应力 σ_{p0} 为:

$$\sigma_{p0} = \sigma_{con} - \sigma_l \tag{11-34a}$$

对于后张法预应力混凝土轴心受拉构件,结合式(11-31),得到预应力筋的应力 σ_{p0} 为:

$$\sigma_{p0} = \sigma_{con} - \sigma_l + \alpha_{Ep}\sigma_{pc\,II} \tag{11-34b}$$

预应力混凝土轴心受拉构件的消压状态,相当于普通混凝土轴心受拉构件承受荷载的初始状态,混凝土不参与受拉,轴心拉力 N_0 由预应力筋和非预应力筋承受,则:

$$N_0 = \sigma_{p0}A_p - \sigma_{s0}A_s \tag{11-35}$$

将式(11-34a)代入式(11-35),结合式(11-28),得到先张法预应力混凝土轴心受拉构件的消压轴力 N_0 为:

$$N_0 = (\sigma_{con} - \sigma_l)A_p - \sigma_{l5}A_s = \sigma_{pc\,II}A_0 \tag{11-36a}$$

将式(11-34b)代入式(11-35),结合式(11-32),得到后张法预应力混凝土轴心受拉构件的消压轴力 N_0 为:

$$N_0 = (\sigma_{con} - \sigma_l + \alpha_{Ep}\sigma_{pc\,II})A_p - \sigma_{l5}A_s = \sigma_{pc\,II}(A_n + \alpha_{Ep}A_p) = \sigma_{pc\,II}A_0 \tag{11-36b}$$

11.5.4.2　开裂极限状态

在消压轴力 N_0 基础上,继续施加足够的轴心拉力,使得构件中混凝土的拉应力达到其抗拉强度 f_{tk},混凝土处于受拉即将开裂但尚未开裂的极限状态,称该轴心拉力为开裂轴力 N_{cr}。此时混凝土所受到的拉应力为 f_{tk};非预应力筋由压应力 σ_{l5} 增加了拉应力 $\alpha_{Es}f_{tk}$,预应力筋的拉应力由 σ_{p0} 增加了 $\alpha_{Ep}f_{tk}$,即 $\sigma_{s,cr} = \alpha_{Ep}f_{tk} - \sigma_{l5}$,$\sigma_{p,cr} = \sigma_{p0} + \alpha_{Ep}f_{tk}$。

此时构件所承受的轴心拉力为:

$$N_{cr} = N_0 + f_{tk}A_c + \alpha_{Es}f_{tk}A_s + \alpha_{Ep}f_{tk}A_p = N_0 + (A_c + \alpha_{Es}A_s + \alpha_{Ep}A_p)f_{tk} = (\sigma_{pc\,II} + f_{tk})A_0 \tag{11-37}$$

11.5.4.3　带缝工作阶段

当构件所承受的轴心拉力 N 超过开裂轴力 N_{cr} 后,构件受拉开裂,并出现多道大致垂直于构件轴线的裂缝,裂缝所在截面处的混凝土退出工作,不参与受拉。轴心拉力全部由预应力筋和非预应力筋来承担。根据变形协调和力的平衡条件,可得预应力筋的拉应力

σ_p 和非预应力筋的拉应力 σ_s 分别为:

$$\sigma_p = \sigma_{p0} + \frac{N-N_0}{A_p+A_s} \qquad (11\text{--}38)$$

$$\sigma_s = \sigma_{s0} + \frac{N-N_0}{A_p+A_s} \qquad (11\text{--}39)$$

由上可见:

1)无论是先张法还是后张法,消压轴力 N_0、开裂轴力 N_{cr} 的计算公式具有对应相同的形式,只是在具体计算 $\sigma_{pcⅡ}$ 时对应的分别为式(11–28)和式(11–32)。

2)要使预应力混凝土轴拉构件开裂,需要施加比普通混凝土构件更大的轴心拉力,显然在同等荷载水平下,预应力构件具有较高的抗裂能力。

11.5.5　正常使用极限状态验算
Normal Limit State Check

11.5.5.1　抗裂验算

对预应力轴心受拉构件的抗裂验算,通过对构件受拉边缘应力大小的验算来实现,应按两个控制等级进行验算,计算简图如图 11–20 所示。

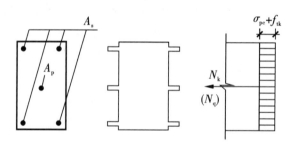

图 11–20　预应力混凝土轴心受拉构件抗裂度验算简图

(1)一级——严格要求不出现裂缝的构件

在荷载标准组合下轴心受拉构件受拉边缘不允许出现拉应力,即 $N_k \leqslant N_0$,结合式(11–36a)、式(11–36b)得:

$$N_k/A_0 - \sigma_{pcⅡ} \leqslant 0 \qquad (11\text{--}40)$$

(2)二级——一般要求不出现裂缝的构件

在荷载效应的标准组合下,轴心受拉构件受拉边缘不允许超过混凝土轴心抗拉强度标准值 f_{tk},即 $N_k \leqslant N_{cr}$,结合式(11–37)得:

$$N_k/A_0 - \sigma_{pcⅡ} \leqslant f_{tk} \qquad (11\text{--}41)$$

式中　N_k——按荷载的标准组合计算的轴心拉力。

11.5.5.2　裂缝宽度验算

对在使用阶段允许出现裂缝的预应力混凝土轴心受拉构件,要求按荷载效应的标准组合并考虑荷载长期作用影响的最大裂缝宽度不应超过最大裂缝宽度的允许值。即：

$$w_{max} \leqslant w_{lim} \tag{11-42}$$

式中　w_{max} ——按荷载效应的标准组合并考虑长期作用影响的最大裂缝宽度；

　　　　w_{lim} ——裂缝宽度限值，按结构工作环境的类别确定。

对二 a 类环境的预应力混凝土构件，尚应按荷载效应的准永久组合计算，且构件受拉边缘混凝土的拉应力不应超过混凝土的轴心抗拉强度标准值 f_{tk}，即 $N_q \leqslant N_{cr}$，结合式 (11-37) 得：

$$N_q / A_0 - \sigma_{pc\,II} \leqslant f_{tk} \tag{11-43}$$

式中　N_q ——按荷载的准永久组合计算的轴心拉力。

预应力混凝土轴心受拉构件经荷载作用消压以后，在后续增加的荷载 $\Delta N = N_k - N_0$ 作用下，构件截面的应力和应变变化规律与钢筋混凝土轴心受拉构件十分类似，在计算 w_{max} 时可沿用其基本分析方法，最大裂缝宽度 w_{max} 按下式计算：

$$w_{max} = \alpha_{cr} \psi \frac{\sigma_{sk}}{E_s} (1.9 c_s + 0.08 \frac{d_{eq}}{\rho_{te}}) \tag{11-44}$$

式中　α_{cr} ——构件受力特征系数，对轴心受拉构件，取 $\alpha_{cr} = 2.2$。

　　　　ψ ——两裂缝间纵向受拉钢筋的应变不均匀系数，$\psi = 1.1 - 0.65 \dfrac{f_{tk}}{\rho_{te} \sigma_{sk}}$，当 $\psi < 0.2$ 时取 $\psi = 0.2$，当 $\psi > 1.0$ 时取 $\psi = 1.0$，对直接承受重复荷载的构件取 $\psi = 1.0$。

　　　　ρ_{te} ——按有效受拉混凝土截面面积计算的纵向受拉钢筋的配筋率，$\rho_{te} = \dfrac{A_s + A_p}{A_{te}}$，当 $\rho_{te} < 0.01$ 时取 $\rho_{te} = 0.01$。

　　　　A_{te} ——有效受拉混凝土截面面积，取构件截面面积，即 $A_{te} = bh$。

　　　　σ_{sk} ——按荷载效应标准组合计算的预应力混凝土轴心受拉构件纵向受拉钢筋的等效应力，即从截面混凝土消压算起的预应力筋和非预应力筋的应力增量，$\sigma_{sk} = \dfrac{N_k - N_0}{A_p + A_s}$。

　　　　N_k ——按荷载效应标准组合计算的轴心拉力。

　　　　N_0 ——预应力混凝土构件消压后，全部纵向预应力和非预应力筋拉力的合力。

　　　　c_s ——最外层纵向受拉钢筋外边缘至构件受拉边缘的最短距离，mm，当 $c_s < 20$ 时取 $c_s = 20$，当 $c_s > 65$ 时取 $c_s = 65$。

　　　　A_p、A_s ——受拉纵向预应力筋和非预应力筋的截面面积。

　　　　d_{eq} ——纵向受拉钢筋的等效直径，按下式计算：

$$d_{eq} = \frac{\sum n_i d_i^2}{\sum n_i v_i d_i} \tag{11-45}$$

其中　d_i ——构件横截面中第 i 种纵向受拉钢筋的公称直径；

　　　　n_i ——构件横截面中第 i 种纵向受拉钢筋的根数；

　　　　v_i ——构件横截面中第 i 种纵向受拉钢筋的相对黏结特性系数，可按表 11-4 取用：

表 11-4　钢筋的相对黏结特性系数

钢筋类别	钢筋		先张法预应力筋			后张法预应力筋		
	光圆钢筋	带肋钢筋	带肋钢筋	螺旋肋钢丝	钢绞线	带肋钢筋	钢绞线	光面钢丝
v_i	0.7	1.0	1.0	0.8	0.6	0.8	0.5	0.4

注:对于环氧树脂涂层带肋钢筋,其相对黏结特性系数应按表中系数的80%取用。

11.5.6　正截面承载力计算
Carrying Capacity Calculation of Cross-section

预应力混凝土轴心受拉构件达到承载力极限状态时,轴心拉力全部由预应力筋 A_p 和非预应力筋 A_s 共同承受,并且两者均达到其屈服强度,如图 11-21 所示。设计计算时,取用它们各自相应的抗拉强度设计值。

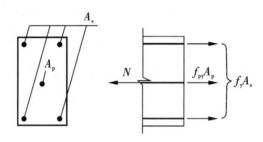

图 11-21　预应力混凝土轴心受拉构件计算简图

因此,预应力混凝土轴心受拉构件正截面承载力计算公式为:
$$N \leqslant f_{py}A_p + f_yA_s \tag{11-46}$$

式中　　N——构件轴心拉力设计值;

A_p、A_s——纵向预应力筋和非预应力筋的全部截面面积;

f_{py}、f_y——与 A_p 和 A_s 相对应的钢筋的抗拉强度设计值。

由此可见,除施工方法不同外,在其余条件均相同的情况下,预应力混凝土轴心受拉构件与钢筋混凝土轴心受拉构件的承载力相等。

11.5.7　施工阶段局部承压验算
Construction Phase Local Pressure Check

后张法构件的预应力是通过锚具并经垫板传递给混凝土的,由于预应力很大,而锚具下的垫板与混凝土的接触面非常有限,导致锚具下的混凝土将承受较大的局部压应力,并且这种压应力需要经过一定的距离方能较均匀地扩散到混凝土的全截面上,如图 11-22 所示。当混凝土强度或变形能力不足时,构件端部会产生裂缝,甚至会发生局部受压破坏。

从图中可以看出,在局部受压的范围内,混凝土既要承受法向压应力 σ_x 作用,又要承

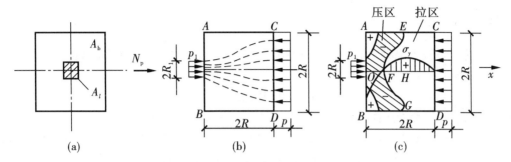

图 11-22　混凝土局部受压时的应力分布

受垂直于构件轴线方向的横向应力 σ_y 和 σ_z 作用,显然此时混凝土处于三向的复杂应力作用下。在垫板下的附近,横向应力 σ_y 和 σ_z 均为压应力,那么该处混凝土处于三向受压应力状态;在距离垫板一定长度之后,横向应力 σ_y 和 σ_z 表现为拉应力,此时该处混凝土处于一向受压、两向受拉的不利应力状态,当拉应力 σ_y 和 σ_z 超过混凝土的抗拉强度时,预应力构件的端部混凝土将出现纵向裂缝,从而导致局部受压破坏;也可能在垫板附近的混凝土因承受过大的压应力 σ_x 而发生承载力不足的破坏。因此,必须对后张法预应力构件端部锚固区的局部受压承载力进行验算。

　　为了改善预应力构件端部混凝土的抗压性能,提高其局部抗压承载力,通常在锚固区段内配置一定数量的间接钢筋,配筋方式为横向方格钢筋网片或螺旋式钢筋,如图 11-23所示,并在此基础上进行局部受压承载力验算,验算内容包括两个部分:一为局部承压面积的验算,即要求局部承压面积不能太小,这是截面限制条件;二是局部受压承载力的验算,即在一定间接配筋量的情况下,控制构件端部横截面上单位面积上的局部压力的大小。

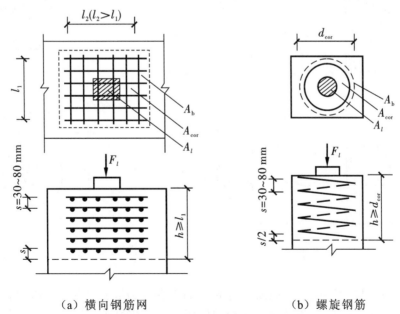

（a）横向钢筋网　　　　　　　（b）螺旋钢筋

图 11-23　局部受压配筋简图

11.5.7.1 局部受压面积验算

为防止垫板下混凝土的局部压应力过大,避免间接钢筋配置太多,局部受压面积应符合下式要求:

$$F_l \leqslant 1.35\beta_c\beta_l f_c A_{ln} \tag{11-47}$$

式中 F_l——局部受压面上作用的局部压力设计值,取 $F_l = 1.2\sigma_{con}A_p$。

β_c——混凝土强度影响系数,当 $f_{cu,k} \leqslant 50$ MPa 时,取 $\beta_c = 1.0$,当 $f_{cu,k} = 80$ MPa 时,取 $\beta_c = 0.8$,当 50 MPa$< f_{cu,k} <$80 MPa 时,按直线内插法取值。

β_l——混凝土局部受压的强度提高系数,按下式计算:

$$\beta_l = \sqrt{\frac{A_b}{A_l}} \tag{11-48}$$

式中 A_b——局部受压时的计算底面积,按毛面积计算,可根据局部受压面积与计算底面积按同形心且对称的原则来确定,具体计算可参照图 11-24 中所示的局部受压情形来计算,且不扣除孔道的面积;

A_l——混凝土局部受压面积,取毛面积计算,具体计算方法与下述的 A_{ln} 相同,只是计算中 A_l 的面积包含孔道的面积;

f_c——在承受预压时,混凝土的轴心抗压强度设计值;

A_{ln}——扣除孔道和凹槽面积的混凝土局部受压净面积,当锚具下有垫板时,考虑到预压力沿锚具边缘在垫板中以 45°角扩散,传到混凝土的受压面积计算参见图 11-25。

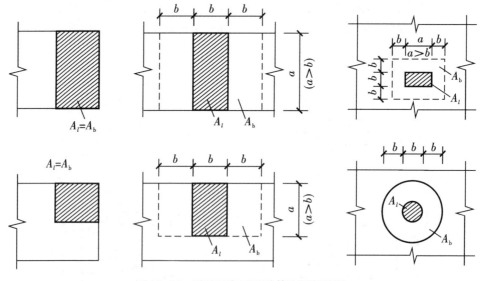

图 11-24   确定局部受压计算底面积简图

应注意,式(11-47)是一个截面限制条件,即为预应力混凝土局部受压承载力的上限限值。若满足该式的要求,构件通常不会引发因受压面积过小而局部下陷变形或混凝土

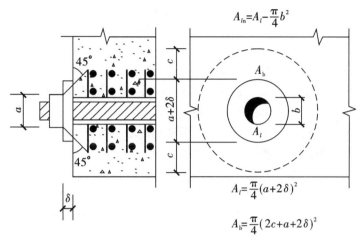

$$A_{ln} = A_l - \frac{\pi}{4}b^2$$

$$A_l = \frac{\pi}{4}(a+2\delta)^2$$

$$A_b = \frac{\pi}{4}(2c+a+2\delta)^2$$

图 11-25　有孔道的局部受压净面积

表面的开裂;若不能满足该式的要求,说明局部受压截面尺寸不足,应根据工程实际情况,采取必要的措施,例如调整锚具的位置、扩大局部受压的面积,甚至可以提高混凝土的强度等级,直至满足要求为止。

11.5.7.2　局部受压承载力验算

后张法预应力混凝土构件,在满足式(11-47)的局部受压截面限制条件后,对于配置有间接钢筋(如图 11-23 所示)的锚固区段,当混凝土局部受压面积 A_l 不大于间接钢筋所在的核心面积 A_{cor} 时,预应力混凝土的局部受压承载力应满足下式的要求:

$$F_l \leqslant 0.9(\beta_c\beta_l f_c + 2\alpha\rho_v\beta_{cor} f_y)A_{ln} \tag{11-49}$$

式中　α——间接钢筋对混凝土约束的折减系数,当 $f_{cu,k} \leqslant 50$ MPa 时,取 $\alpha = 1.0$;当 $f_{cu,k} = 80$ MPa 时,取 $\alpha = 0.85$;当 50 MPa$< f_{cu,k} < 80$ MPa 时,按直线内插法取值。

β_{cor}——配置有间接钢筋的混凝土局部受压承载力提高系数,按下式计算:

$$\beta_{cor} = \sqrt{\frac{A_{cor}}{A_l}} \tag{11-50}$$

A_{cor}——配置有方格网片或螺旋式间接钢筋核心区的表面范围以内的混凝土面积,根据其形心与 A_l 形心重叠和对称的原则,按毛面积计算,且不扣除孔道面积,并且要求 $A_{cor} \leqslant A_b$。

f_y——间接钢筋的抗拉强度设计值。

ρ_v——间接钢筋的体积配筋率,即配置间接钢筋的核心范围内,混凝土单位体积所含有间接钢筋的体积,并且要求 $\rho_v \geqslant 0.5\%$,具体计算与钢筋配置形式有关:

当采用方格钢筋网片配筋时,如图 11-23(a)所示,那么:

$$\rho_v = (n_1A_{s1}l_1 + n_2A_{s2}l_2)/(A_{cor}s) \tag{11-51}$$

并且要求分别在钢筋网片两个方向上单位长度内的钢筋截面面积的比值不宜大于 1.5。

当采用螺旋式配筋时,如图 11-23(b)所示,那么:

$$\rho_v = \frac{4A_{ss1}}{d_{cor}s} \tag{11-52}$$

式中 n_1、A_{s1}——方格式钢筋网片在 l_1 方向的钢筋根数和单根钢筋的截面面积。

n_2、A_{s2}——分别为方格式钢筋网片在 l_2 方向的钢筋根数和单根钢筋的截面面积。

A_{ss1}——单根螺旋式间接钢筋的截面面积。

d_{cor}——螺旋式间接钢筋内表面范围内核心混凝土截面的直径。

s——方格钢筋网片或螺旋式间接钢筋的间距。

经式(11-49)验算,满足要求的间接钢筋尚应配置在规定的 h 高度范围内,并且对于方格式间接钢筋网片不应少于 4 片;对于螺旋式间接钢筋不应少于 4 圈。

相反地,如果经过验算不能符合式(11-49)的要求时,必须采取必要的措施。例如,对于配置方格式间接钢筋网片者,可以增加网片数量、减少网片间距、提高钢筋直径和增加每个网片钢筋的根数等;对于配置螺旋式间接钢筋者,可以减少钢筋的螺距、提高螺旋筋的直径;当然也可以适当地扩大局部受压的面积和提高混凝土的强度等级。

【例11-1】 24 m 跨预应力混凝土屋架下弦拉杆,采用后张法施工(两端拉张),截面构造如图 11-26 所示。截面尺寸为 280 mm×180 mm,预留孔道 2φ50,非预应力筋采用 4 ⊈ 12(HRB400 级),预应力筋采用 2 束 5 Φ^s 1×7($d = 12.7$ mm,$f_{ptk} = 1860$ N/mm^2)钢绞线,OVM 13-5 锚具;混凝土强度等级为 C60。张拉控制应力 $\sigma_{con} = 0.70f_{tk}$,当混凝土达设计强度时方可张拉。该轴心拉杆承受永久荷载标准值产生的轴心拉力 $N_{Gk} = 480$ kN,可变荷载标准值产生的轴向拉力 $N_{Qk} = 500$ kN,可变荷载的准永久值系数为 0.5,结构重要性系数 $\gamma_0 = 1.1$,按一般要求不出现裂缝控制。

要求:①计算预应力损失;②使用阶段正截面抗裂验算;③复核正截面受拉承载力;④施工阶段锚具下混凝土局部受压验算。

【解】 (1)截面的几何特性

查附表得,HRB400 级钢筋 $E_s = 2.0×10^5$ N/mm^2,$f_y = 360$ N/mm^2;钢绞线 $f_{py} = 1320$ N/mm^2,$E_p \leq 1.95 × 10^5$ N/mm^2;C60 混凝土 $E_c = 3.6×10^4$ N/mm^2,$f_{tk} = 2.85$ N/mm^2,$f_c = 27.5$ N/mm^2;非预应力筋 $A_s = 452$ mm^2,预应力筋 $A_p = 987$ mm^2。

预应力筋: $\alpha_{E1} = \dfrac{E_p}{E_c} = \dfrac{1.95 × 10^5}{3.6 × 10^4} = 5.42$

非预应力筋: $\alpha_{E2} = \dfrac{E_s}{E_c} = \dfrac{2.0 × 10^5}{3.6 × 10^4} = 5.56$

混凝土净截面面积:$A_n = A_c + \alpha_{E2}A_s = 280×180 - 2×\dfrac{\pi}{4}×50^2 + 5.56×452 = 48986.1$ mm^2

混凝土换算截面面积:$A_0 = A_n + \alpha_{E1}A_p = 48986.1 + 5.42×987 = 54335.7$ mm^2

(2)张拉控制应力

$$\sigma_{con} = 0.70f_{ptk} = 0.70×1860 = 1302 \text{ N/mm}^2$$

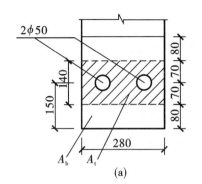

(a)

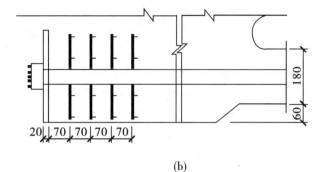

(b)

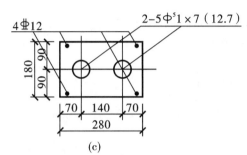

(c)

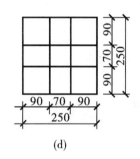

(d)

图 11-26　例 11-1 图

(3) 预应力损失

① 锚具变形和钢筋内缩损失 σ_{l1}：

查表 11-1 得 OVM13-5 锚具，$a=5$ mm，两端张拉 $l=24/2=12$ m。

$$\sigma_{l1}=\frac{a}{l}E_s=\frac{5}{12000}\times 1.95\times 10^5=81.25 \text{ N/mm}^2$$

② 摩擦损失 σ_{l2}：

两端张拉，$l=24/2=12$ m，直线配筋 $\theta=0°$，查表 11-2 得 $\kappa=0.0014$。

$$\kappa\times l=0.0014\times 12=0.0168<0.2$$

按近似公式计算：

$$\sigma_{l2}=(\kappa\times l+\mu\theta)\sigma_{con}=0.0168\times 1302=21.87 \text{ N/mm}^2$$

第一批预应力损失：

$$\sigma_{lI}=\sigma_{l1}+\sigma_{l2}=81.25+21.87=103.12 \text{ N/mm}^2$$

③ 预应力筋的应力松弛损失 σ_{l4}：低松弛预应力筋

$$\sigma_{l4}=0.125(\frac{\sigma_{con}}{f_{ptk}}-0.5)\sigma_{con}=0.125\times(0.70-0.5)\times 1302=32.55 \text{ N/mm}^2$$

④ 混凝土的收缩和徐变损失 σ_{l5}：

$$\sigma_{pcI}=\frac{(\sigma_{con}-\sigma_{lI})A_p}{A_n}=\frac{(1302-103.12)\times 987}{48986.1}=24.16 \text{ N/mm}^2$$

$$\frac{\sigma_{pcI}}{f'_{cu}}=\frac{24.16}{60}=0.403<0.5$$

$$\rho=\frac{A_p+A_s}{A_n}=\frac{987+452}{48986.1}=0.0294$$

$$\sigma_{l5} = \frac{55 + 300 \times \dfrac{\sigma_{pc\,I}}{f'_{cu}}}{1 + 15\rho} = \frac{55 + 300 \times 0.40}{1 + 15 \times 0.0294} = 122.0 \text{ N/mm}^2$$

第二批预应力损失：

$$\sigma_{l\,II} = \sigma_{l4} + \sigma_{l5} = 32.55 + 122.0 = 154.55 \text{ N/mm}^2$$

总预应力损失：

$$\sigma_l = \sigma_{l\,I} + \sigma_{l\,II} = 103.12 + 154.55 = 257.67 \text{ N/mm}^2 > 80 \text{ N/mm}^2$$

（4）使用阶段抗裂验算

混凝土有效预压应力：

$$\sigma_{pc\,II} = \frac{(\sigma_{con} - \sigma_l) - A_p - \sigma_{l5}A_s}{A_n} = \frac{(1302 - 257.67) \times 987 - 122.0 \times 452}{48986.1} = 19.92 \text{ N/mm}^2$$

荷载标准组合下拉力：

$$N_k = N_{Gk} + N_{Qk} = 480 + 500 = 980 \text{ kN}$$

$$\frac{N_k}{A_0} - \sigma_{pc\,II} = \frac{980 \times 10^3}{54335.7} - 19.92 = -1.88 \text{ N/mm}^2 < f_{tk} = 2.85 \text{ N/mm}^2$$

抗裂满足要求。

（5）正截面承载力验算

$$N = \gamma_0(1.2N_{Gk} + 1.4N_{Qk}) = 1.1 \times (1.2 \times 480 + 1.4 \times 500) = 1403.6 \text{ kN}$$

$$N_u = f_{py}A_p + f_yA_s = 1320 \times 987 + 360 \times 452 = 1465.56 \text{ kN} > N$$

正截面承载力满足要求。

（6）锚具下混凝土局部受压验算

①端部受压区截面尺寸验算：

OVM13-5 锚具直径为 100 mm，垫板厚 20 mm，局部受压面积从锚具边缘起在垫板中按 45°角扩散的面积计算，在计算局部受压面积时，可近似地按图 11-26（a）所示两条虚线所围的矩形面积代替两个圆面积计算：

$$A_l = 280 \times (100 + 2 \times 20) = 39200 \text{ mm}^2$$

局部受压计算底面积：

$$A_b = 280 \times (140 + 2 \times 80) = 84000 \text{ mm}^2$$

$$\beta_l = \sqrt{\frac{A_b}{A_l}} = \sqrt{\frac{84000}{39200}} = 1.46$$

混凝土局部受压净面积：

$$A_{ln} = 39200 - 2 \times \frac{\pi}{4} \times 50^2 = 35273 \text{ mm}^2$$

构件端部作用的局部压力设计值：

$$F_l = 1.2\sigma_{con}A_p = 1.2 \times 1302 \times 987 = 1542.09 \times 10^3 \text{ N} = 1542.09 \text{ kN}$$

$$1.35\beta_c\beta_l f_c A_{ln} = 1.35 \times 1 \times 1.46 \times 27.5 \times 35273 = 1911.9 \times 10^3 \text{ N} = 1911.9 \text{ kN} > F_l$$

截面尺寸满足要求。

②局部受压承载力计算：

间接钢筋采用 4 片φ8 焊接网片,见图 11-26(c)、(d):

$$A_{cor} = 250 \times 250 = 62500 \text{ mm}^2 < A_b = 84000 \text{ mm}^2$$

$$\beta_{cor} = \sqrt{\frac{A_{cor}}{A_l}} = \sqrt{\frac{62500}{39200}} = 1.26$$

间接钢筋的体积配筋率:

$$\rho_v = \frac{n_1 A_{s1} l_1 + n_2 A_{s2} l_2}{A_{cor} s} = \frac{4 \times 50.3 \times 250 + 4 \times 50.3 \times 250}{62500 \times 70} = 0.023 > 0.5\%$$

$$(0.9 \beta_c \beta_l f_c + 2 \alpha \rho_v \beta_{cor} f_y) A_{ln}$$

$$= (0.9 \times 1.0 \times 1.46 \times 27.52 + 2 \times 1.0 \times 0.023 \times 1.26 \times 360) \times 35273$$

$$= 2011.51 \times 10^3 \text{ N} = 2011.51 \text{ kN} > F_l = 1542.09 \text{ kN}$$

局部承压满足要求。

11.6 预应力混凝土受弯构件
Prestressed Concrete Flexural Members

11.6.1 各阶段应力分析
Stress Analysis of Every Stage

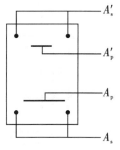

图 11-27 预应力混凝土受弯构件截面内钢筋布置

预应力混凝土受弯构件与轴心受拉构件不同,在预应力混凝土受弯构件中,沿构件长度方向,预应力筋的布置可以为直线或曲线;在构件截面内,设置在使用阶段受拉区的预应力筋 A_p 的重心与截面的重心有偏心;为了防止在制作、运输和吊装等施工阶段,构件的使用阶段受压区(称预拉区,即在预应力作用下可能受拉)出现裂缝或裂缝过宽,有时也在受压区设置预应力筋 A_p';同时在构件的受拉区和受压区往往也设置少量的普通钢筋 A_s 和 A_s',如图 11-27 所示。由于预应力混凝土受弯构件截面内钢筋为非对称布置,因此,通过张拉预应力筋所建立的混凝土预应力 σ_{pc} 值(一般预压区为压应力,预拉区有时也可能为拉应力)沿截面高度方向是变化的。

11.6.1.1 钢筋应力

在预应力混凝土受弯构件中,普通钢筋与混凝土协调变形的起点是混凝土应力为零时;预应力筋与混凝土协调变形的起点:先张法为切断预应力筋的时刻(混凝土起点应力为零),后张法为完成第二批预应力损失的时刻(该起点混凝土应力为 σ_{pcII})。

注意,计算钢筋应力时所用的混凝土应力 σ_{pc} 应是与该钢筋(预应力筋或普通钢筋)在同一水平处之值,因为沿截面高度混凝土应力分布不均匀。

这里的面积、应力、压力等的符号同轴心受拉构件,只需注意到受压区的钢筋面积和应力符号加一撇。应力的正负号规定为:预应力筋以受拉为正,普通钢筋及混凝土以受压为正。

第一批损失($\sigma_{l\,\mathrm{I}}$、$\sigma'_{l\,\mathrm{I}}$)完成后,受拉区预应力筋 A_{p} 的应力为:

先张法　　$\sigma_{\mathrm{pe}} = \sigma_{\mathrm{con}} - \sigma_{l\,\mathrm{I}} - \alpha_{\mathrm{E}}\sigma_{\mathrm{pc\,I}}$

后张法　　$\sigma_{\mathrm{pe}} = \sigma_{\mathrm{con}} - \sigma_{l\,\mathrm{I}}$

分别加荷至受拉区和受压区预应力筋各自合力点处混凝土法向应力等于零时,受拉区和受压区的预应力筋应力为:

先张法　　$\begin{cases} \sigma_{\mathrm{p0}} = \sigma_{\mathrm{con}} - \sigma_l \\ \sigma'_{\mathrm{p0}} = \sigma'_{\mathrm{con}} - \sigma'_l \end{cases}$

后张法　　$\begin{cases} \sigma_{\mathrm{p0}} = \sigma_{\mathrm{con}} - \sigma_l + \alpha_{\mathrm{E}}\sigma_{\mathrm{pc\,II}} \\ \sigma'_{\mathrm{p0}} = \sigma'_{\mathrm{con}} - \sigma'_l + \alpha_{\mathrm{E}}\sigma'_{\mathrm{pc\,II}} \end{cases}$

11.6.1.2　混凝土预压应力

仿照轴心受拉构件,计算预应力混凝土受弯构件中由预加力产生的混凝土法向应力 σ_{pc} 时,可看作将一个偏心压力 N_{p} 作用于构件截面上,然后按材料力学公式计算(图 11-28)。计算时,先张法用构件的换算截面(面积 A_0,惯性矩 I_0),而后张法用构件的净截面($A_{\mathrm{n}}, I_{\mathrm{n}}$)。计算公式如下:

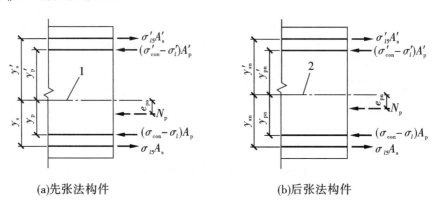

(a)先张法构件　　　　　　　(b)后张法构件

1—换算截面重心轴;2—净截面重心轴

图 11-28　预应力筋及普通钢筋合力位置

先张法构件　　　　　　　　$\sigma_{\mathrm{pc}} = \dfrac{N_{\mathrm{p}}}{A_0} \pm \dfrac{N_{\mathrm{p}}e_{\mathrm{p0}}}{I_0}y_0$　　　　　　　(11-53)

后张法构件　　　　　　　　$\sigma_{\mathrm{pc}} = \dfrac{N_{\mathrm{p}}}{A_{\mathrm{n}}} \pm \dfrac{N_{\mathrm{p}}e_{\mathrm{pn}}}{I_{\mathrm{n}}}y_{\mathrm{n}} \pm \dfrac{M_2}{I_{\mathrm{n}}}y_{\mathrm{n}}$　　　(11-54)

式中　A_0——构件的换算截面面积:包括扣除孔道、凹槽等削弱部分以外的混凝土全部截面面积以及全部纵向预应力筋和普通钢筋截面面积换算成混凝土的截面面积;对由不同混凝土强度等级组成的截面,应根据混凝土弹性模量比值换算成同一混凝土强度等级的截面面积。

A_n——构件的净截面面积:换算截面面积减去全部纵向预应力筋换算成混凝土的
截面面积。

I_0、I_n——换算截面惯性矩、净截面惯性矩。

e_{p0}、e_{pn}——换算截面重心、净截面重心至预应力筋及普通钢筋合力点的距离,即 N_p
的偏心距。

y_n、y_0——换算截面重心、净截面重心至所计算纤维处的距离。

N_p——预应力筋及普通钢筋的合力。

M_2——由预加力 N_p 在后张法预应力混凝土超静定结构中产生的次弯矩。

在式(11-53)、式(11-54)中,右边第二项、第三项与第一项的应力方向相同时取加
号,相反时取减号。

(1)预应力筋及普通钢筋的合力 N_p(图11-28)

无论先张法、后张法,偏心压力 N_p 均按下式计算:

$$N_p = (\sigma_{con} - \sigma_l)A_p + (\sigma'_{con} - \sigma'_l)A'_p - \sigma_{l5}A_s - \sigma'_{l5}A'_s \qquad (11-55)$$

(2)预应力筋及普通钢筋合力点的偏心距

宜按下列公式计算:

先张法构件

$$e_{p0} = \frac{(\sigma_{con} - \sigma_l)A_p y_p - (\sigma'_{con} - \sigma'_l)A'_p y'_p - \sigma_{l5}A_s y_s + \sigma'_{l5}A'_s y'_s}{N_p} \qquad (11-56)$$

后张法构件:

$$e_{pn} = \frac{(\sigma_{con} - \sigma_l)A_p y_{pn} - (\sigma'_{con} - \sigma'_l)A'_p y'_{pn} - \sigma_{l5}A_s y_{sn} + \sigma'_{l5}A'_s y'_{sn}}{N_p} \qquad (11-57)$$

式中　σ_l——相应阶段的预应力损失值;

A_p、A'_p——受拉区、受压区纵向预应力筋的截面面积;

A_s、A'_s——受拉区、受压区纵向普通钢筋的截面面积;

y_p、y'_p——受拉区、受压区的预应力筋合力点至换算截面重心的距离;

y_s、y'_s——受拉区、受压区的普通钢筋重心至换算截面重心的距离;

σ_{l5}、σ'_{l5}——受拉区、受压区的预应力筋在各自合力点处由混凝土收缩和徐变引起
的预应力损失值;

y_{pn}、y'_{pn}——受拉区、受压区的预应力筋合力点至净截面重心的距离;

y_{sn}、y'_{sn}——受拉区、受压区的普通钢筋重心至净截面重心的距离。

当式(11-55)~式(11-57)中的 $A'_p = 0$(即受压区不配置预应力筋)时,可取式中 $\sigma'_{l5} = 0$;当计算第一批损失完成后混凝土的预应力时,以上各式中,令 $\sigma_l = \sigma_{lI}$,$\sigma'_l = \sigma'_{lI}$,并取 $\sigma_{l5} = 0$,$\sigma'_{l5} = 0$;计算全部损失完成后的混凝土预应力时,则取 $\sigma_l = \sigma_{lI} + \sigma_{lII}$,$\sigma'_l = \sigma'_{lI} + \sigma'_{lII}$,此时 σ_{l5} 和 σ'_{l5} 已经发生。

偏心压力 N_p 的偏心距公式式(11-56)及式(11-57)是根据合力 N_p 对任一点(例如截面重心)的矩等于其分力的矩之和推得的。

（3）截面几何特征

先张法构件

$$A_0 = A_c + \alpha_{Es} A_s + \alpha'_{Es} A'_s + \alpha_E A_p + \alpha'_E A'_p$$

$$A_c = A - A_s - A'_s - A_p - A'_p$$

后张法构件

$$A_n = A_c + \alpha_{Es} A_s + \alpha'_{Es} A'_s$$

$$A_0 = A_n + \alpha_E A_p + \alpha'_E A'_p$$

$$A_c = A - A_s - A'_s - A_{孔}$$

11.6.1.3　外荷载作用下构件截面内混凝土应力计算

施加预应力后，构件在正常使用时可能不开裂甚至不出现拉应力，因而可以视混凝土为理想弹性材料。仿照轴心受拉构件，在外荷载作用下，无论先张法、后张法，均采用构件的换算截面，按材料力学公式计算混凝土应力。

例如，正截面抗裂验算时，加荷至构件受拉边缘混凝土应力为零时，设外弯矩为 M_0，则有：

$$\sigma_{pc\,II} - \frac{M_0}{W_0} = 0 \tag{11-58}$$

可得：

$$M_0 = \sigma_{pc\,II} W_0 \tag{11-59}$$

式中　$\sigma_{pc\,II}$——第二批损失完成后，受弯构件受拉边缘处的混凝土预压应力，对先张法、后张法，分别按式（11-53）和式（11-54）计算；

　　　W_0——换算截面受拉边缘的弹性抵抗矩，$W_0 = I_0 / y_{01}$；

　　　y_{01}——换算截面重心至受拉边缘的距离。

注意，对于轴心受拉构件，当加荷至 N_0 时，全截面的混凝土应力均等于零；而在受弯构件中，当加荷至 M_0 时，仅截面受拉边缘处的混凝土应力为零，而截面上其他纤维处的混凝土应力都不等于零。

加荷至受拉边缘混凝土即将开裂时，设开裂弯矩为 M_{cr}。对预应力混凝土受弯构件，确定 M_{cr} 可有以下两种考虑。

（1）按弹性材料构件计算

不考虑受拉区混凝土的塑性，即构件截面上混凝土应力按直线分布［图11-29（a）］，则加荷至受拉边缘混凝土应力等于 f_{tk} 时，有：

$$\frac{M_{cr1}}{W_0} - \sigma_{pc\,II} = f_{tk}$$

可解得：

$$M_{cr1} = (\sigma_{pc\,II} + f_{tk}) W_0 \tag{11-60}$$

（2）考虑受拉区混凝土的塑性

取受拉区混凝土应力图形为梯形，按平截面应变假定，可确定混凝土构件的截面抵抗矩塑性影响系数基本值 γ_m（对常用的截面形状可查附表11），则混凝土构件的截面抵抗

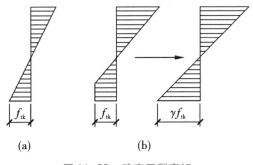

图 11-29　确定开裂弯矩

矩塑性影响系数 γ,可按下列公式计算:

$$\gamma = (0.7 + \frac{120}{h})\gamma_m \qquad (11-61)$$

式中　h——截面高度,mm;当 $h < 400$ mm 时,取 $h = 400$ mm;当 $h > 1600$ mm 时,取 $h = 1600$ mm;对圆形、环形截面,取 $h = 2r$,此处,r 为圆形截面半径或环形截面的外环半径。γ 的意义是将构件截面受拉区考虑混凝土塑性的应力图形等效转化为直线分布时,受拉边缘的应力为 γf_{tk}[图 11-29(b)],γ 是一大于 1 的系数。当加荷至受拉边缘即将开裂时,按材料力学公式,则有:

$$\frac{M_{cr2}}{W_0} - \sigma_{pcⅡ} = \gamma f_{tk}$$

可解得:

$$M_{cr2} = (\sigma_{pcⅡ} + \gamma f_{tk})W_0 \qquad (11-62)$$

显然,按弹性计算的开裂弯矩 M_{cr1} 值偏小,即 $M_{cr1} < M_{cr2}$。《混凝土结构设计规范》建议采用式(11-62)计算开裂弯矩。

11.6.1.4　由预加力 N_p 在后张法预应力混凝土超静定结构中产生的次弯矩和次剪力

在后张法预应力混凝土超静定结构中存在支座等多余约束。当预加力对超静定梁引起的结构变形受到支座约束时,将产生支座反力,并由该反力产生次弯矩 M_2,使预应力筋的轴线与压力线不一致。因此,在计算由预加力在截面中产生的混凝土法向应力时,应考虑该次弯矩 M_2 的影响。

规范规定,对后张法预应力混凝土超静定结构进行正截面受弯承载力计算及抗裂验算时,在弯矩设计值中应组合次弯矩;在进行斜截面受剪承载力计算及抗裂验算时,在剪力设计值中应组合次剪力。现就次内力的计算简述如下。

按弹性分析计算时,次弯矩 M_2 宜按下列公式确定:

$$M_2 = M_r - M_1 \qquad (11-63)$$

$$M_1 = N_p e_{pn} \qquad (11-64)$$

式中　N_p——预应力筋及普通钢筋的合力,按式(11-55)计算;

　　　e_{pn}——净截面重心至预应力筋及普通钢筋合力点的距离,按式(11-57)计算;

　　　M_1——预加力 N_p 对净截面重心偏心引起的弯矩值,也称主弯矩;

M_r——由预加力 N_p 的等效荷载在结构构件截面上产生的弯矩值,也称综合弯矩,它包含了次弯矩。

在对截面进行受弯及受剪承载力计算时,当组合的次弯矩、次剪力不利时,预应力分项系数取 1.2;有利时取 1.0。

对后张法预应力混凝土框架梁及连续梁,在满足纵向受力钢筋最小配筋率的条件下,当截面相对受压区高度 $\xi \leqslant 0.3$ 时,可考虑内力重分布,支座截面弯矩可按 10% 调幅,并应满足正常使用极限状态验算要求;当 $\xi > 0.3$ 时,不应考虑内力重分布。

11.6.2　使用阶段计算
Calculation of Serviceability Stage

对预应力混凝土受弯构件,使用阶段两种极限状态的计算内容有正截面受弯承载力及斜截面承载力计算,正截面抗裂和斜截面抗裂验算以及挠度验算。

11.6.2.1　正截面受弯承载力计算

（1）预应力混凝土受弯构件计算特点

预应力混凝土受弯构件破坏时,其正截面的应力状态与普通钢筋混凝土受弯构件类似,但也有以下特点:

1）基本假定中的"截面应变分布保持平面""不考虑混凝土的抗拉强度"及"采用的混凝土受压应力与应变关系"这三条对预应力混凝土受弯构件仍然适用;而"纵向钢筋的应力取等于钢筋应变与其弹性模量的乘积,但其绝对值不应大于其相应的强度设计值"这一条,对预应力筋是近似的,因为预应力筋采用没有明显流幅的钢筋。

2）破坏时,受拉区预应力筋 A_p 达到 f_{py} 的条件。

考虑界限破坏,即受拉区预应力筋 A_p 达到 f_{py} 的同时,截面受压边缘混凝土达到极限压应变 ε_{cu},如图 11-30 所示。注意到图中预应力筋 A_p 的应变为 $\varepsilon_{py} - \varepsilon_{p0}$,这是由于预应力筋水平处混凝土应力为零时,预应力筋已经承受拉应力 σ_{p0}（相应的应变 $\varepsilon_{p0} = \sigma_{p0}/E_s$）。对无明显流幅的预应力筋,$\varepsilon_{py}$ 与条件屈服点有关（图 11-31）,有:

$$\varepsilon_{py} = 0.002 + \frac{f_{py}}{E_s}$$

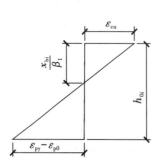

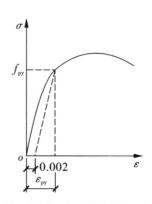

图 11-30　界限破坏时截面应变分布　　　图 11-31　无屈服点钢筋的应力-应变曲线

由图 11-30 的几何关系可推得：

$$\frac{x_{\mathrm{b}i}}{h_{0i}} = \frac{\beta_1}{1 + \dfrac{0.002}{\varepsilon_{\mathrm{cu}}} + \dfrac{f_{\mathrm{py}} - \sigma_{\mathrm{p0}}}{E_{\mathrm{s}} \varepsilon_{\mathrm{cu}}}} \tag{11-65}$$

式中　$x_{\mathrm{b}i}$——界限破坏时受压区混凝土等效矩形应力图形的高度；

h_{0i}——受拉区预应力筋 A_{p} 合力点至截面受压边缘的距离；

f_{py}——预应力筋抗拉强度设计值；

E_{s}——预应力筋弹性模量；

σ_{p0}——受拉区纵向预应力筋合力点处混凝土法向应力等于零时的预应力筋应力；

$\varepsilon_{\mathrm{cu}}$——非均匀受压时的混凝土极限压应变；

β_1——系数，取值查表 11-5。

表 11-5　系数 α_1、β_1、β_{c}、α

混凝土强度等级	≤C50	C55	C60	C65	C70	C75	C80
β_1	0.8	0.79	0.78	0.77	0.76	0.75	0.74
α_1	1.0	0.99	0.98	0.97	0.96	0.95	0.94
β_{c}	1.0	29/30	28/30	0.9	26/30	25/30	0.8
α	1.0	0.975	0.95	0.925	0.9	0.875	0.85

当截面受拉区内配置有不同种类或不同预应力值的钢筋时，受弯构件的界限受压区高度应分别计算，并取其较小值。

3）破坏时，普通受拉钢筋 A_{s} 达到 f_{y} 的条件与普通混凝土构件相同。

有屈服点钢筋：

$$\frac{x_{\mathrm{b}j}}{h_{0j}} = \frac{\beta_1}{1 + \dfrac{f_{\mathrm{y}}}{E_{\mathrm{s}} \varepsilon_{\mathrm{cu}}}} \tag{11-66}$$

无屈服点钢筋：

$$\frac{x_{\mathrm{b}j}}{h_{0j}} = \frac{\beta_1}{1 + \dfrac{0.002}{\varepsilon_{\mathrm{cu}}} + \dfrac{f_{\mathrm{y}}}{E_{\mathrm{s}} \varepsilon_{\mathrm{cu}}}} \tag{11-67}$$

式中　$x_{\mathrm{b}j}$——界限破坏时受压区混凝土等效矩形应力图形的高度；

h_{0j}——受拉区预应力筋 A_{s} 合力点至截面受压边缘的距离。

4）破坏时，受压区预应力筋 A'_{p} 的应力 σ'_{p}。配置在受压区的预应力筋 A'_{p} 在施工阶段已承受有预拉应力 σ'_{p0}，当与 A'_{p} 同一水平处的混凝土应力为零时，A'_{p} 的拉应力为 σ'_{p0}，因而当受压边缘混凝土达到极限压应变 $\varepsilon_{\mathrm{cu}}$ 时，平截面应变分布图中，A'_{p} 水平处的混凝土应变（绝对值）为 $\dfrac{\sigma'_{\mathrm{p0}}}{E_{\mathrm{s}}} - \varepsilon'_{\mathrm{p}}$（$\varepsilon'_{\mathrm{p}}$ 以受拉为正），可推出预应力筋 A'_{p} 的应变 $\varepsilon'_{\mathrm{p}}$ 和受压区高度 x 的关

系,从而得到应力 σ'_p,但这将使求解 x 的计算很烦琐。一般地,破坏时 A'_p 无论受拉或受压,均达不到屈服强度,因此规范近似取 $\sigma'_p = \sigma'_{p0} - f'_{py}$(与 x 无关),以简化计算。

(2)矩形截面或翼缘位于受拉边的倒 T 形截面预应力混凝土受弯构件正截面受弯承载力计算

此类计算与非预应力混凝土受弯构件类似,图 11-32 所示平面力系,有两个独立平衡方程。

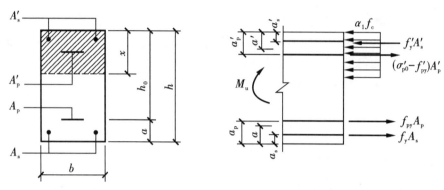

图 11-32　矩形截面受弯构件正截面受弯承载力计算

由对受拉区预应力筋和普通钢筋合力点的力矩平衡条件(即 $\sum M = 0$)可得:

$$M \leqslant M_u = \alpha_1 f_c b x \left(h_0 - \frac{x}{2} \right) + f'_y A'_s (h_0 - a'_s) - (\sigma'_{p0} - f'_{py}) A'_p (h_0 - a'_p)$$

$$(11-68)$$

由水平方向力的平衡条件(即 $\sum X = 0$)可得:

$$\alpha_1 f_c b x = f_y A_s - f'_y A'_s + f_{py} A_p + (\sigma'_{p0} - f'_{py}) A'_p \qquad (11-69)$$

式(11-68)和式(11-69)联立可求解两个独立未知量。公式的适用条件为:

$$x \leqslant \xi_b h_0 \qquad (11-70)$$

$$x \geqslant 2a' \qquad (11-71)$$

式中　M——弯矩设计值;

　　　M_u——受弯承载力设计值;

　　　α_1——系数,取值查表 11-5;

　　　f_c——混凝土轴心抗压强度设计值;

　　　A_s、A'_s——受拉区、受压区纵向普通钢筋的截面面积;

　　　A_p、A'_p——受拉区、受压区纵向预应力筋的截面面积;

　　　σ'_{p0}——受压区纵向预应力筋 A'_p 合力点处混凝土法向应力等于零时的预应力筋应力;

　　　b——矩形截面的宽度或倒 T 形截面的腹板宽度;

　　　a'_s、a'_p——受压区纵向普通钢筋合力点、预应力筋合力点至截面受压边缘的距离;

　　　a'——受压区全部纵向钢筋合力点至截面受压边缘的距离,当受压区未配置纵向预应力筋或受压区纵向预应力筋应力($\sigma'_{p0}-f'_{py}$)为拉应力时,式(11-71)中的 a' 用 A'_s 代替;

h_0——截面有效高度,为受拉区预应力和普通钢筋合力点至截面受压边缘的距离,$h_0 = h-a$;

a——受拉区全部纵向钢筋合力点至截面受拉边缘的距离,按下式计算:

$$a = \frac{A_p f_{py} a_p + A_s f_y a_s}{A_p f_{py} + A_s f_y} \tag{11-72}$$

a_s、a_p——受拉区纵向普通钢筋合力点、预应力筋合力点至截面受拉边缘的距离;

ξ_b——相对界限受压区高度,$\xi_b = x_b/h_0$;

x_b——界限受压区高度,当截面受拉区配置有不同种类或不同预应力值的钢筋时,x_b 应按式(11-65)、式(11-66)或式(11-67)计算,并取其较小值,即 $x_b = \min(x_{bi}-x_{bj})$。

与普通混凝土受弯构件类似,满足式(11-70),能保证破坏时受拉纵筋达到屈服强度;而式(11-71)则是保证破坏时普通受压纵筋屈服(因为破坏时 A'_p 总不能达屈服,所以直接改用 $x \geqslant 2A'_s$ 更简单也更合理)。

(3)翼缘位于受压区的 T 形、I 形截面受弯构件正截面受弯承载力计算

因为这类截面翼缘位于受压区,所以应先判断中和轴在翼缘内(第一类 T 形截面)还是在腹板内(第二类 T 形截面)。

1)当符合下列条件时[即中和轴在受压翼缘内,见图 11-33(a)]:

$$f_y A_s + f_{py} A_p \leqslant \alpha_1 f_c b'_f h'_f + f'_y A'_s - (\sigma'_{p0} - f'_{py}) A'_p \tag{11-73}$$

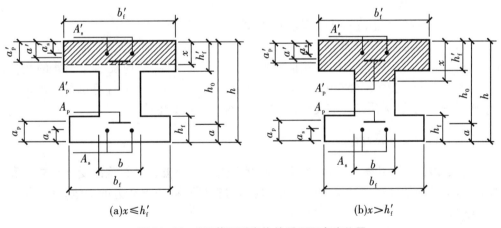

(a)$x \leqslant h'_f$　　　　　　　　　　(b)$x > h'_f$

图 11-33　I 形截面受弯构件受压区高度位置

应按宽度为 b'_f 的矩形截面计算。

2)当不符合式(11-73)的条件时[中和轴在腹板内,见图 11-33(b)],其正截面受弯承载力应按下列公式计算。

由受拉区预应力筋和普通钢筋合力点的力矩平衡条件可得:

$$M \leqslant M_u = \alpha_1 f_c bx \left(h_0 - \frac{x}{2} \right) + \alpha_1 f_c (b_f' - b) h_f' \left(h_0 - \frac{h_f'}{2} \right) + \tag{11-74}$$

$$f_y' A_s' (h_0 - a_s') - (\sigma_{p0}' - f_{py}') A_p' (h_0 - a_p')$$

由水平方向力的平衡条件可得：

$$\alpha_1 f_c [bx + (b_f' - b) h_f'] = f_y A_s - f_y' A_s' + f_{py} A_p + (\sigma_{p0}' - f_{py}') A_p' \tag{11-75}$$

式中　h_f'——T 形、I 形截面受压区的翼缘高度；

$\quad\quad b_f'$——T 形、I 形截面受压区的翼缘计算宽度。

按式(11-74)和式(11-75)计算 T 形、I 形截面受弯构件时，混凝土受压区高度仍应符合式(11-70)和式(11-71)的要求。

当由构造要求或按正常使用极限状态验算要求配置的纵向受拉钢筋截面面积大于受弯承载力要求的配筋面积时，按式(11-69)或式(11-75)计算的混凝土受压区高度 x，可仅计入受弯承载力条件所需的纵向受拉钢筋截面面积。

当不符合式(11-71)的条件时，认为破坏时受压区普通钢筋 A_s' 达不到 f_y'，可近似取 $x = 2a_s'$（此时受压区混凝土合力作用点与 A_s' 重心正好重合），并对 A_s' 重心处取矩得：

$$M \leqslant M_u = f_{py} A_p (h - a_p - a_s') + f_y A_s (h - a_s - a_s') + (\sigma_{p0}' - f_{py}') A_p' (a_p' - a_s')$$

$$\tag{11-76}$$

式中　a_s、a_p——受拉区纵向普通钢筋合力点、预应力筋合力点至截面受拉边缘的距离。

预应力混凝土受弯构件中的纵向受拉钢筋配筋率应符合下列要求：

$$M_u \geqslant M_{cr} \tag{11-77}$$

式中　M_u——构件的正截面受弯承载力设计值，按式(11-68)、式(11-74)式(11-76)计算；

$\quad\quad M_{cr}$——构件的正截面开裂弯矩值，按式(11-62)计算。

式(11-77)规定了各类预应力受力钢筋的最小配筋率。其含义是"截面开裂后受拉预应力筋不致立即失效"，目的是保证构件具有一定的延性，避免发生无预兆的脆性破坏。与普通混凝土受弯构件类似，预应力混凝土受弯构件的正截面计算也是求解两个独立平衡方程的问题，无论设计或复核，只能求解两个独立未知量。

11.6.2.2　斜截面承载力计算

与普通混凝土受弯构件类似，预应力混凝土受弯构件也包括斜截面受剪承载力和斜截面受弯承载力的计算。只需注意施加预应力对构件斜截面承载力的影响，其余与普通混凝土受弯构件相同的内容不再赘述。

（1）斜截面受剪承载力计算

矩形、T 形和 I 形截面的受弯构件，其受剪截面应符合下列条件：

当 $h_w/b \leqslant 4$ 时

$$V \leqslant 0.25 \beta_c f_c b h_0 \tag{11-78}$$

当 $h_w/b \geqslant 6$ 时

$$V \leqslant 0.2 \beta_c f_c b h_0 \tag{11-79}$$

当 $4 < h_w/b < 6$ 时，按线性内插法确定。混凝土强度影响系数 β_c 值查表 11-5。

矩形、T 形和 I 形截面的一般预应力混凝土受弯构件,当仅配置箍筋时,其斜截面受剪承载力应按下列公式计算:

$$V \leqslant V_{cs} + V_{p} \tag{11-80}$$

$$V_{p} = 0.05N_{p0} \tag{11-81}$$

式中　V——构件斜截面上的最大剪力设计值;

　　　V_{p}——由预加力所提高的构件的受剪承载力设计值;

　　　V_{cs}——构件斜截面上混凝土和箍筋的受剪承载力设计值,其计算公式与普通混凝土受弯构件相同;

　　　N_{p0}——计算截面上混凝土法向预应力等于零时的纵向预应力筋及普通钢筋的合力,当 $N_{p0} > 0.3f_{c}A_{0}$ 时,取 $N_{p0} = 0.3f_{c}A_{0}$,此处,A_{0} 为构件的换算截面面积。

对预应力混凝土受弯构件,N_{p0} 按下式计算:

$$N_{p0} = \sigma_{p0}A_{p} + \sigma'_{p0}A'_{p} - \sigma_{l5}A_{s} - \sigma'_{l5}A'_{s} \tag{11-82}$$

由式(11-80)可见,一般情况下预应力对梁的受剪承载力起有利作用。这主要是因为当 N_{p0} 对梁产生的弯矩与外弯矩方向相反时,预压应力能阻滞斜裂缝的出现和开展,增加了混凝土剪压区高度,故提高了混凝土剪压区所承担的剪力。但对合力 N_{p0} 引起的截面弯矩与外弯矩方向相同的情况,预应力对受剪承载力起不利作用,故不予考虑,取 $V_{p} = 0$。另外,对预应力混凝土连续梁,尚未做深入研究;对允许出现裂缝的预应力混凝土简支梁,考虑到构件达到承载时,预应力可能消失,故暂不考虑这两种情况时预应力的有利作用,均应取 $V_{p} = 0$。对先张法预应力混凝土构件,在计算合力 N_{p0} 时,应考虑预应力筋传递长度的影响。

矩形、T 形和 I 形截面的预应力混凝土受弯构件,当配置箍筋和弯起钢筋时,其斜截面受剪承载力应按下列公式计算:

$$V \leqslant V_{cs} + V_{p} + 0.8f_{py}A_{sb}\sin\alpha_{s} + 0.8f_{py}A_{pb}\sin\alpha_{p} \tag{11-83}$$

式中　V——配置弯起钢筋处的剪力设计值;

　　　V_{p}——按式(11-81)计算,但计算合力 N_{p0} 时不考虑弯起预应力筋的作用;

　　　A_{sb}、A_{pb}——同一弯起平面内的弯起普通钢筋、弯起预应力筋的截面面积;

　　　α_{s}、α_{p}——斜截面上弯起普通钢筋、弯起预应力筋的切线与构件纵向轴线的夹角。

矩形、T 形和 I 形截面的一般预应力混凝土受弯构件,当符合公式:

$$V \leqslant 0.7f_{t}bh_{0} + 0.05N_{p0} \tag{11-84}$$

的要求时,以及集中荷载作用下的独立梁,当符合公式:

$$V \leqslant \frac{1.75}{\lambda + 1.0}f_{t}bh_{0} + 0.05N_{p0} \tag{11-85}$$

的要求时,均可不进行斜截面的受剪承载力计算,仅按构造要求配置箍筋。

(2)斜截面受弯承载力计算

预应力混凝土受弯构件斜截面的受弯承载力应按下列公式计算(图 11-34):

$$M \leqslant (f_{y}A_{s} + f_{py}A_{p})z + \sum f_{y}A_{sb}z_{sb} + \sum f_{py}A_{pb}z_{pb} + \sum f_{yv}A_{sv}z_{sv} \tag{11-86}$$

此时,斜截面的水平投影长度 c 可按下列条件确定:

$$c = z\cot\alpha \tag{11-87}$$

式中　V——斜截面受压区末端的剪力设计值;

　　　　z——纵向受拉普通钢筋和预应力筋的合力点至受压区合力点的距离,可近似取为
　　　　　　$z=0.9h_0$;

　　　　z_{sb}、z_{pb}——同一弯起平面内的弯起普通钢筋、弯起预应力筋的合力至斜截面受压区
　　　　　　　　合力点的距离;

　　　　z_{sv}——同一斜截面上箍筋的合力至斜截面受压区合力点距离。

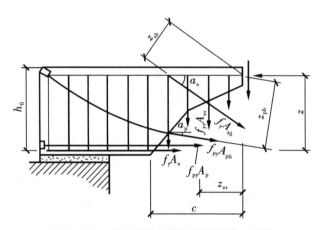

图 11-34　受弯构件斜截面受弯承载力计算

在计算先张法预应力混凝土构件端部锚固区的斜截面受弯承载力时,式(11-86)中的f_{py}应按下列规定确定:锚固区内的纵向预应力筋抗拉强度设计值在锚固起点处应取为零,在锚固终点处应取为f_{py},在两点之间可按线性内插法确定。

预应力混凝土受弯构件中配置的纵向钢筋和箍筋,当符合规范中关于纵筋的锚固、截断、弯起及箍筋的直径、间距等构造要求时,可不进行构件斜截面的受弯承载力计算。

11.6.2.3　正截面裂缝控制验算

对预应力混凝土受弯构件,应按所处环境类别和结构类型选用相应的裂缝控制等级,并进行受拉边缘法向应力或正截面裂缝宽度验算。验算公式的形式与预应力混凝土轴心受拉构件相同。

(1)一级——严格要求不出现裂缝的构件

在荷载标准组合下应符合下列规定:

$$\sigma_{ck}-\sigma_{pc}\leqslant 0 \tag{11-88}$$

在受弯构件的受拉边缘,当在荷载标准组合的弯矩值 M_k 下不允许出现拉应力时,应有 $M_k\leqslant M_0$,即 $M_k\leqslant\sigma_{pc}W_0$,令 $\sigma'_{ck}=\dfrac{M_k}{W_0}$,即可得式(11-88)。

(2)二级——一般要求不出现裂缝的构件

在荷载标准组合下应符合下列规定:

$$\sigma_{ck}-\sigma_{pc}\leqslant f_{tk} \tag{11-89}$$

对受弯构件的受拉边缘,当在荷载标准组合的弯矩值 M_k 下不允许开裂时,应有 $M_k \leqslant M_{cr}$,按弹性方法计算 M_{cr} 时,即 $M_k \leqslant (\sigma_{pc} + f_{tk}) W_0$,可导出式(11-89);考虑受拉区混凝土塑性计算 M_{cr} 时,则为 $M_k \leqslant (\sigma_{pc} + \gamma f_{tk}) W_0$,可得验算式 $\sigma_{ck} - \sigma_{pc} \leqslant \gamma f_{tk}$,因为 $\gamma > 1$,所以采用式(11-89)控制较严格。

（3）三级——允许出现裂缝的构件

按荷载效应的标准组合并考虑长期作用影响计算的最大裂缝宽度应符合下列规定：

$$w_{max} \leqslant w_{lim} \tag{11-90}$$

式中　σ_{ck}——荷载标准组合下受拉边缘的混凝土法向应力;

　　　σ_{pc}——扣除全部预应力损失后,在受拉边缘混凝土的预压应力;

　　　f_{tk}——混凝土轴心抗拉强度标准值;

　　　w_{max}——按荷载标准组合并考虑长期作用影响计算的最大裂缝宽度;

　　　w_{lim}——最大裂缝宽度限值。

对环境类别为二 a 类的三级预应力混凝土构件,在荷载准永久组合下尚应符合下列规定：

$$\sigma_{cq} - \sigma_{pc} \leqslant f_{tk} \tag{11-91}$$

式中　σ_{cq}——荷载准永久组合下抗裂验算截面边缘的混凝土法向应力, $\sigma_{cq} = \dfrac{M_q}{W_0}$; M_q 为按荷载准永久组合计算的弯矩值。

对预应力混凝土受弯构件,其预拉区在施工阶段出现裂缝的区段,式(11-88)及式(11-89)中的 σ_{pc} 应乘以系数 0.9。

矩形、T 形、倒 T 形和 I 形截面的预应力混凝土受弯构件,按荷载标准组合并考虑长期作用影响的最大裂缝宽度 w_{max} 仍可按式(11-44)计算,但其中 α_{cr} 取 1.5,有效受拉混凝土截面面积及受拉区纵向钢筋的等效应力分别按下列各式计算：

$$A_{te} = 0.5bh + (b_f - b) h_f \tag{11-92}$$

$$\sigma_{sk} = \frac{M_k - N_{p0}(z - e_p)}{(A_p + A_s) z} \tag{11-93}$$

$$z = \left[0.87 - 0.12(1 - \gamma_f') \left(\frac{h_0}{e} \right)^2 \right] h_0 \tag{11-94}$$

$$\gamma_f' = \frac{(b_f' - b) h_f'}{bh_0} \tag{11-95}$$

$$e = e_p + \frac{M_k}{N_{p0}} \tag{11-96}$$

$$e_p = y_{ps} - e_{p0} \tag{11-97}$$

式中　z——受拉区纵向普通钢筋和预应力筋合力点至截面受压区合力点的距离;

　　　e_p——计算截面上混凝土法向预应力等于零时的预加力 N_{p0} 的作用点至受拉区纵向预应力筋和普通钢筋合力点的距离;

　　　y_{ps}——受拉区纵向预应力筋和普通钢筋合力点的偏心距;

　　　e_{p0}——N_{p0} 作用点偏心距;

b'_f、h'_f——受压翼缘的宽度、高度,在式(11-95)中,当$h'_f>0.2h_0$时,取$h'_f=0.2h_0$;

r'_f——受压翼缘截面面积与腹板有效截面面积的比值;

N_{p0}——计算截面上混凝土法向预应力等于零时的预加力,N_{p0}按下式计算:

$$N_{p0} = \sigma_{p0}A_p + \sigma'_{p0}A'_p - \sigma_{l5}A_s - \sigma'_{l5}A'_s \tag{11-98}$$

对承受吊车荷载但不需做疲劳验算的受弯构件,可将计算求得的最大裂缝宽度乘以系数0.85。

11.6.2.4 斜截面抗裂验算

当预应力混凝土受弯构件内的主拉应力过大时,会产生与主拉应力方向垂直的斜裂缝,因此为了避免斜裂缝的出现,应对斜截面上的混凝土主拉应力进行验算,同时按裂缝控制等级不同予以区别对待;过大的主压应力,将导致混凝土抗拉强度过大的降低和裂缝过早的出现,因而也应限制主压应力值。

(1)混凝土主拉应力

1)一级——严格要求不出现裂缝的构件,应符合下列规定:

$$\sigma_{tp} \leqslant 0.85f_{tk} \tag{11-99}$$

2)二级——一般要求不出现裂缝的构件,应符合下列规定:

$$\sigma_{tp} \leqslant 0.95f_{tk} \tag{11-100}$$

(2)混凝土主压应力

对严格要求和一般要求不出现裂缝的构件,均应符合下列规定:

$$\sigma_{cp} \leqslant 0.6f_{ck} \tag{11-101}$$

式中 σ_{tp}、σ_{cp}——混凝土的主拉应力、主压应力。

此时,应选择跨度内不利位置的截面,对该截面的换算截面重心处和截面宽度剧烈改变处进行验算。

对允许出现裂缝的吊车梁,在静力计算中应符合式(11-100)和式(11-101)的规定。

混凝土主拉应力和主压应力应按下式计算:

$$\left.\begin{array}{r}\sigma_{tp}\\\sigma_{cp}\end{array}\right\} = \frac{\sigma_x + \sigma_y}{2} \pm \sqrt{\left(\frac{\sigma_x - \sigma_y}{2}\right)^2 + \tau^2} \tag{11-102}$$

$$\sigma_x = \sigma_{pc} + \frac{M_k y_0}{I_0} \tag{11-103}$$

$$\tau = \frac{\left(V_k - \sum \sigma_{pe}A_{pb}\sin\alpha_p\right)S_0}{I_0 b} \tag{11-104}$$

式中 σ_x——由预加力和弯矩值M_k在计算纤维处产生的混凝土法向应力;

σ_y——由集中荷载标准值F_k产生的混凝土竖向压应力;

τ——由剪力值V_k和预应力弯起钢筋的预加力在计算纤维处产生的混凝土剪应力,当计算截面上有扭矩作用时尚应计入扭矩引起的剪应力,对超静定后张法预应力混凝土结构构件尚应计入预加力引起的次剪应力;

σ_{pc}——扣除全部预应力损失后,在计算纤维处由预加力产生的混凝土法向应力,见式(11-28);

y_0——换算截面重心至计算纤维处的距离；

I_0——换算截面惯性矩；

V_k——按荷载标准组合计算的剪力值；

S_0——计算纤维以上部分的换算截面面积对构件换算截面重心的面积矩；

σ_{pe}——弯起预应力筋的有效预应力；

A_{pb}——计算截面上同一弯起平面内的预应力弯起钢筋的截面面积；

α_p——计算截面上预应力弯起钢筋的切线与构件纵向轴线的夹角。

式(11-102)和式(11-103)中的 σ_x、σ_y、σ_{pc} 和 $\dfrac{M_k y_0}{I_0}$，当为拉应力时，以正值代入；当为压应力时，以负值代入。

对预应力混凝土吊车梁，当梁顶作用有较大集中力(如吊车轮压)时，应考虑其对斜截面抗裂的有利影响。实测及弹性理论分析表明，在集中力作用点附近会产生竖向压应力 σ_y，另外，集中力作用点附近剪应力也显著减小，这两者均可使主拉应力值减小，因而对斜截面抗裂有利。上述竖向压应力及剪应力的分布比较复杂，为简化计算，可采用直线分布。在集中力作用点两侧各 $0.6h$ 的长度范围内，由集中荷载标准值 F_k 产生的混凝土竖向压应力和剪应力的简化分布可按图 11-35 确定，其应力的最大值可按下列公式计算：

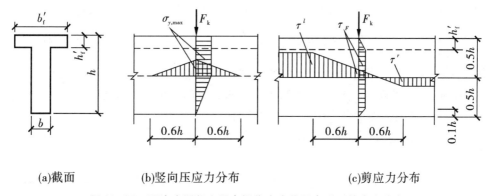

(a)截面   (b)竖向压应力分布   (c)剪应力分布

图 11-35 预应力混凝土吊车梁集中力作用点附近的应力分布

$$\sigma_{y,\max} = \frac{0.6F_k}{bh} \tag{11-105}$$

$$\tau_F = \frac{\tau^l - \tau^r}{2} \tag{11-106}$$

$$\tau^l = \frac{V_k^l S_0}{I_0 b} \tag{11-107}$$

$$\tau^r = \frac{V_k^r S_0}{I_0 b} \tag{11-108}$$

式中　τ^l、τ^r——位于集中荷载标准值 F_k 作用点左侧、右侧 $0.6h$ 处的剪应力;

　　　τ_F——集中荷载标准值 F_k 作用截面上的剪应力;

　　　V_k^l、V_k^r——集中荷载标准值 F_k 作用点左侧、右侧的剪力标准值。

11.6.2.5　挠度验算

与普通混凝土受弯构件不同,预应力混凝土受弯构件的挠度由两部分组成:一部分是由外荷载作用产生的挠度 f_l,另一部分是由预应力作用产生的反拱 f_p。

预应力混凝土受弯构件在正常使用极限状态下的挠度,应按下列公式验算:

$$f_l - f_p \leqslant f_{\lim} \tag{11-109}$$

式中　f_l——预应力混凝土受弯构件按荷载标准组合并考虑荷载长期作用影响的挠度;

　　　f_p——预应力混凝土受弯构件在使用阶段的预加力反拱值;

　　　$f_{\lim}$——挠度限值,查附表13。

预应力混凝土受弯构件按荷载标准组合并考虑荷载长期作用影响的挠度 f_l,可根据构件的刚度 B 用结构力学的方法计算。

在等截面构件中,可假定各同号区段内的刚度相等,并取用该区段内最大弯矩处的刚度。当计算跨度内的支座截面刚度不大于跨中刚度的 2 倍或不小于跨中截面刚度的 1/2 时,该跨也可按等刚度构件计算,构件刚度可采用跨中最大弯矩截面刚度。

矩形、T 形、倒 T 形和 I 形截面受弯构件的刚度 B,可按下列公式计算:

$$B = \frac{M_k}{M_q(\theta - 1) + M_k} B_s \tag{11-110}$$

式中　M_k——按荷载标准组合计算的弯矩,取计算区段内的最大弯矩值;

　　　M_q——按荷载准永久组合计算的弯矩,取计算区段内的最大弯矩值;

　　　B_s——荷载标准组合作用下受弯构件的短期刚度;

　　　θ——考虑荷载长期作用对挠度增大的影响系数,预应力混凝土受弯构件,取 $\theta = 2.0$。

在荷载标准组合作用下,预应力混凝土受弯构件的短期刚度 B_s,可按下列公式计算:

(1)要求不出现裂缝的构件(裂缝控制等级为一级、二级)

$$B_s = 0.85 E_c I_0 \tag{11-111}$$

(2)允许出现裂缝的构件(裂缝控制等级为三级)

$$B_s = \frac{0.85 E_c I_0}{\kappa_{cr} + (1 - \kappa_{cr}) \omega} \tag{11-112}$$

$$\kappa_{cr} = \frac{M_{cr}}{M_k} \tag{11-113}$$

$$\omega = \left(1.0 + \frac{0.21}{\alpha_E \rho}\right)(1 + 0.45\gamma_f) - 0.7 \tag{11-114}$$

$$M_{cr} = (\sigma_{pc} + \gamma f_{tk}) W_0 \tag{11-115}$$

$$\gamma_f = \frac{(b_f - b) h_f}{b h_0} \tag{11-116}$$

式中　α_E——钢筋弹性模量与混凝土弹性模量的比值,即 $\alpha_E = E_s / E_c$;

　　　ρ——纵向受拉钢筋配筋率,对预应力混凝土受弯构件,取 $\rho = (A_p + A_s)/bh_0$;

　　　I_0——换算截面惯性矩;

　　　γ_f——受拉翼缘截面面积与腹板有效截面面积的比值;

　　　b_f、h_f——受拉翼缘的宽度、高度;

　　　κ_{cr}——预应力混凝土受弯构件正截面的开裂弯矩 M_{cr} 与弯矩 M_k 的比值,当 $\kappa_{cr} >$
　　　　　1.0 时,取 $k_{cr} = 1.0$;

　　　σ_{pc}——扣除全部预应力损失后,由预加力在受拉边缘产生的混凝土预压应力;

　　　γ——混凝土构件的截面抵抗矩塑性影响系数,计算与钢筋混凝土受弯构件相同。

对预压时预拉区出现裂缝的构件,B_s 应降低 10%。

预应力混凝土受弯构件在使用阶段的预加力反拱值 f_p,可用结构力学方法按刚度 $E_c I_0$ 进行计算,并应考虑预压应力长期作用的影响。此时,应将计算求得的预加应力反拱值乘以增大系数 2.0;在计算中,预应力筋的应力应扣除全部预应力损失。

11.6.3　施工阶段验算
Calculation of Construction Stage

经研究证明,如果预压区外边缘混凝土的压应力过大,可能在预压区内产生沿钢筋方向的纵向裂缝,或使受压区混凝土进入非线性徐变阶段,因此必须控制外边缘混凝土的压应力。此外,工程要求预应力构件预拉区(指施加预应力时形成的截面拉应力区)在施工阶段一般不允许出现拉应力,即使对部分预应力混凝土结构允许出现拉应力,预拉区的拉应力也不允许过大,因此要控制预拉区外边缘混凝土的拉应力。对制作、运输及安装等施工阶段预拉区允许出现拉应力的构件或预压时全截面受压的构件,在预加力、自重及施工荷载(必要时应考虑动力系数)作用下,其截面边缘的混凝土法向应力宜符合下列规定(图 11-36):

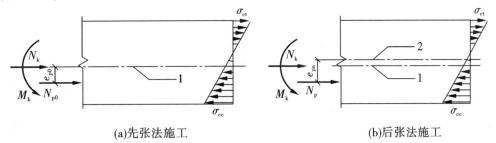

(a)先张法施工　　　　　　　　　(b)后张法施工

1—换算截面重心轴;2—净截面重心轴

图 11-36　预应力混凝土构件施工阶段验算

$$\sigma_{ct} \leqslant f'_{tk} \tag{11-117}$$

$$\sigma_{cc} \leqslant 0.8 f'_{ck} \tag{11-118}$$

简支构件的端部区段截面预拉区边缘纤维的混凝土拉应力允许大于 f'_{tk},但不应大于 $1.2 f'_{tk}$。

截面边缘的混凝土法向应力可按下列公式计算：

$$\sigma_{cc} \text{ 或 } \sigma_{ct} = \left| \sigma_{pc} + \frac{N_k}{A_0} \pm \frac{M_k}{W_0} \right| \tag{11-119}$$

式中　σ_{cc}、σ_{ct}——相应施工阶段计算截面边缘纤维的混凝土压应力、拉应力(绝对值)；

f'_{tk}、f'_{ck}——与各施工阶段混凝土立方体抗压强度 f'_{cu} 相应的抗拉强度标准值、抗压强度标准值，以线性内插法确定；

N_k、M_k——构件自重及施工荷载的标准组合在计算截面产生的轴力值、弯矩值；

A_0、W_0——换算截面面积、换算截面验算边缘的弹性抵抗矩。

当 σ_{pc} 为压应力时，取正值；当 σ_{pc} 为拉应力时，取负值。N_k 以受压为正。当 M_k 产生的边缘纤维应力为压应力时取加号，拉应力时取减号。

施工阶段验算式(11-117)和式(11-118)时，所采用的混凝土强度 f'_{tk}、f'_{ck} 值应与应力 σ_{ct}、σ_{cc} 出现的时刻相对应，因为此时混凝土不一定达到设计强度值。另外，由于施工时各应力值持续时间短暂，随后将很快降低，因而材料强度采用标准值，又由于 $0.8f'_{ck} > f'_c$(f'_c 是与 f'_{ck} 对应的混凝土轴心抗压强度设计值)，反映了施工阶段验算时可靠度可以降低一些，即应力限值适当放宽。

对预应力混凝土受弯构件的预拉区，除限制其边缘拉应力值[即按式(11-117)验算]外，还需规定预拉区纵筋的最小配筋率，以防止发生类似于少筋梁的破坏。预应力混凝土结构构件预拉区纵向钢筋的配筋应符合下列要求：

施工阶段预拉区允许出现拉应力的构件，预拉区纵向钢筋的配筋率 $(A'_s + A'_p)/A$ 不应小于 0.2%，对后张法构件不应计入 A'_p，其中，A 为构件截面面积。

预拉区纵向普通钢筋的直径不宜大于 14 mm，并应沿构件预拉区的外边缘均匀配置。施工阶段预拉区不允许出现裂缝的板类构件，预拉区纵向钢筋的配筋可根据具体情况按实践经验确定。

后张法预应力混凝土受弯构件的端部局部受压计算内容与轴心受拉构件相同，不再赘述。

【例 11-2】后张法预应力简支梁，跨度 $l = 18$ m，截面尺寸 $b \times h = 400$ mm $\times 1200$ mm。梁上恒荷载标准值 $g_k = 22$ kN/m，活荷载标准值 $q_k = 18$ kN/m，组合值系数 $\phi_c = 0.7$，准永久值组合 $\phi_q = 0.5$，如图 11-37 所示。梁内配置有黏结 1×7 标准型低松弛钢绞线束 $21 \Phi^s 12.7$，用夹片式 OVM，两端同时张拉，孔道采用预埋波纹管成型，预应力筋线性布置如图 11-37(b)所示，混凝土强度等级为 C45。非预应力筋采用 6 根直径为 20 mm 的 HRB400 级钢筋(即 $6\Phi 20$)。裂缝控制等级为二级，即一般要求不出现裂缝。一类使用环境。试计算该简支梁跨中截面的预应力损失，并验算其正截面受弯承载力和正截面抗裂是否满足要求。(按单筋截面)

【解】(1)材料特性

混凝土 C45：$f_c = 21.1$ N/mm^2，$f_{tk} = 2.51$ N/mm^2，$E_c = 3.35 \times 10^4$ N/mm^2，$\alpha_1 = 1.0$，$\beta_1 = 0.8$。

钢绞线 1860 级：$f_{ptk} = 1860$ N/mm^2，$f_{py} = 1320$ N/mm^2，$E_s = 1.95 \times 10^5$ N/mm^2，$\sigma_{con} = 0.75 f_{ptk} = 1395$ N/mm^2。

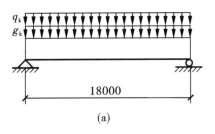

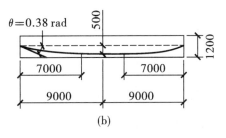

(a)　　　　　　　　　　　　　　　　(b)

图 11-37　例 11-2 图

普通钢筋：$f_y = 360 \ \text{N/mm}^2$，$E_{s1} = 2.0 \times 10^5 \ \text{N/mm}^2$。

（2）截面几何特性（为简化，近似按毛截面计算并略去钢筋影响）

预应力筋面积 $A_p = 21 \times 98.7 = 2072.7 \ \text{mm}^2$，孔道由两端的圆弧段（水平投影长度为 7 m）和梁跨中部的直线段（长度为 4 m）组成。预应力筋端点处的切线倾角 $\theta = 0.38 \ \text{rad}$（21.8°），曲线孔道的曲率半径 $\gamma_c = 18 \ \text{m}$，普通受拉钢筋面积 $A_s = 1884 \ \text{mm}^2$；跨中截面 $a_p = 100 \ \text{mm}$，$a_s = 40 \ \text{mm}$。

梁截面面积　$A_n = A_0 = A = bh = 400 \times 1200 = 4.8 \times 10^5 \ \text{mm}^2$

惯性矩　$I = bh^3/12 = 400 \times 1200^3/12 = 5.76 \times 10^{10} \ \text{mm}^4$

受拉边缘截面抵抗矩　$W = bh^2/6 = 400 \times 1200^2/6 = 9.6 \times 10^7 \ \text{mm}^3$

跨中截面预应力筋处截面抵抗矩

$$W_p = I/y_p = I/(h/2 - a_p) = 5.76 \times 10^{10}/(600 - 100) = 1.152 \times 10^8 \ \text{mm}^3$$

（3）跨中截面弯矩计算

恒载产生的弯矩标准值　$M_{Gk} = g_k l^2/8 = 22 \times 18^2/8 = 891 \ \text{kN} \cdot \text{m}$

活载产生的弯矩标准值　$M_{Qk} = q_k l^2/8 = 18 \times 18^2/8 = 729 \ \text{kN} \cdot \text{m}$

跨中弯矩的标准组合值　$M_k = M_{Gk} + M_{Qk} = 891 + 729 = 1620 \ \text{kN} \cdot \text{m}$

可变荷载效应控制的基本组合

$$M_1 = \gamma_G M_{Gk} + \gamma_Q M_{Qk} = 1.2 \times 891 + 1.4 \times 729 = 2089.8 \ \text{kN} \cdot \text{m}$$

永久荷载控制的基本组合

$$M_2 = \gamma_G M_{Gk} + \gamma_Q \phi_c M_{Qk} = 1.35 \times 891 + 1.4 \times 0.7 \times 729 = 1917.27 \ \text{kN} \cdot \text{m}$$

取二者之大值，得跨中弯矩设计值 $M = 2089.8 \ \text{kN} \cdot \text{m}$。

（4）跨中截面预应力损失计算

查表 11-2 得，$\kappa = 0.0015$，$\mu = 0.25$；由表 11-1 得 $a = 5 \ \text{mm}$。

1）锚具变形损失 σ_{l1}：

圆弧形曲线的反向摩擦影响长度由下式确定，即

$$l_f = \sqrt{\frac{a E_s}{1000 \sigma_{con}(\mu/\gamma_c + \kappa)}} = \sqrt{\frac{5 \times 1.95 \times 10^5}{1000 \times 1395 \times (0.25/18 + 0.0015)}} = 6.74 \ \text{m} < 7 \ \text{m}$$

因为，$l_f < l/2 = 9 \ \text{m}$，可知此项损失对跨中截面无影响，即有 $\sigma_{l1} = 0$。

2）摩擦损失 σ_{l2}：

跨中处，$x = 9 \ \text{m}$，$\theta = 0.38 \ \text{rad}$，则

$$\sigma_{l2} = \sigma_{con}\left(1 - \frac{1}{e^{\kappa x + \mu\theta}}\right) = 1395 \times \left(1 - \frac{1}{e^{0.0015 \times 9 + 0.25 \times 0.38}}\right) = 143.44 \ \text{N/mm}^2$$

3）松弛损失 σ_{l4}（低松弛）：

因 $\sigma_{con} = 0.75 f_{ptk}$，则

$$\sigma_{l4} = 0.2\left(\frac{\sigma_{con}}{f_{ptk}} - 0.575\right)\sigma_{con} = 0.2 \times (0.75 - 0.575) \times 1395 = 49 \ \text{N/mm}^2$$

4）收缩徐变损失 σ_{l5}：

设混凝土达到 100% 的设计强度时开始张拉预应力筋，$f'_{cu} = f_{cu,k} = 45 \ \text{N/mm}^2$，配筋率为

$$\rho = \frac{A_s + A_p}{A_n} = \frac{1884 + 2072.7}{4.8 \times 10^5} = 0.00824$$

钢筋混凝土的重度为 $25 \ \text{kN/m}^3$，则沿梁长度方向的自重标准值为

$$g_{1k} = 25bh = 25 \times 0.4 \times 1.2 = 12 \ \text{kN/m}$$

梁自重在跨中截面产生的弯矩标准值为

$$M_{G1k} = g_{1k}l^2/8 = 12 \times 18^2/8 = 486 \ \text{kN} \cdot \text{m}$$

第一批损失 $\sigma_{lI} = \sigma_{l1} + \sigma_{l2} = 0 + 143.44 = 143.44 \ \text{N/mm}^2$

$$N_{pI} = A_p(\sigma_{con} - \sigma_{lI}) = 2072.7 \times (1395 - 143.44) = 2594108.4 \ \text{N}$$

再考虑梁自重影响，则受拉区预应力筋合力点处混凝土法向压应力为

$$\sigma_{pcI} = \frac{N_{PI}}{A_n} + \frac{N_{PI}(h/2 - a_p) - M_{G1k}}{W_p}$$

$$= \frac{2594108.4}{4.8 \times 10^5} + \frac{2594108.4 \times (600 - 100) - 486 \times 10^6}{1.152 \times 10^8}$$

$$= 12.44 \ \text{N/mm}^2 < 0.5 f'_{cu} = 22.5 \ \text{N/mm}^2$$

$$\sigma_{l5} = \frac{55 + 300\dfrac{\sigma_{pc}}{f'_{cu}}}{1 + 15\rho} = \frac{55 + 300 \times \dfrac{12.44}{45}}{1 + 15 \times 0.00824} = 122.76 \ \text{N/mm}^2$$

（5）跨中截面预应力总损失 σ_l 和混凝土有效预应力

$$\sigma_l = \sigma_{l1} + \sigma_{l2} + \sigma_{l4} + \sigma_{l5} = 0 + 143.44 + 49 + 122.76 = 315.2 \ \text{N/mm}^2 > 80 \ \text{N/mm}^2$$

$$N_p = (\sigma_{con} - \sigma_l)A_p - \sigma_{l5}A_s = (1395 - 315.2) \times 2072.7 - 122.76 \times 1884 = 2006821.62 \ \text{N}$$

$$e_{pn} = \frac{(\sigma_{con} - \sigma_l)A_p y_{pn} - \sigma_{l5}A_s y_{sn}}{N_p} = \frac{(1395 - 315.2) \times 2072.7 \times 500 - 122.76 \times 1884 \times 500}{2006821.62}$$

$$= 493.09 \ \text{mm}$$

截面受拉边缘处混凝土法向预应力为

$$\sigma_{pc} = \frac{N_p}{A_n} + \frac{N_p e_{pn}}{W} = \frac{2006821.62}{4.8 \times 10^5} + \frac{2006821.62 \times 493.09}{9.6 \times 10^7} = 14.49 \ \text{N/mm}^2$$

预应力筋处混凝土法向预应力为

$$\sigma_{pc\,II} = \frac{N_p}{A_n} + \frac{N_p e_{pn}}{W} = \frac{2006821.62}{4.8 \times 10^5} + \frac{2006821.62 \times 493.09}{1.152 \times 10^8} = 12.77 \text{ N/ mm}^2$$

（6）裂缝控制验算

荷载标准组合下：

$$\sigma_{ck} = \frac{M_k}{W_0} = \frac{1620 \times 10^6}{9.6 \times 10^7} = 16.9 \text{ N/ mm}^2$$

则　　　　　$$\sigma_{ck} - \sigma_{pc} = 16.9 - 14.49 = 2.41 \text{ N/ mm}^2 < f_{tk} = 2.51 \text{ N/ mm}^2$$

（7）正截面承载力计算

极限状态时，受拉区全部纵向钢筋合力作用位置：

$$a = \frac{A_p f_{py} a_p + A_s f_y a_s}{A_p f_{py} + A_s f_y} = \frac{2072.7 \times 1320 \times 100 + 1884 \times 360 \times 40}{2072.7 \times 1320 + 1884 \times 360} = 88.08 \text{ mm}$$

$$h_0 = h - a = 1200 - 88.08 = 1111.92 \text{ mm}$$

求相对界限受压区高度 x_b：

按 A_p 计算时

$$h_{0i} = h - a_p = 1200 - 100 = 1100 \text{ mm}$$

预应力筋合力点处混凝土应力为零时的预应力筋有效应力为

$$\sigma_{p0} = \sigma_{con} - \sigma_l + \alpha_E \sigma_{pc\,II} = 1395 - 315.2 + \frac{1.95 \times 10^5}{3.35 \times 10^4} \times 12.77 = 1154.13 \text{ N/ mm}^2$$

$$\frac{x_{bi}}{h_{0i}} = \frac{\beta_1}{1 + \dfrac{0.002}{\varepsilon_{cu}} + \dfrac{f_{py} - \sigma_{p0}}{E_s \varepsilon_{cu}}} = \frac{0.8}{1 + \dfrac{0.002}{0.0033} + \dfrac{1320 - 1154.13}{1.95 \times 10^5 \times 0.0033}} = 0.429$$

$$x_{bi} = 0.429 h_{0i} = 0.429 \times 1100 = 471.9 \text{ mm}$$

按 A_s 计算时

$$h_{0j} = h - a_s = 1200 - 40 = 1160 \text{ mm}$$

$$\frac{x_{bj}}{h_{0j}} = \frac{\beta_1}{1 + \dfrac{f_y}{E_s \varepsilon_{cu}}} = \frac{0.8}{1 + \dfrac{360}{2.0 \times 10^5 \times 0.0033}} = 0.518$$

$$x_{bj} = 0.518 h_{0j} = 0.518 \times 1160 = 600.88 \text{ mm}$$

所以

$$x_b = \min(x_{bi}, x_{bj}) = 471.9 \text{ mm}, \quad \xi_b = \frac{x_b}{h_0} = \frac{471.9}{1111.92} = 0.424$$

由截面水平向力的平衡得

$$\alpha_1 f_c b x = f_y A_s + f_{py} A_p$$

解得

$$x = \frac{f_y A_s + f_{py} A_p}{\alpha_1 f_c b} = \frac{360 \times 1884 + 1320 \times 2072.7}{1.0 \times 21.1 \times 400} = 404.53 \text{ mm} < x_b = 471.9 \text{ mm}$$

对受拉区全部受拉钢筋合力点取矩，得梁正截面受弯承载力为

$$M_u = \alpha_1 f_c bx\left(h_0 - \frac{x}{2}\right) = 1.0 \times 21.1 \times 400 \times 404.53 \times (1111.92 - 404.53/2) \times 10^{-6}$$

$$= 3105.77 \text{ kN} \cdot \text{m}$$

$$> M = 2089.8 \text{ kN} \cdot \text{m}$$

故梁正截面受弯承载力满足要求。

11.7　预应力混凝土结构的构造要求
Construction Requirements of Prestressed Concrete Members

11.7.1　一般构造要求
General Construction Requirements

（1）截面形状和尺寸

预应力混凝土构件的截面形式应根据构件的受力特点进行合理选择。对于轴心受拉构件,通常采用正方形或矩形截面;对于受弯构件,宜选用 T 形、I 形、箱形截面等。截面形式和尺寸通常可参考类似工程,根据经验初步确定,也可按下面的方法初估截面尺寸:对一般的预应力混凝土受弯构件,截面高度一般可取跨度的 1/30 ~ 1/15,最小可取 1/35,大致可取为钢筋混凝土梁高的 70% 左右;翼缘宽度一般可取截面高度的 1/3 ~ 1/2,I 形截面中可减小至截面高度的 1/5;翼缘厚度一般可取截面高度的 1/10 ~ 1/6;腹板厚度尽可能薄一些,一般可取截面高度的 1/15 ~ 1/8。

（2）纵向非预应力筋

当配置一定的预应力筋已能满足抗裂或裂缝宽度要求时,则按承载力计算所需的其余受拉钢筋可采用普通钢筋。纵向普通钢筋的选用原则与钢筋混凝土结构相同。

（3）纵向预应力筋

在受弯构件中,当受拉区只配置直线预应力筋 A_p 时[图 11-38(a)],在施工阶段中,预拉区可能出现较大的拉应力,甚至在预拉区产生裂缝。在构件运输或吊装时,此拉应力还可能增大,为了改善这种情况,可在预拉区设置预应力筋 A'_p[图 11-38(b)]。根据截面形状和尺寸的不同,A'_p 一般可取 $(1/6 ~ 1/4)A_p$,A_p 为受拉区预应力筋面积。在预拉区设置 A'_p,会降低受拉区的抗裂性。通常在大跨度预应力混凝土梁中,宜将部分预应力筋在支座区段向上弯起[图 11-38(c)],而不在预拉区另设预应力筋 A'_p,这不仅能提高斜截面的抗裂度和承载能力,而且还可避免梁端头锚具过于集中。有时也可采用折线形钢筋[图 11-38(d)]。在弯折处应加密箍筋或沿弯折处内侧设置钢筋网片。

预拉区纵向钢筋的纵向钢筋配筋率 $(A'_s + A'_p)/A$ 不宜小于 0.15%,对后张法构件不应计入 A'_p,其中,A 为构件截面面积。预拉区纵向钢筋的直径不宜大于 14 mm,并应沿构件预拉区的外边缘均匀配置。对于施工阶段不允许出现裂缝的板类构件,预拉区纵向钢筋的配筋可根据具体情况按实践经验确定。

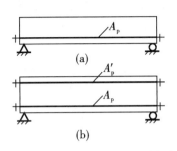

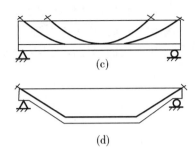

图 11-38　纵向预应力筋的布置

11.7.2　先张法构件
Pre-tensioned Presressed Concrete Members

（1）预应力筋的净距

先张法构件中，预应力筋的净距应根据钢筋与混凝土黏结锚固的可靠性、便于浇筑混凝土和施加预应力及夹具布置等要求确定。除此之外，《混凝土结构设计规范》要求先张法预应力筋之间的净间距不宜小于其公称直径或等效直径的 2.5 倍和混凝土粗骨料最大粒径的 1.25 倍，且应符合下列规定：预应力钢丝，不应小于 15 mm；3 股钢绞线，不应小于 20 mm；7 股钢绞线，不应小于 25 mm。当混凝土振捣密实性具有可靠保证时，净间距可放宽为最大粗骨料粒径的 1.0 倍。

当先张法预应力钢丝配筋密集，采用钢丝按单根方式配筋有困难时，可采用相同直径钢丝并筋的配筋方式。并筋的等效直径，对双并筋应取为单筋直径的 1.4 倍，对三并筋应取为单筋直径的 1.7 倍。并筋的保护层厚度、锚固长度、预应力传递长度及正常使用极限状态验算均应按等效直径考虑。

（2）构件端部加强措施

为防止放松预应力筋时构件端部出现纵向裂缝，对预应力筋端部周围的混凝土应采取下列加强措施：

1）单根配置的预应力筋，其端部宜设置螺旋筋。

2）分散布置的多根预应力筋，在构件端部 10d（d 为预应力筋的公称直径）且不小于 100 mm 的范围内宜设置 3～5 片与预应力筋垂直的钢筋网片。

3）采用预应力钢丝配筋的薄板，在板端 100 mm 范围内应适当加密横向钢筋。

4）槽型板类构件，应在构件端部 100 mm 长度范围内沿构件板面设置附加横向钢筋，其数量不应少于 2 根。

预制肋形板，宜设置加强其整体性和横向刚度的横肋。端横肋的受力钢筋应弯入纵肋内。当采用先张长线法生产有端横肋的预应力混凝土肋形板时，应在设计和制作上采取防止放张预应力时端横肋产生裂缝的有效措施。

在预应力屋面梁、吊车梁等构件靠近支座的斜向主拉应力较大部位，宜将预应力筋弯起配置。

预应力筋在构件端部全部弯起的受弯构件或直线配筋的先张法构件,当构件端部与下部支承结构焊接时,应考虑混凝土收缩、徐变及温度变化所产生的不利影响,宜在构件端部可能产生裂缝的部位设置纵向构造钢筋。

11.7.3　后张法构件

Post-tensioned Presressed Concrete Members

（1）预留孔道的要求

为了保证钢丝束或钢绞线束的顺利张拉,以及预应力筋张拉阶段构件的承载力,后张法预应力混凝土构件的预留孔道应有合适的直径和间距:

1）预制构件中预留孔道之间的水平净间距不宜小于 50 mm,且不宜小于粗骨料粒径的 1.25 倍;孔道至构件边缘的净间距不宜小于 30 mm,且不宜小于孔道直径的 50%。

2）现浇混凝土梁中预留孔道在竖直方向的净间距不应小于孔道外径,水平方向的净间距不宜小于 1.5 倍孔道外径,且不应小于粗骨料粒径的 1.25 倍;从孔道外壁至构件边缘的净间距,梁底不宜小于 50 mm,梁侧不宜小于 40 mm,裂缝控制等级为三级的梁,梁底、梁侧分别不宜小于 60 mm 和 50 mm。

3）预留孔道的内径宜比预应力束外径及需穿过孔道的连接器外径大 6~15 mm,且孔道的截面积宜为穿入预应力束截面积的 3.0~4.0 倍。

4）当有可靠经验并能保证混凝土浇筑质量时,预留孔道可水平并列贴紧布置,但并排的数量不应超过 2 束。

5）在现浇楼板中采用扁形锚固体系时,穿过每个预留孔道的预应力筋数量宜为 3~5 根;在常用荷载情况下,孔道在水平方向的净间距不应超过 8 倍板厚及 1.5 m 中的较大值。

6）板中单根无黏结预应力筋的间距不宜大于板厚的 6 倍,且不宜大于 1 m;带状束的无黏结预应力筋根数不宜多于 5 根,带状束间距不宜大于板厚的 12 倍,且不宜大于2.4 m。

7）梁中集中布置的无黏结预应力筋,集中的水平净间距不宜小于 50 mm,束至构件边缘的净距不宜小于 40 mm。

8）凡制作时需要预先起拱的构件,预留孔道宜随构件同时起拱。

（2）端部锚固区的加强措施

后张法预应力混凝土构件的端部锚固区,应按下列规定配置间接钢筋:

1）采用普通垫板时,应进行局部受压承载力计算,并配置间接钢筋,其体积配筋率不应小于 0.5%,垫板的刚性扩散角应取 45°。

2）局部受压承载力计算时,局部压力设计值对有黏结预应力混凝土构件取 1.2 倍张拉控制力,对无黏结预应力混凝土取 1.2 倍张拉控制力和 $f_{ptk}A_p$ 中的较大值。

3）当采用整体铸造垫板时,其局部受压区的设计应符合相关标准的规定。

4）在局部受压间接钢筋配置区以外,在构件端部长度 l 不小于截面重心线上部或下部预应力筋的合力点至邻近边缘的距离 e 的 3 倍,但不大于构件端部截面高度 h 的 1.2 倍,高度为 $2e$ 的附加配筋区范围内,应均匀配置附加防劈裂箍筋或网片（图 11-39）,配筋面积可按下列公式计算:

$$A_{sb} \geqslant 0.18\left(1-\frac{l_l}{l_b}\right)\frac{P}{f_{yv}} \tag{11-120}$$

且体积配筋率不应小于 0.5%。

式中　P ——作用在构件端部截面重心线上部或下部预应力筋的合力设计值,但应乘以
预应力分项系数 1.2,此时,仅考虑混凝土预压前的预应力损失;

　　　l_l、l_b ——沿构件高度方向 A_l、A_b 的边长或直径,A_l、A_b 按局部受压承载力的计算
方法确定;

　　　f_{yv} ——附加竖向钢筋的抗拉强度设计值。

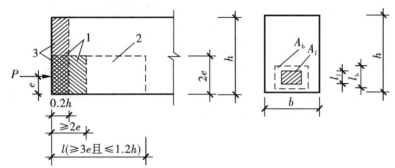

1—局部受压间接钢筋配置区;2—附加防劈裂配筋区;3—附加防端面裂缝配筋区

图 11-39　防止端部裂缝的配筋范围

当构件端部预应力筋需集中布置在截面下部或集中布置在上部和下部时,应在构件
端部 0.2h 范围内设置附加竖向防端面裂缝构造钢筋(图 11-39),其截面面积应符合下列
公式要求:

$$A_{sv} \geqslant \frac{T_s}{f_{yv}} \tag{11-121}$$

$$T_s = \left(0.25-\frac{e}{h}\right)P \tag{11-122}$$

式中　T_s ——锚固端端面拉力;

　　　e ——截面重心线上部或下部预应力筋的合力点至截面近边缘的距离;

　　　h ——构件端部截面高度。

当 $e > 0.2h$ 时,可根据实际情况适当配置构造钢筋。竖向防端
面裂缝钢筋宜靠近端面配置,可采用焊接钢筋网、封闭式箍筋或其
他的形式,且宜采用带肋钢筋。

当端部截面上部和下部均有预应力筋时,附加竖向钢筋的总
截面面积按上部和下部的预应力合力分别计算的较大值采用。

在构件端面横向也应按上述方法计算抗端面裂缝钢筋,并与
上述竖向钢筋形成网片筋配置。

5)当构件在端部有局部凹进时,应增设折线构造钢筋(图
11-40)或其他有效的构造钢筋。

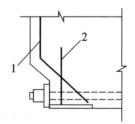

1—折线构造钢筋;
2—竖向构造钢筋

图 11-40　端部凹进
处构造钢筋

（3）曲线预应力筋的布置

1）后张法预应力混凝土构件中，当采用曲线预应力束时，其曲率半径 r_p 宜按下列公式计算确定，但不宜小于 4 m：

$$r_p \geqslant \frac{P}{0.35 f_c d_p} \tag{11-123}$$

式中　P——预应力束的合力设计值，对有黏结预应力混凝土构件取 1.2 倍张拉控制力；

r_p——预应力束的曲率半径，m；

d_p——预应力束孔道的外径；

f_c——混凝土轴心抗压强度设计值，当验算张拉阶段曲率半径时，可取与施工阶段混凝土立方体抗压强度 f'_{cu} 对应的抗压强度设计值 f'_c。

对于折线配筋的构件，在预应力束弯折处的曲率半径可适当减小。当曲率半径 r_p 不满足上述要求时，可在曲线预应力束弯折处内侧设置钢筋网片或螺旋筋。

2）在预应力混凝土结构中，当沿构件凹面布置曲线预应力束时（图 11-41），应进行防崩裂设计。当曲率半径 r_p 满足下列公式要求时，可仅配置构造 U 形插筋：

$$r_p \geqslant \frac{P}{f_t(0.5 d_p + c_p)} \tag{11-124}$$

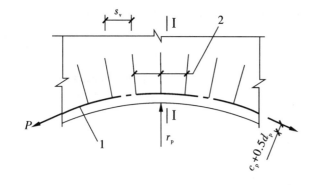
(a)抗崩裂U形插筋布置

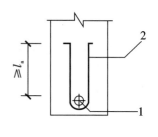
(b)Ⅰ—Ⅰ剖面

1—预应力束；2—沿曲线预应力束均匀布置的 U 形插筋
图 11-41　抗崩裂 U 形插筋构造示意

当不满足时，每肢 U 形插筋的截面面积应按下列公式确定：

$$A_{sv1} \geqslant \frac{P s_v}{2 r_p f_{yv}} \tag{11-125}$$

式中　P——预应力钢丝束、钢绞线束的预加力设计值，按张拉控制应力和预应力筋强度设计值中的较大值确定，当有平行的几个孔道，且中心距不大于 $2 d_p$ 时，该预加力设计值应按相邻全部孔道内的预应力束合力确定；

f_t——混凝土轴心抗拉强度设计值，或与施工张拉阶段混凝土立方体抗压强度 f'_{cu} 相应的抗拉强度设计值 f'_t；

c_p——预应力束孔道净混凝土保护层厚度;

A_{sv1}——每单肢插筋截面面积;

s_v——U 形插筋间距;

f_{yv}——U 形插筋抗拉强度设计值,当大于 360 N/mm² 时取 360 N/mm²。

U 形插筋的锚固长度不应小于 l_a;当实际锚固长度 l_e 小于 l_a 时,每单肢 U 形插筋的截面面积可按 A_{sv1}/k 取值。其中,k 取 $l_e/15d$ 和 $l_e/200$ 中的较小值,且 k 不大于 1.0。

(4)其他要求

1)构件端部尺寸应考虑锚具的布置、张拉设备的尺寸和局部受压的要求,必要时应适当加大。

2)后张预应力混凝土外露金属锚具,应采取可靠的防腐及防火措施,并应符合下列规定:

①无黏结预应力筋外露锚具应采用注有足量防腐油脂的塑料帽封闭锚具端头,并应采用无收缩砂浆或细石混凝土封闭。

②对处于二 b、三 a、三 b 类环境条件下的无黏结预应力锚固系统,应采用全封闭的防腐蚀体系,其封锚端及各连接部位应能承受 10 kPa 的静水压力而不得透水。

③采用混凝土封闭时,其强度等级宜与构件混凝土强度等级一致,且不应低于 C30。封锚混凝土与构件混凝土应可靠黏结,如锚具在封闭前应将周围混凝土界面凿毛并冲洗干净,且宜配置 1~2 片钢筋网,钢筋网应与构件混凝土拉结。

④采用无收缩砂浆或混凝土封闭保护时,其锚具及预应力筋端部的保护层厚度不应小于:一类环境时 20 mm,二 a、二 b 类环境时 50 mm,三 a、三 b 类环境时 80 mm。

本章小结

1)与钢筋混凝土结构相比,预应力混凝土结构具有能充分利用高强材料、抗裂性能好、刚度大等优点,适用于对抗腐蚀、防水、抗渗要求较高以及大跨度、重荷载的结构。

2)工程中,通常采用预拉预应力筋的方法给混凝土施加预压应力。根据张拉预应力筋与浇筑混凝土的先后顺序,预压应力方法有先张法和后张法之分,二者原理相似。但先张法构件依靠钢筋与混凝土之间的黏结力传递预应力,构件端部有一预应力传递长度;后张法构件依靠锚具传递预应力,构件端部处于局部受压状态。

3)预应力筋张拉控制应力的大小对预加应力的效果有显著影响,应根据预应力筋的力学性质、结合构件的延性、施工误差等因素确定,在允许的范围内,应尽量取得高些。

4)预应力损失使得混凝土中建立的预应力降低。预应力损失共有 6 项,应了解产生各项预应力损失的原因,掌握其计算方法以及减小各项损失的措施。预应力损失是一个长期、复杂的过程,但大部分损失发生在施工阶段,为计算方便,将预应力损失划分为两个阶段,应掌握先张法和后张法不同阶段的预应力损失各包括哪些项,即预应力损失的组合方法。

5)预应力构件各个受力阶段的应力分析是预应力构件计算的基础,通过预应力混凝土轴心受拉构件各阶段应力状态的分析,得出了一些重要结论,并推广应用于预应力混凝土受弯构件,使得应力分析更易理解。

①施工阶段,先张法(或后张法)构件截面上混凝土预应力的计算可比拟为将一个预加力 N_p(N_p 为相应时刻预应力筋和非预应力筋仅扣除应力损失后的应力乘以各自的截面面积再叠加得到的合力,反向作用在构件上)作用在构件的换算截面 A_0(或净截面 A_n)上,然后按材料力学公式计算。

②使用阶段,由荷载组合产生的截面上混凝土法向应力,也可按材料力学公式计算,而且先张法和后张法构件均采用构件的换算截面 A_0。

③使用阶段,先张法和后张法特定时刻的承载力计算公式形式相同,均采用换算截面 A_0。

6)预应力混凝土轴心受拉构件和受弯构件的设计计算,分为施工阶段计算和使用阶段计算。计算内容主要包括正截面承载力计算、斜截面承载力计算、抗裂或裂缝宽度计算、变形计算、端部局部承压计算等。

 思考题

1. 为什么要对构件施加预应力? 预应力混凝土结构的优缺点是什么?

2. 为什么在预应力混凝土构件中可以有效地采用高强度的材料?

3. 对混凝土构件施加预应力的方法有哪些?

4. 什么是张拉控制应力 σ_{con}? 为什么取值不能过高或过低?

5. 什么是先张法和后张法预应力混凝土? 它们的主要区别是什么?

6. 为什么先张法的张拉控制应力比后张法的高一些?

7. 预应力损失有哪些? 是由什么原因产生的? 怎样减少预应力损失值?

8. 预应力损失值为什么要分第一批损失和第二批损失? 先张法和后张法各项预应力损失是怎样组合的?

9. 什么是先张法构件预应力筋的传递长度?

10. 预应力混凝土轴心受拉构件的截面应力状态阶段及各阶段的应力如何? 何谓有效预应力? 它与张拉控制应力有何不同?

11. 在受弯构件截面受压区配置预应力筋对正截面抗弯强度有何影响?

12. 预应力混凝土受弯构件斜截面抗剪强度计算与普通钢筋混凝土受弯构件是否相同?

13. 预应力混凝土构件在抗裂计算中,为什么要考虑非预应力筋的影响?

14. 为什么要对预应力混凝土构件进行施工阶段的抗裂度和强度验算? 怎样对预应力混凝土受弯构件进行施工阶段的验算?

15. 不同的裂缝控制等级,其预应力混凝土受弯构件的正截面、斜截面抗裂验算应满足什么要求?

习　题

1. 后张法预应力混凝土简支梁，截面尺寸 $b \times h = 400 \text{ mm} \times 1200 \text{ mm}$，跨度为 第 11 章在 18 m。作用在梁上的恒载标准值 $g_k = 22 \text{ kN/m}^2$，活载标准值 $q_k = 13 \text{ kN/m}^2$，可 线测试 变荷载的组合值系数 $\psi_c = 0.7$，可变荷载的准永久值系数 $\psi_q = 0.5$。梁内配置有黏结 1×7 标准低松弛钢绞线束 $16 \phi 12.7$，用夹片式 OVM 型锚具（$a = 5 \text{ mm}$），两端同时张拉，孔道 为预埋波纹管成型（$\kappa = 0.0015, \mu = 0.25$），预应力筋布置如图 11-42 所示，孔道由两端的 圆弧段（水平投影长度为 7 m）和梁跨中部的直线段（长度为 4 m）组成。预应力筋端点处 的切线倾角 $\theta = 0.38 \text{ rad}(21.8°)$，曲线孔道的曲率半径 $r_c = 18 \text{ m}$。混凝土强度等级为 C45，普通钢筋采用 $6 \phi 18 (A_s = 1526 \text{ mm}^2)$ 的 HRB400 级钢筋，裂缝控制等级为二级（一般 要求不出现裂缝），一类使用环境。计算该简支梁跨中截面的预应力损失，并按单筋截面 验算其正截面受弯承载力和正截面抗裂能力是否满足要求。

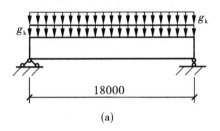
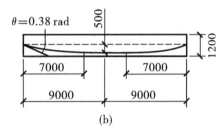

图 11-42　习题 1 图

2. 一预应力混凝土轴心受拉构件，长 24 m，截面尺寸为 250 mm×160 mm，混凝土强度 等级为 C60，螺旋肋钢丝为 $10 \phi^H 9$，先张法施工，在 100 m 台座上张拉，端头采用镦头锚具 固定预应力筋，超张拉，并考虑蒸养时台座与预应力筋之间的温差 $\Delta t = 20 ℃$，混凝土达到 强度设计值的 80% 时放松预应力筋（图 11-43）。试计算各项预应力损失值。

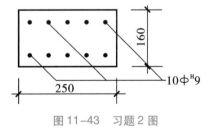

图 11-43　习题 2 图

3. 试对一后张法预应力混凝土屋架下弦杆锚具的局部受压进行验算（图 11-44）。已 知混凝土强度等级 C60，预应力筋采用刻痕钢丝，钢筋用 $7 \phi 15$ 两束，张拉控制应力 $\sigma'_{con} = 0.75 f_{tk}$。用夹片式 OVM 型锚具进行锚固，锚具直径为 100 mm，锚具下垫板厚度为 20 mm，端部横向钢筋采用 4 片 $\phi 8$ 焊接网片，网片间距为 50 mm。

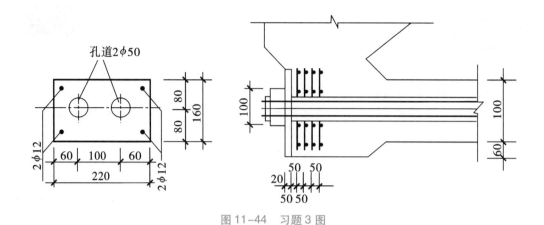

图 11-44　习题 3 图

4. 一先张法轴心受拉预应力混凝土构件,截面为 $b \times h = 120 \text{ mm} \times 220 \text{ mm}$,预应力筋截面面积 $A_p = 800 \text{ mm}^2$,强度设计值 $f_{py} = 600 \text{ MPa}$,弹性模量 $E_s = 2 \times 10^5 \text{ MPa}$,混凝土为 C40 级($f_{tk} = 2.40 \text{ MPa}, E_c = 3.20 \times 10^4 \text{ MPa}$),完成第一批预应力损失并放松预应力筋后,预应力筋的应力为 $\sigma_{pI} = 510 \text{ MPa}$,然后又发生第二批预应力损失 $\sigma_{lII} = 130 \text{ MPa}$。计算:

(1)完成第二批预应力损失后,预应力筋的应力和混凝土的应力;

(2)加荷至混凝土应力为零时的轴力;

(3)加荷至构件开裂前瞬间的轴力;

(4)此拉杆的极限轴力设计值。

附　录

附表参考《混凝土结构设计规范(2015 年版)》(GB 50010—2010) 的有关规定制定。

附表 1　普通钢筋强度标准值　　　　　　单位:N/mm²

牌号		符号	公称直径 d/mm	屈服强度标准值 f_{yk}	极限强度标准值 f_{stk}
热轧 钢筋	HPB300	Φ	6 ~ 14	300	420
	HRB400 HRBF400 RRB400	Φ Φ^F Φ^R	6 ~ 50	400	540
	HRB500 HRBF500	Φ Φ^F	6 ~ 50	500	630
冷轧带 肋钢筋	CRB550	Φ^R	5 ~ 12	500	550
	CRB600H	Φ^{RH}	5 ~ 12	540	600

附表 2　预应力筋强度标准值　　　　　　单位:N/mm²

种类		符号	公称直径 d/mm	屈服强度标准值 f_{pyk}	极限强度标准值 f_{ptk}
预应力 冷轧带 肋钢筋	CRB650	Φ^R	5、6	—	650
	CRB650H	Φ^{RH}	6		
	CRB800	Φ^R	5、6	—	800
	CRB800H	Φ^{RH}	6		
	CRB970	Φ^R	5	—	970

附表 3　钢筋的弹性模量　　　　　　单位:×10⁵N/mm²

种类	E_s
CRB550、CRB600H、CRB650、CRB650H、CRB800、CRB800H、CRB970	1.90

附表4　普通钢筋强度设计值　　　　　　　　　　单位：N/mm²

牌号		抗拉强度设计值f_y	抗压强度设计值f'_y
热轧钢筋	HPB300	270	270
	HRB400、HRBF400、RRB400	360	360
	HRB500、CRB600H	435	435
冷轧带肋钢筋	CRB550	400	—
	CRB600H	430	—

注：冷轧带肋钢筋不考虑其抗压强度设计值。

附表5　预应力钢筋强度设计值　　　　　　　　　单位：N/mm²

种类	极限强度标准值f_{ptk}	抗拉强度设计值f_{py}	抗压强度设计值f'_{py}
中强度预应力钢丝	800	510	410
	970	650	
	1270	810	
消除应力钢丝	1470	1040	410
	1570	1110	
	1860	1320	
钢绞丝	1570	1110	390
	1720	1220	
	1860	1320	
	1960	1390	
预应力螺纹钢筋	980	650	410
	1080	770	
	1230	900	
预应力冷轧带肋钢筋	650	430	
	800	530	
	970	650	

注：当预应力筋的强度标准值不符合附表2的规定时，其强度设计值应进行相应的比例换算。

附表6　混凝土强度标准值　　　　　　　　　　　单位：N/mm²

强度种类	符号	混凝土强度等级												
		C20	C25	C30	C35	C40	C45	C50	C55	C60	C65	C70	C75	C80
轴心抗压	f_{ck}	13.4	16.7	20.1	23.4	26.8	29.6	32.4	35.5	38.5	41.5	44.5	47.4	50.2
轴心抗拉	f_{tk}	1.54	1.78	2.01	2.20	2.39	2.51	2.64	2.74	2.85	2.93	2.99	3.05	3.11

附表7　混凝土强度设计值　　　　　　　单位:N/mm²

强度种类	符号	混凝土强度等级												
		C20	C25	C30	C35	C40	C45	C50	C55	C60	C65	C70	C75	C80
轴心抗压	f_c	9.6	11.9	14.3	16.7	19.1	21.1	23.1	25.3	27.5	29.7	31.8	33.8	35.9
轴心抗拉	f_t	1.10	1.27	1.43	1.57	1.71	1.80	1.89	1.96	2.04	2.09	2.14	2.18	2.22

注:1.计算现浇的钢筋混凝土轴心受压及偏心受压构件时,如截面的长边或直径小于300 mm,则表中混凝土强度设计值应乘以系数0.8;当构件质量(如混凝土成型、截面和轴线尺寸等)确有保证时,可不受此限制。

　2.离心成型混凝土的强度设计值应按有关专门规定取用。

附表8　混凝土弹性模量 E_c　　　　　　　单位:×10⁴ N/mm²

混凝土强度等级	C20	C25	C30	C35	C40	C45	C50	C55	C60	C65	C70	C75	C80
E_c	2.55	2.80	3.00	3.15	3.25	3.35	3.45	3.55	3.60	3.65	3.70	3.75	3.80

附表9　混凝土结构的环境类别

环境类别	条件
一	室内干燥环境; 无侵蚀性静水浸没环境
二 a	室内潮湿环境; 非严寒和非寒冷地区的露天环境; 非严寒和非寒冷地区与无侵蚀性的水或土壤直接接触的环境; 严寒和寒冷地区的冰冻线以下与无侵蚀性的水或土壤直接接触的环境
二 b	干湿交替环境; 水位频繁变动环境; 严寒和寒冷地区的露天环境; 严寒和寒冷地区冰冻线以上与无侵蚀性的水或土壤直接接触的环境
三 a	严寒和寒冷地区冬季水位变动区环境; 受除冰盐影响环境; 海风环境
三 b	盐渍土环境; 受除冰盐作用环境; 海岸环境
四	海水环境
五	受人为或自然的侵蚀性物质影响的环境

注:1.室内潮湿环境是指构件表面经常处于结露或湿润状态的环境。

　2.严寒和寒冷地区的划分应符合现行国家标准《民用建筑热工设计规范》(GB 50176)的有关规定。

　3.海岸环境和海风环境宜根据当地情况,考虑主导风向及结构所处迎风、背风部位等因素的影响,由调查研究和工程经验确定。

4. 受除冰盐影响环境是指受到除冰盐盐雾影响的环境;受除冰盐作用环境是指被除冰盐溶液溅射的环境以及使用除冰盐地区的洗车房、停车楼等建筑。

5. 暴露的环境是指混凝土结构表面所处的环境。

附表10　混凝土保护层的最小厚度　　　　　　　　　　　　　　　　　　　　单位:mm

环境等级	板、墙、壳	梁、柱
一	15	20
二 a	20	25
二 b	25	35
三 a	30	40
三 b	40	50

注:1. 混凝土强度等级不大于 C25 时,表中保护层厚度数值应增加 5 mm。

2. 钢筋混凝土基础宜设置混凝土垫层,其受力钢筋的混凝土保护层厚度应从垫层顶面算起,且不应小于 40 mm。

附表11　截面抵抗矩塑性影响系数基本值 γ_m

项次	1	2	3		4		5
截面形状	矩形截面	翼缘位于受压区的 T 形截面	对称 I 形截面或箱形截面		翼缘位于受拉区的倒 T 形截面		圆形和环形截面
			$b_f/b \leq 2$、h_f/h 为任意值	$b_f/b > 2$、$h_f/h > 0.2$	$b_f/b \leq 2$、h_f/h 为任意值	$b_f/b > 2$、$h_f/h < 0.2$	
γ_m	1.55	1.50	1.45	1.35	1.50	1.40	$1.6 \sim 0.24 r_1/r$

注:1. 对 $b_f' > b_f$ 的 I 形截面,可按项次 2 与项次 3 之间的数值采用;对 $b_f' < b_f$ 的 I 形截面,可按项次 3 与项次 4 之间的数值采用。

2. 对于箱形截面,b 系指各肋宽度的总和。

3. r_1 为环形截面的内环半径,对圆形截面取 r_1 为零。

附表12　结构构件的裂缝控制等级和最大裂缝宽度限值　　　　　　　　　　　　单位:mm

环境类别	钢筋混凝土结构		预应力混凝土结构	
	裂缝控制等级	w_{lim}	裂缝控制等级	w_{lim}
一	三级	0.30(0.40)	三级	0.20
二 a		0.20		0.10
二 b			二级	—
三 a、三 b			一级	—

注:1. 对处于年平均相对湿度小于 60% 地区一类环境下的受弯构件,其最大裂缝宽度限值可采用括号内的数值。

2. 在一类环境下,对钢筋混凝土屋架、托架及需作疲劳验算的吊车梁,其最大裂缝宽度限值应取为 0.20 mm;

对钢筋混凝土屋面梁和托梁,其最大裂缝宽度限值应取为0.30 mm。

3. 在一类环境下,对预应力混凝土屋架、托架及双向板体系,应按二级裂缝控制等级进行验算;对一类环境下的预应力混凝土屋面梁、托梁、单向板,按表中二a级环境的要求进行验算;在一类和二a类环境下的需作疲劳验算的预应力混凝土吊车梁,应按裂缝控制等级不低于二级的构件进行验算。

4. 表中规定的预应力混凝土构件的裂缝控制等级和最大裂缝宽度限值仅适用于正截面的验算;预应力混凝土构件的斜截面裂缝控制验算应符合本书第11章的有关规定。

5. 对于烟囱、筒仓和处于液体压力下的结构,其裂缝控制要求应符合专门标准的有关规定。

6. 对于处于四、五类环境下的结构构件,其裂缝控制要求应符合专门标准的有关规定。

7. 表中的最大裂缝宽度限值是用于验算荷载作用引起的最大裂缝宽度。

附表13 受弯构件的允许挠度

构件类型		挠度限值(f_{lim})
吊车梁	手动吊车	$l_0/500$
	电动吊车	$l_0/600$
屋盖、楼盖及楼梯构件	当 $l_0<7$ m 时	$l_0/200$($l_0/250$)
	当 7 m$\leqslant l_0\leqslant 9$ m 时	$l_0/250$($l_0/300$)
	当 $l_0>9$ m 时	$l_0/300$($l_0/400$)

注:1. 表中 l_0 为构件的计算跨度;计算悬臂构件的挠度限值时,其计算跨度 l_0 按实际悬臂长度的2倍取用。

2. 表中括号内的数值适用于使用上对挠度有较高要求的构件。

3. 如果构件制作时预先起拱,且使用上也允许,则在验算挠度时,可将计算所得的挠度值减去起拱值;对预应力混凝土构件,尚可减去预加力所产生的反拱值。

4. 构件制作时的起拱值和预应力所产生的反拱值,不宜超过构件在相应荷载组合作用下的计算挠度值。

附表14 纵向受力钢筋的最小配筋率 ρ_{min} 单位:%

受力类型			最小配筋百分率
受压构件	全部纵向钢筋	强度级别 500 N/mm^2	0.50
		强度级别 400 N/mm^2	0.55
		强度级别 300 N/mm^2、335 N/mm^2	0.60
	一侧纵向钢筋		0.20
受弯构件、偏心受拉、轴心受拉构件一侧的受拉钢筋			0.20 和 $45f_t/f_y$ 中的较大值

注:1. 受压构件全部纵向钢筋最小配筋百分率,当采用C60及以上强度等级的混凝土时,应按表中规定增加0.10。

2. 板类受弯构件的受拉钢筋,当采用强度级别400 N/mm^2、500 N/mm^2 的钢筋时,其最小配筋百分率应允许采用0.15 和 $45f_t/f_y$ 中的较大值。

3. 偏心受拉构件中的受压钢筋,应按受压构件一侧纵向钢筋考虑。

4. 受压构件的全部纵向钢筋和一侧纵向钢筋的配筋率以及轴心受拉构件和小偏心受拉构件一侧受拉钢筋的配筋率均应按构件的全截面面积计算。

5. 受弯构件、大偏心受拉构件一侧受拉钢筋的配筋率应按全截面面积扣除受压翼缘面积($b_f'-b$)h_f'后的截面面积计算。

6. 当钢筋沿构件截面周边布置时,"一侧纵向钢筋"系指沿受力方向两个对边中一边布置的纵向钢筋。

附表 15　结构混凝土材料的耐久性基本要求

环境等级	最大水胶比	最低强度等级	最大氯离子含量/%	最大碱含量/(kg/m³)
一	0.60	C20	0.30	不限制
二 a	0.55	C25	0.20	
二 b	0.50(0.55)	C30(C25)	0.15	
三 a	0.45(0.50)	C35(C30)	0.15	3.0
三 b	0.40	C40	0.10	

注:1. 氯离子含量系指其占胶凝材料总量的百分比。

　　2. 预应力构件混凝土中的最大氯离子含量为 0.06%,其最低混凝土强度等级宜按表中的规定提高两个等级。

　　3. 素混凝土构件的水胶比及最低强度等级的要求可适当放松。

　　4. 有可靠工程经验时,二类环境中的最低混凝土强度等级可降低一个等级。

　　5. 处于严寒和寒冷地区二 b、三 a 类环境中的混凝土应使用引气剂,并可采用括号中的有关参数。

　　6. 当使用非碱活性骨料时,对混凝土中的碱含量可不作限制。

附表 16　钢筋混凝土矩形截面受弯构件正截面承载力计算系数表

ξ	γ_s	α_s	ξ	γ_s	α_s
0.01	0.995	0.010	0.32	0.840	0.269
0.02	0.990	0.020	0.33	0.835	0.275
0.03	0.985	0.030	0.34	0.830	0.282
0.04	0.980	0.039	0.35	0.825	0.289
0.05	0.975	0.048	0.36	0.820	0.295
0.06	0.970	0.058	0.37	0.815	0.301
0.07	0.965	0.067	0.38	0.810	0.309
0.08	0.960	0.077	0.39	0.805	0.314
0.09	0.955	0.085	0.40	0.800	0.320
0.10	0.950	0.095	0.41	0.795	0.326
0.11	0.945	0.104	0.42	0.790	0.332
0.12	0.940	0.113	0.43	0.785	0.337
0.13	0.935	0.121	0.44	0.780	0.343
0.14	0.930	0.130	0.45	0.775	0.349
0.15	0.925	0.139	0.46	0.770	0.354
0.16	0.920	0.147	0.47	0.765	0.359
0.17	0.915	0.155	0.48	0.760	0.365

续附表 16

ξ	γ_s	α_s	ξ	γ_s	α_s
0.18	0.910	0.164	0.49	0.755	0.370
0.19	0.905	0.172	0.50	0.750	0.375
0.20	0.900	0.180	0.51	0.745	0.380
0.21	0.895	0.188	0.52	0.740	0.385
0.22	0.890	0.196	0.53	0.735	0.390
0.23	0.885	0.203	0.54	0.730	0.394
0.24	0.880	0.211	0.55	0.725	0.400
0.25	0.875	0.219	0.56	0.720	0.403
0.26	0.870	0.226	0.57	0.715	0.408
0.27	0.865	0.234	0.58	0.710	0.412
0.28	0.860	0.241	0.59	0.705	0.416
0.29	0.855	0.248	0.60	0.700	0.420
0.30	0.850	0.255	0.61	0.695	0.424
0.31	0.845	0.262	0.62	0.690	0.428

附表 17　钢筋的计算截面面积及公称质量

直径 d /mm	根数为下列数值时钢筋的计算截面面积/mm²									单根钢筋公称质量 /(kg/m)
	1	2	3	4	5	6	7	8	9	
3	7.1	14.1	21.2	28.3	35.3	42.4	49.5	56.5	63.6	0.055
4	12.6	25.1	37.7	50.3	62.8	75.4	88.0	100.5	113.1	0.099
5	19.6	39	59	79	98	118	137	157	177	0.154
6	28.3	57	85	113	141	170	198	226	254	0.222
8	50.3	101	151	201	251	302	352	402	452	0.395
10	78.5	157	236	314	393	471	550	628	707	0.617
12	113.1	226	339	452	565	679	792	904	1018	0.888
14	153.9	308	462	616	770	924	1078	1232	1385	1.21
16	201.1	402	603	804	1005	1206	1407	1608	1810	1.58
18	254.5	509	763	1018	1272	1527	1781	2036	2290	2.00
20	314.2	628	942	1257	1571	1885	2199	2513	2827	2.47
22	380.1	760	1140	1521	1901	2281	2661	3041	3421	2.98

续附表 17

直径 d /mm	根数为下列数值时钢筋的计算截面面积/mm²									单根钢筋公称质量 /(kg/m)
	1	2	3	4	5	6	7	8	9	
25	490.9	982	1473	1964	2454	2945	3436	3927	4418	3.85
28	615.8	1232	1847	2463	3079	3695	4310	4926	5542	4.83
32	804.2	1608	2413	3217	4021	4826	5630	6434	7238	6.31
36	1017.9	2036	3054	4072	5089	6107	7125	8143	9161	7.99
40	1256.6	2513	3770	5027	6283	7540	8796	10053	11310	9.87

注：表中直径 $d=8.2$ mm 的计算截面面积及公称质量仅适用于有纵肋的热处理钢筋。

附表 18　钢丝的公称直径、公称截面面积及理论质量

公称直径/mm	公称截面面积/mm²	理论质量/(kg/m)
5.0	19.63	0.154
7.0	38.48	0.302
9.0	63.62	0.499

附表 19　钢绞线的公称直径、公称截面面积及理论质量

种类	公称直径/mm	公称截面面积/mm²	理论质量/(kg/m)
1×3	8.6	37.7	0.296
	10.8	58.9	0.462
	12.9	84.8	0.666
1×7 标准型	9.5	54.8	0.430
	12.7	98.7	0.775
	15.2	140	1.101
	17.8	191	1.500
	21.6	285	2.237

附表 20　各种钢筋间距时每米板宽中的钢筋截面面积

钢筋间距/mm	钢筋直径为下列数值（单位：mm）时的钢筋截面面积/mm²															
	6	6/8	8	8/10	10	10/12	12	12/14	14	14/16	16	16/18	18	20	22	25
70	404	561	718	920	1122	1369	1616	1907	2199	2536	2872	2354	3635	4488	5430	7012
75	377	524	670	859	1047	1278	1508	1780	2053	2367	2681	3037	3393	4189	5068	6545
80	353	491	628	805	982	1198	1414	1669	1924	2218	2513	2847	3181	3927	4752	6136
85	333	462	591	758	924	1127	1331	1571	1811	2088	2365	2680	2994	3696	4472	5775
90	314	436	559	716	873	1065	1257	1484	1710	1972	2234	2531	2827	3491	4224	5454
95	298	413	529	678	827	1009	1190	1405	1620	1886	2116	2398	2679	3307	4001	5167
100	283	393	503	644	785	958	1131	1335	1539	1775	2011	2278	2545	3142	3801	4909
110	257	357	457	585	714	871	1028	1214	1399	1614	1828	2071	2313	2856	3456	4462
120	236	327	419	537	654	798	942	1113	1283	1480	1676	1899	2121	2618	3168	4091
125	226	314	402	515	628	767	905	1068	1232	1420	1608	1822	2036	2513	3041	3927
130	217	302	387	495	604	737	870	1027	1184	1366	1547	1752	1957	2417	2924	3776
140	202	280	359	460	561	684	808	954	1100	1268	1436	1627	1818	2244	2715	3506
150	188	262	335	429	524	639	754	890	1026	1183	1340	1518	1696	2094	2534	3272
160	177	245	314	403	491	599	707	834	962	1110	1257	1424	1590	1963	2376	3068
170	166	231	296	379	462	564	665	785	906	1044	1183	1340	1497	1848	2236	2887
180	157	218	279	358	436	532	628	742	855	985	1117	1266	1414	1745	2112	2727
190	149	207	265	339	413	504	595	703	810	934	1058	1199	1339	1653	2001	2584
200	141	196	251	322	393	479	565	668	770	888	1005	1139	1272	1571	1901	2454
220	129	178	228	293	357	436	514	607	700	807	914	1036	1157	1428	1728	2231
240	118	164	209	268	327	399	471	556	641	740	838	949	1060	1309	1584	2045
250	113	157	201	258	314	383	452	534	616	710	804	911	1018	1257	1521	1963
260	109	151	193	248	302	369	435	514	592	682	773	858	979	1208	1462	1888
280	101	140	180	230	280	342	404	477	550	634	718	814	909	1122	1358	1753
300	94	131	168	215	262	319	377	445	513	592	670	759	848	1047	1267	1636
320	88	123	157	201	245	299	353	417	481	554	630	713	795	982	1188	1534
330	86	119	152	195	238	290	343	405	466	538	609	690	771	952	1152	1487

注：表中钢筋直径有写成公式者（如6/8）系指中6、中8 钢筋间隔配置。

参考文献

[1] 中华人民共和国住房和城乡建设部. 工程结构通用规范: GB 55001—2021 [S]. 北京: 中国建筑工业出版社, 2021.

[2] 中华人民共和国住房和城乡建设部. 混凝土结构通用规范: GB 55008—2021 [S]. 北京: 中国建筑工业出版社, 2021.

[3] 中国建筑科学研究院. 混凝土结构设计规范(2015 年版): GB 50010—2010 [S]. 北京: 中国建筑工业出版社, 2015.

[4] 中华人民共和国住房和城乡建设部. 建筑结构荷载规范: GB 50009—2012 [S]. 北京: 中国建筑工业出版社, 2012.

[5] 中华人民共和国住房和城乡建设部. 建筑结构可靠性设计统一标准: GB 50068—2018 [S]. 北京: 中国建筑工业出版社, 2018.

[6] 中国建筑科学研究院. 混凝土力学性能试验方法标准: GB 50081—2019 [S]. 北京: 中国建筑工业出版社, 2003.

[7] 中华人民共和国住房和城乡建设部. 混凝土结构耐久性设计标准: GB/T 50476—2019 [S]. 北京: 中国建筑工业出版社, 2019.

[8] 梁兴文, 史庆轩. 混凝土结构设计原理 [M]. 4 版. 北京: 中国建筑工业出版社, 2019.

[9] 沈蒲生. 混凝土结构设计原理 [M]. 5 版. 北京: 高等教育出版社, 2020.

[10] 东南大学, 天津大学, 同济大学. 混凝土结构(上册): 混凝土结构设计原理 [M]. 7 版. 北京: 中国建筑工业出版社, 2020.

[11] 梁兴文. 混凝土结构基本原理 [M]. 2 版. 重庆: 重庆大学出版社, 2017.

[12] 顾祥林. 混凝土结构基本原理 [M]. 3 版. 上海: 同济大学出版社, 2015.

[13] 滕智明. 钢筋混凝土基本构件 [M]. 北京: 清华大学出版社, 1987.

[14] DARWIN D, DOLAN C W, NILSON A H. Design of concrete structures [M]. New York, NY, USA: McGraw-Hill Education, 2015.

[15] 《混凝土结构耐久性设计与施工指南》编审组. 混凝土结构耐久性设计与施工指南(2005 年修订版): CCES01—2004 [S]. 北京: 中国建筑工业出版社, 2005.